Die Hand – Werkzeug des Geistes

Marco Wehr ist ausgebildeter Physiker und promovierter Philosoph. Sein wissenschaftliches Interesse gilt Fragen der „Voraussagbarkeit". 2002 erschien von ihm das Buch *Der Schmetterlingsdefekt*, eine Kritik an der Chaostheorie. Im „Zweitberuf" ist Wehr Tänzer, Choreograph und Tanzlehrer. Sein Schwerpunkt auf diesem Gebiet sind Prinzipien des Bewegungslernens und -lehrens. Er lebt in Tübingen.

Martin Weinmann ist promovierter Mediziner. In 'er Forschung hat er sich vor allem immunologischen u d radiologischen Fragestellungen gewidmet. Studie. 'fenthalte führten ihn nach Luxemburg, Tel Aviv und . ustralien. Er ist Facharzt für Radioonkologie an der Eb rhard-Karls-Universität Tübingen.

Die weiteren **Autoren**: Eckhard Altenmüller, Niels Birbaumer, Maike Christadler, Bettina Handel, Peter Janich, Friedhart Klix, Richard Michaelis, Bruno Preilowski, Peter Reill, Helge Ritter, Stephanie Töpfner, Thomas Wägenbaur.

Marco Wehr und Martin Weinmann (Hrsg.)

Die Hand
Werkzeug des Geistes

Dr. Marco Wehr, Untere Heulandsteige 5, 72074 Tübingen
Dr. Martin Weinmann, Belthlestraße 26, 72070 Tübingen

Wichtiger Hinweis für den Benutzer
Der Verlag und der Autor haben alle Sorgfalt walten lassen, um vollständige und akkurate Informationen in diesem Buch zu publizieren. Der Verlag übernimmt weder Garantie noch die juristische Verantwortung oder irgendeine Haftung für die Nutzung dieser Informationen, für deren Wirtschaftlichkeit oder fehlerfreie Funktion für einen bestimmten Zweck. Der Verlag übernimmt keine Gewähr dafür, dass die beschriebenen Verfahren, Programme usw. frei von Schutzrechten Dritter sind. Der Verlag hat sich bemüht, sämtliche Rechteinhaber von Abbildungen zu ermitteln. Sollte dem Verlaggegenüber dennoch der Nachweis der Rechtsinhaberschaft geführt werden, wird das branchenübliche Honorar gezahlt.

Bibliografische Information der Deutschen Nationalbibliothek
Die Deutsche Nationalbibliothek verzeichnet diese Publikation in der Deutschen Nationalbibliografie; detaillierte bibliografische Daten sind im Internet über http://dnb.d-nb.de abrufbar.

Springer ist ein Unternehmen von Springer Science+Business Media
springer.de

© Spektrum Akademischer Verlag Heidelberg 2005, 2009
Spektrum Akademischer Verlag ist ein Imprint von Springer

09 10 11 12 13   5 4 3 2

Das Werk einschließlich aller seiner Teile ist urheberrechtlich geschützt. Jede Verwertung außerhalb der engen Grenzen des Urheberrechtsgesetzes ist ohne Zustimmung desVerlages unzulässig und strafbar. Das gilt insbesondere für Vervielfältigungen, Übersetzungen, Mikroverfilmungen und die Einspeicherung und Verarbeitung in elektronischen Systemen.

Planung und Lektorat: Frank Wigger, Jutta Liebau
Redaktion: Susanne Warmuth
Umschlaggestaltung: WSP Design, Heidelberg
Herstellung: Katrin Frohberg
Druck und Bindung: Krips b.v., Meppel

ISBN 978-3-8274-1517-2

Für Ana Naima

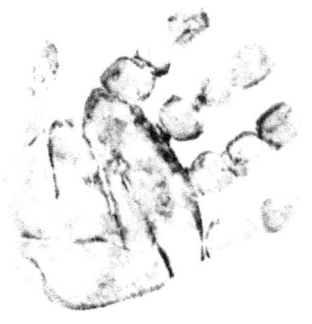

Greifformen

Grob- oder Hakengriff. Bei dieser einfachen
Greifform wird der Daumen nicht gebraucht.

Seit-zu-Seit-Griff oder Schlüsselgriff.

Haltegriff mit der gespreizten Hand und zusätzlicher Fixierung durch den Daumen.

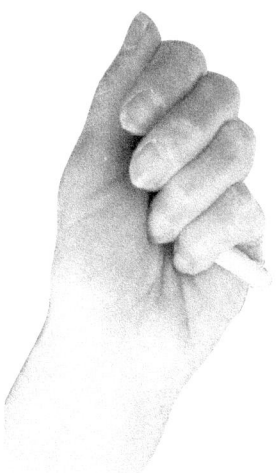

Kräftiger Klemmgriff zwischen Ring- und Kleinfinger. Häufig verwendete Faustschlußfunktion, wobei mit Zeige- und Mittelfinger und dem gegenübergestellten Daumen noch Feinbewegungen ausgeübt werden können.

Verschiedene Formen des Spitz-
beziehungsweise Drei-Punkte-Feingriffes.

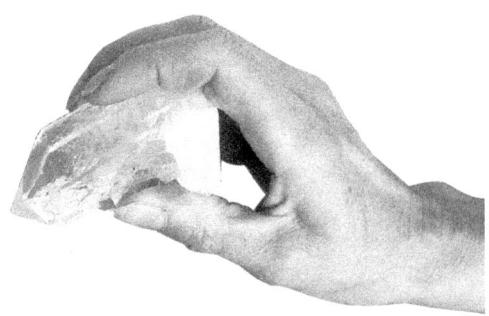

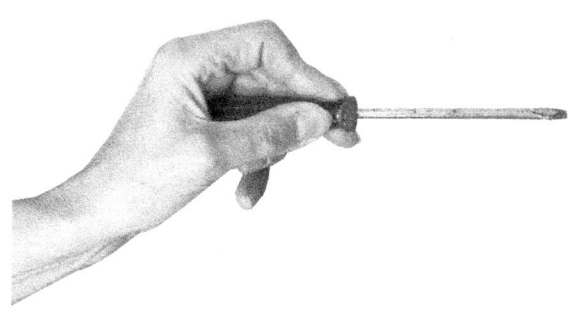

Instrumentenführung im Spitzgriff bei Handgelenküberstreckung. In dieser Stellung können zudem besonders gut Drehbewegungen im Unterarm ausgeführt werden.

Inhaltsverzeichnis

Vorwort   9

Einleitung   11

1. Hand und Hirn   15
2. Alles im Griff!   61
3. Vom Spitzgriff zur Liszt-Sonate   79
4. Götz von B. und der Datenhandschuh   113
5. Die Phantomhand   141
6. Rechts ist da, wo im Gehirn links ist?   163
7. Vom Greifen zum Begreifen   209
8. Am Anfang war die Hand   227
9. Ein Daumen Fische   247
10. Handwerker und Mundwerker   271
11. Von der Hand in den Mund   293
12. Die Hand des Künstlers   325
13. Magische Hände   339

Neurologische Fachbegriffe   365

Literatur   371

Bildnachweise   383

Die Autoren   387

Index   391

Vorwort

Die Hand stellt uns viele Fragen. Versuchen Sie einmal mit der rechten Hand einen Kreis in die Luft zu malen und gleichzeitig mit der linken eine Acht! Weshalb will das anfänglich nicht recht gelingen? Hände und Zahlen stehen in einem engen Zusammenhang. Aber warum ignorieren so viele Mathematiker die Notwendigkeit des Handgebrauchs für die Entstehung der Mathematik? Wie ist es zu erklären, daß die Hand in unserer Sprache allgegenwärtig ist? In welcher Beziehung stehen Greifen und Begreifen?

Solche und ähnliche Gedanken geisterten anfangs noch völlig isoliert in meinem Kopf herum, bis ich zu erkennen begann, welch eminent wichtige Rolle die Hand für unser *gesamtes* Denken und Handeln spielt. Der Entschluß, über das Thema ein Buch zu veröffentlichen, entstand in einem langen Gespräch mit Valentin Braitenberg, der diese Einschätzung teilte und mich in meinem Vorhaben bestärkte.

Da die Hand in den verschiedensten Zusammenhängen von Bedeutung ist, bot es sich an, das Thema in Zusammenarbeit mit anderen Autoren anzugehen, deren spezifische Fachkompetenzen für einen Einzelautor unerreichbar bleiben müssen. Einer der ersten, der sich zur Mitarbeit bereit erklärte, war Martin Weinmann, der im folgenden auch herausgeberische Tätigkeiten übernahm. Hierfür sei ihm herzlich gedankt, wie auch allen anderen Autorinnen und Autoren, die sich trotz überquellender Terminkalender für das Thema begeistern ließen.

Zu guter Letzt gilt mein besonderer Dank dem Spektrum-Verlag. Die Zusammenarbeit mit Frank Wigger und unserer Außenlektorin Susanne Warmuth, mit Jutta Liebau und Monika Bechtold hat großen Spaß gemacht.

Marco Wehr

Der schaffende Leib schuf sich den Geist als eine Hand seines Willens.

Friedrich Nietzsche

Aber Hände sind schon ein komplizierter Organismus, ein Delta, in dem viel fernherkommendes Leben zusammenfließt, um sich in den großen Strom der Tat zu ergießen.

Rainer Maria Rilke

Eine Berührung ist etwas Persönliches, Finger der Liebe, Fühler blinder Augen, Zungen derer, die nicht sprechen können ...

Keri Hulme

Mangels anderer Beweise würde mich der Daumen vom Dasein Gottes überzeugen.

Isaac Newton

Einleitung

Von Marco Wehr

»Der Körper ist das Grab der Seele.« Dieser berühmte Ausspruch stammt von dem griechischen Philosophen Platon, einem der Stammväter abendländischen Denkens. In ihm kristallisiert sich eine Einstellung, der die Philosophen, von wenigen Ausnahmen abgesehen, bis zum heutigen Tag verhaftet sind. Den „Freunden der Weisheit" erscheint ihr Körper ja häufig als notwendiges Übel, der mit seinen lästigen Bedürfnissen dem selbstversunkenen Reflektieren eher abträglich als förderlich ist. Dieser fragwürdigen philosophischen Tradition folgend läge es nahe, auch den Titel des vorliegenden Buches so zu interpretieren: die Hand als willfähriger Befehlsempfänger des Geistes. Der Titel birgt allerdings noch eine zweite Deutungsmöglichkeit, die der ersten diametral gegenübersteht: die Hand als Werkzeug, das „den Geist" erst zu dem machte, was er ist.

Damit sind zwei Extrempositionen umrissen, die sich jedoch im Laufe der Lektüre dieses Buches relativieren, um einem anderen, angemesseneren Bild Platz zu machen. Hand und Hirn erscheinen hier in einem faszinierenden Wechselwirkungszusammenhang. So ist im Lichte neuerer Erkenntnisse weder zu verstehen, wie die Hände ohne das Gehirn funktionieren, noch wie sich das Gehirn ohne die Hände zur heutigen Form entwickeln konnte. Geist und Körper reichen sich endlich ... die Hände. Gerade in der Auseinandersetzung mit der Hand wird offensichtlich, daß die Entwicklung des menschlichen Denkens ohne das Funktionieren des menschlichen Körpers nicht nachzuvollziehen ist. Der Körper ist demnach nicht das Grab, sondern eher der Schoß der Seele.

Die Liaison von Hand und Hirn stellt nicht nur eine anatomische Besonderheit dar. Sie hat in allen Bereichen menschlicher Kultur ihre unauslöschlichen Spuren hinterlassen. Hierzu gehören die Mathematik, die Philosophie, natürlich das Handwerk, die Sprache und die verschiedensten Künste. Da diese Zusammenhänge jedoch gerne übersehen werden beziehungsweise in Vergessenheit geraten sind, müssen sie wieder ans Licht geholt werden. Daraus ergibt sich der Aufbau des Buches.

Zuerst wollen wir herauspräparieren, was das Funktionieren der Hand so einmalig macht. Das ist keine leichte Aufgabe, da uns ihr Gebrauch in hohem Maße selbstverständlich ist. Zähneputzen, einen Bleistift in die Hand nehmen und eine Geburtstagskarte schreiben, einen Nagel in die Wand schlagen sind sicher alltägliche Handlungen, auf die wir im allgemeinen keinen Gedanken verschwenden. Aber sind sie deshalb einfach? Ganz im Gegenteil! So ist es die Aufgabe der ersten Beiträge, das scheinbar Einfache als das Besondere und Tiefsinnige zu entlarven. Verweilen wir eine Sekunde beim Beispiel des Bleistifts, den Sie ohne nachzudenken von der Tischplatte aufnehmen, um ihn mit einer spielerischen Folge geschickter Fingerbewegungen in die gewünschte Schreibposition zu bringen. Ist es nicht erstaunlich, daß es bis heute keine Maschine auf der Erde gibt, die diese Aufgabe zu leisten vermag? Diese Tatsache mutet um so verwunderlicher an, wenn man berücksichtigt, daß das von vielen Denkern des Abendlandes so hoch gehandelte logische Denken von Computern ziemlich gut nachvollzogen wird. Immerhin mußte sich unlängst der amtierende Schachweltmeister einem Rechenautomaten geschlagen geben. War also die Hybris der griechischen Philosophenkönige verfehlt, die körperliche Arbeit und die damit verbundenen Fertigkeiten für unwürdig hielten und sie deshalb an Sklaven delegierten, um auf diese Weise unbehelligt die Welt im Geiste der Mathematik zu erdenken. Sollte etwa die Art und Weise, wie wir einen Finger krumm machen, komplizierter sein als das logische Denken? Je tiefer wir in die Geheimnisse der Hand eintauchen, desto mehr Respekt entwickeln wir vor der Präzision und der Feinheit der Bewegungen, die sie uns ermöglicht. Die Hand entpuppt sich als anatomisches Wunderwerk, welches in verwobenen Rückkopplungsschleifen vom Gehirn gesteuert wird. Was im Detail passiert, wenn wir einen Finger beugen, beginnen wir heute zu erahnen. Zum staunenden Zuschauer werden wir, wenn die Hände in die Tasten greifen. Beim Musizieren, der schwierigsten aller motorischen Tätigkeiten, nähern wir uns den Grenzen unseres Wissens.

Diese Grenzen werden auch dann offensichtlich, wenn wir versuchen, künstliche Hände zu konstruieren, die „einfachste" menschliche Fingerfertigkeiten ausführen sollen. Allein die Aufgabe, die Funktion der Muskeln und Sehnen mit Mikromotoren oder Hydraulikzylindern zu imitieren, stellt die Konstrukteure vor gewaltige Schwierigkeiten, ganz zu schweigen von der ausgeklügelten neurologischen Steuerung, die unsere Hände erst zu dem macht, was sie sind. Um einen kleinen Einblick in die im Gehirn waltenden Mechanismen zu erhalten, ist es aufschlußreich, Menschen zu betrachten, die eine ihrer Hände durch einen schicksalhaften Unfall verloren haben. Das Phänomen des Phantomschmerzes (☞ Töpfner/Birbaumer) führt uns die neurologischen Karten und die Plastizität des Gehirns vor Augen.

Im Zusammenhang mit der Frage, wie das Gehirn die Hände steuert, gerät natürlich auch die Händigkeit des Menschen ins Blickfeld. Hat sie etwas mit der besonderen Lateralisierung (Seitigkeit) des menschlichen Cortex (Großhirnrinde) zu tun? Und wenn das Gehirn für die Bewegung unserer Hände so wichtig ist, welche Rolle spielt dann umgekehrt das kindliche Greifen für die Entwicklung unseres Nervensystems? Für die individuelle Entwicklung scheint das Wortspiel vom „Greifen und Begreifen" (☞ Michaelis) nicht zuzutreffen, wie uns Künstler und Intellektuelle ohne Hände lehren. Ganz anders sieht es aber bei der stammesgeschichtlichen Entwicklung des Menschen aus. In diesem Zusammenhang darf mit Fug und Recht darüber spekuliert werden, ob der typisch menschliche Handgebrauch neurologische Strukturen notwendig machte, die dann auch anderweitig genutzt werden konnten, etwa bei der Entwicklung der gesprochenen Sprache. Vielleicht stand am Anfang nicht das Wort, sondern die Handlung! Zugegebenermaßen steckt die Forschung auf diesem Gebiet noch in den Kinderschuhen.

Unzweifelhaft für den wachsamen Beobachter ist jedoch der Einfluß der Hand in den verschiedensten Gebieten der Kultur. So hätte etwa in der Mathematik das unendliche Reich der Zahlen ohne die Hände schwerlich entstehen können. Philosophen und Wissenschaftler, die leichtfertig der Hände Arbeit geringschätzen, müssen sich den Vorwurf der Doppelbödigkeit gefallen lassen. So reden sie beispielsweise über Maßstäbe und Uhren, als hätte es diese und die mit ihnen verbundenen Konzepte von Raum und Zeit schon immer gegeben. Dabei verdanken sich Maßstäbe und Uhren gerade dem Geschick der von den Kopfarbeitern verachteten Klasse. Glücklicherweise ist diese Ignoranz nicht überall in gleichem Maße verbreitet. So wußten Schriftsteller und bildende Künstler den Wert der Hand häufiger zu schätzen – erstere, weil sie uns in der gesprochenen Sprache in den verschiedensten Formen laufend begegnet und gleichzeitig ein wirkungsmächtiges Symbol ist, durch dessen gekonnte Verwendung sich die Dramaturgie eines Textes trefflich steuern läßt, letztere, weil ihr meisterlicher Gebrauch für die Umsetzung einer Idee, einer geistigen Vorstellung, unabdingbar ist. Zu guter Letzt schauen wir dem Volke auf die Finger. Dieses scheint schon immer geahnt zu haben, was die Wissenschaft langsam zu begreifen beginnt; denn in Magie und Mantik spielte die Hand zu allen Zeiten eine zentrale Rolle. Egal wie man diesen obskuren „Künsten" als skeptischer Geist gegenübersteht – betrachtet man sie nüchtern mit dem Auge des Kulturwissenschaftlers, dann offenbart sich gerade in diesem Bereich eine große Wertschätzung für unser handelndes Sinnesorgan.

So ist es also das Anliegen dieses Buches, die Augen für die Wunder der Hand zu öffnen, damit sie als das betrachtet wird, was sie ist, nämlich als Werkzeug des Geistes, und zwar im angesprochenen doppelten Sinne.

*E*inem Experiment beispielloser Grausamkeit verdanken wir die Erkenntnis, daß Neuronen (Nervenzellen) auch etwas mit der Steuerung von Bewegung zu tun haben. Der Anatom Herophilos durchtrennte etwa 300 Jahre vor Christus in Alexandria Strafgefangenen bei lebendigem Leibe Nerven, die aus dem Rückenmark austreten, und notierte akribisch genau die beobachteten sensorischen und motorischen Ausfälle. Während sich von Herophilos ausgehend die Sensorik zu einem Paradepferd der Neurologie entwikkelte, führt die Motorik bis zum heutigen Tage ein beklagenswertes Schattendasein.

Im Zusammenhang mit den Bewegungen der Hand beginnt sich diese Situation langsam zu ändern. Dafür sind zwei Dinge von wesentlicher Bedeutung. Zum einen ist klar geworden, daß die Muskeln keine willfährigen „Erfüllungsgehilfen" des Gehirns sind. Jede Bewegung kommt durch ein filigranes Wechselspiel von Steuerimpulsen der höheren Nervenzentren und sensorischen Rückmeldungen der Muskulatur zustande. Zum anderen wird spekuliert, ob die neurologischen Strukturen, die komplexe Handlungsabläufe möglich machen, das Umfeld schufen, in dem die menschliche Sprache entstehen konnte.

Hand und Hirn

Von Martin Weinmann

Durch die Mauern von Stille und Dunkelheit

»Wir schlugen den Weg zum Brunnen ein. Es pumpte jemand Wasser, und meine Lehrerin hielt mir die Hand unter das Rohr. Während der kühle Strom über meine Hände sprudelte, buchstabierte sie mir in die andere das Wort „water". Mit einem Mal durchzuckte mich ein Blitz (...) des zurückkehrenden Denkens, und das Geheimnis der Sprache lag offen vor mir. Ich wußte jetzt, daß „water" dieses wundervolle Etwas bedeutete, das über meine Hand strömte. Dieses lebendige Wort erweckte meine Seele, und ich verließ den Brunnen voller Lernbegier. Jedes Ding hatte einen Namen und jeder Name gebar einen Gedanken. Als wir ins Haus zurückkamen, schien jedes Objekt vor Leben zu sprühen.«
H. Keller, *Mein Weg aus dem Dunkel.*

Dieses anrührend geschilderte Erlebnis muß ein Schlüsselereignis in der Kindheit Helen Kellers gewesen sein, eines Mädchens, dem ein seltsames Schicksal die üblichen Wege menschlicher Kommunikation und Erkenntnisfähigkeit verbaut hatte.

Jedes normale Kind macht im Laufe seiner Entwicklung die Erfahrung, daß man Repräsentationen von Dingen oder Vorgängen in der Außenwelt Zeichen, gesprochene oder geschriebene Wörter, zuordnen kann und daß diese Zeichen es ermöglichen, mehr über die Welt zu erfahren, sie zu kategorisieren, Konzepte von dieser Welt zu entwickeln und sich mit anderen darüber zu verständigen. Diese Erkenntnis wächst im Laufe der allgemeinen Entwicklung, im Zuge des Spracherwerbs, der taktilen, visuellen und akustischen Auseinandersetzung mit der Welt so allmählich und implizit, daß sie wie selbstverständlich hingenommen und benutzt wird. Wir bedienen uns des Sehens und Hörens – und damit der Möglichkeit zur Kommunikation mittels gesprochener oder geschriebener Sprache, visueller oder akustischer Zeichen – täglich, meist ohne uns der phantastischen Vorteile sprachlicher Kommunikation wirklich bewußt zu werden.

Für Helen Keller lagen die Dinge allerdings anders. Bis zu dem beschriebenen Augenblick waren ihr nahezu alle normalen Kanäle der Kommunikation mit der Außenwelt versperrt. Sie wurde 1880 in Tuscumbia im amerikanischen Bundesstaat Alabama geboren und entwickelte sich zunächst wie jedes andere Kind. Im Alter von 19 Monaten erkrankte sie an einer schweren Hirnhautentzündung, die sie zwar überlebte, die ihr aber Augenlicht und Hörvermögen nahm. Blind und taub hatte sie bis auf ihren Tastsinn praktisch jede Möglichkeit zum Kontakt mit ihrer Umgebung verloren. Gerade erworbene erste sprachliche Fähigkeiten verkümmerten rasch und vollständig. Bis zu ihrem siebten Lebensjahr verfügte sie nur über zwei Gesten, eine für Essen und eine für Trinken, um ihrer Umgebung wenigstens elementarste Bedürfnisse mitteilen zu können. Sie schien wie andere blinde und taube Kinder ihrer Zeit ein Leben in Stille und Dunkelheit fristen zu müssen. Der Mangel an Aufnahme- und Ausdrucksfähigkeit wurde Ende des 19. Jahrhunderts nur allzu leicht mit geringerer Intelligenz verwechselt, und viele ihrer Schicksalsgenossen wurden lebenslang als geistig „Zurückgebliebene" angesehen und behandelt. Wenn nicht zwei glückliche Umstände zusammengetroffen wären, hätte auch sie wohl ihr ganzes Leben in diesem Zustand rudimentärer Existenz verbringen müssen.

Zum einen besaß Helen aufgeklärte und einigermaßen wohlhabende Eltern, die willens und in der Lage waren, sie trotz ihrer verzweifelten Situation zu fördern. Und zum anderen geriet sie im Alter von sieben Jahren an die geniale Hauslehrerin Anne Sullivan, welche sofort begann, Helen parallel zum Ertasten von Gegenständen die dazu passenden Begriffe als Zeichen in die Hand zu schreiben. So kam es schließlich zur oben geschilderten Offenbarung des Geheimnisses der Sprache. Helen, sicher ein eher überdurchschnittlich begabtes Kind, begriff den Zusammenhang zwischen Ding und Zeichen, und von da ab entwickelte sich ihr Spracherwerb nahezu explosionsartig. Einmal das Konzept des Symbols begriffen, nutzte sie zunächst ein Fingeralphabet, eine Übersetzung von Buchstaben in bestimmte Fingerstellungen, die ihr der Gesprächspartner in die Hand legte. Nach zwei Monaten beherrschte sie schon 200 Wörter, nach drei Monaten begann sie, Briefe zu schreiben, und nach wenigen Jahren waren ihre Sprache und ihr Wortschatz, die ihr die fehlenden Sinne ersetzten, reicher als die der meisten sehenden und hörenden Gleichaltrigen. Louis Brailles Blindenschrift, ein System aus Kombinationen erhöhter Punkte auf einer glatten Oberfläche, die Buchstaben kodieren, eröffnete ihr den Zugang zur Welt der Bücher. Schreiben erlernte sie anhand vorgefertigter Schablonen, und später war sie sogar durch Ertasten der Vibrationen ihres Kehlkopfes in der Lage, ein Gespür für den Klang ihrer Stimme zu entwickeln und sich durch Laute zu äußern. Als erste Blinde und als eine der ersten Frauen immatrikulierte sie sich an der Radcliff University und wurde schließlich Schriftstellerin. Ihre Hände waren für sie sowohl "Sender" als auch „Empfänger" von Sprache und wurden ihr wichtigstes Tor zur Außenwelt.

Für Helen Keller wurden mit Hilfe des Tastsinnes also nicht nur konkrete Gegenstände erfahrbar, sondern auch etwas so Abstraktes wie die Sprache. Es ist eine besondere Eigenschaft der Sprache, daß sie mit Symbolen arbeitet. Sie belegt Objekte, Sachverhalte, Eigenschaften oder Vorgänge mit Wörtern. Diese Wörter sind Zeichen konventioneller und oft rein willkürlicher Natur. So wie die Strichcodes im Supermarkt, die für die modernen Registrierkassen Milch, Butter oder Eier eindeutig kennzeichnen, stehen sie meist in keinem substantiellen inneren Zusammenhang zum bezeichneten Gegenstand. Daraus entsteht ein besonderer und herausragender Vorzug der Sprache, nämlich die Übersetzbarkeit. Diese Übersetzbarkeit verschafft der Sprache auch ihre Unabhängigkeit von der Sinnesmodalität. Ursprünglich waren sprachliche Zeichen vermutlich akustisch kodiert, mit der Erfindung von Schrift und Zeichensprachen kamen visuell vermittelte Zeichen hinzu und schließlich, beispielsweise durch die Braille-Schrift, auch haptische.

Wenn die Hände die Rolle der wichtigsten Kommunikationsinstrumente übernehmen müssen, werden die großartigen motorischen und rezeptiven Fähigkeiten der Hand plötzlich augenfällig. Im Alltag benutzen wir die Hände ständig und selbstverständlich, ohne daß wir der komplizierten physiologischen Mechanismen gewahr werden, die hinter den Kulissen agieren und uns ein Werkzeug geben, um unsere Umwelt in einer Weise zu manipulieren, welche im übrigen Tierreich ihresgleichen sucht. Die Hand ist ein Organ der Wahrnehmung wie der Handlung, ein handelndes Sinnesorgan. Schlüsseln wir die Eigenschaften etwas näher auf, die notwendig waren, um Helen Keller ein so erstaunliches Kommunikationsinstrument zu verschaffen.

Das Lesen von Blindenschrift erfordert einen ausgesprochen präzisen Tastsinn – eine hohe Diskriminationsfähigkeit der taktilen Wahrnehmung, wie die Physiologen sagen würden. Davon unabhängig verfügen wir über besondere Mechanismen zur Wahrnehmung von Vibrationen innerhalb bestimmter Frequenzbereiche. Benutzt ein Blinder die Gebärdensprache, muß er über einen ausgeklügelten Mechanismus der Eigenwahrnehmung verfügen, der das Gehirn in jedem Moment über die Stellung von Hand und Fingern im Raum und über die Richtung und Geschwindigkeit von Bewegungen informiert. Auch die Sehenden sind bei den meisten Bewegungen auf diese Fähigkeit zur Eigenwahrnehmung (Propriozeption) angewiesen, da bei vielen Bewegungen die visuelle Kontrolle fehlt oder viel zu langsam wäre, Korrekturen der Bewegung einzuleiten. Exakte und vor allem schnelle Eigenwahrnehmung ist gleichzeitig eine der wichtigsten Voraussetzungen für die erstaunlichen motorischen Fähigkeiten der Hand. Eine elaborierte Gebärdensprache verfügt über mehrere tausend Symbole, die alle durch unterschiedliche Hand- und Fingerstellungen kodiert werden. Eine Unterhaltung mit Gebärden erfordert also ein hohes Maß an Autonomie der Bewegung der Teile der Hand, die Fähigkeit zur Isolation einzelner Finger und außerdem – wenn der Dialog nicht allzu schleppend oder mißverständlich verlaufen soll – eine große Präzision und hohe Geschwindigkeit der Bewegung.

Auf den folgenden Seiten wollen wir eine Reise ins Innere des Körpers unternehmen, um einige der Mechanismen zu beleuchten, die hinter diesen erstaunlichen Fertigkeiten stecken. Dabei wird die enge funktionelle Wechselbeziehung zwischen der Hand und dem Gehirn zu Tage treten, also jenem Organ, das scheinbar das Monopol besitzt, wenn es um die anatomische Heimstatt der Fähigkeiten und Erkenntnisleistungen geht, die als Grundlage menschlicher Kultur gelten. Denn auch entwicklungsgeschichtlich stehen beide Organe in enger gegenseitiger Abhängigkeit, und vielleicht wird am Beispiel der Hand deutlich werden, daß man den Körper nicht länger als bloßes Gefäß unseres Gehirns geringschätzen sollte.

Wahrnehmung – oder die Transformation der Wirklichkeit

Tore zur Welt

Viele Phänomene der Außenwelt werden gleichzeitig mit unterschiedlichen Sinnesmodalitäten wahrgenommen. Wir betrachten erwartungsvoll das fettglänzende Grillwürstchen in unserer Hand, spüren gleichzeitig seine Hitze, die krosse Pelle, ertasten seine geschwungene Form, riechen meterweit den Duft, vernehmen deutlich das knackende Geräusch beim Zubeißen und lassen uns den würzigen Geschmack auf der Zunge zergehen. Die Informationen über das Würstchen sind vielschichtig, und selbst wenn bestimmte Sinnesmodalitäten wegfallen, erkennen wir meist ohne Schwierigkeiten, worum es sich handelt. Dem Hungrigen reicht ein Bild, damit ihm das Wasser im Mund zusammenläuft, und der Blinde wird zwar das fettige Glänzen der aufgeplatzten Wurst nicht kennen, aber dennoch eine sehr genaue Vorstellung, eine innere Repräsentation dessen haben, was er in Händen hält. Die Informationen, die von Gegenständen der Umwelt ausgehen, sind also zum Teil redundant.

Jeder Wahrnehmungsprozeß beginnt mit einem Übersetzungsproblem: Ein physikalischer Reiz muß mit Hilfe eines Rezeptors detektiert, „empfangen" und in die universelle Sprache des Nervensystems übersetzt werden. Im Falle des Sehens sind es die Zellen der Netzhaut oder Retina, die auf elektromagnetische Wellen bestimmter Wellenlänge reagieren; im Ohr werden Schallwellen in elektrische Entladungen übersetzt, Geruch und Geschmackssinn nehmen chemische Reize wahr und der Tastsinn mechanischen Druck. Der Tastsinn vermittelt eine Vorstellung von Form, Größe und Oberflächenbeschaffenheit eines Gegenstandes, und so können wir uns einen Begriff von dem machen, was wir in Händen haben. Wie funktioniert dieser Tastsinn, der so Erstaunliches zu leisten vermag, und wie kommt die ertastete Information ins Gehirn?

Die Rezeptororgane des Tastsinnes (Mechanorezeptoren) sind kleine, unterschiedlich spezialisierte Zellen oder Zellverbände, die unter Druck verformt werden und die mechanische Verformung in eine elektrochemische Reaktion umsetzen. Neben diesen Tastkörperchen verfügt die Haut noch über eine Reihe weiterer Rezeptoren, die sich auf die Wahrnehmung von Temperatur (Thermorezeptoren) oder Schmerz (Nocizeptoren) spezialisiert haben, auf die hier allerdings nicht näher eingegangen werden soll. Alle diese Rezeptororgane sitzen in unterschiedlicher Dichte in der Haut und sind auf der gesamten Körperoberfläche verteilt.

Der Tastsinn ist also kein Privileg der Hand, und doch gibt es zwei Gründe, warum gerade die Berührungssinne der Hände eine entscheidende Bedeutung für die menschliche Entwicklung haben. Der erste Grund ist rein quantitativer Natur. Fast nirgendwo sonst auf der Körperoberfläche hat der Tastsinn ein ähnlich hohes räumliches Auflösungsvermögen wie im Bereich der Hände und Finger. Das bedeutet, daß fast nirgendwo sonst die Tastkörperchen in ähnlich hoher Dichte sitzen. Kein Blinder könnte mit seinen Füßen die Blindenschrift von Braille in der üblichen Größe lesen. Diese hohe Rezeptordichte in der Hand ist ein evolutionsgeschichtlich recht junges Phänomen und spiegelt sich, wie wir später sehen werden, in einer im Vergleich zu anderen Körperteilen, aber auch zu anderen Tieren, überdimensionierten Repräsentation der sensorischen Handareale im Großhirn wider. Der zweite Grund hängt mit den feinmotorischen Qualitäten der Hand zusammen. Die Verbindung von hochempfindlichem Tastsinn mit motorischer Präzision und Autonomie der Bewegung ermöglicht das aktive Abtasten und Manipulieren von Gegenständen und macht die Hand so nicht nur zum bedeutendsten taktilen Werkzeug des Menschen, sondern auch zum wichtigsten Instrument, unsere Umgebung zu gestalten.

Druck auf die Hand bewirkt eine mechanische Verformung der Tastkörperchen in der Haut. An jeden dieser Rezeptoren des Tastsinnes ist die Faser einer Nervenzelle gekoppelt. Das Tastkörperchen ist in der Lage, die mechanische Verformung in elektrische Erregung umzusetzen und diese auf die Nervenfaser zu übertragen. Die Verformung bewirkt die Öffnung von Proteinkanälen in der Zellmembran des Rezeptors. Es kommt dadurch zum Einstrom positiv geladener Kalium- und Natriumionen in das primär negativ geladene Zellinnere. Druck und Ausmaß der Ladungsänderung sind einander proportional. Ist die Veränderung des elektrochemischen

Milieus stark genug, wird die Faser der nachgeschalteten Nervenzelle, des primären sensorischen Neurons oder Rezeptorneurons, im Bereich ihrer sogenannten Triggerzone erregt. Die Zelle „feuert", und der Reiz wird weitergeleitet.

> *Wie funktioniert die Kommunikation im Nervensystem?*
>
> Die elektrochemischen Entladungen stellen die universelle Sprache dar, in der die Zellen des Nervensystems Informationen übertragen. Die Nervenzelle und ihre Ausläufer liegen eingebettet in einem Milieu, das unter anderem Natrium-, Kalium-, Calcium- und Chloridionen sowie eine Reihe größerer elektrisch geladener Moleküle enthält. Das Innere der Zelle ist von diesem Außenmilieu durch eine Membran getrennt. Die Zellmembran hat eine hochkomplizierte Struktur, welche sehr unterschiedliche Durchlässigkeit für die verschiedenen Bestandteile außerhalb und innerhalb der Zelle besitzt. In die Membran sind Pumpen eingelagert, die permanent Arbeit leisten, um vor allem Natrium aus der Zelle hinaus und Kalium in die Zelle hinein zu befördern. Die selektive Durchlässigkeit der Membran und die Tätigkeit der Pumpen führen also dazu, daß bestimmte Ionen innerhalb und außerhalb der Zelle in verschiedenen Konzentrationen vorliegen. Diese besondere Verteilung der Teilchen hat eine elektrische Spannung von etwa 70 Millivolt zur Folge, die man als „Ruhemembranpotential" oder kurz „Ruhepotential" bezeichnet.
>
> Eine ruhende Nervenzelle ist also wie eine gespannte Armbrust sofort bereit zu feuern, wenn ein Ereignis eintritt, das die Arretierung löst und das Ruhemembranpotential zusammenbrechen läßt. Neben den Ionenpumpen verfügt die Membran noch über Ionenkanäle, die in Ruhe geschlossen sind, aber bei passenden Reizen durchlässiger werden. Ist der Reiz stark genug (überschwellig), öffnen sich die Kanäle vollständig und das Ruhepotential bricht zusammen. Ein Aktionspotential entsteht.
>
> Binnen etwa einer Millisekunde verringert sich aber die Durchlässigkeit der Membran wieder, die Ionenpumpen nehmen ihre Arbeit erneut auf, um die alten Konzentrationsverhältnisse wiederherzustellen. Ein weiteres Ruhepotential wird aufgebaut. Für diese Zeit ist die Zelle unempfindlich (refraktär) für eine neue Erregung; sie kann daher in der Regel nicht häufiger als etwa 200mal pro Sekunde feuern. Das von einem Rezeptor oder einer vorgeschalteten Nervenzelle ausgelöste Aktionspotential bleibt nicht lokal begrenzt, sondern pflanzt sich – wie eine Reihe fallender Dominosteine – über die Zelle bis zur Nervenendigung fort.

> Am Ende einer Nervenfaser, beim Übergang auf die nächste Nervenzelle befindet sich die sogenannte Synapse. Eine Synapse besteht aus dem knospenartigen Ende der präsynaptischen Nervenfaser, einem Spalt zwischen den Zellen und der Auftreibung der postsynaptischen Faser der nächsten Zelle. Am präsynaptischen Ende wird die Anzahl der eintreffenden Aktionspotentiale pro Zeiteinheit aufsummiert. Proportional zu der Anzahl eingegangener Signale wird dann eine bestimmte Menge kleiner chemischer Überträgerstoffe, sogenannter Transmitter, in den Spalt zwischen den Zellen freigesetzt. Auf der „Gegenseite" an der postsynaptischen Membran der nächsten Zelle sitzen Rezeptormoleküle, in die der Transmitter paßt wie ein Schlüssel ins Schloß. Ein Rezeptor ist dabei immer spezifisch für eine ganz bestimmte Art von Transmitter. Den Rezeptoren sind wiederum Ionenkanäle direkt oder indirekt nachgeschaltet, die sich öffnen, wenn genügend Rezeptoren mit Transmittern besetzt sind. Die Synapsen sind demnach nicht nur Überträger, sondern auch Filter von Information. Hinzu kommt, daß es in Abhängigkeit vom jeweiligen Transmitter grundsätzlich nicht nur erregende (exzitatorische) Wirkungen auf die nachgeschaltete Zelle geben kann, sondern auch hemmende (inhibitorische). Exzitatorische Nervenzellen erhöhen, wenn sie feuern, also die Wahrscheinlichkeit der Erregung der ihr nachgeschalteten Neuronen, inhibitorische Neuronen dagegen setzen die Wahrscheinlichkeit herab.
>
> Die Stärke der exzitatorischen oder inhibitorischen Beziehung zwischen zwei verschalteten Neuronen ist keine unveränderliche Größe. Sowohl die Menge des ausgeschütteten Transmitters pro Aktionspotential als auch die Empfindlichkeit der Rezeptoren der postsynaptischen Membran kann sich in Abhängigkeit von vielen Faktoren, wie zum Beispiel der Häufigkeit der Aktivierung oder auch dem Muster der Koaktivierung weiterer mit diesen Zellen verschalteter Neuronen, verändern. Die Veränderungen von Verbindungsstärken zwischen Synapsen sind eine wichtige Grundlage für Lern- und Informationsverarbeitungsvorgänge im Nervensystem.

Etwa um 1920 wurde der Kode der Nervenzellen geknackt. Es zeigte sich, daß er universell im Nervensystem gilt, unabhängig davon, ob Information über Licht, Schall, Druck oder Wärme vermittelt werden soll. Und damit stehen wir vor einem neuen Problem. Wie werden die verschiedenen Merkmale eines speziellen Reizes kodiert? Jeder Wahrnehmungsreiz beinhaltet unterschiedliche Dimensionen, die übersetzt werden müssen. Neben der Reizqualität, im Falle des Tastsinnes mechanischer Druck, müssen dem Gehirn auch die Reizdauer, die Lokalisation des Reizes und seine Intensität übermittelt werden.

Aktionspotentiale gleichen sich wie ein Ei dem anderen. Sie entstehen nach dem Alles-oder-Nichts-Prinzip: Ist ein Reiz überschwellig, feuert die Zelle, wenn nicht, dann nicht. Eine Möglichkeit, trotzdem unterschiedliche Intensitäten zu kodieren, liegt in der Entladungsfrequenz. Stärkere Reize erzeugen höherfrequente Salven von Aktionspotentialen als schwache Reize. Diese Form der Reizkodierung hat eine natürliche obere Grenze in der Erholungszeit, die eine Faser braucht, bis sie ein zweites Mal feuern kann. Eine zusätzliche Möglichkeit liegt in der Rekrutierung der Zahl von Neuronen. Starke Stimuli aktivieren in der Regel mehr Rezeptoren gleichzeitig als schwache, was dann weiter zentral als höhere Intensität registriert wird. Diese Frequenz- und Populationskodes werden im übrigen auch verwendet, wenn es gilt, die Kraft einer Bewegung zu kontrollieren. Sowohl die Zahl rekrutierter Muskelfasern als auch die frequenzkodierte Intensität der Kontraktion der einzelnen Fasern bestimmen die Stärke der Muskelkontraktion. Aber davon später mehr.

Die Kodierung der Reizdauer scheint banal. Solange der Reiz einwirkt, feuert das Neuron. Aber gerade im Fall des Tastsinnes liegen die Dinge etwas komplizierter. Konstante mechanische Reize werden nämlich im Lauf der Zeit uninteressant, vielleicht sogar lästig. Selbst der treueste Ehemann nimmt den Ring an seinem Finger mit der Zeit nicht mehr wahr. Das Phänomen, das dahintersteckt, nennt man Rezeptoradaptation. Alle sensorischen Systeme adaptieren in gewissem Ausmaß, das heißt sie passen sich konstanten Reizen an. Die Haut verfügt über vier unterschiedliche Typen von Rezeptoren für Berührungsempfindung: die sogenannten Merkelzellen, die Meißnerschen Körperchen, die Ruffini-Körperchen und die Pacini-Körperchen. Diesen Rezeptoren sind Nervenfasern mit unterschiedlichen Adaptationsgeschwindigkeiten nachgeschaltet. Schnell adaptierende Fasern antworten bei kurzfristigen Veränderungen. Langsam adaptierende feuern über die gesamte Reizdauer hinweg. Die Dauer eines Reizes läßt sich also an der Antwort der langsam adaptierenden Fasern erkennen, Beginn und Ende können durch schnell adaptierende Fasern markiert werden. Die Adaptation wirkt wie ein Signalfilter, der Merkmale herausselektiert, die mit den gleichmäßigeren Komponenten eines Reizes zusammenhängen, und lenkt die Aufmerksamkeit vor allem auf die Veränderung.

Die Rezeptoren unterscheiden sich nicht nur im Hinblick auf die Adaptationsgeschwindigkeit, sondern auch durch die Größe des versorgten Hautareals, ihres „rezeptiven Feldes". Merkelzellen haben langsam adaptierende Fasern und relativ kleine rezeptive Felder. Ebenfalls langsam adaptierend sind die Fasern der Ruffini-Körperchen, allerdings versorgt ein Rezeptor ein größeres rezeptives Feld. Die Meißner-Körperchen und die Pacini-Körperchen sind die beiden schnell adaptierenden Rezeptortypen, wobei die Meißner-Körperchen mit einem kleinen, die Pacini-Körperchen mit einem großen rezeptiven Feld verbunden sind. Alle vier verfügen also über verschiedene, nur teilweise überlappende Fenster zur Wirklichkeit und haben hier ganz eigene Stärken. Merkelzellen sprechen optimal auf punktuellen, aber relativ konstanten Druck an, Meißner-Körperchen auf Antippen, Ruffini-Körperchen eher auf langsame Dehnung größerer Hautareale und Pacini-Körperchen auf rasch wechselnde Reize wie Vibration. Je kleiner die rezeptiven Felder sind, desto besser ist die Wahrnehmung der räumlichen Details eines Reizes. Der Gesamteindruck der Berührung wird allerdings meistens durch das Zusammenspiel aller vier Rezeptortypen erreicht.

Schon in der Hand selbst ist der Wahrnehmungsvorgang nicht allein ein Übersetzen der Realität in die Sprache des Nervensystems, sondern bereits ein Selektions- und Interpretationsvorgang. Die Lokalisation eines Tastreizes wird danach bestimmt, welche rezeptiven Felder betroffen sind. Der Rezeptor kann nur aktiviert werden, wenn der Reiz innerhalb seines rezeptiven Feldes liegt. Die Größe des Feldes bestimmt die räumliche Auflösung der Wahrnehmung. Entscheidend für die Lokalisierung eines Reizes und die Wahrnehmung seiner räumlichen Binnenstruktur ist aber auch, daß die räumlichen Beziehungen auf dem Weg ins Gehirn und bei seiner weiteren Verarbeitung im Gehirn nicht verlorengehen. Wir werden später sehen, daß dieses Prinzip des rezeptiven Feldes zwar modifiziert, aber auch auf den höheren Ebenen neuronaler Verschaltung im Grundsatz beibehalten wird. Man bezeichnet diese Erhaltung der räumlichen Beziehungen auch als Somatotopie.

Am rätselhaftesten ist schließlich das scheinbar Selbstverständlichste, die Reizmodalität. Alle Sinnesrezeptoren, nicht nur die Mechanorezeptoren des Tastsinnes, besitzen die Eigenschaft der Rezeptorspezifität. Das bedeutet, sie besitzen eine maximale Sensitivität für eine bestimmte Reizintensität und vor allem für eine bestimmte Reizqualität. Tastkörperchen reagieren auf Veränderungen des Druckes, Geruchsrezeptoren auf chemische Stoffe und die Photorezeptoren des Auges auf einen bestimmten Ausschnitt des Spektrums elektromagnetischer Wellen. Doch jenseits der Wahrnehmung durch den Rezeptor – nachdem der physikalische Reiz durch den gleichmacherischen Prozeß der Reiztranslation in Muster von Aktionspotentialen übersetzt worden ist – ist ihm scheinbar jede Beziehung zur ursprünglichen physikalischen Reizqualität verlorengegangen. Ein Muster von Aktionspotentialen, abgeleitet von einer Faser des Sehnervs, ist grundsätzlich durch nichts von einem Frequenzmuster eines sensorischen Neurons des Tastsinnes zu unterscheiden. Das Gehirn kann nur aus der Herkunft des eingehenden Signals auf seine Ursache schließen: Ein Reiz wird als Berührung interpretiert, wenn sein Erregungsmuster von den Rezeptoren stammt, die Berührung detektieren können, oder er wird als visuelle Information interpretiert, wenn er von den Bahnen übermittelt wird, die aus den Lichtrezeptoren des Auges entspringen. Wie sehr die scheinbar objektiven Kategorien Bild, Klang oder Berührung eigentlich rein subjektive Konstruktionen des Gehirns sind, wird erst deutlich, wenn die topologische Zuordnung durcheinandergerät.

Photorezeptoren sind gebaut, um sichtbares Licht wahrzunehmen. Diese elektromagnetischen Wellen bestimmter Länge sind das eigentliche Korrelat eines visuellen Eindrucks in der physikalischen „Realität" der Außenwelt. Andere Reizarten wie extreme mechanische Reize können jedoch, wenn sie stark genug sind, Photorezeptoren ebenfalls zur Depolarisation bringen. So kommt es, daß der arme Boxer nach dem Volltreffer aufs Auge tatsächlich Sternchen sieht. Er spürt den Treffer des Gegners nicht nur, sondern er sieht ihn im wortwörtlichen Sinne als Lichtblitz. Noch seltsamer wird die Geschichte, wenn die Zuordnung der Reizqualitäten im Gehirn selbst durcheinandergerät. Tatsächlich gibt es Menschen, die Töne oder Geräusche als Farben sehen. Dieses Phänomen wird als Synästhesie (Mitempfinden) bezeichnet. Bei den betroffenen Menschen ist die Zuordnung zur richtigen Reizqualität gestört.

Soviel zur Hand als Sinnesorgan, als Schnittstelle zwischen äußerer und innerer Welt.

Positionsbestimmung

Wir haben gesehen, wie die Hand die Wahrnehmung der äußeren Welt vermittelt. Um aber ein weiteres Problem sensorischer Wahrnehmung klarzumachen, versetzen wir uns kurz in die Lage eines blinden Musikers. Man denke etwa an Ray Charles oder Stevie Wonder. Der Tastsinn, so wie wir ihn bisher kennengelernt haben, vermittelt zwar ein Gespür für die Oberfläche, die Empfindung von glatt, rauh, spitz oder stumpf, aber keine Vorstellung von Form, Dimension und Stellung im Raum. Auch ein blinder Geiger muß die Gestalt seines Instruments erfassen und seine Position im Raum kontrollieren können. Er braucht eine Vorstellung von Abmessung und Proportionen, um seine Griffe richtig zu setzen und mit dem Strich des Bogens die richtigen Saiten zu treffen. Diese Vorstellung kann nur durch einen Mechanismus zur Wahrnehmung der inneren Welt des Körpers, durch „Propriozeption", vermittelt werden. Erst die Integration von Berührungssinn, Eigenwahrnehmung und Wahrnehmung der Eigenbewegung ermöglicht die räumliche Vorstellung eines dreidimensionalen Gegenstandes. Das Zusammenspiel dieser Sinnesleistungen ist die Grundlage taktilen Erkennens.

Das Wissen um die augenblickliche Position der Gliedmaßen und die Wahrnehmung der eigenen Bewegungen (kinästhetische Wahrnehmung), sind die notwendigen Bedingungen für alle Formen zielgerichteter Handlungen. Ein Großteil der im Alltag verrichteten Bewegungen vollzieht sich auch bei Sehenden ohne visuelle Kontrolle. Jeder benutzt diese Fähigkeit täglich, wenn er gedankenverloren im Café sitzt und der hübschen Kellnerin nachblickt, während er seine Zigarette dreht oder sein Pfeifchen stopft. Kein Geiger muß dem Tanz seiner Finger auf den Saiten mit den Augen folgen, und jeder Broker hat die Augen im Börsenteil, während er sich in der knappen Mittagspause die derangierte Krawatte wieder zurechtrückt. Das Beispiel des blinden Musikers dient also lediglich als „experimenteller Beleg", um die Möglichkeit zur visuellen Kontrolle von vornherein auszuschließen. Interessant ist die Bedeutung des aktiven Abtastens für die taktile Wahrnehmung von Formen: Jeder kennt die Ausstechformen, mit denen an Weihnachten Berge von Plätzchen in Form von Kugeln, Tannenbäumen, Sternen, Monden oder Weihnachtsmännern gebacken werden. Lassen Sie sich die Augen verbinden und dann nacheinander ein paar dieser Plätzchenformen in die Hand geben. Fahren Sie vorsichtig die Kanten ab und versuchen Sie zu erraten, um welche Ausstechform es sich handelt. In der Regel eine leichte Übung. Jetzt die zweite Variante: passives Berühren. Ihre Hand wird jetzt zum Plätzchenteig. Ihr Gegenüber soll Ihnen die Formen ohne weitere Bewegung lediglich mit sanftem Druck in die Handfläche drücken. Die Fähigkeit zur Formwahrnehmung wird deutlich schlechter werden.

Wie funktioniert die Wahrnehmung von Eigenbewegung? Jedes Gelenk in Arm und Hand wird von Gruppen antagonistischer Muskeln – Beuger, Strecker oder Rotatoren – bewegt. Dabei bestimmt der augenblickliche Kontraktionsgrad, also das Aktivierungsverhältnis aller am Gelenk ansetzenden Muskelgruppen, die Winkelstellung. Die Winkelstellungen der Gelenke der Hand und des Armes zueinander liefern eine vollständige Information über die Position der Hand im Raum, wie weit sie geöffnet ist, wie die Finger zueinander stehen und so weiter. Die Muskeln besitzen zwei Typen sensorischer Rezeptoren, die das Gehirn ständig mit Informationen über Änderungen von Muskellänge und Muskelspannung versorgen. Innerhalb der Muskeln liegen parallel zu den Muskelfasern die Muskelspindeln, Dehnungsrezeptoren, die bei Dehnung oder Kontraktion der Muskeln gestreckt oder gestaucht werden. An der Grenze zwischen Muskel und Knochen, am Sehnenansatz befindet sich der zweite Typ von Rezeptoren, die Golgi-Sehnenorgane (Abbildung 1.1).

Muskelspindeln sind, wie der Name sagt, längliche spindelförmige Gebilde. Zwei Arten sensorischer Nerven, die primären oder Typ-Ia-Fasern und die sekundären oder Typ-II-Fasern, ziehen von jeder Spindel ins Ge-

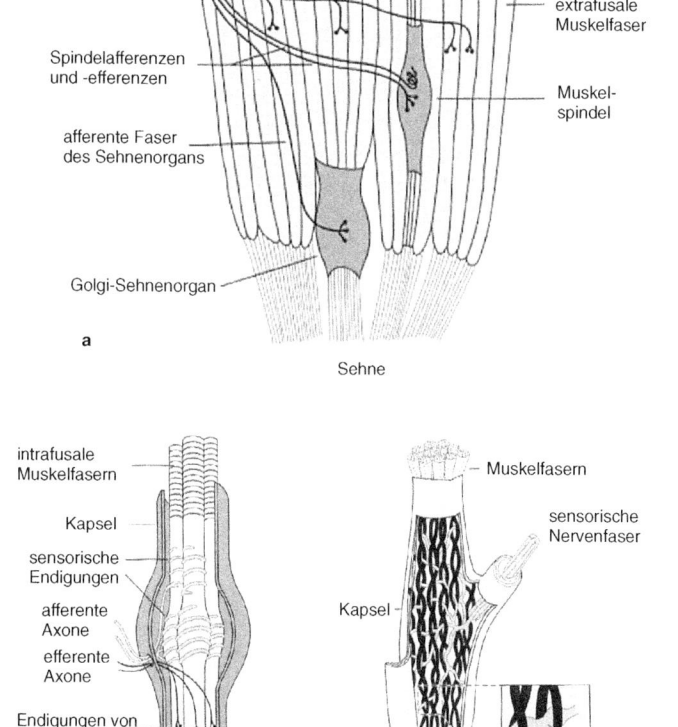

1.1 Die Wahrnehmung von Eigenbewegung erfolgt über sensorische Rezeptoren im Skelettmuskel (a). Ausschnitt (b): Muskelspindel; Ausschnitt (c): Golgi-Sehnenorgan.

hirn. Innerhalb der Spindel befinden sich spezielle „intrafusale" Muskelfasern, die von motorischen Nervenenden, den γ-Motoneuronen versorgt werden. Die primären Fasern der Muskelspindel (Typ Ia) reagieren sehr empfindlich auf hohe Bewegungsgeschwindigkeiten, das heißt, sie feuern vor allem während des dynamischen Teils einer Muskelkontraktion. Die sekundären Fasern (Typ II) registrieren vor allem statische Spannung. Die parallele Anordnung von Muskelspindeln und extrafusaler Muskulatur wirft allerdings ein Problem auf. Ohne einen Mechanismus zur Angleichung an den aktuellen Grad der Kontraktion würden die Spindelfasern bei zunehmender Verkürzung des Muskels immer mehr erschlaffen, so daß sie im Laufe einer Kontraktion irgendwann einfach aufhören würden zu feuern. Das bedeutet, ausgerechnet im Moment der Bewegung stünde dem Gehirn keine Information über Dehnungsgrad und Muskellänge zur Verfügung. Bei einer willentlichen Muskelkontraktion werden aber nicht nur die „normalen" (extrafusalen) Muskelfasern aktiviert, sondern parallel dazu über die γ-Motoneuronen auch die intrafusalen Fasern in der Spindel, die die Aufgabe haben, die Spannung der Spindel in Relation zur Muskellänge ständig nachzujustieren.

Golgi-Sehnenorgane sind schlanke, ebenfalls von einer Kapsel umgebene Gebilde; sie kommen am Übergang von Muskeln zu Sehnen vor. Im Inneren der Kapsel bilden Kollagenfasern, das Material aus dem die Sehnen bestehen, ein dichtes Geflecht. Die Maschen dieses Netzwerks sind von sensorischen Nervenfasern (Typ Ib) durchzogen. Bei Dehnung werden die Fasern des Kollagengeflechts wie die Maschen eines Einkaufsnetzes in die Länge gezogen, die eingewobenen sensorischen Nervenenden werden gedehnt und feuern. Dieser Mechanismus ist außerordentlich empfindlich und kommt in Gang, sobald sich der Zug auf die Sehnen erhöht. Die zum Muskel in Serie geschalteten Golgi-Organe vermitteln sowohl bei Kontraktion als auch bei statischer Anspannung ein Gefühl für die Kraft, die ein Muskel momentan ausübt. Beim Armdrücken zweier gleich starker Seeleute würden diese Rezeptoren maximal feuern, ohne daß eine wesentliche Bewegung des Armes stattfände. Muskelspindeln und Sehnenorgane liefern dem Gehirn also sich ergänzende Informationen über den mechanischen Zustand eines Muskels, seine Länge, seine Spannung, wie auch über die Geschwindigkeit der Längenänderung.

Der Weg ins Hirn

Informationen über Stärke, Lokalisation, Intensität und Dauer einer Berührung, über Handhaltung, Richtung und Kraft von Bewegungen werden in den Tastkörperchen, Muskel- und Sehnenspindeln der Hand generiert und dem Hirn in der ihm verständlichen Sprache mitgeteilt. Wie sieht nun die zweite Seite der Medaille aus? Wie gelangt die Information ins Hirn, und auf welche Weise wird der taktile und kinästhetische Input der Hand im Gehirn repräsentiert?

Auf dem Weg, den die Information über kinästhetische Wahrnehmung und Tastsinn ins Großhirn nimmt, gibt es nur drei synaptische Schaltstellen zwischen Körperperipherie und Großhirnrinde (Abbildung 1.2). Die Fasern der primären sensorischen Neuronen bilden dicke Bündel, die peripheren Nerven, die den Arm entlangziehen bis zum Zellkörper des Rezeptorneurons im Bereich der hinteren Spinalwurzel kurz vor dem Eintritt ins Rückenmark. Von dort wird die Erregung über die zentralen Fortsätze der Spinalganglienzellen bis zur ersten Schaltstelle im Bereich zweier Nervenzellhaufen (Nucleus cuneatus, Nucleus gracilis) im Hirnstamm weitergeleitet. Diese Schaltstellen oder Relaiskerne enthalten Projektions- oder Relaisneuronen, die über ihre zentralen Axone mit der folgenden Station verbunden sind. In den Hirnstammkernen wird die Information zunächst über Synapsen umgeschaltet. Die Fasern dieser beiden Nervenzellkerne steigen weiter kopfwärts, kreuzen in einer Struktur, die mediale Schleife genannt wird, auf die Gegenseite und ziehen weiter bis zum Thalamus. Im Nucleus ventralis posterolateralis des Thalamus, einer Ansammlung von Nervenzellen an der Basis des Großhirns, liegt die zweite synaptische Verschaltung. Von dort laufen die sensorischen Bahnen weiter bis zur dritten Umschaltung und weiteren Verarbeitung im Gyrus postcentralis, einem Rindenareal des Großhirns, dem primären sensorischen Cortex.

Die genannten Verbindungen sind mehr als ein einfaches Kabel, das die Information lediglich transportiert. Die Lagebeziehungen zwischen den ursprünglichen rezeptiven Feldern in der Haut bleiben zwar erhalten, aber benachbarte Gruppen von primären sensorischen Neuronen konvergieren oft auf den nachgeschalteten Neuronen der folgenden Relaisstation. So kann das rezeptive Feld eines Projektionsneurons die Summe zweier oder mehrerer rezeptiver Felder von primären sensorischen Neuronen darstellen. Je weiter wir diese Bahn also ins Zentrum verfolgen, desto komplexere rezeptive Felder entstehen. Zusätzlich zu der seriellen Verschaltung und zur Konvergenz auf das jeweils übergeordnete Neuron existieren auch divergierende Verbindungen zu den nächsten Schaltstellen sowie Verbindungen zu parallel geschalteten exzitatorischen und inhibitorischen Interneuronen. Außerdem sind die Zellen der Relaisstationen außer mit den nachgeschalteten Zellen der nächsten Station auch mit benachbarten Zellen derselben Schaltstation verknüpft. Die Aktivitätsmuster der meisten Projektionsneuronen unterscheiden sich von denen der primären sensori-

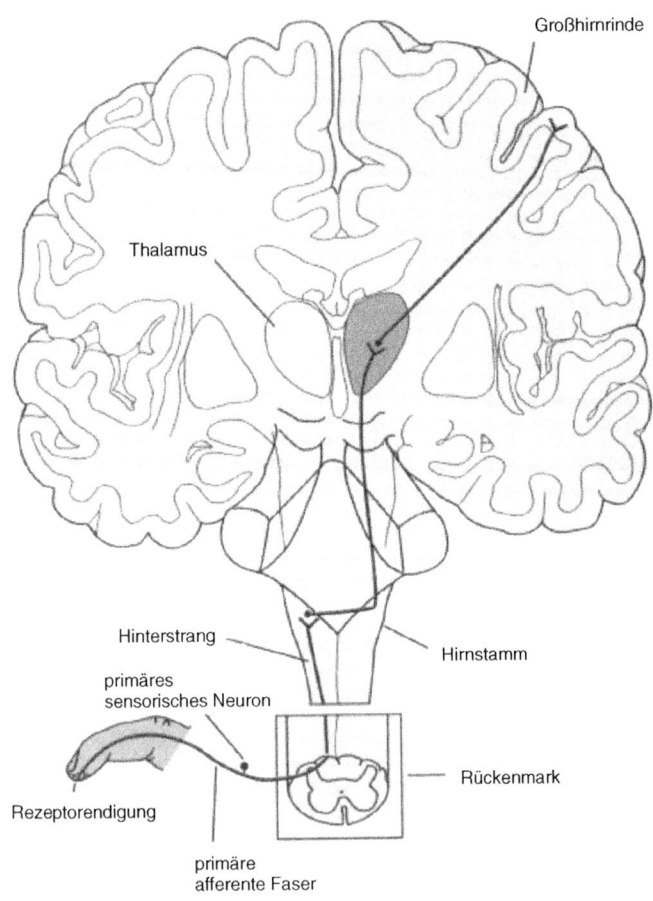

1.2 Sensorische Bahnen: neuronale Verbindungen von den Rezeptororganen der Hand zur Großhirnrinde.

schen Neuronen. Die ganze Verbindung zum Gehirn gleicht also eher einem Netzwerk als einem Kabel, in dem die sensorische Information ins Hirn nicht nur weitergeleitet, sondern auch transformiert und interpretiert wird.

Ein schönes Beispiel für die Modulation sensorischer Information auf dem Weg ins Hirn ist die Kontrastierung. Hinter diesem schwierigen Wort verbirgt sich ein eleganter Mechanismus, der nicht nur einige der Probleme löst, die durch die komplizierten Verschaltungsstrukturen entstehen, sondern auch die Trennschärfe zwischen einzelnen Wahrnehmungsreizen erhöht. In der Regel denkt man bei Kontrastierung an ein optisches Phänomen, und tatsächlich wurde dieses Prinzip zuerst im visuellen System eines recht einfachen Tieres, nämlich beim Pfeilschwanzkrebs *Limulus*, entdeckt. Aber auch der menschliche Tastsinn bedient sich dieses Tricks, der letztlich dazu dient, zwei Reize besser voneinander unterscheiden zu können. Oben wurden bereits die konvergenten wie auch die divergenten Verschaltungen auf die jeweils übergeordneten Stationen erwähnt. Nun erregen die primären sensorischen Neuronen, die im Zentrum des neuen rezeptiven Feldes der übergeordneten Nervenzelle stehen, ihre nachgeschaltete Zielzelle am effektivsten. Der Einfluß der weiter außen am Rand des Feldes gelegenen Zellen ist geringer. Um diesen Erregungsgradienten von innen nach außen weiter zu verstärken, bilden die Rezeptorneuronen noch Verbindungen zu inhibitorischen Interneuronen, die wiederum vor allem die schwachen Einflüsse der peripher gelegenen Rezeptorneuronen im rezeptiven Feld des nächsten Relaisneurons hemmen, nicht aber den kräftigeren Einfluß der Rezeptorneuronen aus dem Zentrum des Feldes. Dadurch wird das rezeptive Feld der Relaisstation auf sein Zentrum hin fokussiert, Kontraste und Kanten werden betont (Abbildung 1.3). Die zentralen Enden der Neuronen sind jedoch nicht nur mit einer, sondern mit mehreren Zellen der folgenden Schaltstation verknüpft. Wenn diese Divergenz der Verschaltungen auf die nächste Ebene nicht irgendwie begrenzt würde, stiege die Anzahl der aktiven Nervenzellen mit höherer Verarbeitungsebene immer weiter an. Eine solche Zunahme führte dann zum Verlust an Unterscheidungsfähigkeit, und unterschiedlichste periphere Reize würden die Zellen im Cortex sehr unspezifisch aktivieren. Dieser Diffusion von Erregung wirkt die laterale Inhibition entgegen. Wenn eine Zelle feuert, aktiviert sie die ihr direkt nachgeschaltete Zelle der nächsten Ebene. Gleichzeitig hemmt sie über inhibitorische Interneuronen, benachbarte Zellen derselben Ebene. Dieser Mechanismus wird auch Feedback-Hemmung genannt. Außerdem können über Kollateralen auch die benachbarten Zellen der Zielzellen der nächsten Ebene gehemmt werden. Diese Vorwärts- oder Feedforward-Hemmung verschafft demjenigen primären sensorischen Neuron einen zusätzlichen Vorteil auf dem beschwerlichen Weg ins Gehirn, das zu Beginn das kräftigste Signal gab. Denn sie unterdrückt nach und nach die Botschaften direkt konkurrierender Nachbarzellen und hebt die Stimme, die schon zu Beginn des neuronalen Konzerts am lautesten geklungen hat, noch klarer hervor.

32 Die Hand – Werkzeug des Geistes

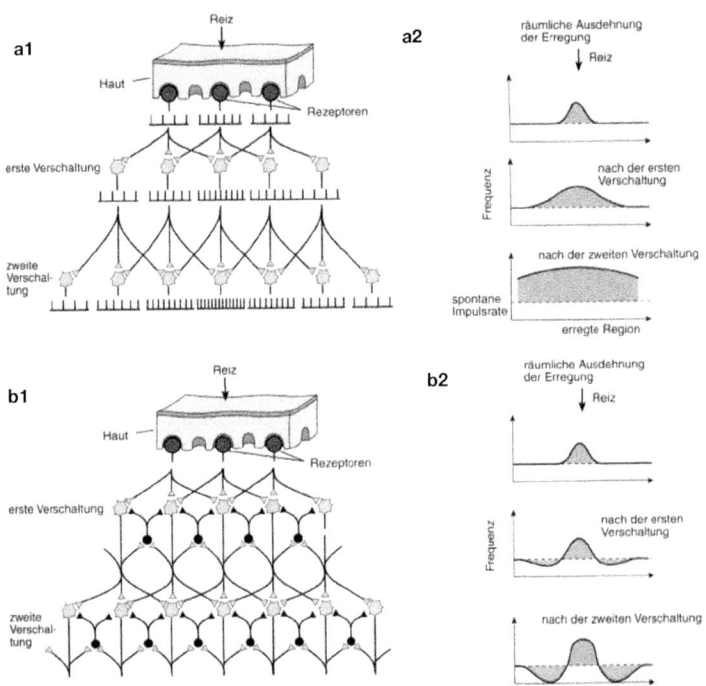

1.3 Verschaltungsmuster der aufsteigenden sensorischen Bahnen, laterale Inhibition, Feedback- und Feedforward-Hemmung. Teilbild a1: Divergente Verschaltung von primären und sekundären sensorischen Neuronen auf jeweils drei nachfolgende Neuronen der nächsten Ebene ohne Interneuronen, die benachbarte Zellen hemmen; a2: Effekt: Verlust räumlichen Unterscheidungsvermögens; b1: tatsächliches Verschaltungsmuster mit Interneuronen; b2: Effekt dieses Verschaltungsmusters auf die Erhaltung der räumlichen Fokussierung des Reizes.

Am Beispiel dieser Modulationen wird deutlich, daß dem Gehirn kein Abbild der physikalischen Ereignisse, mit denen die Hand konfrontiert wird, zugänglich ist, sondern lediglich bereits in hohem Maße selektierte und vorverarbeitete Information. Doch damit nicht genug. Das Hirn selbst kann durch „distale Inhibition", über absteigende erregende und hemmende Fasern, ebenfalls in diesen Transportweg eingreifen und so die Weichen nach seinen Bedürfnissen ständig neu stellen.

Der sensorische Homunculus und andere Landkarten

Zu Beginn des 19. Jahrhunderts gelangte der deutsche Arzt Franz Gall mit der Begründung der „Phrenologie" zu erheblicher Popularität. Er erreichte in Gelehrtenkreisen wie auch beim wissenschaftlich interessierten Laienpublikum zeitweise einen Bekanntheitsgrad, der den heute wesentlich geläufigerer Zeitgenossen wie Charles Darwin oder Georges Cuvier deutlich überstieg. Die Grundidee seiner Lehre wird bereits in dem etwas umständlichen Titel seines Hauptwerkes deutlich: *Vorlesungen über die Verrichtungen des Gehirns und die Möglichkeit, die Anlagen mehrerer Geistes- und Gemütseigenschaften aus dem Bau des Schädels der Menschen und der Tiere zu erkennen.*

Gall war der Meinung, daß bestimmte Eigenschaften und Fähigkeiten im Gehirn immer in ganz bestimmten und von Individuum zu Individuum reproduzierbaren Orten lokalisiert seien. Leider schoß er etwas über sein Ziel hinaus. Nicht nur, daß er im Schädelabdruck die geeignete Methode sah, Größe, Bedeutung und Leistungsfähigkeit einzelner Hirnregionen für das einzelne Individuum zu beurteilen, er trieb seine Theorie vor allem dadurch auf die Spitze, daß er sich in konkreteste Details verstieg: selbst Eigenschaften wie Vaterlandsliebe, Selbstmordneigung, Mitgefühl oder Neigung zur Delinquenz wollte er aus der Schädelform ablesen können. In der Folge trieb seine Lehre daher eher seltsame Blüten im Sumpf der Obskurantisten und Parawissenschaftler.

Natürlich ist die Schädelform nicht der geeignete Parameter, um darin individuelle Konstruktionsunterschiede des Gehirns abzulesen, und außerdem wagte Gall sich mit seiner Auswahl an Merkmalen viel zu weit ins Gebiet der Psychologie vor. Ein Kerngedanke seiner inzwischen oft belächelten Theorie, die funktionelle Spezialisierung bestimmter Hirnbereiche auf bestimmte Aufgaben, hat aber überdauert. Der Neurologie und Neurochirurgie des 19. und 20. Jahrhunderts verdanken wir inzwischen eine recht präzise Topologie der unterschiedlichen Regionen des Cortex.

Lange waren Operationen im Bereich der Hirnrinde ein Hazardspiel, ein Blindflug in der scheinbar uniformen Masse der grauen Zellen. Zwar wußte man, daß Läsionen in bestimmten Bereichen der Hirnoberfläche erstaunlich gut toleriert wurden, vergleichbar kleine Läsionen in anderen Bereichen aber bereits schwere Lähmungserscheinungen, Sensibilitäts- oder Sprachstörungen hervorrufen konnten, doch die exakte Lokalisation der sensorischen Repräsentationen des Körpers lag bis weit ins 20. Jahrhundert hinein ziemlich im dunkeln. Vor allem die Schädigung zweier Hirnregionen vor beziehungsweise hinter der zentralen Furche (Gyrus prae- beziehungsweise postcentralis), die vom Scheitelpunkt des Gehirns symmetrisch nach links und rechts in Richtung Ohren ziehen, schien in der Regel fatale Folgen für Motorik und Sensibilität zu haben.

Der kanadische Neurochirurg Wilder Penfield versuchte in den vierziger Jahren mit einem raffinierten Trick, etwas Licht ins Dunkel zu bringen. Wenn er Patienten mit Epilepsie oder Hirntumoren operierte, stimulierte er das offene Gehirn bei wachen Patienten mit feinen Elektroden in bestimmten Rindenarealen, um etwas über ihre Funktion herauszufinden. Das Gehirn selbst ist nicht schmerzempfindlich, so daß die Patienten diese scheinbare Tortur erstaunlich gut tolerierten. Penfield wollte lernen, wo epileptische Entladungen ihren Ursprung haben, sie vom gesunden Gewebe abgrenzen und feststellen, was in benachbarten Regionen lokalisiert ist, um unnötige Verletzungen durch zu ausgedehnte Operationen zu vermeiden. Dabei stellte er fest, daß Reizungen im Bereich des Gyrus postcentralis der einen Hirnhälfte Berührungsempfindungen der entgegengesetzten Körperregion auslösten. Je nachdem wo er stimulierte, empfand der Patient eine Berührung an einer bestimmten Körperstelle. Reizungen der Hirnrinde in der Nähe des Scheitels fühlte der Patient im Bereich des Fußes. Orientierte der Chirurg sich etwas weiter zur Seite, waren Gesicht oder Hand betroffen. So kartierte Penfield nach und nach den Gyrus postcentralis und erstellte aus vielen solchen Untersuchungen ein genaues Bild der neuronalen sensorischen Repräsentation des menschlichen Körpers im Cortex. Man nennt diese Region daher inzwischen auch den primären somatosensorischen Cortex. Er ist die erste Verarbeitungsebene sensorischer Empfindungen im Gehirn.

Zeichnet man die jeweilige Körperregion in das betreffende Areal im Gyrus postcentralis ein, so erhält man ein kleines Menschlein, einen Homunculus, der sich in seinen Proportionen allerdings sehr vom echten Körpervorbild unterscheidet. Einige Regionen sind im Vergleich zur natürlichen Größe sehr schlecht weggekommen, andere dagegen kräftig überrepräsentiert (Abbildung 1.4). Vor allem der Blick auf das sensorische Handareal bietet ein erstaunliches Bild. Beim Menschen ist kaum eine andere Körperregion – außer vielleicht Gesicht, Lippen und Zunge – räumlich ähnlich privilegiert. Vergleicht man die corticalen Karten des Menschen mit denen anderer Tiere, wird die ganze Geschichte noch interessanter (Abbildung 1.5). Alle höheren Säugetiere verfügen über einen solchen sensorischen Homunculus im Bereich der Region, die dem Gyrus postcentralis des Menschen entspricht. Bei den meisten Säugern hält sich die Größe des Areals von vorderer und hinterer Extremität in etwa die Waage. Erst bei Tieren, bei denen Arm und Hand nicht mehr vorrangig der Fortbewegung zu dienen haben, wie bei unseren nächsten Verwandten, den Affen, zeichnet sich eine Privilegierung des Handareals ab. Beim

1. Hand und Hirn 35

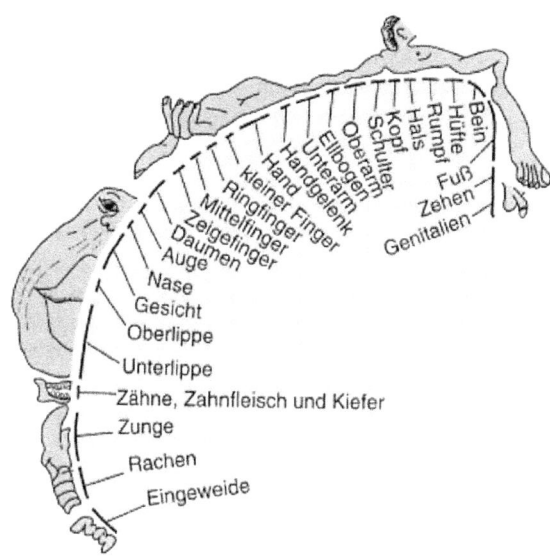

1.4 Sensorischer Homunculus im primären sensorischen Rindenareal. Blick von vorn auf die Großhirnrinde nach einem parallel zum Gesicht verlaufenden Schnitt.

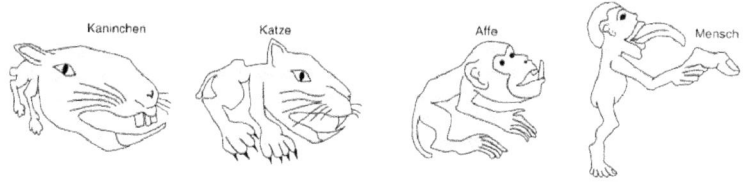

1.5 Der sensorische „Homunculus" bei verschiedenen Säugern im Vergleich.

Homo sapiens schließlich ist das sensorische Handareal mit besonderer Betonung von Daumen und Zeigefinger grotesk vergrößert.

Die erstaunliche Karriere des Handareals ist ein evolutionsgeschichtlich sehr junges Phänomen, das vermutlich viel mit seiner Emanzipation von den niederen motorischen Verrichtungen im Dienste der Fortbewegung zu tun hat. Die Entwicklung des aufrechten Ganges verschaffte den Händen der Zweibeiner eine völlig neue Bedeutung. Die verzerrten Proportionen des sensorischen Homunculus spiegeln letztendlich Unterschiede in der Innervierungsdichte der einzelnen Körperregionen wieder. Bei Kaninchen sind Gesicht und Schnauze am stärksten repräsentiert, da diese dessen empfindlichste Werkzeuge sind, die Umwelt zu erkunden. Beim Menschen gehört, neben dem Gesicht, die Hand zu den am dichtesten mit Tastrezeptoren versorgten Regionen. An den Fingerspitzen können noch Punkte als getrennt wahrgenommen werden, die nur drei Millimeter auseinander liegen. Jeder kann mit Hilfe eines Zirkels und etwas Vorsicht die Unterscheidungsfähigkeiten verschiedener Körperregionen testen und wird dann feststellen, daß die „Zwei-Punkte-Schwelle" an unspektakuläreren Bereichen (wie Rumpf oder Bein) nahezu zehnmal so groß ist.

Die ersten Karten des Cortex waren noch grob und ungenau. Mit der Entwicklung feinerer Elektroden zur Ableitung elektrischer Aktivität der Nervenzellen näherte man sich mehr und mehr dem Geschehen im Bereich immer kleinerer Zellverbände an. Inzwischen ist es möglich, ins Zellinnere einzelner Nervenzellen Mikroelektroden einzuführen, um sie bei der Arbeit zu beobachten. Es stellte sich heraus, daß man den primären sensorischen Cortex in vier Areale mit unterschiedlichen Funktionen unterteilen kann, die sogenannten Brodmann-Areale 1, 2, 3a und 3b. Nach und nach wurden auch weitere Areale außerhalb des sensorischen Cortex kartiert, und nahezu die ganze Hirnoberfläche ist in solche Brodmann-Areale unterteilt. Die Ziffern 1 bis 3 zeigen noch an, daß der sensorische Cortex die Region war, von der die Expedition ins unbekannte Land der Großhirnrinde ihren Ausgang nahm. Die Areale 1, 2, 3a und 3b teilen den Gyrus postcentralis in vier Längsstreifen.

Die Bahnen der einzelnen sensorischen Modalitäten laufen parallel nebeneinanderher ins Gehirn. Die Integration von Berührungsempfinden und Positionssinn zur Wahrnehmung der Form eines Gegenstandes, einer sehr komplexen Repräsentation des ertasteten Gegenstandes, ist eine Leistung des Großhirns.

Die Berührungsempfindungen der verschiedenen Tastkörperchen der Haut projizieren zunächst in das Areal 3b. Die Informationen aus den Rezeptoren der Eigenwahrnehmung, den Muskelspindeln und Sehnenorganen, werden im Areal 3a umgeschaltet. Im Areal 2 werden die Berührungsempfindungen der Haut weiterverarbeitet, integriert und im Areal 1 mit der Information über die Bewegung und die Gelenkstellung verknüpft.

Mit zunehmend höherer Verarbeitungsebene entstehen durch die konvergente Verschaltung nicht nur immer größere rezeptive Felder, sondern auch immer komplexere und abstraktere Repräsentationen der Außenwelt.

Aus Punkten werden Linien, aus Linien Kanten, diese werden zu dreidimensionalen Gebilden zusammengesetzt, und eine Vorstellung von Form und Gestalt entsteht. Bevor wir den Schauplatz der ersten Ebene zentraler Verarbeitung sensorischer Information verlassen und den Blick auf noch höhere Ebenen der Wahrnehmung richten, soll am Beispiel der sensorischen Repräsentationen des Körpers im Cortex noch kurz eine weitere interessante Eigenschaft dieser neuronalen Landschaft geschildert werden, ihre Veränderlichkeit.

Eine seltene Störung der embryonalen Entwicklung führt dazu, daß manchmal Kinder mit einer Mißbildung der Hand geboren werden, die man Syndaktylie nennt. Bei diesem Krankheitsbild sind einzelne Finger miteinander verwachsen, in schlimmeren Fällen sind sogar alle wie zu einer Faust verschmolzen. Untersucht man das Handareal im sensorischen Homunculus dieser Kinder, so wird man feststellen, daß es erheblich kleiner ist als bei Gesunden. Außerdem sind die Areale der einzelnen Finger nicht wie üblich voneinander getrennt und der Reihe nach angeordnet. Nun sind geschickte Chirurgen mittlerweile in der Lage, ab einem gewissen Alter der Kinder die einzelnen Finger voneinander zu lösen und eine anatomisch korrekte Hand herzustellen. Im Gehirn vollzieht sich jetzt noch Erstaunlicheres: Innerhalb einiger Wochen breiten sich die Repräsentationen der Finger im Rindenfeld aus und nehmen ihren angestammten Platz ein. Die neuronale Grundlage dieser Veränderlichkeit ist noch nicht vollständig verstanden.

Einer der möglichen Mechanismen beruht auf einer inzwischen weithin akzeptierten Annahme von Donald Hebb, daß die häufige Benutzung einer synaptischen Verschaltung diese Verbindung verstärkt. Ähnlich einem Wadi, das sich durch wiederholtes Auswaschen während der Regenzeiten immer tiefer in die Landschaft eingräbt, werden diejenigen neuronalen Verschaltungen stabiler und empfindlicher, die oft genutzt werden. Die Gene bestimmen im Laufe der Ontogenese nur die grobe Struktur des neuronalen Netzwerkes. Programmierte Erkennungsmechanismen auf molekularer Ebene zwingen nur anfänglich ein Neuron, sein Axon in ein bestimmtes Zielgebiet einwachsen zu lassen. So sind die axonalen Verbindungen der primären sensorischen Neuronen in ihre erste Relaisstation im Zielgebiet genetisch festgelegt. Von diesen Grundmustern der Verknüpfung abgesehen, bestimmen aber Aktivität und Erfahrung die Feinheiten der synaptischen Verbindungen im Zielgebiet. Insbesondere die Empfindlichkeit der Synapsenschwellen, die Reizstärken, die notwendig sind, um eine Erregung ans folgende Neuron weiterzugeben, sind ständiger Veränderung unterworfen. Erfahrung führt sowohl zu funktionellen Veränderungen im Nervensystem (durch die Verschiebung von Synapsenschwellen) wie auch zur strukturellen Veränderung (durch das Knüpfen neuer Verbindungen). Genetische Mechanismen wirken bei der Ausbildung individueller Gehirnstrukturen ebenso mit wie Erfahrung.

Exkursion in die Welt von Blinden und Fledermäusen

Die Augen alleine pflanzen uns die Bilder von der Welt ins Gehirn, so könnte man annehmen. Und die Hand? Im Jahr 1974 lud der New Yorker Philosoph Thomas Nagel seine Leser mit dem Titel seines inzwischen sehr bekannt gewordenen Essays *Wie wäre es, eine Fledermaus zu sein?* zu einem Gedankenexperiment ein. Sie sollten sich vorstellen, wie die Welt wohl wahrgenommen wird, wenn man sie nicht mit den Augen des Menschen, sondern mit den Ohren einer Fledermaus „sieht". Nagel wählte die Fledermaus nicht, weil sie als Wesen der Dunkelheit mit ihrem etwas unheimlichen Äußeren bei uns Menschen einen eher sinistren Ruf genießt, sondern weil uns ihr Wahrnehmungsmodus mittels Ultraschallechos gänzlich fremd ist. Die Fledermaus nutzt ihn aber ähnlich erfolgreich wie wir unsere Augen, um sich in der Welt zurechtzufinden. Mit seinem Gedankenexperiment wollte Nagel die These untermauern, daß Bewußtsein eine höchst subjektive Erfahrung und daher einer objektiven Beschreibung kaum zugänglich sei. Unabhängig davon, wieviel man über die neuronalen Verschaltungen und Mechanismen des Fledermaushirnes wisse, ihre subjektive Weltsicht könne man nie wirklich erfahrbar machen. Das klingt plausibel. Oder vielleicht doch nicht ganz?

Auch der Tastsinn unserer Hände vermittelt uns eine Vorstellung von Raum und Form. Menschen ohne Augenlicht müssen ihre räumlichen Vorstellungen von der Welt fast ausschließlich mit Hilfe ihres Tastsinns entwickeln. Das Bild der Welt im Gehirn von Blinden erscheint uns ähnlich schwer zugänglich, wie das Ergebnis der Rekonstruktion räumlicher Beziehungen mittels Ultraschallortung. Ist der Tastsinn in der Lage, ähnliche "Bilder" von der Welt zu erzeugen wie die visuelle Wahrnehmung? Ein geschickter Maler oder Zeichner vermag die Bilder, die er im Kopf hat, zu Papier zu bringen und sie so dem Publikum erfahrbar zu machen. Aber nicht nur Sehende, auch Blinde zeichnen. Das Zeichnen von Blinden ist deshalb so aufschlußreich, weil hier nichtvisuell erworbene Konzepte von Raum und Perspektive visuell dargestellt werden.

Der amerikanische Wahrnehmungspsychologe J. M. Kennedy nutzte dieses Hintertürchen in die Wahrnehmungswelt der Blinden, um mehr über die subjektive Konstruktion räumlicher Eindrücke mit Hilfe taktiler Wahrnehmung zu erfahren. Seine Begegnung mit Betty, einem jungen blinden Mädchen aus Toronto, gab den Anstoß zu systematischen Untersuchungen. Betty liebte es, ihre Angehörigen im Profil zu zeichnen, nachdem sie deren Gesicht mit ihren Händen erkundet hatte. Kennedy testete zunächst, wieviel Information Blinde im Vergleich zu Sehenden aus reinen Umrissen herauslesen können. Er bastelte scherenschnittartige Karikaturen von Gesichtern aus Draht mit einzelnen besonders hervorstechenden Merkmalen wie Grinsen, Riesennase, Bart oder Lockenkopf. Die von Geburt an blinden Probanden sollten die Gesichter abtasten und die besonderen Charakteristika identifizieren. Blinde schnitten bei dieser Aufgabe ähnlich gut ab wie die sehende Kontrollgruppe, die ihre Tastwahrnehmungen mit visuell abgespeicherten Vorstellungen vergleichen konnte. Daß blinde Menschen Umrißformen vertrauter Objekte erkennen und bewerten können, erscheint noch nicht allzu verwunderlich, da die äußeren Konturen meist das sind, was Blinde durch Abtasten von einem Gegenstand mitbekommen: Kanten, Ecken, Erhebungen und Vertiefungen. Erstaunlicher sind schon die Ergebnisse von Tests zum räumlichen Vorstellungsvermögen und zur mentalen Rotation von Gegenständen im Raum. Kennedy nutzte dazu die vom Schweizer Entwicklungspsychologen Jean Piaget erdachte „Drei-Berge-Aufgabe", einen Test, der ursprünglich entwickelt wurde, räumliches Vorstellungsvermögen sehender Kinder zu prüfen.

Die blinden Testpersonen wurden an einen Tisch gesetzt und mußten drei geometrische Körper, einen Würfel, eine Kugel und einen Kegel, ertasten, die vor ihnen aufgebaut waren. Anschließend sollten sie diese Körper aus zwei verschiedenen Perspektiven, der Seitenansicht und der Vogelperspektive, zeichnen. Erstaunlicherweise schnitten auch bei dieser Aufgabe die Blinden ähnlich gut ab wie die sehende Vergleichsgruppe. Kathy, eine dreißigjährige Frau aus Ottawa, die kurz nach der Geburt erblindet war, brachte Kennedy noch mehr über die perspektivische Vorstellungskraft von Blinden bei. Sie konnte nicht nur anhand ihrer Tasteindrücke sehr exakte zweidimensionale Umrißzeichnungen anfertigen, sie drückte in ihren Bildern auch räumliche Tiefe und die Beziehung zwischen Vorder- und Hintergrund aus, indem sie nebeneinander gestellte Figuren in gleicher Größe zeichnete und bei gegeneinander versetzten den weiter entfernten Gegenstand deutlich kleiner darstellte. Noch mehr über das räumliche Vorstellungsvermögen kann man aus einem raffinierten Test zur perspektivischen Interpretation zweidimensionaler Zeichnungen (oder hier: Drahtmodelle) von dreidimensionalen Objekten erfahren. Die blinden Testpersonen sollten die in Abbildung 1.6 dargestellten Figuren ertasten und mitteilen, welche räumlichen Gegenstände sie in diesen Gebilden erkennen. Nummer eins wurde als ein von unten gesehener Tisch interpretiert. Die Skizzen 3 bis 5 wurden als Würfel, von unterschiedlichen

Betrachterperspektiven aus betrachtet, gesehen. Keiner der Probanden konnte sich vorstellen, daß ein Blinder Skizze 2 anfertigt, um Symmetrie anzudeuten, wenn er einen Würfel zu Papier bringen soll.

Viele geometrisch-abstrakten Formen werden oft intuitiv mit bestimmten Eigenschaften assoziiert. Solche Konnotationen kann man herausfinden, indem man bestimmten geometrischen Formen gegensätzliche Eigenschaftspaare zuordnet und die Versuchspersonen fragt, welche der Eigenschaften eher assoziiert werden. Ein Kreis gilt beispielsweise bei den meisten Menschen eher als weich, ein Quadrat als hart und so weiter. Diese metaphorischen Zuordnungen sind bei Blinden und Sehenden ebenfalls sehr ähnlich. Die Prinzipien räumlicher Vorstellung sind also nicht zwingend an eine bestimmte Sinnesmodalität gekoppelt. Es handelt sich eher um eine höhere Ebene der Wahrnehmung, die haptischen und visuellen Input verarbeiten und integrieren kann. Diese Strukturen scheinen auch dann noch recht gut zu funktionieren, wenn einer der Sinne fehlt. Das Gehirn scheint grundlegende Anschauungsformen von Raum, Kontur, Form, Gestalt und Perspektive zu besitzen, die, im Gegensatz zur Farbe, nicht an einen bestimmten Wahrnehmungsmodus gekoppelt sind. Seh- und Tasteindrücke werden auf dieser Ebene zu Kategorien der Wahrnehmung, wie Vordergrund, Hintergrund, Überschneidungen, Linien, Flächen und Perspektive, verarbeitet.

Da wir uns in der gleichen Außenwelt mit denselben physikalischen Gesetzen bewegen und bewähren müssen wie die Fledermäuse, könnte man spekulieren, daß sich die inneren Repräsentationen dieser Welt in den Gehirnen zumindest in einer Weise gleichen, die man „strukturelle Isomorphie" nennen könnte. Visuelle und haptische Wahrnehmung beinhalten im Kern ähnliche Grundkonzepte vom Raum. Wieso sollte sich die Ultraschallorientierung der Fledermäuse nicht der gleichen „Anschauungsformen" bedienen, wo sie doch in Anpassung an dieselbe räumliche

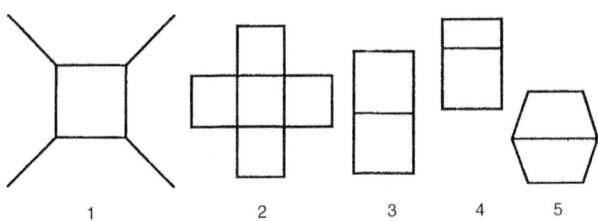

1.6 Test zur perspektivischen Vorstellung: Zweidimensionale Drahtfiguren sollen ertastet und als zweidimensionale Darstellung eines räumlichen Gegenstandes interpretiert werden.

Welt entstanden ist, wenn auch in einer etwas anderen ökologischen Nische. Helen Keller, die die Welt vor allem mit Hilfe ihrer Hände erschloß, hatte jedenfalls erstaunlich wenig Schwierigkeiten, sich mit ihren hauptsächlich visuell geprägten Mitmenschen über die Welt zu verständigen.

Nichts als die halbe Wahrheit

Die Bilder der Blinden liefern einen Beleg für die erstaunlichen Möglichkeiten des Gehirns, aus taktilen Informationen komplexe Repräsentationen der Außenwelt zu rekonstruieren. Bestimmte Grundmuster taktiler und visueller Verarbeitung scheinen sich dabei zu ähneln. Die folgende Geschichte soll noch weiter ins Zentrum der Wahrnehmung jenseits der Verarbeitung einzelner Sinnesmodalitäten führen, dorthin, wo die einzelnen Sinne integriert werden. Solchen komplexen Eigenschaften des menschlichen Nervensystems ist schwer nachzuspüren, aber gelegentlich kommt den Neurobiologen die Natur zu Hilfe und liefert „Experimente", die sich den Wissenschaftlern verbieten, mit manchmal skurrilen, für die betroffenen Menschen aber oft grausamen Konsequenzen.

Walter P. wacht morgens auf und beginnt, sich zu rasieren. Nach der Morgentoilette betritt er den Frühstücksraum des Rehabilitationskrankenhauses und rennt dabei mit dem linken Bein den Philodendron in der Eingangstür um. Auch optisch sorgt er für einiges Kopfschütteln, denn allen Anwesenden sticht ins Auge, daß der Bart auf der linken Gesichtshälfte stehengelassen wurde. Am Frühstückstisch sucht er angestrengt nach der Kaffeetasse, bis sein Gegenüber ihn dezent darauf aufmerksam macht, daß sie direkt vor seiner linken Hand neben dem Teller steht. Auch die Forderung nach Nachschlag ruft Stirnrunzeln hervor, da er das Rührei auf der linke Hälfte des Tellers nicht angerührt hat. Am Abend geht die Vernachlässigung der linken Hälfte der Welt soweit, daß er das eigene linke Bein nicht erkennt und bei der Nachtschwester empört nachfragt, wer ihm dieses Ding ins Bett gelegt habe.

Walter P. wurde Opfer einer seltsamen Laune der Natur, die als „Neglektsyndrom" oder als „halbseitige Vernachlässigung" bezeichnet wird. Verletzungen, Tumorerkrankungen und vor allem Verschlüsse von Blutgefäßen richten im Gehirn lokalisierte Schäden an, die je nach Ort des Defekts völlig verschiedene Symptome nach sich ziehen können. Bei Schäden in bestimmten Bereichen des hinteren Scheitellappens der Hirnrinde tritt diese höchst seltsame Störung der Wahrnehmung räumlicher Beziehungen außerhalb und innerhalb des Körpers eines Patienten auf. Dieses kuriose Krankheitsbild eines neurologischen Defekts ist von einigem heuristischen Wert für die Erforschung höherer Verarbeitungsebenen der Wahrnehmung.

Neglekt-Patienten verlieren das bewußte Erleben des sensorischen Inputs aus der gegenseitigen Körperhälfte. (Oben wurde erwähnt, daß die sensorischen Bahnen im Hirnstamm zur Gegenseite kreuzen und im linken Hirn Informationen aus der rechten Körperhälfte ankommen und umgekehrt.) Aber nicht nur die eigene Körperhälfte wird nicht mehr wahrgenommen, auch die eine Hälfte der Umwelt wird ignoriert. So werden Patienten in die Klinik eingeliefert, weil sie beim Zurücksetzen aus der Garage immer auf derselben Wagenseite Außenspiegel, Seitentür oder Kotflügel abreißen oder weil sie immer mit einer Körperseite am Türrahmen anecken oder Passanten anrempeln. Auf befremdetes Nachfragen sind sich die Betroffenen allerdings keinerlei Abnormität bewußt.

Interessanterweise sind bei dieser Störung die visuelle, taktile und auditive Wahrnehmung gleichzeitig betroffen. Keiner der Patienten ist allerdings blind oder taub auf der betreffenden Körperhälfte, und auch der Tastsinn funktioniert ohne Fehl und Tadel. Die primären Rindenareale des sensorischen, visuellen oder auditiven Cortex sind intakt. Aber selbst die Vorstellung, beziehungsweise die Repräsentation der Außenwelt im Gedächtnis, ist manchmal gestört. In der neurologischen Literatur sehr bekannt ist der Fall eines italienischen Neglekt-Patienten. Er wurde gebeten, sich vorzustellen, er komme von Norden auf die Piazza del Duomo in Mailand, einen Platz, der ihm vor seinem Schlaganfall sehr vertraut war, und er sollte dann beschreiben, wie er den Platz sieht. Nach und nach beschrieb er alle Gebäude der Westseite und ließ die Ostseite weg. Dann wurde er aufgefordert, sich vorzustellen, den Platz aus der anderen Richtung, von Süden her, zu betreten. Tatsächlich beschrieb er nun akkurat alle Bauten auf der Ostseite und vernachlässigte den Westen des Platzes.

Es gibt unterschiedliche Ansätze, diese seltsame Vernachlässigung der Hälfte der Welt zu erklären, aber letztendlich wurde noch kein allseits akzeptiertes Modell vorgeschlagen. In jedem Fall ist der Neglekt eine „supramodale" Störung der Wahrnehmung des eigenen personalen Raumes sowie der Außenwelt. Gerade das letzte Beispiel zeigt, daß Ansätze, die das Neglektsyndrom als reine Störung der momentanen Aufmerksamkeit betrachten, vermutlich nicht den Kern des Problems erfassen. Merkwürdigerweise tritt das Neglektsyndrom meistens nach einer Schädigung der rechten Hirnhälfte auf. Gelegentlich kommt es zu ähnlichen Symptomen auch nach linksseitigen Störungen, aber sehr viel seltener und dann meist weniger ausgeprägt. Es liefert daher auch wertvolle Informationen für die Erklärung von funktionellen Asymmetrien zwischen den beiden Hirnhälften (☞ Preilowski).

Handlung – über die Folgen von Bewegung

Jede Handlung gründet letztendlich auf Bewegung. In jedem höheren vielzelligen Organismus besteht der Bewegungsapparat aus zwei Hauptkomponenten, den ausführenden Organen der Bewegung, der Muskulatur und einem System neuronaler Steuerung, das die Muskelbewegungen aufeinander abstimmt. Am Beispiel des menschlichen Bewegungsapparats wird ein grundlegendes Konstruktionsprinzip augenfällig. Es ist in gewisser Hinsicht hierarchisch aufgebaut, und dabei herrscht eine Art Subsidiaritätsprinzip der neuronalen Verantwortlichkeiten. Einfache Grundmuster der Bewegung werden auf unterer Ebene erzeugt und nach Bedarf von höheren Steuerungszentren modifiziert. Phylogenetisch jüngere Konstruktionen überlagern die älteren.

In der Evolutionsgeschichte sind Revolutionen, die alles bisher Dagewesene verwerfen und durch neue Konstruktionen ersetzen, eine Seltenheit. Zufällige Mutationen und die Selektion der neuen Merkmale über ihre positiven oder negativen Einflüsse auf den Fortpflanzungserfolg produzieren langsame, sich empirisch vorantastende Entwicklungs- und Anpassungsvorgänge. So finden sich auch im Nervensystem des Menschen noch die Spuren von Steuerungsmechanismen des Bewegungsapparats, die entstanden sind, lange bevor Säugetiere die Bühne der Erdgeschichte betreten haben. Wir werden im folgenden sehen, daß die motorische Steuerung der Greifhand des Menschen eine der evolutionsgeschichtlich jüngsten und bemerkenswertesten Entwicklungen des Nervensystems ist. Die Steuerungsprogramme der Hand stehen in der Hierarchie motorischer Verantwortlichkeiten weit oben und sind die Strukturen, die sich mit am weitesten von den archaischen Wurzeln der Bewegungssteuerung weg entwickelt haben. Um diese Besonderheiten erkennen und würdigen zu können, müssen wir ein klein wenig ausholen und uns zunächst einfache Modelle der Bewegungssteuerung ansehen.

Spinale Katzen, Neunaugen und Vitalienbrüder

Die unterste Hierarchiebene und gleichzeitig das einfachste Modell neuronaler Steuerung von Bewegung ist ein Reflex. Jeder kennt das unwillkürliche, willentlich nicht beeinflußbare Zucken der Beine nach einem leichten Schlag auf die Sehnen unterhalb der Kniescheibe. Der Schlag dehnt Sehne und Muskel. Muskelspindeln und Golgi-Organe werden aktiviert, ihre Fasern feuern und diese sensorischen Neuronen sind im Rückenmark über eine Synapse direkt mit der neuronalen Endstrecke (siehe unten) verbunden, die den entsprechenden Muskel aktiviert. Die Nervenzellen, die die Skelettmuskulatur aktivieren, sind die sogenannten α-Motoneuronen. Ihre Zellkörper befinden sich samt und sonders im Vorderhorn der grauen Substanz des Rückenmarks. Ihre Fasern ziehen von dort direkt und ohne weitere Umschaltung zur Zielzelle, einer Muskelfaser beziehungsweise einem Bündel von Muskelfasern, die durch das Motoneuron aktiviert werden. Solch einen Verbund aus α-Motoneuronen und den von ihnen aktivierten Muskelzellen nennt man motorische Einheit. Die Anzahl der von einem α-Motoneuron angesteuerten Zellen variiert stark, je nach Muskeltyp. Sie ist sehr groß bei den grobmotorischen Muskeln im Bereich der Beine und beispielsweise bei den Handmuskeln außerordentlich klein. Das ist einer der Gründe, warum die motorische Repräsentation der Hand – ebenso wie die sensorische – im Endhirn überproportional viel Platz einnimmt.

Wenn Motoneuronen feuern, werden ihre Signale über die motorische Endplatte, eine sysnapsenähnliche Struktur, auf die Muskelzelle übertragen. Es kommt zu starkem Calciumeinstrom in die Muskelfaser. Dieser Calciumeinstrom ist ein gängiges biochemisches Signal für die Umgruppierung kontraktionsfähiger Eiweiße in der Zelle. Die Fasern kontrahieren proportional zur Stärke des Calciumeinstroms, das heißt letztendlich wieder zur Anzahl der eintreffenden Aktionspotentiale. Die Reflexe selbst spielen bei der willentlichen Steuerung der Hand keine Rolle, eignen sich aber ganz gut, um die Endstrecke der neuronalen Aktivierung der Muskeln des Bewegungsapparats zu erläutern. In der Regel werden die α-Motoneuronen nicht direkt von sensorischen Neuronen erregt, sondern von übergeordneten Nervenzellen aus dem Rückenmark oder dem Gehirn selbst.

Bewegungen wie Laufen, Kauen, Atmen oder die schlängelnde Fortbewegung von Fischen oder Schlangen gehören zu den stammesgeschichtlich ältesten Formen der Bewegung von vielzelligen Organismen. Diese komplexeren, allerdings noch relativ stereotypen, oft rhythmischen Bewegungsmuster entstehen in den ältesten Teilen des zentralen Nervensystems, dem Stammhirn und dem Rückenmark. Das Rückenmark ist die zweite, den α-Motoneuronen direkt vorgeschaltete Ebene in der Hierarchie motorischer Systeme. Um mehr über die motorischen Funktionen des Rückenmarks zu lernen, sind die Neurobiologen auf ein archaisches Tier verfallen, das sich schon vor etwa 450 Millionen Jahren von der Hauptentwicklungslinie der Wirbeltiere entfernt und seither vermutlich wenig verändert hat. Dieses seltsame Wesen ist das Meerneunauge. Es hat die Gestalt eines Aales und verfügt über ein vergleichsweise einfaches Nervensystem, das praktisch ausschließlich aus Rückenmark und Stammhirn aufgebaut ist. Ein einzelnes Rückenmarkssegment besteht aus nicht mehr als etwa 1 000 Neuronen. Man kann Teile seines Nervensystems eine Zeitlang sogar außerhalb des Körpers so in Nährlösung konservieren, daß selbst die motorischen Programme intakt bleiben. Im Wasser bewegt sich dieses Tier mit schlängelnden Bewegungen fort, die durch eine koordinierte Kontraktion der Muskeln der einen Körperhälfte bei gleichzeitiger Relaxation der anderen entstehen. Intensität und zeitlicher Abstand der „Bewegungswellen" bestimmen die Geschwindigkeit im Wasser, und bei Umkehrung der Ausbreitungsrichtung schwimmt das Neunauge rückwärts.

Zerschneidet man sein Rückenmark in Einzelteile, so kann jedes Segment für sich noch ein ähnlich koordiniertes Bewegungsmuster erzeugen. Die koordinierte Bewegung muß durch lokale Mustergeneratoren, durch lokale Verschaltungen von Neuronen, erzeugt werden. Dieser Schaltplan wurde inzwischen weitgehend entschlüsselt. Auf jeder Seite des Rückenmarks sitzen Gruppen von Motoneuronen, die die ihnen nachgeschalteten Muskelzellen dieser Körperhälfte kontrahieren lassen und sich untereinander gegenseitig aktivieren. Sie verfügen außerdem über aktivierende Verbindungen zu einer Gruppe von inhibitorischen Zellen, die bei Erregung gleichzeitig die entsprechenden erregenden Motoneuronen der Gegenseite hemmen. Dort erschlafft also die Muskulatur. Mehrere Mechanismen sorgen für die Krümmungsumkehr zur anderen Seite. Um die aktivierenden Salven auf der kontrahierten Seite zu beenden, werden bei bestimmtem Dehnungsgrad auf der Gegenseite gelegene Dehnungsrezeptoren aktiv, ähnlich den oben beschriebenen Golgi-Organen. Ein Teil dieser Rezeptoren teilt der Gegenseite mit, ihre Aktionspotentiale doch jetzt bitteschön zu beenden, und eine andere Gruppe erregt die Motoneuronen ihrer Seite. So entsteht ein oszillierendes Muster von abwechselnden Krümmungen auf beiden Seiten. Wie pflanzt sich diese Oszillation in Längsrichtung des Körpers fort? Das benachbarte Segment ist auch in Längsrichtung mit dem vorhergehenden verschaltet, und die erregten Motoneuronen aktivieren ihre „Schwesterneuronen" weiter schwanzwärts. Mit geringer Zeitverzögerung wird auch das folgende Segment in gleicher Weise erregt, und so setzt sich die Oszillation über den Körper fort. Lediglich das Startsignal und die Modulation von Geschwindigkeit und Intensität erfolgen von „oben" aus dem Stammhirn. In jedem Segment liegen große hemmende Neuronen (L-Zellen), die direkt mit dem Hirnstamm verschaltet sind und auf sein Signal hin die inhibitorischen Neuronen der Gegenseite hemmen und so den Bewegungsumfang modulieren. Außerdem bestehen neuronale Verbindungen über mehrere Segmente hinweg.

Das Rückenmark des Neunauges ist ein schönes Beispiel, wie durch geschickte Gewichtung und Verschaltung erregender und hemmender

Nervenzellen Generatoren von Bewegungsmustern entstehen, die in der Lage sind, den von ihnen angesteuerten Muskeln eine Choreographie koordinierter Bewegungen zu diktieren. Das Neunauge hat sich in dieser Form vor fast 400 Millionen Jahren entwickelt. Damals existierten noch keine Gliedmaßen. Kann man von solch einem vorsintflutlichen Lebewesen etwas über die Funktionen des menschlichen Nervensystems lernen? Katzen, denen die absteigenden Bahnen vom Gehirn ins Rückenmark durchtrennt wurden, sind noch in der Lage, ein zeitlich und räumlich differenziertes Muster von koordinierten Muskelkontraktionen zu generieren und auf einem Laufband unterschiedliche Gangarten wie Gehen, Traben und Laufen zu vollziehen, auch wenn andere motorische Funktionen deutlich gestört sind.

Jedem, der die Geschichte von Klaus Störtebeker kennt, treibt die Legende, die sich um sein trauriges Ableben rankt, ein paar Tränen der Rührung ins Auge. Der Pirat, Freibeuter und Vitalienbruder gerät aufgrund eines Verrats in die Hände seiner Häscher, der Streitmacht der mächtigen und reichen Hansestädte des Spätmittelalters. Die „Pfeffersäcke" machen ihm den Prozeß, und er wird zum Tode durch das Beil verurteilt. Die Sage berichtet, daß es sein letzter Wunsch gewesen sei, daß all die Kameraden freigelassen werden, an denen er mit abgeschlagenem Haupt noch aufrechten Ganges vorüberschreiten könne. Diese scheinbar so absurde Bitte gewährten ihm die Kaufleute ruhigen Herzens; doch tatsächlich schritt Störtebekers Rumpf, nachdem sein Kopf abgeschlagen war, langsam, aber aufrecht die lange Reihe seiner Kameraden ab, bis ihm der verdutzte Henker schließlich das Bein stellte und er zu Boden ging. Allzu schnell wird gerade diese Geschichte über Störtebeker ins Reich der Fabel verbannt. Aber vielleicht hat sie ja einen winzigen, aber wahren neurophysiologischen Kern.

Die Steuerung der Hand wird Chefsache

Der aufrechte Gang bedeutete für die vorderen Gliedmaßen bisher nie gekannte Freiheiten. Entbunden von ihren Pflichten im Dienst der Fortbewegung konnten sie neue Fertigkeiten wie Greifen, Manipulieren und auch das Werfen von Gegenständen entwickeln.

Im letzten Abschnitt wurden einige Prinzipien der Steuerung von Bewegung durch das Nervensystem beschrieben. Die frühesten Formen der Bewegungssteuerung dienten der Fortbewegung; je nach Anatomie des jeweiligen Bewegungsapparats handelte es sich um einfache, zyklische und relativ stereotype Bewegungsabläufe, deren Grundmuster auf den unteren Hierarchieebenen des Nervensystems organisiert werden können. Schon in der Frühzeit der Neurophysiologie wurde postuliert, daß spinale Mechanismen nicht die Voraussetzungen erfüllen, die komplexen, vieldimensionalen Bewegungsprogramme der Hand zu koordinieren. Um die Bewegungskontrolle der Hand zu verstehen, muß man den Blick eher auf die obersten Hierachieebenen des Nervensystems im Großhirn lenken. Neben den Verschaltungen von Hirnstamm- und Rückenmarksneuronen mit den α-Motoneuronen existieren auch direkte und indirekte Verbindungen vom Großhirn zu den Motoneuronen. Diese absteigenden (efferenten) motorischen Faserbündel sind praktisch die Gegenfahrbahn der im ersten Teil des Kapitels beschriebenen aufsteigenden (afferenten) sensorischen Verbindungen von den Rezeptorneuronen in den Gyrus postcentralis. Sie entspringen in einer Region, die unmittelbar stirnwärts vom primären sensorischen Cortex gelegen ist und von ihm nur durch die Zentralfurche, den Sulcus centralis, getrennt wird. Man nennt dieses primäre motorische Rindenareal deshalb auch Gyrus praecentralis oder in der Nomenklatur nach Brodmann, das Areal 4. Auch in ihm ist der gesamte Körper somatotop repräsentiert.

Die Nervenzellen, von denen die corticalen Botschaften über das Rückenmark und die Motoneuronen an den Bewegungsapparat abgesandt werden, sind die sogenannten Pyramidenzellen. Diese Zellen heißen so, weil sie große Zellkörper von der Gestalt einer auf den Kopf gestellten Pyramide haben. Sie geben die Botschaft der Großhirnrinde in die Peripherie weiter, daher erhalten sie auch extrem viele synaptische Eingänge von anderen Rindenneuronen. Manche der Pyramidenzellen verfügen über fast 60 000 synaptische Eingänge aus anderen Nervenzellen der Hirnrinde. Sie schicken ihre Axone durch die innere Kapsel, eine Engstelle zwischen mehreren Nervenzellhaufen an der Basis des Großhirns, in Richtung Hirnstamm. Dort kreuzen sie zum Großteil wieder auf die Gegenseite in die andere Körperhälfte und ziehen in dicken Faserbündeln innerhalb der weißen Substanz des Rückenmarks hinab bis zu ihren Zielzellen im Rückenmark. Zum Teil schalten sie unmittelbar auf die α-Motoneuronen um. Also auch hier wieder dasselbe Prinzip wie bei der sensorischen Repräsentation: Die linke Hälfte des paarig angelegten Großhirns versorgt die rechte Hälfte des Körpers und umgekehrt. Nach ihrem Ursprung nennt man diese Bahn auch Pyramidenbahn oder Tractus corticospinalis. Die Fasern des Tractus corticospinalis steuern vor allem Motoneuronen an, die die Extremitätenmuskulatur der Arme und Beine steuern. Die Muskulatur des Halte- und Stützapparats des Rumpfes ist dem direkten Zugriff des Cortex weniger stark ausgesetzt.

Zusätzlich zu den beiden vorher beschriebenen Kategorien von Bewegungen, den Reflexen und den Bewegungsmustern, die das Rückenmark generiert, kommt jetzt eine dritte Kategorie ins Spiel, die sogenannten Willkürbewegungen. Wir nennen sie so, weil ihre Planung und Ausführung als bewußter (und intendierter) Vorgang empfunden wird. Einige der täglich von der Skelettmuskulatur vollzogenen Bewegungen vollziehen sich jedoch unbewußt. Niemand empfindet die Vielzahl von Stütz-, Korrektur- und Ausgleichsbewegungen, die die Rückenmuskulatur während eines entspannten Waldspaziergangs leisten muß, als willentlich geplant, und tatsächlich übernehmen hier das Rückenmark und einige andere Zentren der Hirnrinde einiges an Routinearbeit der motorischen Steuerung. Einige Bewegungen sind zumindest längerfristig noch nicht einmal durch große Willensanstrengungen zu unterbinden, wie zum Beispiel das Atmen. Anders die meisten Bewegungen der Extremitäten und hier vor allem die der Arme. Vergleicht man die anatomische Organisation der neuronalen Verbindungen zur Hand beim Menschen und anderen Primaten mit der von niederen Säugern, kann man zwei wichtige Veränderungen feststellen: Erstens gewinnt die Nervenfaserbahn, die direkt vom primären motorischen Cortex ins Rückenmark zieht, der Tractus corticospinalis, zunehmende Dominanz über andere Verschaltungswege zwischen Gehirn und Rückenmark und zweitens tauchen mit zunehmendem stammesgeschichtlichen Verwandtschaftsgrad mit dem Menschen immer mehr direkte Verbindungen zwischen Hirnrinde und den α-Motoneuronen ohne dazwischengeschaltete Interneuronen auf. Die Fasern des Tractus corticospinalis entspringen nicht nur den Pyramidenzellen des primären motorischen Cortex, sondern fast zur Hälfte auch benachbarten Rindenregionen wie dem prämotorischen Cortex und den sogenannten supplementär-motorischen Arealen.

Die motorische Region der Großhirnrinde hat über die Axone der Pyramidenbahnzellen beim Menschen einen sehr direkten Zugriff auf die „Endstrecken" der Bewegung der Handmuskulatur, die Zellkörper der α-Motoneuronen. Andere Muskelgruppen, wie die Beinmuskulatur, verfügen nicht in diesem Maß über einen direkten Draht zum Großhirn. Bei den Neuronen, die die Handmuskulatur ansteuern, ist im Bereich des Rückenmarks das starre Muster der gleichzeitigen Innervation der antagonistischen Muskulatur, das wir am Beispiel des Neunauges kennengelernt haben, teilweise wieder aufgehoben. Die Dominanz des direkten Einflusses des Cortex auf die Muskeln einzelner Finger und die Auflösung fixierter Koaktivierungsmuster größerer Gruppen von Muskeln ist die Basis der hohen Flexibilität der Hand und der relativ unabhängigen Bewegungen einzelner Finger. Es gibt weitere gute Indizien für die Bedeutung der direkten Verbindungen vom Cortex zu den α-Motoneuronen. Schäden der motorischen Hirnareale haben auf die Funktionen der Hand meist fatalere Auswirkungen als auf Bein- oder Oberarmuskulatur. Schon die Heilkundigen im antiken Ägypten haben Zusammenhänge zwischen Hirnverletzungen und Störungen der Handmotorik beschrieben.

Interessanterweise sind diese Verbindungen in ihrer endgültigen Ausprägung nicht angeboren. Anatomische Untersuchungen an Makaken haben gezeigt, daß die corticomotoneurale Bahn im ersten halben Jahr nach der Geburt noch recht dünn ist. Erst dann wird sie kräftiger, und parallel dazu nimmt auch die manuelle Geschicklichkeit der jungen Affen zu. Mit der Entwicklung dieser direkten Verbindungen ändert sich außerdem das Verhalten, und die kleinen Affen beginnen mit dem „Grooming", der sozialen Körperpflege, das heißt dem Lausen der Verwandtschaft. Auch menschliche Säuglinge sind in den ersten Lebensmonaten nicht in der Lage, differenzierte unabhängige Fingerbewegungen auszuführen (☞ Michaelis). Mit einer raffinierten und für die Kinder unschädlichen Methode, der Magnetstimulation, kann inzwischen sogar die Entstehung der Übermittlung direkter Botschaften vom Hirn an die Handmuskulatur im Lauf der Kindesentwicklung unmittelbar beobachtet werden. Mit Magnetfeldern lassen sich Rindenzellen des Cortex durch die Schädeldecke hindurch stimulieren. Man tut das und leitet gleichzeitig mit einer dem bekannten EKG oder EEG ähnlichen Elektrode die elektrische Aktivität eines Handmuskels ab. Die möglichen Leitungsgeschwindigkeiten der beteiligten Nervenfasern und die zu überwindenden Distanzen sind recht genau bekannt. Auch weiß man, daß jede synaptische Umschaltung eine deutliche Verzögerung der neuronalen Botschaft bedeutet. Man kann also an der Latenzzeit zwischen magnetischer Stimulation und elektrischer Aktivität der Handmuskeln messen, über wieviele Stationen die Botschaft gelaufen sein muß. Sehr frühe Aktivität kurz nach der Magnetstimulation kann daher nur über die direkten Fasern der Bahnen übermittelt worden sein. Aber richten wir den Blick jetzt auf die Regionen, aus denen die Botschaften für die Hand stammen.

Der motorische Homunculus und seine Handlanger

Der motorische Homunculus des primären motorischen Cortex ist im Gyrus praecentralis (Areal 4) gelegen und gleicht seinem sensorischen Vetter. Auch an ihm sind ähnlich groteske Vergrößerungen einiger Körperregionen – entsprechend ihrer motorischen Bedeutung – festzustellen. Fast überflüssig zu erwähnen, daß wieder die Hand und hier vor allem Daumen und Zeigefinger besonders stark vertreten sind. Dieses Rindenareal sowie zwei benachbarte Rindenregionen, der prämotorische Cortex (Areal 6) und der supplementär-motorische Cortex, sind die Schauplätze, wo die komplexen und variantenreichen Erregungsmuster zusammengesetzt werden, die die Willkürbewegungen ausmachen (Abbildung 1.7). Die Willkürmotorik bedient sich dabei der Bewegungsmuster der unteren Hierarchieebenen wie des Rückenmarks als Bausteine, die sie höchst flexibel kombinieren, rearrangieren und abwandeln kann.

Neben der Großhirnrinde tragen allerdings noch zwei weitere Hirnregionen zur Ausgestaltung von Willkürbewegungen bei. Das Kleinhirn in der hinteren Schädelgrube hat eine wichtige Funktion bei der Abstimmung unterschiedlicher Körperbewegungen und ist für die quantitative Feinabstimmung von Bewegungen zuständig. Außerdem spielt es vermutlich eine nicht unerhebliche Rolle beim motorischen Lernen. Die Basalganglien, eine Gruppe von Nervenzellhaufen an der Großhirnbasis, haben ebenfalls große Bedeutung für die Kontrolle der Exaktheit von Bewegungen. Von ihnen wird im Kapitel über Handfertigkeiten von Musikern (☞ Altenmüller) noch ausführlicher die Rede sein.

Doch zunächst zum Areal 4, dem primären motorischen Rindenareal. Seine Fasern machen über 50 Prozent der Efferenzen der Pyramidenbahn aus. Die Beziehung zwischen Pyramidenbahnzellen und ihren Zielmuskeln kann, grob vereinfacht, als spiegelbildlich zu der Relation zwischen den Neuronen im sensorischen Cortex und ihren rezeptiven Feldern in der Peripherie betrachtet werden. Die absteigenden Bahnen divergieren, und ein einzelnes Neuron des motorischen Cortex steuert eine Vielzahl von α-Motoneuronen im Vorderhorn des Rückenmarks an. So versorgt eine corticale Zelle viele motorische Einheiten in mehreren Muskeln gleichzeitig. Dabei wird die Kraft der Kontraktion über die Frequenz der Erregungen kodiert.

Entscheidender ist aber eine andere Art von Kodierung, die in den Zellen des primären motorischen Cortex repräsentiert ist: die Bewegungsrichtung. Feuert beispielsweise Neuron A maximal und dominiert über benachbarte Neuronen, geht die Hauptbewegung eines Gelenks nach links, dominiert Neuron B, geht die Bewegung nach rechts. Diese Vorzugsrichtungen von Neuronen im motorischen Cortex fand man bei Ableitungen aus Einzelzellen im Cortex von Affen bei Experimenten der folgenden Art: Ein Affe bekommt die Aufgabe, einen Steuerknüppel vom Kreismittelpunkt auf unterschiedlichste Zielpunkte zu ziehen, die in allen möglichen Himmelsrichtungen auf einer Kreisbahn um den Mittelpunkt gelegen sind. Dabei wurde die Aktivität unterschiedlicher Neuronen in dem Bereich des Areals 4 beobachtet, in dem die Armmuskeln repräsentiert sind.

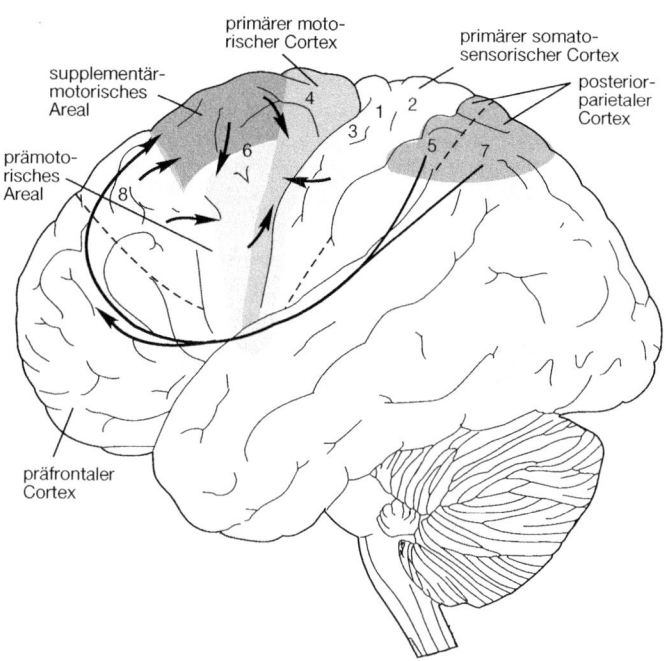

1.7 Übersicht über das Großhirn mit seinen primären und sekundären motorischen Rindenarealen und ihren Verbindungen untereinander.

Je nach Himmelsrichtung der momentanen Bewegung waren ganz unterschiedliche Neuronen maximal aktiv.

Allerdings waren diese Aktivitätsmaxima recht unscharf. Ein Neuron mit einer Maximalaktivität bei Bewegung in 90°-Richtung feuert über einen ganzen Bereich von 40° bis 130°, nur eben weniger deutlich je weiter er vom Idealwinkel entfernt ist. Wie kann trotz einer solchen Unschärfe eine exakte Zielbewegung entstehen? Hier kommt das Modell der sogenannten Vektorkodierung zum Zuge. Nicht einzelne Neuronen, sondern ganze Gruppen von Neuronen, die senkrecht zur Hirnoberfläche in Säulen angeordnet sind, haben ähnliche Vorzugsrichtungen. Die Aktivitätsmuster aller bei einer Bewegung aktiven Neuronen bilden einen Summenvektor neuronaler Aktivität, der in einen Richtungsvektor der Bewegung übertragen werden kann. Je mehr Neuronen beteiligt sind, desto präziser gibt dieser Summenvektor die Bewegungsrichtung vor. Schon im

Areal 4 verschmelzen Wahrnehmung und Motorik zu einer funktionellen Einheit. Diese Region verfügt über viele direkte Eingänge aus sensorischen Rindenarealen, die die motorischen Areale mit Informationen über aktuelle Gelenkstellungen versorgen und so eine Möglichkeit zur Rückkopplungskontrolle bieten. Vermutlich gibt es im Areal 4 sogar direkte sensorische Eingänge aus der Körperperipherie von den Propriozeptoren der Muskulatur.

In den beiden benachbarten Hirnregionen, dem prämotorischen und dem supplementär-motorischen Cortex, sind komplexere motorische Programme repräsentiert. In der jüngeren Evolutionsgeschichte, im Laufe der Übergangsphase vom Menschenaffen zum Hominiden und zum heutigen Menschen, hat der prämotorische Cortex eine erstaunliche Entwicklung durchgemacht. Beim *Homo sapiens* ist er selbst in Relation zur Größe des gesamten Hirns fast sechsmal größer als beim Makaken. Seine efferenten Verbindungen ziehen in das Areal 4, aber auch in andere Hirnregionen und zu einem nicht unerheblichen Anteil über den Tractus corticospinalis in die Körperperipherie. Stimuliert man diese Region elektrisch, kommt es üblicherweise zu koordinierten Kontraktionen an mehreren Gelenken. Es gibt noch andere Methoden, die Funktionen dieser Region zu entschlüsseln. Mittels speziell markierter Blutkörperchen kann man die Durchblutung von Hirnregionen messen und als Bild aufzeichnen. Die Durchblutung steigt mit der momentanen neuronalen Aktivität an. Die Aktivität im prämotorischen Cortex ist vor allem bei komplexen Handlungsabfolgen und zusammengesetzten Bewegungen hoch.

Ähnlich die supplementär-motorische Region: Bei Bewegungsabfolgen, in die sämtliche Finger einer Hand gleichzeitig verwickelt sind, steigt die Durchblutung dieser Region. Sogar wenn die Bewegung selbst gar nicht ausgeführt wird, sondern die Versuchsperson sie lediglich im Geist nachvollziehen soll, steigt die Aktivität in diesen Regionen an. Im Gegensatz zum primären Cortex, der streng die gegenseitige Körperhälfte versorgt, projizieren die Fasern aus dieser Supplementär-Region in beide Körperhälften. Auch wenn Struktur und Funktion dieser Hirnregionen noch nicht völlig aufgeklärt sind, kann man vermuten, daß sie an der Planung und Ausführung komplexerer Bewegungsabfolgen beteiligt sind. Hier werden Teilbewegungen in der richtigen Reihenfolge geordnet, zeitlich aufeinander abgestimmt und zu einer sinnvollen Sequenz kombiniert, so daß eine korrekte abgeschlossene Handlung zustandekommen kann.

Schäden in den unterschiedlichen Regionen der Area 4 rufen eine Schwäche in der Muskulatur des jeweiligen Zielgebietes hervor. Anders bei Läsionen der prämotorischen Felder. Personen mit Verletzungen in diesem Bereich haben, wie wir gleich sehen werden, ganz andere Probleme.

Der verlorene Faden

Gesine K. hatte ihren Schlaganfall gut, für den flüchtigen Beobachter scheinbar folgenlos überstanden. Weder Kraft noch Beweglichkeit noch ihr Tastempfinden waren beeinträchtigt worden, und ihr Nachmittagsgast schien dieselbe patente Hausfrau vor sich zu haben wie vor der Erkrankung. Beim Zubereiten des Kaffees ereignen sich dann allerdings die ersten Merkwürdigkeiten. Sie greift nach dem Tauchsieder und sagt: „Du möchtest also Kaffee." Nach einigen hilflosen Bewegungen mit dem Tauchsieder nimmt sie den Stecker, steckt ihn in den leeren Wasserpott und rührt um. Mit etwas bekümmertem Blick bemerkt sie schließlich: „Nein, so geht es nicht." Als der irritierte Gast auf die Steckdose zeigt, meint sie dankbar: „Ja, genau." Aber erst nach einigen Versuchen gelingt es ihr, den Stecker in die Steckdose zu stecken. Dann nimmt sie wieder den Tauchsieder, hält ihn ratlos in der Hand und steckt ihn dann in den immer noch leeren Topf. Sie sieht unsicher herüber und murmelt: "Nein, ich weiß, daß es so nicht funktioniert." Dann beginnt sie, Kaffeepulver in die leeren Tassen zu füllen und umzurühren. Spätestens in diesem Moment greift der verzweifelte Gast ein, möchte er noch zu seinem Täßchen Kaffee kommen. Ohne daß ihre Kraft oder Beweglichkeit in irgendeiner Weise beeinträchtigt ist, würde Gesine K. auch scheitern, wenn man sie aufforderte, einen Brief zu falten, ins Kuvert zu stecken, dieses mit einer Briefmarke zu versehen und abzusenden oder eine Telefonnummer aus dem Verzeichnis herauszusuchen und zu wählen.

Was läuft hier schief? Immer wenn Gesine zu Handlungen aufgefordert wird, die eine korrekte Abfolge komplexerer Bewegungssequenzen erfordert, entsteht Konfusion. Die logische Sequenz der Einzelbewegungen wird nicht respektiert, Objekte werden in unangemessener Weise gebraucht, Bewegungselemente vertauscht, ausgelassen oder beharrlich wiederholt. Wie gesagt, sie ist weder gelähmt, noch hat sie Schwierigkeiten, die Aufforderung zu verstehen. Einfache Einzelbewegungen kann sie ohne Schwierigkeiten ausführen.

Die Neurologen nennen dieses seltsame Krankheitsbild Apraxie. „Praxis" ist das altgriechische Wort für erworbene und erlernte Fähigkeiten und Kenntnisse, Grundlage des Wissens darum, wie man Handlungen korrekt ausführt. „Apraxie" bezeichnet die Unfähigkeit, komplexe Bewegungssequenzen, die zusammen eine bestimmte Handlung darstellen, richtig auszuführen. Nach längeren Beobachtungen an einer Vielzahl betroffener Patienten konnte man bei den Erkrankten anhand der Symptomatik zwei Varianten unterscheiden, die ideomotorische Apraxie und die ideatorische Apraxie.

Von ideomotorischer Apraxie sprechen die Neurologen, wenn komplexe Bewegungssequenzen im Ablauf gestört sind. Diese Patienten fallen im Alltag eher auf. Sie können Aufforderungen wie „Machen Sie mit der Hand ein Kreuz in der Luft!" oder „Grüßen Sie wie die Soldaten!" nicht nachkommen. Betroffen sind nicht nur die Bewegungen von Gliedmaßen, auch Bewegungsabfolgen der Gesichtsmuskulatur können gestört sein. Das Kardinalsymptom sind sogenannte Parapraxien, entstellte Bewegungsabläufe: Teilbewegungen werden durch andere, in diesem Kontext unpassende, ersetzt, verdoppelt oder weggelassen. Ein weiteres Symptom ist der „Body-Part-as-Object-Fehler". Dabei werden für eine Handlung notwendige Objekte durch eigene Körperteile ersetzt. Der Patient benutzt den Zeigefinger zum Zähneputzen. Interessanterweise gehört dieses Verhalten während bestimmter Phasen der motorischen Entwicklung auch zum Repertoire von Kleinkindern. Bei der pantomimischen Darstellung von Handlungen benutzen sie oft ihre eigenen Körperteile.

Bei der zweiten Form, der ideatorischen Apraxie, sind vor allem bedeutungsvolle und erlernte Handlungsfolgen betroffen. Hier ist der Patient unfähig, logisch aufeinanderfolgende Bewegungen mit mehreren Objekten so auszuführen, daß ein Handlungsziel erreicht wird. Diese Form würde etwa bei Gesine K. vorliegen. Diese Patienten werden fälschlicherweise oft für schwachsinnig gehalten („Der ist zu blöd, ein Honigbrot zu streichen."). Gestört ist nicht nur die Fähigkeit zur sinnvollen Kombination konkreter Teilbewegungen, das Gesamtkonzept der Handlung scheint beeinträchtigt. Diese Patienten haben auch Schwierigkeiten, Bilder von Objekten, die für eine Handlung üblicherweise nacheinander benötigt werden, in eben diese sinnvolle Reihenfolge zu bringen.

Ähnlich wie beim Neglekt gibt es kein allgemein akzeptiertes Erklärungskonzept für die Apraxien. Viele Wissenschaftler halten die ideomotorische Apraxie für eine Schädigung der Verbindungen zwischen höheren motorischen Zentren und Zentren der Sprachverarbeitung. Patienten mit ideatorischer Apraxie haben Schäden im Scheitellappen gerade in dem Bereich höherer motorischer Zentren wie der supplementär-motorischen Region. Interessanterweise ist ähnlich wie beim Neglekt auch hier eine deutliche Asymmetrie zwischen den Hirnhälften festzustellen. Fast immer treten die Apraxien bei Schädigungen in der Hirnhälfte auf, in der auch die Sprachzentren lokalisiert sind, und diese sitzen bei den meisten Menschen links. Tatsächlich leiden viele der Patienten mit ideomotorischer Apraxie und praktisch alle Patienten mit ideatorischer Apraxie auch unter Störungen des Sprachverständnisses und der Sprachproduktion. Dieser Zusammenhang kann durch die räumliche Nähe der Zentren erklärt werde, er könnte aber auch tieferliegende Gründe haben.

Die Apraxien sind ein weiteres Indiz dafür, daß im Bereich des supplementär-motorischen Areals Funktionen lokalisiert sind, die Programme von Teilbewegungen des primären motorischen Rindenareals integrieren und zu komplexen Bewegungsabfolgen, zu einer abgeschlossenen Handlung, zusammensetzen.

Die Hand als Motor der Evolution

Ein alter Streit und ganze Weltanschauungen ranken sich um die Frage, ob es Kriterien gibt, die den Menschen grundsätzlich aus dem Tierreich herausheben und zu einem Wesen besonderer Art machen. Aus biologischer Perspektive ist die Frage in dieser Pauschalität vermutlich schon falsch gestellt.

Beim Aufzählen der Unterschiede wird meist die Fähigkeit zur Verständigung mittels grammatisch strukturierter Sprache angeführt. Die Möglichkeit zur Mitteilung individuell gewonnener Erfahrung, zur Absprache und schließlich zum Transport von Information sowohl über weite Strecken als auch über Generationen war sicher eine der Grundbedingungen für die Entstehung einer neuen Art von Evolution, die Entstehung der Kultur. Allerdings gibt es nicht nur im Umfeld der Sprache, sondern auch im Bereich der komplizierten motorischen Steuerung der Hand Phänomene, die vor allem den Menschen auszeichnen. Friedhart Klix hat in seinem Kapitel die These aufgestellt, daß die Integration unterschiedlicher sequentieller Bewegungsprogramme zu einem übergreifenden Handlungsziel einen wichtigen Schritt bei der Evolution kombinierenden Denkens darstellt (☞ Klix).

Wir haben einige der bemerkenswerten anatomischen Veränderungen kennengelernt, die im Zuge der Hominidenentwicklung abgelaufen sind. Die motorischen und sensorischen primären Handareale und der prämotorische Cortex haben sich enorm vergrößert, und es entstanden Verbindungen, die einen immer direkteren Zugriff des Großhirns auf die Handmuskulatur ermöglichten. In der Übergangsphase von der Lauf- zur Greifhand ergaben sich plötzlich ungeahnte Freiheitsgrade für neue Bewegungssequenzen. Auch der Neurophysiologe William Calvin sieht in dem Drang und der Fähigkeit, Dinge zu Sequenzen zu verknüpfen, eine typisch menschliche Eigenschaft. „Ein Ding folgt auf ein anderes" scheint ein sehr einfaches Konzept. Aber das Voraussehen von Ereignissen hängt von dem Wissen um Reihenfolgen ab. Menschen verknüpfen Wörter zu Sätzen, Schritte zu Tänzen, Töne zu Melodien und Regeln zu Systemen. Könnte – ähnlich wie bei den supramodalen Mechanismen der Wahrnehmung –

die Fähigkeit, strukturierte Sequenzen zu generieren und zu überschauen, eine supramodale Fähigkeit des handelnden Gehirns sein, unabhängig davon, ob es sich um Bewegung, Klang oder rein mentale Operationen wie sprachliches Denken handelt?

Einige menschliche Fähigkeiten sind durch die Evolutionstheorie schwer zu erklären, wenn man sie als isoliertes Phänomen betrachtet. Welchen Vorteil sollten steinzeitliche Jäger von der Fähigkeit gehabt haben, Töne zu harmonischen Melodien verknüpfen oder in ausgefeilter Choreographie ums Feuer zu tanzen? Macht man sich Calvins Perspektive von der Evolution einer allgemeinen Fähigkeit, komplexe Reihenfolgen zu planen und mental zu antizipieren, zu eigen, erscheinen solche vermeintlichen Kuriosa in einem anderen Licht. Den Gedanken weiterspinnend, könnte gerade die Planung von motorischen Sequenzen ursprünglich die evolutionäre Kraft gewesen sein, die die Entwicklung in Richtung der allgemeinen Fähigkeit zu planen vorantrieb. Der Vorteil komplexer Arm- und Handbewegungen wie Hämmern, Bohren oder Schlagen liegt auf der Hand. Eine entscheidende Bedeutung hat vermutlich auch das Werfen und Schleudern von Gegenständen gehabt. Menschenaffen verfügen über rudimentäre Fähigkeiten auf diesem Gebiet, aber selbst bei lebenslangem Training würden sie nie die Erfolgsquote eines geschickten menschlichen Speerwerfers auf der Jagd oder die Trefferquote eines versierten Dart-Spielers erreichen.

Ballistische Bewegungen haben die Eigenschaft, daß vor ihrer Ausführung bereits ein fertiges Programm für den gesamten Bewegungsablauf erstellt werden muß, in das sehr viele Informationen eingehen. Die momentane Stellung des Armes muß mit der Entfernung des Zieles, dem Gewicht und der Form des Wurfgeschoßes verrechnet werden. Dabei werden unzählige motorische Teilprogramme von antagonistischen Bewegungen, Beschleunigungen und Verzögerungen im voraus zum Gesamtbild der Bewegung zusammengefügt. Ist die Bewegung erst einmal gestartet, sind Korrekturen kaum mehr möglich. Unterhalb einer Achtelsekunde sind Rückkopplungskorrekturen weitgehend wirkungslos, weil die Nervenleitgeschwindigkeit zu gering ist und die Reaktionszeiten zu lang sind. Ein weiteres Problem ist das Loslassen im geeigneten Moment. Der „geeignete Moment" ist ein sehr enges zeitliches Fenster, wenn die richtige Handposition mit der höchsten Bewegungsgeschwindigkeit zusammentrifft. Je exakter der Wurf sein muß, desto höher ist die notwendige Anzahl der beteiligten Neuronen, um die nötige Genauigkeit zu gewährleisten.

Der Überlebensvorteil exakter Wurfbewegungen ist kaum zu übersehen, eröffneten sie doch die Chance auf ein Kaninchen am abendlichen Feuer, zu einer Zeit, als solche Tiere noch nicht in der Gefriertheke des Supermarktes um die Ecke erbeutet werden konnten. Motorische Programme könnten also in diesen rauhen Zeiten eine Pionierfunktion bei der Weiterentwicklung einer allgemeinen mentalen Fähigkeit des Planens von längeren Sequenzen übernommen haben. Folgt man dieser Hypothese, sind die höchsten menschlichen Fähigkeiten wie Sprache, Musizieren oder Denken in komplexen Ereignisfolgen im Schlepptau der Evolution von Bewegungen der Hand entstanden.

Konsequenzen

Die bisher vorgenommene Trennung von Wahrnehmung und Handlung, von Peripherie (Hand) und Zentrum (Gehirn) ist in hohem Maße artifiziell und wurde aus rein didaktischen Gründen vorgenommem. Wahrnehmung und Bewegung der Hand sind eng ineinander verwoben, und ohne das Zusammenspiel von motorischen und sensorischen Fähigkeiten ist die Hand als handelndes Sinnesorgan nicht vorstellbar. Auch die Beziehungen zwischen Hand und Hirn sind in vieler Hinsicht eher ein Wechselspiel und ein Geflecht gegenseitiger Abhängigkeiten als ein Verhältnis von Befehl und Gehorsam.

Am Beispiel der operativen Korrektur der Syndaktylie zeigt sich, wie Veränderungen in der Peripherie zu Umbauvorgängen des Gehirns selbst führen können. Die Zeichnungen von Blinden geben einen indirekten Hinweis auf die Fähigkeit des Tastsinnes, eine Welt räumlicher Vorstellungen entstehen zu lassen, die der visuell geformten Vorstellung der räumlichen Welt in unserem Hirn in vieler Hinsicht ebenbürtig ist. Voraussetzung dafür ist ein ausgeklügelter Mechanismus zur präzisen Eigenwahrnehmung des Körpers.

Die Vorgänge bei der Tastwahrnehmung sind ein weiteres Beispiel für die Abhängigkeit des Gehirns von der Körperperipherie. Die Hand als Rezeptor der Wahrnehmung ist ein exzellentes Beispiel für die Bedeutung der Rezeptoren im Wahrnehmungsprozeß. Nicht erst im Gehirn entsteht Subjektivität. Das Gehirn kommt nie unmittelbar in den Geschmack der Realität, sondern es konsumiert die Außenwelt in vorsortierten, vorgekauten und vorverdauten Häppchen, egal ob es sich um taktile, visuelle oder akustische Wahrnehmungen handelt. Es hat keinen Zugang zu „wertungsfreier" Information über die Außenwelt, sondern ist auf die Interpretation der Welt durch diese Rezeptoren der fünf Sinne, deren Ausschnitte aus der Welt und deren Übersetzungen in die Sprache des Gehirns angewiesen.

Verlagert man die Perspektive weg vom einzelnen Individuum und lenkt den Blick zurück auf die phylogenetische Entwicklung, findet man auch hier gegenseitige Abhängigkeiten im Prozeß der Koevolution von Hand und Hirn. Evolutionäre Neuentwicklungen müssen sich gleichzeitig auf unterschiedlichsten Ebenen bewähren. Eine Mutation vollzieht sich immer zuerst auf der Ebene des einzelnen Gens. In der Regel entsteht daraus ein verändertes Protein mit neuen Eigenschaften. Dieses Eiweiß muß zunächst in seine unmittelbare biochemische Umgebung passen. Seine phänotypischen Konsequenzen müssen aber auch im Funktionsgefüge des Organismus Sinn machen. Die neu entstandenen Fertigkeiten müssen dem Tier einen Selektionsvorteil in seinem momentanen Ökosystem verschaffen, damit sich die Veränderung durchsetzt und den Beginn einer Entwicklung in Richtung neuer Fähigkeiten oder Fertigkeiten oder gar einer neuen Art markieren kann.

Die Handentwicklung bei Primaten mag ein Beispiel dafür sein, wie neue anatomische Strukturen den personalen Raum plötzlich in einer Weise verändern, daß auch Perspektiven für einen Wandel der Funktion des Organs und damit die Notwendigkeit der Entstehung neuer neuronaler Steuerungsmechanismen entstehen. Obwohl die Handanatomie von Halbaffen wie den Lemuren der von Menschenaffen und Menschen auf den ersten Blick recht ähnlich ist, zeigen sich große Unterschiede bei den motorischen Fähigkeiten. Die Fähigkeit einer einfachen Opposition von Daumen und Zeigefinger tritt erst bei den uns relativ nah verwandten Altweltaffen auf. Die Vielzahl von unterschiedlichen Handstellungen der Gebärdensprache wäre den Affen nicht möglich. Neue Funktionen entstanden erst im Zusammenspiel von anatomischen Veränderungen der Hand und dem Umbau des neuronalen Steuerungsapparats. Dabei taucht das Problem des qualitativen Sprungs auf. Mitten in einer Funktionsumwandlung (zum Beispiel von der Laufhand zur Greifhand) gibt es meist eine Phase, in der ein Organ mehrere unterschiedliche Funktionen erfüllt. Gerade in diesen Übergangszeiten wird auf die Organe eine enormer Selektionsdruck ausgeübt. Der Gang des Schimpansen auf den Handknöcheln zeigt, daß sich Arm und Hand hier schon weit von ihrer früheren Funktion als Instrument der Fortbewegung entfernt haben. Solche Entwicklungen vollzogen sich auch im Gehirn. Ebenso wie die Hand des Schimpansen zum Vielzweckorgan wurde, mag die Evolution der Fähigkeit zur Planung komplexer motorischer Sequenzen einen Funktionsraum geschaffen haben, in dem diese neuen Fähigkeiten plötzlich auch in einem anderen Kontext jenseits der Motorik genutzt werden konnten. Oben wurden am Beispiel von Apraxie und Neglekt solche modalitätsübergreifenden Mechanismen beschrieben.

Interessant ist auch die strukturelle Nähe des Zusammensetzens von Teilbewegungen zu einem bedeutungsvollen Handlungsganzen, zur Semantik einer Bewegung, und dem Konzept des Begriffs. Viele dieser allgemeinen supramodalen Fähigkeiten bilden auch die Grundlage der menschlichen Sprache, und deswegen könnte die Entwicklung komplexer Handbewegungen mit der Sprachentstehung eng verwoben sein.

Mit der Entstehung des *Homo sapiens* ist ein Prozeß in Gang gekommen, der gern als die „zweite Evolution" bezeichnet wird, die kulturelle Evolution oder die Entwicklung der menschlichen Kultur. Dieser Prozeß gleicht in seiner Grundstruktur vielleicht noch der biologischen Evolution, hat sich aber zum Teil abgekoppelt und vollzieht sich in vergleichsweise atemberaubender Geschwindigkeit. Weniger als 20000 Jahre oder 1000 Generationen liegen zwischen Steinzeit und Atomzeitalter – aus evolutionärer Perspektive ein Augenblick.

Die herausragende Rolle der Hand bei dieser zweiten Phase, der Entstehung der menschlichen Kultur in ihrer heutigen Form, liegt noch deutlicher „auf der Hand" als ihr Einfluß auf die biologische Entwicklung, aber davon wird in späteren Kapiteln dieses Buches die Rede sein.

Warum kann ein Affe nicht „richtig" mit einem Schraubenzieher umgehen? Unabhängig von der Art der Steuerung der Hand durch das Gehirn gibt es auch einige anatomische Besonderheiten, die das typisch menschliche Greifen und Handeln erst möglich machen. Versteckt unter der Haut wirken Knochen, Muskeln und Sehnen in raffiniertester Weise zusammen. So besitzt zum Beispiel der Daumen, der menschlichste aller Finger, eine außergewöhnliche Beweglichkeit. Wenn Sie wissen wollen, wozu diese Beweglichkeit dient, dann wagen Sie ein Selbstexperiment: Versuchen Sie einmal, mit angelegtem Daumen einen Knopf an eine Jacke zu nähen.

Bei genauerer Betrachtung zeigt sich, daß fast alle scheinbar selbstverständlichen Tätigkeiten des Alltags ohne einen funktionsfähigen Daumen ausgesprochen mühselig oder gänzlich unmöglich sind. So wundert es nicht, daß die Handchirurgen ihre gesamte Geschicklichkeit und ihren Einfallsreichtum aufbringen, um bei ihren Patienten die Greiffähigkeit auf unterschiedlichste Weise wiederherzustellen oder überhaupt erst zu ermöglichen. Bei einigen dieser faszinierenden Eingriffe kommt ihnen die Flexibilität des menschlichen Gehirns zugute, doch dazu später mehr.

Alles im Griff!

Von Peter Reill

Anatomie des Handskeletts – die feinen Unterschiede

Die Hand ist, biomechanisch betrachtet, sicher der komplizierteste Körperteil. Elle und Speiche des Unterarms mitgerechnet, besteht die Hand aus 29 einzelnen Knochen. Diese sind über einen komplizierten Band- und Sehnenapparat miteinander verbunden, der Beweglichkeit ermöglicht, aber auch einschränkt. Betrieben wird dieses mechanische Meisterwerk von den Muskeln des Unterarmes und der Hand selbst. In ihrer Grundstruktur ähnelt unsere Hand stark der unserer nächsten Verwandten im Tierreich, den Affen. Aber wie immer steckt der Teufel im Detail! Trotz dieser Ähnlichkeit sind unsere haarigen Vettern zu einer Reihe von Handbewegungen nicht im selben Maße in der Lage wie wir. Diese Abweichungen liegen nicht nur in den unterschiedlichen Steuerungsfähigkeiten des Nervensystems, sondern auch in kleinen, aber feinen Unterschieden in der Handanatomie begründet.

Es kann nicht Sinn dieses Beitrags sein, auf knappem Raum alle anatomisch-funktionellen Einzelheiten der Handbewegungen aufzulisten. Vielmehr soll die Aufmerksamkeit auf jene speziellen Entwicklungen, Möglichkeiten und Varianten gelenkt werden, die zwar zunächst weniger auffallend sind, aber letztendlich die Besonderheiten der menschlichen Hand ausmachen. Weiter soll gezeigt werden, auf welche Weise Fehlanlagen operativ korrigiert werden können, um der Natur eine funktionelle Neuorientierung zu ermöglichen. Die Fähigkeit, den Verlust einzelner Greiffunktionen durch Umorientierung anderer Funktionen zu kompensieren, ist ein exzellentes Beispiel dafür, daß die Beziehungen zwischen den Gliedern der Hand und dem Nervensystem keineswegs starr und ein für allemal festgeschrieben sind. Im Gegenteil stehen beide in enger und höchst flexibler Wechselbeziehung.

Die Hand – Genie-Streich der Evolution so wurde in einem populärwissenschaftlichen Magazin getitelt. Stimmt das? Zweifel – insbesondere was das Wort „Streich" angeht – sind berechtigt. Eine Jahrmillionen dauernde Entwicklung aus vorgegebenen Anlagen führte zur Ausbildung eines wunderbaren Greifwerkzeugs. Die gleichen Anlagen (Brustflossen) wurden bei anderen Spezies in ähnlicher Weise spezialisiert und deren jeweiligen Umweltbedingungen angepaßt.

Die Entwicklung des aufrechten Ganges, die sich eröffnende Möglichkeit, den oberen Extremitäten neue Funktionen zuzuweisen, und schließlich die Vergrößerung des Gehirns waren die phylogenetischen Rahmenbedingungen der Evolution der menschlichen Hand. Die folgenden Betrachtungen gelten vorwiegend der Hand, wobei nicht außer acht gelassen werden darf, daß für deren Funktion natürlich die ebenfalls neu gewonnenen Bewegungsspielräume von Schulter, Oberarm und Ellenbogen Voraussetzung sind. Unterarm und Hand müssen als funktionelle Einheit betrachtet werden.

Opposition der besonderen Art

Es ist fast zum Gemeinplatz geworden festzustellen, erst die Entwicklung des Daumens habe der menschlichen Hand zu ihren außergewöhnlichen Fähigkeiten verholfen. Das soll nicht in Abrede gestellt werden, es ist aber nur die halbe Wahrheit. Im Laufe der Zeit bildete sich eine ganze Reihe von Formvarianten heraus und trug zu einer Erweiterung der Handgeschicklichkeit bei.

Aber beginnen wir trotzdem mit dem Daumen. Entwicklungsgeschichtlich ist ein Form- und Funktionswandel des Daumens bei den Hominiden etwa ab *Australopithecus afarensis* nachzuweisen. Anthropologische Untersuchungen zeigen, daß schon beim *Homo habilis*, der vor etwa zwei Millionen Jahren lebte, ein isolierter Daumenbeugemuskel auftrat und etwa gleichzeitig eine Umformung des Daumensattelgelenks einsetzte, das den wesentlichen Drehpunkt des Daumens an seiner Basis bildet. Der Daumen rückte im Laufe der weiteren Entwicklung immer mehr an die Speichenseite, die erste Zwischenfingerfalte vertiefte sich. Der Daumen nahm außerdem an Länge zu und konnte schließlich die Fingerspitzen und nicht nur die Seitenflächen des Zeigefingers erreichen; die Verankerung der Daumenbasis wurde durch die besondere Ausgestaltung des besagten Daumensattelgelenks und die Verstärkung und Differenzierung der Muskulatur in dieser Region (Daumenballen) stärker und beweglicher. Diese Veränderungen erlaubten eine kraftvolle Gegenüberstellung des Daumens gegen die Handfläche und die Fingerkuppen (Opposition).

Dies machte neben dem bereits vorhandenen Hakengriff zwei weitere Greifformen möglich, die den Hominiden die Verwendung von Werkzeugen (Faustkeil, Schabesteine) ermöglichten: erstens den Seit-zu-Seit-Griff, bei dem die Daumenkuppe ein feines Instrument gegen die Seitenfläche des Zeigefingers drückt und so festhält, und zweitens den Drei-Punkte-Feingriff oder Spitzgriff. Hier wird der Daumen dem Zeigefinger und dem Mittelfinger gegenübergestellt, größere Gegenstände lassen sich auf diese Weise in der Hohlhand fixieren (etwa ein Stein als Schlagwerkzeug). Zusätzlich erfährt der bereits angelegte Handflächengriff, bei dem größere Objekte in der offenen Hohlhand mit gespreizten Fingern und dem Handrücken nach unten transportiert werden konnten, eine Erweiterung da-

64   Die Hand – Werkzeug des Geistes

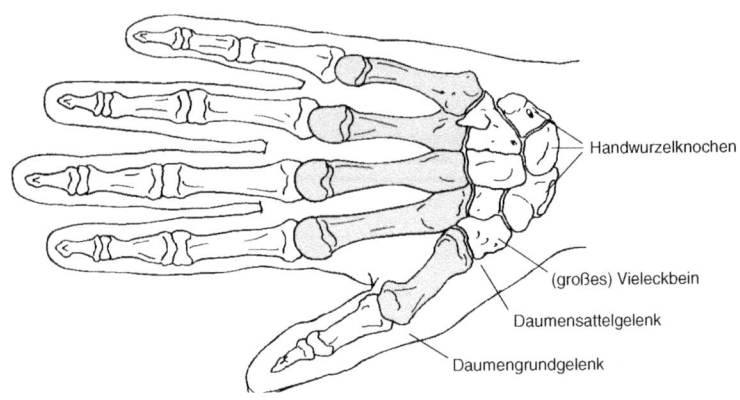

Handwurzelknochen

(großes) Vieleckbein
Daumensattelgelenk
Daumengrundgelenk

2.1 Handskelett; Blick auf die Handfläche (die Mittelhandknochen sind grau dargestellt).

durch, daß der Daumen zur Fixierung von Objekten beitragen kann. (Die verschiedenen Greifformen sind auf den Eingangsseiten dieses Buches abgebildet.)

Das Daumensattelgelenk, das all diese Griffe erst ermöglicht, liegt zwischen Vieleckbein und der Basis des ersten Mittelhandknochens. Es besteht aus zwei sattelförmigen Gelenkflächen und erscheint bei oberflächlicher Betrachtung als Kugelgelenk (Abbildung 2.1). Die Basis des ersten Mittelhandknochens ist jedoch nicht an einem Punkt fixiert, sondern bewegt sich auch seitlich entlang der beiden Sattelkrümmungen, so daß bei An- und Abspreizung der Drehpunkt und damit die Belastung wechselt. Eine komplizierte Bandführung garantiert auch bei schrägen Belastungen im Zusammenspiel mit der Daumenmuskulatur Stabilität bei erstaunlicher Beweglichkeit (Abbildung 2.2). Eine Besonderheit des Daumensattelgelenks und auch des Grund- und Endgelenks besteht darin, daß in allen drei Gelenken eine Rotation um die Längsachse (Supination) abläuft, welche die Gegenüberstellung des Daumens gegen die Fingerkuppen erheblich verbessert.

Die neu gewonnene Daumenbewegung, die Opposition, wird von einer höchst differenzierten Muskulatur gesteuert. In erster Näherung kann sie mit der Funktion eines Ladebaumes verglichen werden, wie man ihn aus der Seefahrt kennt. Ein Ladebaum ist drehbar an seiner Basis fixiert und wird von verschiedenen Halte- und Steuerungsseilen sowie dem eigentli-

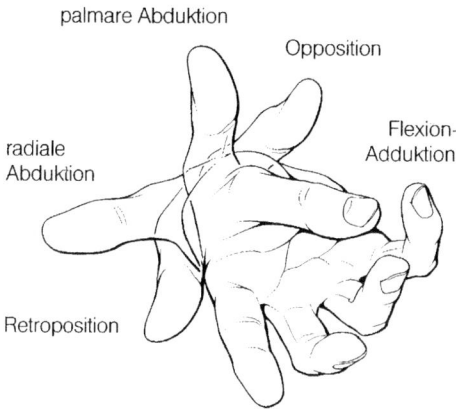

2.2 Daumenbeweglichkeit. Retroposition = Überstreckung über die Hohlhand; radiale Abduktion = Abspreizung in der Hohlhandebene; palmare Abduktion = Abspreizung senkrecht zur Hohlhandebene; Opposition = Gegenüberstellung gegen die Finger, dabei erfolgt eine Rotation um die Längsachse des Daumens, so daß die Kuppe den Fingerkuppen zugewendet wird; Flexion-Adduktion = Einschwenken von Klein- und Ringfinger in die Hohlhand.

chen Lastseil in optimale Arbeitsstellung gebracht. (Der Vergleich hinkt insofern, als am Daumen zwei Gelenke zwischengeschaltet sind. Zur Erklärung der Daumenballenmuskulatur sei diese Vereinfachung erlaubt.) Neun Muskeln – und damit ein Viertel der gesamten Handbinnenmuskulatur (intrinsische Muskulatur) – finden sich zusammen, um die Feinfunktion des Daumens zu steuern (siehe Abbildung 2.3, Seite 68). Vier dieser Muskeln entspringen am Unterarm, darunter der besonders kräftige Daumenbeuger, dessen erhebliche Muskelmasse zusammen mit den anderen von der Hand weg auf den Unterarm verlegt wurde (extrinsische Muskulatur).

Bei der Betrachtung der vielfältigen Greiformen der menschlichen Hand wird nach meinem Verständnis die sogenannte ulnare Opposition sehr zu unrecht wenig beachtet. Nimmt man einen Schreibstift zur Hand, so fällt auf, daß der Handrücken vom Daumen zum Kleinfinger ein Quergewölbe über den Fingergrundgelenken bildet.

Die Basen der Mittelhandknochen des Zeige- und Mittelfingers sind an der körperfernen Handwurzel straff mit einer fest im Knochen verwachsenen Bandstruktur, einer sogenannten Synostose, fixiert. Wie bereits gezeigt, hat der Daumen im Daumensattelgelenk große Freiheitsgrade. In ähnlicher Weise sind auch die Gelenkverbindungen zwischen den Basen des Ring- und des Kleinfingers und der Handwurzel mobil. Beide Finger können in geringem Maße überstreckt und damit der Mittelhandbogen völlig abgeflacht werden. Die Handspanne wird dadurch erweitert. Es ist jedoch auch möglich, beide Finger in Richtung Mittelhand zu schwenken, sie können dem Daumen gegenübergestellt werden. In der Hohlhand entsteht ein längs und quer gestelltes Polster als Gegenpol zum Daumen. Diese Greifform ist besonders wichtig beim Hämmern, Schrauben sowie beim Tennisspielen, meist in Verbindung mit einer Streckung und Ellenabwinkelung im Endgelenk (siehe die Abbildung der verschiedenen Greifformen auf den Eingangsseiten dieses Buches).

Und auch ein wenig Spekulation sei erlaubt: Der Daumen ist in der Entwicklung von den frühen Hominiden zum heutigen Menschen länger und kräftiger geworden. Auf diesem Weg hat er ein Glied eingebüßt; er besitzt im Gegensatz zu den anderen Fingern nur noch zwei Glieder und zwei Gelenke. In Kenntnis der biologischen Umformungsvorgänge bei anderen Gliedmaßen könnte gemutmaßt werden, daß durch zunehmende Belastung des ersten Strahls dieser nach körpernah verlagert wurde und der erste Mittelhandknochen schließlich am Übergang zum Handgelenk, also im Bereich des späteren Daumensattelgelenks, aufging. Das Grundglied des ersten Strahls wurde schließlich erster Mittelhandknochen. Eine Unterstützung findet diese Gedankenspielerei durch die Beobachtung, daß an den Mittelhandknochen vom Zeigefinger bis zum Kleinfinger die Wachstumszonen im körperfernen Anteil liegen. An den Fingergrundgliedern und am Daumen liegen die Wachstumszonen im körpernahen Anteil.

Beim Schreiben ist die Möglichkeit, Ring- und Kleinfinger in die Hohlhand einzurollen, von enormer funktioneller Bedeutung. Eine starre Achse von Grundgelenksköpfchen behindert den Schreibgriff ganz erheblich, wie Unfallverletzte immer wieder berichten. Ohne diese ulnare flexible Abstützung müßte man ein Schreibwerkzeug ganz anders in der Hand halten. Vielleicht wären Schriften und Schriftzeichen dann völlig verschieden von den heutigen. Auch viele andere Kulturtätigkeiten sind auf diese Bewegungsform angewiesen.

Von der Schwierigkeit, einen Finger krumm zu machen

Beginnen wir wieder mit den Gelenken: Die Fingergrundgelenke sind ellipsenförmig gestaltet, die Gelenkflächen asymmetrisch ausgeformt, ein Aufbau, der sowohl Beugung und Streckung als auch An- und Abspreizung und Rotation erlaubt. Die Fingermittelgelenke zeigen grundsätzlich einen ähnlichen, wenn auch einfacheren Aufbau, der etwa dem eines modifizierten Scharniergelenks entspricht. Noch einförmiger sind die Endgelenke gestaltet. Alle Gelenke haben zur Stabilisierung der exzentrischen Bewegungsabläufe kräftige Seitenbandapparate, die mit dem beugeseitigen Halteapparat, der sogenannten palmaren Platte, und dem Beugesehnen-Gleitlager fest verbunden sind. Bei der Streckung spannen sich die handrückenwärts gelegenen Fasern stark an, bei Beugung verlagert sich die Spannung nach der Hohlhandseite. Eine schräge Bandverbindung verbindet jeweils den körpernahen und den körperfernen Gelenkanteil miteinander, verhindert dadurch ein Kippen des Gelenks und ermöglicht ein möglichst breitflächiges Gleiten der Gelenkflächen aufeinander.

Die kleinen Handbinnenmuskeln am Daumen haben wir bereits weiter vorne kennengelernt. Aber auch die entsprechenden Muskeln für die Finger sind interessant, denn sie steuern differenzierte Fingerbewegungen. So kann man beispielsweise beobachten, daß sich nach schweren Quetschverletzungen der Mittelhand (mit Durchblutungsstörungen oder Zerstörung dieser Muskeln, jedoch ohne Knochen- und Gelenkverletzung) eine massive Funktionsstörung einstellt. Es kommt zur Krallenhand, bei der die Fingergelenkstellung der von Primaten vergleichbar ist.

Die Lumbrikalismuskeln (wurmförmigen Muskeln) liegen versteckt in der Hohlhand, sie entspringen an den tiefen Beugesehnen und enden in den Streckerhäubchen der Mittelgelenke. Möglicherweise als Ausdruck einer späten Entwicklung gehören sie zu den Muskeln des menschlichen Körpers, die die größte Variationsbreite besitzen – und zwar zunehmend vom Zeigefinger zum Kleinfinger. Auffallend ist die Fülle der Muskel- und Sehnenrezeptoren, ein Hinweis auf die vielfältigen und zum Teil in großer Geschwindigkeit ablaufenden Steuerungsmechanismen bei der Kontrolle der Spannung zwischen Beugung und Streckung. Die Lumbrikalismuskeln strecken die Fingergelenke, haben jedoch auch eine Beugewirkung auf die Grundgelenke. Ihr beweglicher Ursprung an der tiefen Beugesehne befähigt sie offensichtlich zu großer Steuerungsbreite (Abbildung 2.3).

Die Zwischenknochenmuskeln an der Mittelhand waren ursprünglich so angelegt, daß jeder Finger ein Paar kurzer tiefer Beugemuskeln besaß. Vier dieser Muskeln wurden im Verlauf der weiteren Entwicklung nach dorsal (handrückenwärts), drei nach palmar (hohlhandseitig) verlagert. An der Daumenseite wurden zwei der Muskeln in die Daumenballenmuskulatur eingebracht. Die drei Zwischenknochenmuskeln in der Hohlhand entspringen an den Mittelhandknochen des Zeigefingers, Ring- und Kleinfingers (der Mittelfinger weist keinen eigenen Muskel auf). Sie dienen (unter

68 Die Hand – Werkzeug des Geistes

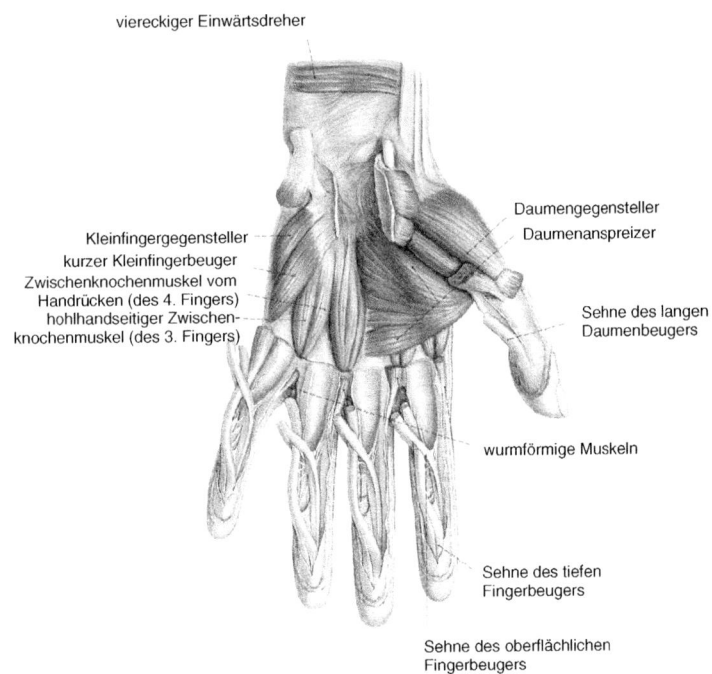

2.3a Muskulatur und Beugesehnenapparat der Handfläche (Hohlhand).

anderem) dazu, gespreizte Finger wieder zusammenzuführen. Die dorsalen Zwischenknochenmuskeln bewirken am Grundgelenk eine Abspreizung der Finger. An den Mittel- und Endgelenken führen sie eine Streckung aus, jedoch nur bei gebeugtem Grundgelenk. Alle diese Muskeln – Lumbrikalis- und Zwischenknochenmuskeln – werden vom gleichen Nerven, dem Nervus ulnaris, innerviert. Sein Ausfall hinterläßt neben einem Gefühlsausfall am Kleinfinger und an der Ellenseite des Ringfingers eine erhebliche Bewegungsstörung, die bereits erwähnte Krallenhand.

Die Aufzählung von vielen kleinen Muskeln mag Ihnen langweilig erscheinen. Aber für das Verständnis selbst einer ganz einfachen Bewegung, wie der Beugung eines Fingers, ist jede dieser Einzelkomponenten unabdingbar. Eine Beugung wird durch die gleichzeitige Anspannung des tiefen Beugers und des Streckers eingeleitet, wobei letzterer zunächst die angestrebte Beugung hemmt (Abbildung 2.4). Schräge Faserzüge, die an beiden Fingerseiten am körperfernen Anteil des Grundgliedes entspringen

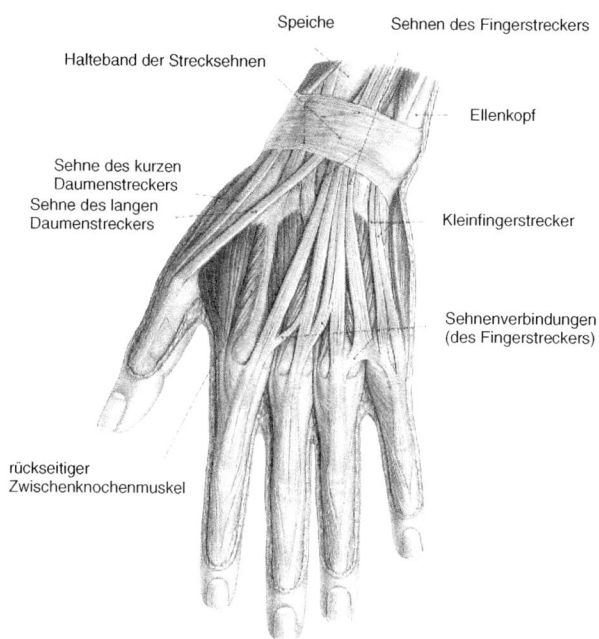

2.3b Muskulatur und Strecksehnenapparat des Handrückens.

und in die Strecksehne über dem Endglied einstrahlen, führen zunächst zu einer Fixierung des Endgelenks in Streckstellung (2.4a). Der zunehmende Zug des tiefen Fingerbeugers löst eine Beugung im Mittelgelenk aus (2.4b); bei gleichzeitiger Entspannung der schrägen Bänder kann dann das Endgelenk zunehmend gebeugt werden (2.4c). Die Beugung im Grundgelenk (2.4d) erfolgt durch die Anspannung der kleinen Handmuskeln (Zwischenknochen- und Lumbrikalismuskeln). Das Streckerhäubchen über dem Mittelgelenk wird nach körperfern verlagert, wodurch der Hebelarm am Grundglied größer und die Beugung an diesem Gelenk zum Faustschluß möglich wird.

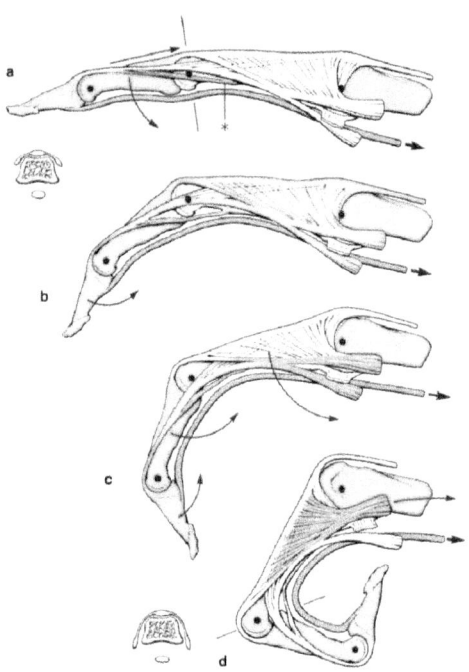

2.4 Bewegungsablauf beim Beugen eines Fingers (Erläuterung im Text).

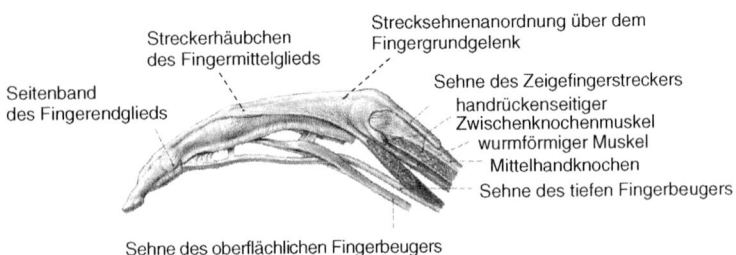

2.5 Blick auf den Kapsel- und Bandapparat eines Fingers von der Seite (Haut und Muskulatur entfernt; Sehnen der Fingerbeugemuskeln aus der Sehnenscheide gelöst).

Viele Töne ergeben noch kein Lied

Ganz so einfach, wie eben geschildert, ist es nicht. In Wirklichkeit erklären diese anatomischen und biomechanischen Überlegungen zur Fingerbeweglichkeit nicht alle Aspekte der Handbewegungen. Neurophysiologische Untersuchungen in jüngster Zeit haben gezeigt, daß der tiefe Fingerbeuger keineswegs ein isolierter Muskel ist, weder mechanisch noch elektrophysiologisch. (Auf dieser Vorstellung wurde kurze Zeit die gesamte moderne Beugesehnen-Behandlung von versierten Handchirurgen aufgebaut, inzwischen aber revidiert.) Die beschriebene Einleitung der Beugung des Endgelenks eines einzelnen Fingers ist nur möglich, wenn gleichzeitig die anderen Finger aktiv gestreckt werden. Synergistisch mit der aktiven Beugung des Fingers kommt es zu einer Streckung im Handgelenk. (Ein kräftiger Griff zum Führen eines Werkzeuges verlangt ein überstrecktes Handgelenk. Sie können sich leicht selbst davon überzeugen, daß bei gebeugtem Handgelenk kein kräftiger Faustschluß möglich ist.) Die Bewegungsmuster von Hand und oberer Extremität umfassen gleichzeitig kontrollierte Funktionen wie Streckung, Beugung, An- und Abspreizung sowie Rotation. Die kleinen Handbinnenmuskeln können sich zur Feineinstellung von verschiedensten Greifformen in Bruchteilen von Sekunden mehrfach an- und entspannen. Sie sind nicht nur Motoren, sondern auch Sensoren, die jegliche Positionsänderung genau registrieren. In den Fingern verborgen liegen hochempfindliche Sinnesorgane; die dort eingehenden Reize werden zusammen mit visuellen und akustischen Signalen im Gehirn zu komplexen Bewegungsmustern zusammengefaßt und gespeichert.

Im Prinzip ist ein gezielter Schlag mit dem Hammer ebenso kompliziert wie einzelne Sequenzen innerhalb schwieriger und schneller Passagen beim Spielen eines Musikinstruments. Die erstaunlichen Fähigkeiten der Musiker stellen gewissermaßen den Endpunkt eines jahrelangen extremen Trainings dar. Die 39 Muskeln der Hand und des Unterarmes werden über eine unglaubliche Anzahl von Einzelgriffen trainiert, gespeichert, abgerufen und dann variiert. Ein Einblick in die komplexen Steuerungsformen der Hand und deren übergeordneter Kontrolle im Gehirn ist bislang nur in geringem Ausmaß möglich. In neuerer Zeit versucht man, mit modernsten Untersuchungsmethoden (Computertomographie, Elektromyographie, Positronen-Emissionstomographie, Magnetresonanztomographie) Einblicke nicht nur in die biomechanischen, sondern auch in die neurophysiologischen Abläufe zu gewinnen (☞ Altenmüller). Erste bescheidene Ergebnisse erstaunen und lassen hoffen. Eine direkte Untersuchung von Steuerungsfunktionen zwischen Gehirn und Hand ist beim Menschen bisher nur begrenzt möglich. Auch der altgediente Handchirurg muß sich damit zufrieden geben, daß die unglaubliche Vielfalt derzeit vor allem biomechanisch zu beschreiben ist. Er findet Trost bei dem großen Biologen Ernst Mayr, der feststellt, daß auch die moderne Biologie nur beschreiben, aber nicht erklären kann.

Wie kompliziert bestimmte Bewegungsabläufe sind, kann am Beispiel eines Klavierspielers gezeigt werden. Er bringt den Finger in die sogenannte Hammerstellung, das heißt, das Grundgelenk wird überstreckt, Mittel- und Endgelenk werden gebeugt. Beim Anschlag erschlafft der Fingerstrecker, gleichzeitig wird durch die Handbinnenmuskulatur (Zwischenknochen- und Lumbrikalismuskeln) das Grundgelenk gebeugt. Die eigentliche Anschlagskultur wird von der Art des Aufsetzens der Fingerkuppe auf die Taste bestimmt. Angestrebt wird von vielen Pianisten und deren Lehrern eine mehr bogenförmige, streichelnde Kurve, bei der das Endgelenk aus der Streckung heraus durch den Übergang in eine leichte Beugung die Taste bewegt. Gerade diese Art der Endgelenksbeweglichkeit ist bei hoher Geschwindigkeit und gleichzeitigem kräftigem Anschlag besonders schwierig. Eine Kraftentwicklung des Fingers im Endgelenk führt regelhaft zu einer Überstreckung im Handgelenk; in dieser Haltung ist die isolierte Streckung mit nachfolgender leichter Beugung kaum möglich. Dies ist nur eine Teilerklärung für die komplexen Bewegungsabläufe bei Pianisten, aber auch bei Geigern und Gitarristen, die erst in jahrelanger intensiver Übung erlernt werden können.

Das Kleid der Hand – Form folgt Funktion

Die Hand besteht keineswegs nur aus Knochen, Sehnen, Muskeln und Bändern. Für ihre Funktion ist das „Drumherum", die Haut und der Weichteilmantel, ebenfalls von großer Bedeutung. Diese Strukturen tragen in hohem Maße zu ihrer Eignung als unser wichtigstes Werkzeug bei. Zwei Bereiche unseres Körpers, die hohen Druckbelastungen ausgesetzt sind, zeichnen sich durch eine besondere Hautstruktur aus: die Hände und die Füße.

Im Übergang vom Unterarm zur Handfläche findet sich noch die für den Rest des Körpers charakteristische Felderhaut mit typischen Beugefurchen am Handgelenk. Diese Furchen werden durch faserige Haltebänder in der Haut an die Unterlage fixiert. Die körperfernere markiert die Lage des knöchernen Handgelenks in Höhe des Übergangs zwischen proximaler und distaler Reihe der Handwurzelknochen (siehe Abbildung 2.1, Seite

64). In der Hohlhand finden sich zahlreiche Furchen, die jedoch keine typischen Gelenkzuordnungen erlauben. Sie sind der Stoff, von dem die Handlesekünstler leben (☞ Handel). Diese Furchen sind genetisch vorgebildet und entstehen im zweiten bis dritten Embryonalmonat. Die feinen Linien in den Handflächen und auf den Fußsohlen werden als Leisten bezeichnet, dieser Hauttyp folgerichtig als Leistenhaut. Er kommt nur an Händen und Füßen vor. Er wird an der Hand zwei bis drei Millimeter dick und ist mit der darunterliegenden Palmarfaszie straff unter Bildung von Druckkissen verankert.

In der Hohlhand finden sich keine Haare und keine Talgdrüsen. Dafür ist die Anzahl der Schweißdrüsen im besonders sensiblen Greifareal (Fingerkuppen) gegenüber der normalen Haut um ein Vielfaches gesteigert. Die Befeuchtung der in sich strukturierten Fingerbeerenhaut (die Papillarleisten, bekannt vom Fingerabdruck) erhöht zusammen mit der höchst sinnreichen Druckkammerkonstruktion die Griffähigkeit. Der Zwei-Komponenten-Aufbau der Fingerbeeren mit der unterschiedlichen Struktur von distalem und proximalem Anteil ist der genaueren Betrachtung wert: Der distale (körperferne) Anteil besteht aus dreieckförmigen Faserunterteilungen, die mit Fett abgepolstert werden. Beim Greifen wird dieser Anteil gegen den Fingernagel abgestützt. Der proximale (körpernahe) Anteil ist voluminöser, stärker verschieblich und anpassungsfähig und kann manchmal fast als Saugnapf wirken. Die Fingerbeeren sind vorrangiger Sitz sensibler Hautsinnesorgane, über die die Tastwahrnehmungen und die epikritische Sensibilität (feinere Temperatur- und Berührungsempfindungen, Stellungs- und Kraftsinn, Formenerkennung) vermittelt werden (☞ Weinmann).

Der besonders wichtige Spitz- oder Präzisionsgriff zwischen Daumen, Zeigefinger und Mittelfinger weist neben der üppigen Versorgung mit taktilen Rezeptoren noch eine weitere anatomische Besonderheit auf. Der sehr kräftige Nervus medianus dient an der Hand zur sensiblen Versorgung von Daumen, Zeige-, Mittelfinger und der Hälfte des Ringfingers. Außerdem versorgt er motorisch einen großen Anteil der Daumenballenmuskulatur und die Muskeln der Beugesehnen des Daumens, der tiefen Beugesehne des Zeigefingers und Mittelfingers sowie die der oberflächlichen Beugesehnen von Mittel-, Ring- und Kleinfinger. An den Fingern geben die jeweils ellen- und speichenseitig angelegten, beugeseitigen Fingernerven in aller Regel auch sensible Äste an die Streckseite ab. Am Daumen erfolgt die Versorgung nur durch diesen Nerven ohne Abspaltung von Nebenästen auf die Streckseite. Ein ganzer Nerv ist also fast ausschließlich für diese wesentliche Funktion bereitgestellt.

Operative Korrekturen und Umorientierungen

Zur Häufigkeit von angeborenen Handfehlbildungen gibt es nur wenig zuverlässige Zahlen. Bei etwa drei Prozent der Neugeborenen sollen sich Fehlbildungen der Hände finden, die meisten stellen jedoch nur kleine Formvarianten und funktionell völlig unwichtige Größenveränderungen dar. Schwerwiegend ist allerdings oft die Fehlanlage eines Daumens. Sie kann von der leichtesten Form, der Verkleinerung (Hypoplasie), bis hin zum völligen Fehlen (Aplasie) reichen. Fehlt der Daumen, bedeutet das eine erhebliche Funktionseinbuße, die auf etwa 40 Prozent der Gesamthandfunktion geschätzt wird.

Von der Daumenhypoplasie existieren verschiedene Formen. Häufig sind sie mit anderen Fehlbildungen vergesellschaftet. Die einfachsten Ausprägungen weisen lediglich eine Verkleinerung aller noch normal angelegten anatomischen Strukturen auf. Die schwereren Formen zeigen eine zunehmende Verschmächtigung des knöchernen Daumenskeletts, unterentwickelte oder fehlende Daumenballenmuskulatur und eine Rückbildung oder vollständiges Verschwinden des Daumensattelgelenks. Der sogenannte flottierende Daumen ist nur noch ein instabiles fingergliedähnliches Anhängsel. Die Aplasie ist durch das völlige Fehlen des Daumens gekennzeichnet. Gelegentlich sind noch Reste der intrinsischen Daumenballenmuskulatur zu finden.

Der neue Daumen

Sehr früh stellten sich Chirurgen der Aufgabe, die Funktion der daumenlosen Hand zu verbessern. Bahnbrechende Ideen, wie die (teilweise) Wiederherstellung der Greiffunktion durch Umsetzen eines Fingers, wurden bereits 1950 von dem deutschen Chirurgen Hilgenfeldt veröffentlicht. Im Gefolge der Contergan-Katastrophe entwickelten zwei Handchirurgen, nämlich W. Blauth und D. Buck-Gramcko, die elegante Operationsmethode der Pollizisation, das heißt die Gestaltung eines Daumens unter Verwendung des Zeigefingers.

Diese Lösung drängt sich auf, wenn man die natürliche Entwicklung der Greiffunktion bei Kleinkindern mit und ohne Daumen beobachtet. Etwa ab dem zehnten Lebensmonat verändert sich das ungezielte Greifen (meist mit eingeschlagenem Daumen) normalerweise in ein deutlich zielgerichteteres Zufassen. Gegenstände werden in einem Drei-Punkte-Griff (Opposition des Daumens gegen Zeige- und Mittelfinger) bei gleichzeitiger Überstreckung des Handgelenks fixiert. Ist kein Daumen angelegt, so greift das

Kind kleinere Gegenstände mit einem Ersatz-Spitzgriff zwischen Zeige- und Mittelfinger. Ohne operative Behandlung kommt es bei fortschreitendem Wachstum zu einer Krümmung des Zeigefingers gegen den Mittelfinger, zu einem primitiven Zeigefinger-Seit-Griff mit schlechter Funktion und eingeschränkten Möglichkeiten einer späteren Korrektur. Eine frühzeitige Operation (etwa um das erste Lebensjahr) kann durch Umformung des Zeigefingers in einen Daumen eine wesentlich bessere Ausgangssituation für die funktionelle Anpassung schaffen.

Die ungemein elegante Operation verlangt vom Operateur die Fähigkeit zu extrem schonender Präparation der feinen Strukturen, Fingerspitzengefühl und Sicherheit in der Behandlung der Haut sowie der Gefäßnervenbündel. Die Schnittführung muß so angelegt werden, daß in der neuen ersten Zwischenfingerfalte (also zwischen dem bisherigen Zeige- und Mittelfinger) keine Narben entstehen, die die freie Abspreizfähigkeit des neuen Daumens behindern würden. Der Zeigefinger wird am körperfernen Anteil des Mittelhandknochens abgetrennt, der gesamte Mittelhandknochen entfernt, da ja der Zeigefinger auf die Länge eines Daumen verkürzt werden muß. An der normalen Hand reicht der Daumen, seitlich an den Zeigefinger gelegt, etwa bis zur Mitte des Grundgliedes. Der verkürzte Zeigefinger (Neu-Daumen) wird auf die Beugeseite rotiert, geschwenkt und in der Region der Basis des entfernten Mittelhandknochens in der Tiefe verankert. Dazu muß er mindestens um 160° in der Längsachse gedreht werden, und die Abspreizung in der Hohlhandebene soll etwa 40° betragen, so daß der neue Daumen dem Mittelfinger gegenüber steht. Das Grundgelenk des Zeigefingers wird zum Sattelgelenk des Neu-Daumens, das Grundglied zum ersten Mittelhandknochen und das Mittelgelenk zum Daumengrundgelenk. Zur muskulären Stabilisierung wird der erste dorsale Zwischenknochenmuskel am neuen Zeigefinger als Abspreizer (Abduktor), der erste palmare Zwischenknochenmuskel als Anspreizer (Adduktor) verwendet. Die ehemaligen Zeigefinger-Strecksehnen werden so am neuen Daumen fixiert, daß sie als Abduktor beziehungsweise Extensor (Strecker) wirken.

Mit dieser Umsetzung sind günstige anatomische Voraussetzungen für die weitere funktionelle Umgestaltung des Neu-Daumens geschaffen. Die funktionelle Entwicklung eines Daumen-Spitz-Griffes nach einer Pollizisation dauert Monate. Langzeituntersuchungen haben jedoch gezeigt, daß die umgelagerten Muskeln durchaus in der Lage sind, einen Daumenballen mit entsprechenden Funktionen zu formen. Die Plastizität des Gehirns erlaubt die Umorientierung der einzelnen Muskelfunktionen. Die einzelnen Muskeln hängen also nicht starr und unwiderruflich an den Verbindungen zum Gehirn wie die Marionettenglieder an ihren Fäden.

Durch Änderung der Belastung formt sich außerdem der ehemals schlanke Grundglied-Knochen des Zeigefingers zu einem kurzen und breiten ersten Mittelhandknochen des neuen Daumen um. Aus dem ehemaligen Zeigefingergrundgelenk wird funktionell ein Daumensattelgelenk. Im Alltagsleben fällt das Fehlen eines Fingers kaum auf, die Hand wird als funktionelle Einheit wahrgenommen, der kurze kräftige Daumen steht den Fingern gegenüber.

Ein Muskel wird versetzt und „umgeschult"

Ein weiteres Beispiel für eine Operation, mit der durch eine raffinierte Veränderung der anatomischen Verhältnisse der Hand Gelegenheit gegeben wird, verlorene Funktionen wiederzuerlernen, ist die Radialisersatzplastik.

Bei der Betrachtung der Funktionsgriffe der Hand wurde dargelegt, daß viele Greifformen aus einer Streckstellung im Handgelenk heraus erfolgen und erst so die volle Kraft entfalten können. Ein Ausfall der Streckung an Handgelenk, Fingern und Daumen führt zu einer erheblichen Einschränkung der Gesamtfunktion. Die Streckermuskulatur wird vom Nervus radialis innerviert. Dieser Nerv läuft am Oberarm dicht am Knochen entlang und ist dort bei Brüchen gefährdet; an Ellenbogen und Unterarm kann es durch Verletzungen (Schnittwunden) oder bei Operationen (Osteosynthesen oder Entfernung von Tumoren) zu einer Schädigung kommen. Selbst eine sofortige Nervennaht führt nur in wenigen Fällen zu einer teilweisen Wiederherstellung der Streckfunktion. Die Beschreibung einer Operationsmethode zur Behandlung der sogenannten Fallhand nach Verletzung des Nervus radialis ist gut dazu geeignet, die Anpassungsfähigkeit im Zusammenspiel von Hand und Gehirn zu beleuchten. Beim vollständigen Ausfall des Radialisnerven am Oberarm (proximale Parese) sind Handgelenk, Daumen- und Fingergelenke aktiv nicht mehr zu strecken. Eine der möglichen Operationsmethoden besteht darin, Beugemuskulatur zu verlagern und sie als Strecker zu verwenden (die gebräuchlichste Methode wurde von dem französischen Orthopäden Merle d'Aubigne beschrieben). Der ellenseitige Handgelenkbeuger wird am Handgelenk abgelöst und um die Ellenkante herum auf die Streckseite geführt. Hier wird er schräg durch die Strecksehnen durchflochten und vernäht. Es entsteht eine zwar stabile, aber wenig flexible Befestigung, die Einzelbewegungen der Finger fast ausschließt. Die Daumenstreckung läßt sich mit einem weiteren Beugemuskel (Palmarismuskel) wiederherstellen, der auf die lange Daumenstrecksehne verlagert wird; fehlt dieser Muskel, wie bei etwa 20 Prozent aller Menschen, so kann der oberflächliche Beuger des dritten Fingers an seine Stelle treten. Hat der Chirurg sein Werk vollbracht, sind der Patient und seine Hand an der Reihe.

In einem langen, für die Patienten häufig sehr anstrengenden Umlernprozeß werden die umgelagerten Beuger auf ihre neue Streckfunktion eingestimmt. Die ehemals vom Nervus radialis innervierten Strecker werden nun von Beugern (innerviert vom Nervus medianus) gestreckt, ein Handgelenkbeuger wird zum Daumenstrecker. Manche Patienten können bei entsprechendem Training hervorragende Fähigkeiten erreichen. Höchst erstaunlich ist jedoch die Beobachtung, daß einzelne voneinander unabhängige Finger-, Beuge- und Streckbewegungen durchgeführt werden können – trotz der oben beschriebenen groben Fixierung der neuen Strekker nach der Umlagerung nach dorsal. Die Möglichkeit der unabhängigen Bewegung der Finger ist in einigen Fällen so groß, daß mehrere von uns beobachtete Patienten nach einem solchen Eingriff wieder ein Instrument (Gitarre) spielen konnten. Die Erklärung hierfür ist schwierig. Vieles spricht dafür, daß die groben Exkursionen des neuen Streckers durch ausgleichende Bremsbewegungen der Beuger abgeschwächt oder blockiert werden. Die motorischen Gehirnareale haben offensichtlich neue Steuerungsabläufe entwickelt.

Im einzelnen Menschen vollzieht sich ein kleines Stück individueller Evolution, ermöglicht durch den Willen des Patienten und die erstaunliche Plastizität der Hand und ihrer neuronalen Versorgung. Im täglichen Leben schöpfen wir die Fähigkeiten unserer Hände bestenfalls zu 40 bis 60 Prozent aus und das in aller Regel völlig unbewußt. Erst eine Verletzung macht uns den Stellenwert der Hand wieder deutlich. Operative Möglichkeiten zur Wiederherstellung von Handfunktionen wurden in den letzten Jahrzehnten in reicher Zahl entwickelt. Doch am Ende muß der Patient seine Hand wiederfinden, und das geht vom Kopf aus. Einer meiner Patienten, der als einziger mit 80prozentigen Verbrennungen einen furchtbaren Hubschrauberabsturz mit schweren Schädigungen beider Hände überlebte, hat dies so gesagt: „Vor meinem Unfall hatte ich zwei linke Hände, jetzt ist meine linke Hand fast so geschickt wie meine rechte, und ich freue mich, mit beiden etwas tun zu können."

Was geht vor, wenn ein Meisterpianist in die Tasten greift, wenn das Auge dem Tanz der Finger nicht mehr zu folgen vermag und Musik erklingt? Wenn der Musikgenuß für die Hörer zum ungetrübten Erlebnis werden soll, dann muß der Künstler die verwirrende Choreographie der Handbewegungen auf das Genaueste beherrschen, da dem Ohr selbst feine Nuancierungen nicht verborgen bleiben, gar nicht zu sprechen von groben Spielfehlern. Doch unser Anspruch beschränkt sich nicht auf das perfekte Reproduzieren komplizierter Bewegungsmuster. Als Connaisseure verlangen wir zudem etwas diffus, daß der Künstler „seine Seele in die Musik legt".

Langsam erahnt man, welche Leistungen hier von Hand und Hirn gefordert werden, und die Wissenschaftler trotzen dem Rätselhaften erste Erkenntnisse ab. Ungeachtet dieser Fortschritte bleiben viele Fragen bis heute offen. Obwohl Millionen Menschen ein Instrument spielen, gibt es vergleichsweise wenig gesicherte Erkenntnisse über die Kunst des Übens. Wir wissen zwar so ungefähr, wie man einen Finger beugt. Doch wie man am besten lernt, mit ebendiesem Finger möglichst schnell und gleichmäßig eine Klaviertaste zu „bearbeiten", ist nach wie vor ein Rätsel.

Vom Spitzgriff zur Liszt-Sonate

Von Eckart Altenmüller

> Die kompliziertesten und doch am perfektesten koordinierten Willkürbewegungen im ganzen Tierreich sind die Bewegungen der menschlichen Hand und der Finger. Aber vermutlich werden die ungeheuren Gedächtnis-, Integrations- und Koordinationsleistungen eines professionellen Pianisten von keiner anderen menschlichen Aktivität übertroffen.
>
> H.W. Smith, *From Fish to Philosopher*.

Das Schwierigste, was der Mensch vollbringen kann, ist professionelles Musizieren auf hohem Niveau. Dieser das oben stehende Motto verkürzende Satz ist provokant formuliert und wird nicht sogleich jedem einleuchten. Der Leser wird fragen, ob nicht die Fingerfertigkeit begnadeter Neurochirurgen oder die Geschicklichkeit großer Jongleure und Puppenspieler mindestens genauso hoch anzusiedeln sind. Und wie steht es mit der Rückhand der weltbesten Tennisspieler oder mit der feinen Handgelenksbewegung der Spitzengolfspieler beim „Putten"? Zweifellos handelt es sich auch hier um außerordentliche Leistungen, die einige Aspekte mit den „Handwundern" beim Musizieren gemeinsam haben. Höchste räumliche und zeitliche Präzison des Bewegungsablaufs erfordern auch diese Fertigkeiten, und hohe Geschwindigkeit ist zumindest für Neurochirurgen, Jongleure und Puppenspieler sehr wichtig. Kreativität in der Bewegung und starke emotionale Beteiligung wird man wohl ebenfalls keinem der oben genannten „Handwerker" absprechen können. Das wirklich Einmalige des Musizierens liegt darin, daß die Handbewegungen Musik erklingen lassen! Musikerhände unterwerfen sich damit der unerbittlichen Kontrolle des Gehörs, eines Sinnessystems, das über eine überlegene räumlich-zeitliche Auflösung verfügt. Dies bedeutet, daß sensomotorische Abläufe beim Musizieren immer nur Annäherungen an ein gewünschtes Ziel sein können. Das lebenslange Streben nach Vervollkommnung der schöpferischen Handbewegungen ist damit eine der besonderen Daseinsbedingungen des ernsthaften Musikers.

Im folgenden ersten Abschnitt wird die Frage beantwortet werden, was Hände können. Dabei sollen die besonderen Leistungen hochentwickelter menschlicher Handmotorik dargestellt und – soweit bekannt – ihre hirnphysiologischen Grundlagen erörtert werden. Thema des zweiten Abschnitts ist, wie Hände dieses Können erwerben und welche neurobiologischen Vorgänge diesem Lernprozeß zugrunde liegen. Im dritten Abschnitt soll vom Verlust der Handgeschicklichkeit und vom tragischen Scheitern der Musiker die Rede sein.

Was Hände können

Weltmeisterhände

„Handwunder" werden im Arbeitsprozeß tagtäglich von einer großen Anzahl von Menschen erbracht, ohne daß wir dies für besonders erwähnenswert hielten. Sekretärinnen beispielsweise haben nach einem achtstündigen Arbeitstag durchschnittlich 150 000 räumlich präzise geführte Fingerbewegungen absolviert. Auskunft über „Weltmeisterhände" erhält man im *Guinness-Buch der Rekorde* (1996). In der Eintragung zum Schreibmaschineschreiben ist Carol Forristall Waldschlager in der Disziplin „Mechanische Schreibmaschine über fünf Minuten" mit 176 Wörtern pro Minute seit 1959 Rekordträgerin. Nimmt man eine durchschnittliche Wortlänge von 4,2 Buchstaben im Englischen an, ergibt dies 740 fehlerfreie Anschläge pro Minute oder 12,3 pro Sekunde. Bislang ist diese Leistung auch von PC-Schreibern noch nicht übertroffen worden. So gelang es dem Rekord-PC-Schreiber Michail Tschsetoff 1993, die Zahlen von eins bis 795 in fünf Minuten fehlerfrei einzutippen. Dies entspricht „nur" einer Geschwindigkeit von etwa 7,6 Anschlägen pro Sekunde. Man könnte die Liste von Rekordleistungen der Hände noch weiter fortsetzen, vom Stricken (111 Maschen pro Minute) bis zum Briefmarkentrennen (358 pro Minute).

Eine Steigerung des Schwierigkeitsgrades tritt ein, wenn die Bewegungen im Raum nicht zu selbstgewählten Zeitpunkten erfolgen können, sondern strenge zeitliche Vorgaben erfüllen müssen, wenn also räumliche und zeitliche Freiheitsgrade wichtig werden. Diese Situation ist zum Beispiel typisch für das Jonglieren oder für den Ballsport. Die in Kanada tätige Gruppe um den Bewegungsforscher J. Hore ließ Hobbysportler mit einem Tennisball auf ein drei Meter entferntes Ziel werfen und registrierte die Bewegungen mit einem Bewegungsanalyse-System, das die Aufzeichnung von 1 000 Bildern in der Sekunde ermöglichte. Um das Ziel zu treffen, mußte die Handöffnung in einem sehr engen vorgegebenen Zeitraum von zwei Millisekunden erfolgen. Die Werfer verfehlten häufig das Ziel, da der Zeitpunkt ihrer Handöffnung um bis zu zehn Millisekunden variierte (Hore et al. 1995). Man kann mit gutem Grund annehmen, daß hochtrainierte professionelle Spieler in der Lage sind, eine derart präzise zeitliche Steuerung von Handbewegungen reproduzierbar durchzuführen.

Wenn hier dennoch die Behauptung aufgestellt wird, daß professionelles Musizieren die anspruchsvollste menschliche feinmotorische Leistung sei, so muß zunächst erklärt werden, was an der Handmotorik der Musiker so einmalig ist. Drei besonders wichtige Merkmale sollen hier genannt und im weiteren ausgeführt werden:

- der Aspekt höchster räumlicher und zeitlicher Präzision unter Kontrolle des Gehörs,
- der sportliche Aspekt mit nach oben unbegrenzter Erschwerbarkeit der Bewegungsgeschwindigkeit und der Bewegungsformen,
- der emotionale Aspekt, das heißt, Handbewegungen werden zum Mittel, um Gefühlszustände mitzuteilen.

Die ersten beiden Punkte sind dabei durchaus kulturspezifisch und gelten vor allem für die „ernste" Musik der westlichen Zivilisationen, der dritte Punkt umfaßt das eigentliche Wesen der Musik und ist allen Musikkulturen gemeinsam.

Die Diktatur des Ohres

Professionelles Musizieren erfordert Bewegungen in höchster Präzision. Die räumlich-zeitlichen Rahmenbedingungen sind zumindest im Bereich der klassisch-romantischen Musik exakt vorgegeben. Bei vielen Instrumenten ist darüber hinaus auch die Kraft von Bedeutung, mit der eine Bewegung ausgeführt wird. So steuert der Pianist über seine Anschlagskraft die Lautstärke. Entscheidend ist aber, daß *im Gegensatz zu allen anderen menschlichen feinmotorischen Fertigkeiten die Qualität der Bewegungen für Spieler und Hörer genauestens kontrollierbar ist.*

Der eingangs zitierte Homer W. Smith war mit dem klassischen Pianisten Simon Barere befreundet. Für die Interpretation von Robert Schumanns äußerst virtuoser Toccata in C-Dur, op. 7, benötigte Barere vier Minuten und 20 Sekunden. In der Partitur zählte Smith 6266 Noten und errechnete damit eine Zahl von 24,1 Anschlägen pro Sekunde. Er schätzte auf der Grundlage dieser Zahlen, daß eine Geschwindigkeit von 20 bis 30 Noten in der Sekunde etwa 400 bis 600 motorische Aktionen in den Muskelgruppen der Hände, Unterarme und Oberarme erforderten, die aber alle soweit automatisiert waren, daß der Pianist seine Aufmerksamkeit nicht auf einzelne mechanische Details zu richten hatte, sondern sich ganz der Gestaltung des Werkes und der eigentlichen Interpretation widmen konnte (H. W. Smith 1953).

Bereits die Quantität der Anschläge unterscheidet den Pianisten Barere von den Weltmeistern im Schreibmaschineschreiben. Natürlich ist hier der Pianist im Vorteil, da er mehrere Töne gleichzeitig spielen kann, was am

PC und an der Schreibmaschine nicht möglich ist. In diesem Sinn sind PC und Schreibmaschine einstimmige Instrumente, deren Bedienung – wenn man von Leroy Andersons Konzert *Plink-Plank-Plonk – The Typewriter* für Schreibmaschine und Orchester absieht – keinem extern vorgegebenen zeitlichen Muster unterworfen ist. Die Möglichkeit, sehr viele Noten gleichzeitig zu spielen, erschwert das Einhalten der erforderlichen zeitlich-räumlichen Präzision ungemein. Als Beispiel sei an dieser Stelle das typische pianistische Problem der Färbung von Akkorden angeführt. Wird ein Dreitonakkord mit der rechten Hand angeschlagen, so kann ein professioneller Pianist die Klangfarbe des Akkords dadurch beeinflussen, daß er jeweils einen der drei Teiltöne lauter spielt als die anderen beiden. Ein heller Klang entsteht zum Beispiel dann, wenn der höchste der drei Töne am lautesten ist. Um den höchsten Ton lauter zu spielen, muß die Taste schneller niedergedrückt werden. Der Hammer wird mehr beschleunigt und die Saite beim Aufprall des Hammers stärker angeregt. Mit einem in unserem Labor konstruierten Klavier, das mit hochempfindlichen Kraftsensoren an den Tasten und mit Beschleunigungsgebern an den Hammerstielen ausgestattet ist, konnten wir nachweisen, daß die Differenz der Anschlagszeit, die anschlagender Finger und Klaviermechanik bei der Tonerzeugung eines in der Lautstärke um sieben Dezibel (A) veränderten Tones benötigen, nur sechs Millisekunden beträgt.

Unter bestimmten Bedingungen kann das menschliche Ohr eine derart geringe Zeitdifferenz zwischen den Tönen wahrnehmen. So liegt die zeitliche Unterscheidungsschwelle unseres Ohres für zwei mit 85 Dezibel (A) gleich laut gespielte und 50 Millisekunden dauernde Sinus-Töne von 1000 Hertz (Abkürzung Hz; ein Hz entspricht einer Schwingung pro Sekunde) bei fünf Millisekunden – also in dem kritischen Bereich, in dem Zeitunterschiede bei Klangfarbenmodulationen von Akkorden hörbar werden. Mit längerer Dauer der beiden nacheinander gespielten Töne wird die zeitliche Unterscheidungsfähigkeit des Ohres geringer. Bei Tönen, die eine halbe Sekunde klingen, beträgt sie zum Beispiel nur noch 50 Millisekunden (Abel 1987). In der Praxis bedeutet dies jedoch, daß Pianisten bei der Klangfarbengestaltung kurz angeschlagener Akkorde die Laufzeitdifferenzen miteinkalkulieren müssen. Der Finger, der lauter anschlägt, muß dann gegenüber den leiser spielenden Fingern mit einer Verzögerung von wenigen Millisekunden die Tasten erreichen. Dafür ist eine äußerst differenzierte Innervation der Fingermuskulatur oder eine minimale Drehung der Hand erforderlich. Offensichtlich können professionelle Pianisten solche geringen Zeitverschiebungen gezielt einsetzen. Erwähnenswert ist in diesem Zusammenhang, daß nach psychoakustischen Untersuchungen ein hoher Grad der Gleichzeitigkeit beim Anschlag von Akkorden vom Hörer als „harter Anschlag" empfunden wird, während „weiches" Akkordspiel mit einer leichten zeitlichen Desynchronisation der anschlagenden Finger einhergeht.

Dieses Beispiel zeigt nur eine der Schwierigkeiten, die beim professionellen Musizieren aufgrund der Kontrollmöglichkeiten durch den Gehörsinn gemeistert werden müssen. Der vorgegebene zeitliche Rahmen von Hand- oder Fingerbewegungen wird dabei durch die hohe zeitliche Auflösung des Ohres bestimmt. Offensichtlich liegt die Genauigkeitsgrenze der Handmotorik professioneller Musiker bei wenigen Millisekunden. Dies gilt nicht nur für den Zusammenklang von Akkorden, sondern auch für die Gleichmäßigkeit von aufeinanderfolgenden Finger- und Handbewegungen. Eine der wichtigsten ästhetischen Kategorien des professionellen Instrumentalspiels ist rhythmische Präzision. Dazu gehört die Gleichmäßigkeit, mit der aufeinanderfolgende Töne angeschlagen werden. Eine einfache Trilleraufgabe am Klavier mit schnellem Wechsel von Zeige- und Mittelfinger können geübte Pianisten mit einer Schnelligkeit von bis zu 14 Anschlägen pro Sekunde durchführen, was bedeutet, daß jeder Finger die Klaviertaste siebenmal pro Sekunde niederdrückt. Die Gleichmäßigkeit dieser Fingerbewegungen ist bei guten Pianisten enorm: Bei einer Analyse von drei Sekunden dauernden schnellen Trillern wichen die Längen der aus jeweils zwei Tönen bestehenden 18 Trillerzyklen um weniger als eine Millisekunde voneinander ab (Moore 1992). Bei komplexeren pianistischen Bewegungen wird eine vergleichbare zeitliche Präzision allerdings nicht mehr erreicht. So variieren beim Spiel einer C-Dur-Tonleiter über zwei Oktaven in mittlerem Tempo auch bei professionellen Pianisten die Tonabstände um sechs Millisekunden. Bei extrem hohen Geschwindigkeiten von 17 aufeinanderfolgenden Tönen pro Sekunde entstanden sogar noch erheblich höhere Streuungen der Tonabstände um etwa 20 Millisekunden und damit deutlich größere Unregelmäßigkeiten als beim mittelschnellen Spiel. Unregelmäßigkeiten in der gleichen Größenordnung traten auch beim langsamen Spiel auf. Wurden die Pianisten gebeten, die gleichen Tonleitern mehrmals hintereinander zu spielen, so zeigte sich, daß die individuellen Unterschiede der jeweiligen Tondauern beim langsamen Spiel groß waren, bei mittelschnellem und sehr schnellem Spiel jedoch sehr gering. Dies spricht für einen höheren Grad der Automatisation bei schnelleren Tempi. Offenbar werden ab einer bestimmten Schnelligkeitsanforderung die durch jahrelanges Üben erworbenen stereotypen sensomotorischen Programme abgerufen (Wagner 1971). Wird die Aufgabe allerdings noch komplexer und damit weniger „automatisationsfähig" – etwa beim Spiel der technisch äußerst komplizierten schnellen Abwärtsläufe der rechten Hand im ersten Satz von Chopins h-moll-Klavier-Sonate –, dann steigt die individuelle rhythmische Varianz bei mehrfacher Wiederholung der Figur auch beim schnellen Spiel wieder an. Ab einem bestimmten Komplexitätsgrad nimmt somit selbst bei intensivem Üben die Wiederholgenauigkeit der Zeitstruktur motorischer Programme wieder ab (Wilson 1992).

Nicht nur die zeitliche, auch die räumliche Präzision unterliegt beim Musizieren der Diktatur des Ohres. Es ist nahezu allen Instrumenten gemeinsam, daß Tonhöhen über Raumkoordinaten definiert werden. Das Treffen des richtigen Tones auf der Klaviatur mag dabei noch eine relativ einfache sensomotorische Leistung sein, die erst bei großen und schnellen Sprüngen schwierig zu erzielen ist. Feiner abgestimmt sind die Bewegungen auf dem Griffbrett beim Geiger. Hier können schon Veränderungen der Fingerposition um Bruchteile von Millimetern eine hörbare und unerwünschte Tonhöhenverschiebung zur Folge haben. Interessanterweise bewirkt offensichtlich diese vermehrte Zuwendung der Aufmerksamkeit auf die Tonhöhe auch eine Verbesserung des Gehörs. Daher verfügen Streicher über eine bessere Fähigkeit zur Tonhöhenunterscheidung als Pianisten oder Bläser (Hofmann et al. 1997). Dieser Umstand belegt die wechselseitige Verfeinerung von Gehör und Feinmotorik der Musiker im Laufe des musikalischen Lernens.

Musik mit allen Sinnen

Am 6. Oktober 1998 spielte das National Symphony Orchestra of America im Saal des Wiener Musikvereins das Konzert für Schlagzeug und großes Orchester von André Jolivet. Das für seine hohen Ansprüche berüchtigte Publikum spendierte der Solistin Evelyn Glenny über zwölf Minuten begeisterten Applaus. Man könnte dies als mehr oder weniger normales Ereignis in der Musikmetropole verbuchen, wenn nicht ein Detail irritierte: Die britische Schlagzeugerin Evelyn Glenny ist taub. Nachdem oben von der „Diktatur des Gehörs" über die Handmotorik der Musiker gesprochen wurde, zeigt das Beispiel Evelyn Glennys, daß auch andere Sinne ganz wesentlich am professionellen Musizieren beteiligt sind. Mit Hilfe einer enorm verfeinerten Körperwahrnehmung und durch visuelle Kontrolle gelang es Evelyn Glenny, selbst schwierigste Partituren im Ensemblespiel mit höchster Präzision zu realisieren und im Verlauf ihrer überaus erfolgreichen Karriere zahlreiche Preise zu erringen.

Die Sinne, die die Grundlage der erstaunlichen Fähigkeiten von Evelyn Glenny bilden, sind die Oberflächen- und die Tiefensensibilität (☞ Weinmann). Zur Oberflächensensibilität zählt man die mechanischen Sinne der

Haut, nämlich Druck-, Berührungs- und Vibrationsempfindung, sowie den Temperatursinn und den Schmerzsinn. Zur Tiefensensibilität gehören die Gelenk- und Muskelrezeptoren, die über Gelenkstellung, Gelenkbewegung, Sehnenspannung und Muskelspannung informieren. Vor allem die mechanischen Sinne und die Tiefensensibilität spielen für Instrumentalisten eine große Rolle und können im besonderen Fall von Evelyn Glenny so gut ausgebildet sein, daß Vibrations- und Druckempfindung für die Rückmeldung von Tonhöhen- und Lautstärkeninformation das Gehör ersetzen.

Eine gut trainierte Oberflächen- und Tiefensensibilität ist auch für hörende Berufsmusiker eine Voraussetzung zur feinmotorischen Kontrolle ihrer Bewegungen. Ein Musiker, der während einer lauten Passage im großem Orchester spielt, hört sich selbst nicht und wird seine Feinmotorik im wesentlichen mit Hilfe der Oberflächen- und Tiefensensibilität steuern, insbesondere wenn er beispielsweise als Cellist nicht einmal über die Möglichkeit der visuellen Kontrolle der Handposition der linken Hand verfügt. Die Leistungsfähigkeit der Eigenwahrnehmung zeigt sich ebenso in der Tatsache, daß zahlreiche Berufsmusiker nach Erblindung weiter auf professionellem Niveau musizieren können. Während die berufsbedingte Steigerung motorischer Fertigkeiten bei professionellen Musikern durch zahlreiche Untersuchungen belegt ist, finden sich erstaunlicherweise in der Literatur keine Angaben zur überlegenen Oberflächen- und Tiefensensibilität bei Musikern. Vorläufige eigene Untersuchungen sprechen dafür, daß die als „Zwei-Punkt-Diskrimination" bezeichnete Fähigkeit, zwei nebeneinanderliegende Hautreize an der Fingerspitze noch räumlich aufzulösen und als getrennt zu empfinden, bei Berufsmusikern besonders gut ausgeprägt ist. Dies scheint sich auch in der zentralnervösen Repräsentation der somatosensorischen Handregion widerzuspiegeln, wie weiter unten erläutert werden wird.

Im Gegensatz zur Somatosensibilität spielt der Gesichtsinn für die Ausführung sehr schneller Handbewegungen beim professionellen Musizieren eine untergeordnete Rolle. Nur beim Erlernen eines Instruments und beim langsamen Einüben geführter Handbewegungen ist die visuelle Kontrolle von großer Bedeutung. Nach Untersuchungen von Freund (1989) können Handbewegungen nur bis zu einer Wechselfrequenz von zwei Hertz noch genau mit der Sehgrube des Auges, dem Ort der höchsten räumlichen Auflösung, verfolgt werden. Da wir aber oben gesehen haben, daß Finger und Handbewegungen Frequenzen von bis zu 17 Hertz erreichen können, entzieht sich ein recht großer Bereich des virtuosen Musizierens der visuellen Kontrolle. Musiker wissen dies: Pianisten, die gut „vom Blatt" spielen, schauen wesentlich seltener auf die Tastatur als schlechte Prima-

Vista-Spieler und orientieren sich im wesentlichen über das somatosensorische System. Je häufiger ein Pianist von den Noten auf sein Instrument schaut, desto höher wird seine Fehlerquote (Übersicht bei Sloboda 1985).

Schneller – lauter – länger: Musizieren als Hochleistungssport?

> »Was aber ist das Schwierigste für einen Pianisten? Das Schwierigste ist, sehr schnell, sehr laut und sehr lange zu spielen.«
> H. Neuhaus, *Die Kunst des Klavierspiels.*

Spätestens seit der Periode der Romantik erreichen die zu spielenden Partituren die Grenzen der menschlichen Leistungsfähigkeit hinsichtlich der geforderten Geschwindigkeit, Kraft und Ausdauer. Herausragende Virtuosen wie Nicolo Paganini oder Franz Liszt traten als Komponisten und Interpreten ihrer eigenen Werke auf und setzten Maßstäbe, die für andere unerreichbar blieben. Spielanweisungen wie *prestissimo possibile* (so schnell wie möglich) ließen die Grenzen nach oben offen. Heutzutage wird der ungeheure „artistische" Leistungsdruck durch die von der Musikindustrie verursachte und von den Musikern in fast schon selbstzerstörerischer Weise mitgetragenen Tonträgerkultur erzeugt.

Man kann sich die Frage stellen, wodurch die Geschwindigkeit von Hand- und Fingerbewegungen begrenzt wird. Ganz offensichtlich bestehen auch bei professionellen Musikern enorme intraindividuelle Unterschiede in der erreichbaren Geschwindigkeit. Ein pianistisch-artistischer Weltmeister wie Vladimir Horowitz spielt in der Live-Aufnahme des ersten Klavierkonzertes von Tschaikowsky vom 25. April 1943 die kraftvollen Fortissimo-Oktavpassagen mit einer Geschwindigkeit von 13 Anschlägen in der Sekunde. Derartige Oktavläufe sind durch repetierende Bewegungen im Handgelenk durchzuführen, es handelt sich hier also um eine Wechselfrequenz von 13 Hertz. Nach anekdotischen Angaben sollen die höchsten Bewegungsfrequenzen, die jemals bei einem professionellen Pianisten gemessen wurden, bei 16 Hertz liegen (Freund 1989). Der Neurowissenschaftler Freund geht davon aus, daß eine feste Beziehung zwischen der höchsten erreichbaren Geschwindigkeit von Wechselbewegungen und der Frequenz des physiologischen Ruhetremors besteht. Darunter versteht man das bei jedem Menschen vorhandene Ruhezittern der Extremitäten. Dieses Ruhezittern wird ohne spezielle Meßmethoden häufig erst dann sichtbar, wenn die Aktivität der Nervenzellen durch seelische Anspannung oder durch Substanzen wie Koffein oder Nikotin verstärkt wird. Offenbar stellt die individuell konstante Frequenz des Ruhetremors die obere Grenze der schnellstmöglichen willkürlichen Wechselbewegungen dar. Üblicherweise liegt der Frequenzbereich des physiologischen Tremors zwischen sechs und zwölf Hertz. Messungen der Fingerklopfgeschwindigkeit an einer großen Gruppe von Nichtmusikern ergaben, daß die maximale Klopffrequenz in keinem Fall oberhalb der physiologischen Tremorfrequenz der Finger lag. Die neurobiologischen Grundlagen des physiologischen Tremors sind noch nicht in allen Einzelheiten bekannt. Vermutet wird, daß rhythmische Oszillationen der im Vorderhorn des Rückenmarkes liegenden motorischen Neuronen, aber auch das Entladungsverhalten der Muskelspindeln eine Rolle spielen.

Mit Sicherheit ist der physiologische Tremor aber nicht die einzige Determinante der erreichbaren Geschwindigkeit beim Musizieren. Der überwiegende Teil der Instrumentalmotorik erfordert nicht einfache Wechselbewegungen im Handgelenk oder in den Fingergelenken, sondern zusammengesetzte Bewegungsabläufe. So tragen zum Erreichen der Geschwindigkeit der oben erwähnten C-Dur-Tonleiter neben den Bewegungen der einzelnen Finger die seitlichen Drehbewegungen (Supinations- und Pronationsbewegungen) im Unterarm zu einem wesentlichen Teil bei. Daraus folgt, daß auch die Fähigkeit zur Koordination verschiedener Anteile des Bewegungsapparats bei Höchstleistungen besonders gut ausgeprägt sein muß.

Die Qualität der Koordination und die Professionalität des Spielers zeigt sich außerdem in der Fähigkeit, den Bewegungsablauf dadurch zu ökonomisieren, daß möglichst geringe Massen bewegt werden. Die Kräfte, die beim professionellen Musizieren nötig sind, können durchaus erheblich sein. Sieht man von der Haltearbeit eines Geigers oder eines Fagottisten (ein Fagott wiegt um sieben Kilogramm!) ab, so muß zum Niederdrücken von Tasten, Klappen oder Saiten teilweise erhebliche dynamische Kraft aufgebracht werden (Abbildung 3.1). In der Abbildung sind die auf zwei Tasten einwirkenden Kräfte während einer von einem professionellen Pianisten (obere Hälfte) und von einem Amateurpianisten (untere Hälfte) gespielten Trillerpassage am Klavier gezeigt. Die Versuchspersonen hatten die Instruktion erhalten, so laut, so schnell und so lange wie möglich mit Zeigefinger und Mittelfinger zu trillern. Dargestellt ist ein Ausschnitt von zweieinhalb Sekunden nach einer vorangegangenen 16 Sekunden langen Trillerbewegung (siehe Beschriftung der x-Achse). Die komplizierten, meist zweigipfligen Kraft-Zeit-Diagramme der Tastendruckkurven erklären sich aus der initial benötigten Kraft beim Beschleunigen des Hammersystems (jeweils erster Gipfel) und aus der Erhöhung der Kraft bei Erreichen des Tastengrundes (jeweils zweiter Gipfel). Die Feinstruktur der

3. Vom Spitzgriff zur Liszt-Sonate 89

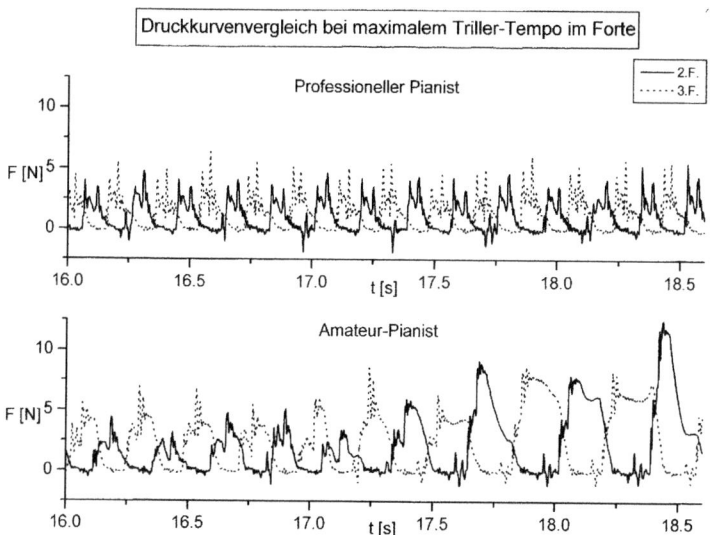

3.1 Ausschnitte von Kraft-Zeit-Verläufen auf zwei Klaviertasten während einer schnellen und lauten Trillerbewegung mit dem Zeigefinger (durchgezogene Linie) und mit dem Mittelfinger (gepunktete Linie). Oben sind die Kraftwerte bei einem professionellen Pianisten dargestellt, unten bei einem sich zunehmend verkrampfenden Amateur. Weitere Erläuterungen im Text.

Kraftverläufe ist durch das Hebelsystem der Klaviermechanik und die Eigenresonanz der Klaviertasten bedingt.

Die maximale Kraft der Anschläge beträgt bei dem im oberen Teil der Abbildung dargestellten Pianisten etwa fünf Newton. Würde man diesen Wert über die Zeit und die Anzahl der Bewegungen aufsummieren, dann entspräche dies bei zwölf Anschlägen pro Sekunde einer Kraft von 60 Newton (oder von etwa sechs Kilopond), die die Fingerbeugemuskulatur in der Sekunde leisten muß. Unter den Extrembedingungen des schnellen, lauten und langen Klavierspiels kann auch der professionelle Pianist nach vorangegangenen 16 Sekunden des Trillerns nicht mehr die höchstmögliche zeitliche Präzision der Trillerzyklen und Gleichmäßigkeit bei der Lautstärke erreichen. Die koordinativen Fertigkeiten sind jedoch ungestört, denn nach wie vor zeigen die Kraftverläufe an der Tastatur eine rasche Entspannung der Finger bei Erreichen des Tastengrundes nach der jeweils zweiten Kraftspitze. Dies gelingt dem Amateurpianisten nicht, er verlangsamt in dem abgebildeten Zeitabschnitt nach 16 Sekunden langem Trillern die Trillergeschwindigkeit und erhöht zunehmend die Kraftausübung auf die Tastatur. Als Ausdruck dieser durch muskuläre Ermüdung bedingten Verkrampfung steigt vor allem die Haltekraft nach Erreichen des Tastengrundes, obwohl dieser Kraftanteil nicht mehr zur Tonerzeugung beiträgt. In ganz typischer Weise wird hier ein Nachlassen von koordinativen Fertigkeiten im Laufe der Ermüdung durch übermäßigen und inadäquaten Krafteinsatz kompensiert.

Koordination und Händigkeit von Musikern

Die von Musikern zu bewältigenden besonderen Schwierigkeiten liegen nicht nur in den streng vorgegebenen engen zeitlich-räumlichen Rahmenbedingungen und in dem „schneller – lauter – länger", sondern auch in der Natur der Bewegungen selbst. Christoph Wagner hat in seiner Schrift *Welche Anforderungen stellt das Instrumentalspiel an die menschliche Hand?* (1987) die wesentlichen Merkmale aufgeführt. So werden für die Handmotorik hochkomplizierte Bewegungsformen gefordert, die den isolierten Einsatz einzelner Finger mit gleichzeitigen gegensinnigen Bewegungen umfassen. Darauf beruht etwa die Fähigkeit der Pianisten, Terztriller mit Beugung von Zeigefinger und Ringfinger und Streckung von Daumen und Mittelfinger durchzuführen. Ähnliche Bewegungsmuster finden sich auch bei den Gabelgriffen der Bläser und den Doppelgriffen der Streicher.

Eine weitere Schwierigkeit ergibt sich daraus, daß anatomisch-biomechanisch ungleichartige Finger hinsichtlich Schnelligkeit, Kraft und Koordination gleichartige Aufgaben übernehmen müssen. Es ist allgemein bekannt, daß der Ringfinger für Pianisten ein „Problemfinger" ist. Durch breite Quersehnen ist die Strecksehne des Ringfingers mit denen des Kleinfingers und des Mittelfingers verbunden. Daraus resultiert die geringere Beweglichkeit des Ringfingers, der damit häufig auch nicht die Geschwindigkeit und die Kraft der anderen Finger erreicht. Der Vergleich einer Trillerbewegung von Klein- und Ringfinger mit einer schnellen Wechselbewegung von Zeige- und Mittelfinger macht dies jedem Leser deutlich. Schließlich muß im Gegensatz zu den meisten anderen feinmotorischen Fertigkeiten nicht nur die Beugung, sondern auch die Streckung der Finger bewußt eingesetzt werden. Letzteres ist eine Voraussetzung für virtuoses, gut artikuliertes *Non-legato*-Spiel am Klavier oder für schnelle Triller und Läufe am Griffbrett eines Streichinstruments. Spitzenpianisten zeichnen sich nach unseren Messungen der Fingerbeuge- und Streckkraft dadurch aus, daß sie größere Kräfte der Fingerstreckmuskulatur aufweisen als ihre weniger erfolgreichen Kollegen.

Ein bislang noch nicht dargestellter und überhaupt wenig untersuchter Aspekt der spezifischen Handfertigkeiten von Berufsmusikern ist die Notwendigkeit der hochpräzisen Koordination der Bewegungen beider Hände. In der Musik treten dabei zwei grundsätzliche Schwierigkeiten auf. Einerseits müssen unterschiedliche Bewegungen in beiden Händen zeitlich exakt – das heißt im Millisekundenbereich – synchronisiert werden, andererseits müssen beide Hände unabhängig voneinander unterschiedliche zeitliche Muster generieren können. Der erste Fall tritt beim Spiel von Parallelläufen mit beiden Händen auf dem Klavier ein. Ein weiteres Beispiel dafür ist die Koordination zwischen rechter Hand am Bogen und linker Hand am Griffbrett beim schnellen, gut artikulierten *Staccato* der Geiger. Die zweite Schwierigkeit liegt vor, wenn Schlagzeuger oder Tasteninstrumentalisten beispielsweise mit der linken Hand drei und gleichzeitig mit der rechten vier Notenwerte pro Zeiteinheit spielen müssen.

Die Synchronisation beider Hände am Klavier mag dem Laien als ein verhältnismäßig einfach zu lösendes Problem erscheinen, ist aber für den Pianisten keineswegs trivial. Spiegelbildliche Bewegungen sind dabei deutlich leichter auszuführen als gleichsinnig-parallele. Klavierkomponisten mit Bevorzugung der Spiegelsymmetrie bei den Handbewegungen, wie etwa Frederic Chopin, gelten deshalb auch als Komponisten, die „gut für das Klavier" schreiben. Eine der Ursachen, warum für die bimanuelle Handmotorik generell eine Bevorzugung von spiegelsymmetrischen Bewegungen besteht, dürfte darin liegen, daß die lange geübten zentralnervösen motorischen Steuerprogramme mit großer Wahrscheinlichkeit als geistige „Bewegungsbilder" abgelegt sind. Diese „Bewegungsbilder" – heute würden wir sie „mentale Repräsentationen" nennen – können dann auf die rechte oder auf die linke Handmotorik, aber auch auf die Fußmotorik übertragen werden, ohne daß zusätzliche neuronale Ressourcen benötigt werden (Übersicht bei Bernstein 1988). Werden dagegen parallel geführte Fingerbewegungen eingesetzt, so müssen zwei motorische Steuerprogramme getrennt für die linke und für die rechte Hand zum Einsatz kommen. Darüber hinaus müssen für ein makelloses, gleichklingendes Spiel beider Hände die oben aufgeführten anatomisch-biomechanischen Ungleichartigkeiten der Finger ausgeglichen werden. Beim parallelen Spielen einer C-Dur-Tonleiter mit beiden Händen müssen beispielsweise der Kleinfinger der linken Hand und der Daumen der rechten Hand gleiche Lautstärke und Klangfarbe entfalten.

Hinsichtlich der bimanuellen rhythmischen Synchronisation oder Desynchronisation beim Musizieren liegen noch wenig gesicherte Erkenntnisse vor. Es ist bekannt, daß ab einer bestimmten Schnelligkeit Wechselbewegungen beider Hände zur Synchronisierung neigen. Dies wird dadurch erklärt, daß zentralnervöse Zeitgeber-Neuronen unter bestimmten Bedingungen eine starke Kopplungsneigung aufweisen. Offensichtlich können Musiker diese Kopplungen jedoch beeinflussen und selbst bei sehr hohem Tempo die Unabhängigkeit der Zeitgeber für die linke und die rechte Hand aufrechterhalten.

Es gibt plausible Gründe zu vermuten, daß Linkshändigkeit für einen Teil der Musiker von Vorteil ist. Streicher beispielsweise müssen die schnellen Fingerbewegungen am Griffbrett mit der linken Hand durchführen. Beurteilt man die Händigkeit von Musikern mit Fragebögen, auf denen standardisierte Handfertigkeiten, zum Beispiel Schreiben, Zähneputzen und so weiter, abgefragt werden, so zeigt sich in der Tat ein leicht erhöhter Anteil von Linkshändern oder Beidhändern unter den Berufsmusikern. Nach Aggleton und Mitarbeitern (1994) finden sich etwa zwölf Prozent Linkshänder unter den Berufsmusikern verglichen mit etwa acht Prozent bei Nichtmusikern. Die Untersuchungen anderer Gruppen zeigen, daß der höchste Anteil von Linkshändern unter Streichinstrumentalisten, der geringste unter Pianisten zu finden ist. Wesentlich genauer sind Untersuchungen, die nicht auf Fragebögen beruhen, sondern in denen die Handfertigkeit der Musiker direkt gemessen wird. Jäncke und Mitarbeiter (1997) verwendeten einen Hand-Dominanz-Test und konnten zeigen, daß Musiker im Vergleich zu Nichtmusikern eine weniger asymmetrische Verteilung der Handfertigkeiten aufwiesen. Unabhängig von der bevorzugten Schreibhand waren die rechte und die linke Hand ähnlich geschickt. Je früher das Instrumentalspiel begonnen worden war, desto gleichmäßiger waren die „Handfertigkeiten" auf beide Hände verteilt. Möglicherweise beruhen daher die in den Umfragen gefundenen höheren prozentualen Anteile von Linkshändern oder Beidhändern unter den Berufsmusikern darauf, daß beide Hände schon sehr früh verstärkt trainiert werden und sich keine eindeutige Handpräferenz herausbildet (☞ Preilowski).

Die Seele in den Händen

> »Am Klavier sitzend fing er an, wunderbare Regionen zu enthüllen. Wir wurden in immer zauberischere Kreise hineingezogen. Dazu kam ein ganz geniales Spiel, das aus dem Klavier ein Orchester von wehklagenden und laut jubelnden Stimmen machte.«
> Robert Schumann über Johannes Brahms (1853) in: *Gesammelte Schriften*.

Ein Aspekt, der professionelles Musizieren von einem Großteil aller anderen Handtätigkeiten fundamental unterscheidet, ist die enorm starke Kopplung der Bewegung an die Emotion. Musiker führen ihre Bewegungen mit Leidenschaft aus, es sind affektiv geführte Ausdrucksbewegungen. Musiker streben lebenslang nach künstlerischem Ausdruck, letztlich sind also die Bewegungen am Instrument immer auch schöpferische Tätigkeit.

Erstaunlich ist, daß diese wichtigen Merkmale der Handmotorik beim Musizieren bislang weder von Motorikforschern noch von Neurobiologen angemessen berücksichtigt wurden. Dabei dokumentieren zahlreiche neuroanatomische Befunde die Existenz von starken Faserverbindungen zwischen dem für die Steuerung der Affekte zuständigen limbischen System und den sensomotorischen Regelkreisen (Übersicht bei Roth 1996). Die sensomotorischen Regelkreise beziehen nicht nur die Hirnrinde, sondern auch das Kleinhirn und die sogenannten Basalganglien mit ein. Letztere sind große Neuronenansammlungen an der „Basis" des Endhirns im Inneren des Großhirns. Die Basalganglien sind an mehreren Aspekten der Steuerung von Bewegungen beteiligt. So geht von dort offenbar das interne „Starten" von Bewegungen aus. Aber auch die Feinabstimmung komplexer, gelernter Bewegungsfolgen wird von diesen Hirnregionen mitreguliert. Erkrankungen der Basalganglien führen zur Parkinson-Krankheit oder zum Veitstanz (Chorea). Für die affektive Steuerung der Bewegungen scheinen die zahlreichen direkten Verbindungen vom limbischen „Emotionssystem" zu den Basalganglien verantwortlich zu sein. Wahrscheinlich nimmt das limbische Bewertungs- und Gedächtnissystem über diese Verbindungen entscheidenden Einfluß auf unsere Handbewegungen.

Während die neurobiologischen Grundlagen der emotionalen Handbewegungen am Musikinstrument noch unbekannt sind, befaßt sich die Musikpsychologie schon seit langem mit der musikalischen Ausdrucks- oder Performanceforschung. Dabei wird meist beschrieben, welche akustischen Merkmale ausdrucksvolles Spiel von weniger ausdrucksvollem Spiel unterscheiden. Behne und Wetekam (1993) ließen eine Gruppe von Pianisten den Beginn von Mozarts Sonate A-Dur, KV 331, spielen und gaben die Anweisung, sie in einer Version „ausdrucksvoll" und in einer zweiten „rhythmisch exakt" wiederzugeben. Dabei zeigte es sich, daß auch in der rhythmisch exakten Version alle Interpreten genau die Eigenarten zeigten, die die Individualität ihrer ausdrucksvollen Version ausmachte. Mit anderen Worten: Es war ihnen nicht möglich, „ausdruckslos" zu spielen. Diese Befunde sprechen dafür, daß zumindest ein Teil der Merkmale emotionalen Spieles bereits in sensomotorischen Steuerprogrammen festgelegt und automatisiert ist.

Musikergehirne sind anders

Im vorigen Kapitel wurden die Besonderheiten der Handmotorik beim professionellen Musizieren dargestellt. Es lag nahe zu untersuchen, ob sich die hohen Anforderungen an zeitlich-räumliche Präzision, an die bimanuelle Koordination oder an die Eigenwahrnehmung auch in strukturellen oder funktionellen Eigenschaften der beteiligten Hirnregionen niederschlägt.

Unser Wissen über die Nervenzellnetze, die an der feinmotorischen Steuerung der Hand beteiligt sind, ist noch unvollständig. Wie im Kapitel *Hand und Hirn* (☞ Weinmann) dargelegt, scheint die supplementär-motorische Hirnrinde (SMA) für die Steuerung komplexer Bewegungssequenzen eine große Rolle zu spielen. Nach neuen Befunden wird die supplementär-motorische Hirnrinde in mehrere Untergebiete eingeteilt: Der vorderste Abschnitt (rostrale SMA) scheint ein sogenanntes negatives motorisches Feld zu sein, da bei elektrischer Reizung dieser Hirnregion Bewegungen unterbrochen werden. Der dahinter liegende Teil (anteriorer Teil der SMA) ist anscheinend überwiegend bei der Planung von komplexen Bewegungen aktiv, während der hinterste Bereich (posteriore SMA) zur Aufgabenausführung beiträgt. Insbesondere komplexe bimanuelle Aufgaben scheinen dort verarbeitet zu werden. So führte die Reizung dieser Hirnregion zur Unterbrechung beidhändigen Klavierspiels. Offensichtlich ist diese Region auch mit der zeitlichen Synchronisation von beidhändigen Bewegungen befaßt. Erhielten Berufsmusiker die Aufgabe, mit beiden Händen unterschiedliche Rhythmen zu klopfen, war nämlich diese Region ebenfalls stark aktiv. An dieser Stelle soll nicht weiter auf die Komplexität der prämotorischen und motorischen Vernetzung eingegangen werden. Es sei nur erwähnt, daß es sicherlich unterschiedliche Nervenzellnetzwerke sind, die von außen – etwa durch einen Dirigenten – veranlaßte Bewegungen oder intern generierte Bewegungen nach freiem Entschluß produzieren (Marsden et al. 1996). Mit Sicherheit kontrolliert die supplementär-motorische Hirnrinde nur Teilaspekte der feinmotorischen Steuerung von Handbewegungen. Darüber hinaus leistet das Kleinhirn einen wesentlichen Beitrag zur zeitlichen Organisation von Bewegungen. So sind beispielsweise Patienten mit einer Kleinhirnschädigung nicht mehr in der Lage, mit einem Ball ein Ziel zu treffen, was nach neuen, noch unveröffentlichten Ergebnissen am ungenauen Timing der Handöffnung beim Ballwurf liegt.

Während sich die eben geschilderten Erkenntnisse allgemein auf komplexe feinmotorische Fertigkeiten beziehen, sollen im folgenden die Ergebnisse der Untersuchungen dargestellt werden, die speziell das „Musikergehirn" zum Thema hatten. Nach neuen Befunden führt langjährige Übung der Feinmotorik bei Musikern zu einer Veränderung der Größe des Handareals in den primären motorischen Arealen (Amunts et al. 1997). Mit Hilfe der Kernspintomographie wurde eine große Gruppe professioneller Pianisten untersucht und mit einer altersgleichen Gruppe von Nichtmusikern verglichen. Es zeigte sich, daß bei Musikern im Gegensatz zu den Nichtmusikern keine deutliche Asymmetrie zwischen den rechtshemisphärischen und den linkshemisphärischen motorischen Handarealen nachweisbar war und daß insgesamt die motorische Handregion auf beiden Hirnhälften bei den Musikern etwas größer war. Diese Unterschiede waren bei jenen Instrumentalisten besonders deutlich, die vor dem Alter von sieben Jahren mit dem Instrumentalspiel begonnen hatten. Sehr wahrscheinlich handelt es sich hier um eine funktionelle Adaptation der „Hardware" des Zentralnervensystems an die verstärkten Anforderungen. So ist bekannt, daß die Entwicklung des Stützgewebes und die Bemarkung der Nervenzellfortsätze im Zentralnervensystem bis über das siebte Lebensjahr hinaus andauern und durch adäquate Stimulation gefördert werden können.

Mit der gleichen Meßmethode wurde auch die Größe des Balkens – der mächtigen Faserverbindung zwischen rechter und linker Hirnhälfte – bei Pianisten und bei Geigern im Vergleich zu Nichtmusikern untersucht (Schlaug et al. 1995). Passend zu den oben dargestellten Ergebnissen fand sich eine Vergrößerung des vorderen Anteils des Balkens bei den Berufsmusikern, die vor dem Alter von sieben Jahren mit dem Instrumentalspiel begonnen hatten. Der vordere Anteil des Balkens führt vor allem die Faserverbindungen, die die motorischen und prämotorischen Rindenfelder beider Hemisphären verbinden. Analog kann hier argumentiert werden, daß die funktionelle Beanspruchung der bimanuellen Koordination mit dem notwendigen raschen Informationsaustausch zwischen beiden Hirnhälften zu einer Verstärkung der Bemarkung dieser Fasern führt, was in einer schnelleren Nervenleitfähigkeit resultiert. Es ist nicht auszuschließen, daß auch der Erhalt von „normalerweise" – das heißt ohne adäquate Reizung – nach der Geburt untergehenden Axonen zu dieser Vergrößerung des Balkens beiträgt.

Neben den handmotorischen Rindenfeldern und ihren Verbindungen zwischen beiden Hirnhälften ist auch die somatosensible Repräsentation der Handregion bei Musikern vergrößert. Mit Hilfe der Magnetenzephalographie kann im somatosensiblen Handareal der Hirnrinde die Größe der Nervenzellpopulationen, die auf einen Gefühlsreiz der Finger ansprechen, abgeschätzt werden. Beim Vergleich der Fingerareale der linken Hand von professionellen Geigern mit denen altersgleicher nichtmusizierender Kontrollprobanden zeigte sich, daß mit Ausnahme des Daumens die corticale Repräsentation der Finger bei Geigern deutlich größer war als in der Vergleichsgruppe. Der Größeneffekt war wiederum abhängig vom Alter, in dem die Probanden das Violinspiel begonnen hatten, und am stärksten bei denjenigen, die vor dem Alter von sieben Jahren den ersten Geigenunterricht erhalten hatten (Elbert et al. 1995).

Die drei in diesem Abschnitt berichteten Befunde zeigen, daß beim „Schwierigsten, was ein Mensch können kann" – beim professionellen Musizieren –, das Zentralnervensystem strukturelle und funktionelle Adaptationen aufweist. Wie bei allen anderen komplexen Lernvorgängen, die auf Plastizität des Nervensystems beruhen, sind die Adaptationsvorgänge im frühen Kindesalter am deutlichsten ausgeprägt: „Was Hänschen nicht lernt, lernt Hans nimmermehr."

Wie Hände lernen

»Beyläufig ein Schema meines Studierens: von 7–10 alleiniges Studium im Chopin mit möglichster Ruhe der Hand. Meinen Plan verfolg ich von Seite zu Seite, nehm aber dann Stellen zur Uebung mitten heraus. Um 11 Uhr fing ich gewöhnlich mit Czernys Trillerübung an, die nicht locker, leise und leicht genug gespielt werden kann. Dann kamen die Hummelschen Fingerübungen in den 4 Klassen ihrem Intervallumfang nach, denen ich jeder Tage fünf neue hinzugab. Den Nachmittag hab ich ganz zur Disposition meiner Laune bestimmt, fahre aber doch sicher und regelmäßig in der Fis-moll Sonate von Hummel fort.«

Robert Schumann, *Tagebücher*, 9. Juli 1831.

Das Übepensum des jugendlichen Robert Schumann mit täglich etwa acht Stunden Klavierspiel kommt einem Nichtmusiker vielleicht übertrieben vor, war aber in der damaligen Zeit eher noch maßvoll und ist auch heute noch bei vielen begeisterten Musikstudenten an der Tagesordnung. Mit Beginn des 19. Jahrhunderts verlängerten sich allgemein die Übezeiten an den Instrumenten. Die Pianisten Clementi und Czerny sollen schon als Kinder acht Stunden in „Einzelhaft" am Klavier zugebracht haben, Kalkbrenner soll täglich zwölf Stunden, Henselt sogar 16 Stunden geübt haben (zitiert nach Gellrich 1992). Harte Arbeit wurde damals von jedem gefordert. Eine Gesellschaft, die ihre zehnjährigen Kinder für zwölf Stunden täglich in die Fabrik, die Weberei oder das Bergwerk schickte, schonte auch angehende Musiker nicht. Maßgebliche Künstler und Pädagogen reagierten auf derartige Ausdauerleistungen allerdings eher mit Ironie. Im

Vorwort zu seiner Klavierschule schreibt Hummel (1811, zitiert nach Gellrich 1992): »Ich kann Ihnen versichern, daß ein regelmäßiges, tägliches aufmerksames Studium von höchstens drei Stunden zureichend ist; denn längere Übung stumpft den Geist ab, und bewirkt ein mehr maschinenmäßiges als seelenvolles Spiel.«

Unabhängig davon, ob drei oder 14 Stunden am Instrument gearbeitet wird, ist offensichtlich, daß hier eine weitere Besonderheit der Handmotorik von Musikern im Vergleich zu anderen professionellen Handarbeitern vorliegt: *Das Training beginnt schon in sehr jungem Alter, und der Erwerb und Erhalt der präzisen Bewegungen erfordern ständige Wiederholung und Automatisation („Üben") von früher Kindheit bis zum Ende der Berufstätigkeit.* Die präzisen Bewegungen werden dabei im Laufe eines Musikerlebens milliardenfach ausgeführt. Man kann sich fragen, was ein Kind dazu bringt, eine derartige Fronarbeit auf sich zu nehmen. Neben dem Einfluß der Eltern ist mit Sicherheit eines der mächtigsten Motive zum Üben der selbstbelohnende Charakter der Musizierens, das Flow-Erleben, wenn alles funktioniert und das Instrument beherrscht wird.

Im folgenden sollen drei Aspekte des Erwerbs besonderer feinmotorischer Leistungen näher beleuchtet werden: zunächst die Faktoren, die Kinder zu „Hand-Wunderkindern" machen, dann das sehr lückenhafte Wissen zum motorischen Lernen und zur Automatisation und schließlich die hirnphysiologischen Grundlagen motorischen Lernens.

Übung macht den Meister

Meist wird angenommen, daß herausragende menschliche Leistungen auf der einen Seite auf einem Talent, das heißt auf einer besonders günstigen genetischen Veranlagung (englisch *nature*) und auf der anderen Seite auf konsequentem Training in einer günstigen Umgebung (englisch *nurture*) beruhen. Die im amerikanischen Schrifttum als „Expert-Performance-Forschung" bezeichnete Forschungsrichtung der Psychologie befaßt sich mit den Faktoren, die ein Wunderkind hervorbringen. Feldman (1997) stellte einige Charakteristika heraus, die er bei der Analyse der Lebensgeschichte von zwanzig Wunderkindern aus Vergangenheit und Gegenwart fand. So treten Ausnahmeleistungen selten aus dem Nichts heraus auf, sondern es existiert meist eine Familiengeschichte von Interessen auf demselben Gebiet. Wunderkinder sind häufiger erstgeborene Söhne aus wohlhabenden Elternhäusern in größeren Städten. Am auffälligsten ist, daß Kinder mit außergewöhnlichen Begabungen ihr Interessengebiet mit einer ganz ungewöhnlichen Zielstrebigkeit und Zähigkeit verfolgen und sich häufig gegen den Widerstand der Eltern durchsetzen, wobei sie ein nahezu unerschütterliches Vertrauen in die eigenen Fähigkeiten besitzen. Wird das Lernverhalten von Musikern, die Ausnahmeleistungen vollbracht haben, etwas genauer analysiert, dann ergeben sich weitere Gesetzmäßigkeiten (Ericsson 1997). So benötigen die im Jugendalter zu beobachtenden musikalischen Hochbegabungen in aller Regel etwa zehn Jahre der Vorbereitung (sogenannte *Ten-Years-Rule*). Die zweite Regel ist, daß Wunderkinder meist einem ständig überwachten, zielgerichteten und problemorientierten Übeprozeß unter Anleitung eines Mentors unterworfen sind (sogenannte *deliberate practice*). Als Beispiel sei Robert Schumanns Klavierlehrer Friedrich Wieck genannt, der den jungen Robert bei sich zu Hause wohnen ließ und ihm täglich Klavierunterricht erteilte. Ericsson und Mitarbeiter (1993) konnten zeigen, daß der Grad der Professionalität von Berufsgeigern in hohem Maße mit der am Instrument verbrachten kumulativen Übezeit korreliert. Mit 20 Jahren hatten die besten Geiger einer Musikhochschule 10 500 kumulative Lebensübestunden verbracht, die schlechtesten Geigenstudenten 4 000, Amateure nur 1100. Interessant in diesem Zusammenhang ist, daß offenbar die affektive Beziehung zum ersten Instrumentallehrer und dessen Fähigkeit zur Motivation die entscheidenden Faktoren sind, welche die kumulative Übezeit und damit letztendlich den Erfolg am Instrument bestimmen (Sloboda und Howe 1991).

Sicherlich ist neben der Lebensübezeit das „Wie des Übens" wichtig für das Erreichen von professionellen Handfertigkeiten. Trotz zahlreicher instrumentalpädagogischer Schriften auf diesem Gebiet existieren nur wenige gesicherte Erkenntnisse (Übersicht bei Hallam 1997). Wesentlich für den Erfolg des Übens scheinen unbestreitbar die Entwicklung einer inneren Klangvorstellung und das Training des Gehörs als Kontrollorgan der Handbewegungen zu sein. Die Schärfung der Wahrnehmung von Muskelspannung, Gelenkstellung und so weiter ist ebenfalls eine unabdingbare Voraussetzung. Hinsichtlich der konkreten Übepraxis scheint tägliches, in mehrere Sitzungen aufgeteiltes Üben effizienter zu sein als Üben am Stück. Eine erhöhte Variabilität der zu übenden Bewegungsabläufe fördert wohl darüber hinaus die Entwicklung generalisierter und vielseitig anwendbarer motorischer Steuerprogramme.

Ein Großteil der praktischen Übearbeit läßt sich aber nicht in feste Regeln fassen, sondern wird der jeweiligen Situation angepaßt. Ob man zum Beispiel eine Klavierpassage zuerst getrennt mit einer Hand oder gleich mit beiden Händen üben soll, kann sich nur aus dem Zusammenhang ergeben. Der Erwerb von instrumentaltechnischen Handfertigkeiten ist ein Musterbeispiel des prozeduralen Lernens, des *Lernens durch Tun*.

Vom Wesen der Automatisation

Musizieren ist eine bewußt vollzogene Tätigkeit. Allerdings kann die Steuerung der Bewegungen bei sehr schnellem Spiel keiner bewußten Kontrolle mehr unterworfen sein. Unter diesen Bedingungen ist unser Nervensystem für die Verarbeitung der Rückmeldung und für eine eventuell notwendige rechtzeitige Änderung des geplanten Bewegungsablaufs zu langsam. Selbst die schnellsten Reaktionen der Fingermuskulatur nach einem falsch gespielten Ton erfordern noch mehr als 150 Millisekunden Zeit und wären bei der Korrektur von raschen Läufen, von weiten Sprüngen oder von Lagenwechseln nutzlos, da sie viel zu spät erfolgen würden. Die Motorikforscher gehen daher davon aus, daß schnelle oder auch ballistische Bewegungen dadurch gesteuert werden, daß bereits zuvor durch Üben erlernte motorische Steuerprogramme abgerufen werden. Diese Programme enthalten die notwendigen Informationen, um Muskelgruppen zum richtigen Zeitpunkt in der richtigen Reihenfolge und in der richtigen Kraftdosierung zu aktivieren, und benötigen keine aktuelle sensorische Rückmeldung mehr. Der amerikanische Bewegungsforscher R. A. Schmidt definiert motorische Programme als »abstrakte neuronale Repräsentationen von Aktionen, die nach ihrer Aktivierung Bewegungen produzieren, ohne daß sensorische Informationen, die auf einen Fehler in der Programmauswahl hinweisen, berücksichtigt werden. Allerdings können während der Ausführung des Programms zahlreiche Korrekturen kleinerer Fehler vorgenommen werden, die helfen, die Bewegung wie ursprünglich geplant auszuführen« (Schmidt 1982, S. 299). In der musikalischen Realität erklärt das, warum ein falsch gewähltes motorisches Programm, zum Beispiel ein schneller Lauf in C-Dur statt in D-Dur auf der Klaviertastatur häufig noch nach einigen Tönen korrigiert werden kann. Ein geübter Pianist wird bereits als vierten Ton der Tonleiter das richtige „Fis" und nicht das zum ursprünglich gewählten Programm gehörende „F" spielen.

Das Üben des Musikers bedeutet also in erster Linie Erarbeiten, Verfeinern und lebenslanges Pflegen hochkomplexer motorischer Steuerprogramme. Das Erarbeiten der Steuerprogramme erfolgt unter ständiger sensorischer Kontrolle. Dabei werden Somatosensorik, visuelle Kontrolle und – als Besonderheit beim Musizieren – das Gehör eingesetzt. Um die anfallenden sensorischen Informationen beim Üben verarbeiten zu können und um in der Lage zu sein, die Bewegungen je nach Rückmeldung zu korrigieren, wird zuerst in langsamen Tempo geübt. Ein wichtiger Aspekt für das Erlernen und Verfeinern der motorischen Steuerprogramme ist hier, daß das Zentralnervensystem *vor Ausführung der Bewegung* Informationen über die vorgesehene Muskelaktivität und die daraus resultierende Bewegung erhält. Man nimmt an, daß diese Informationen als Kopien der abgeschickten Bewegungsimpulse in unmittelbarer Nachbarschaft der somatosensorischen Zentren des Zentralnervensystems abgespeichert werden. Diese neuronale Repräsentation der geplanten Bewegung und der erwarteten sensorischen Rückmeldung wird „Efferenzkopie" genannt. Nur durch Abgleich der nach der Bewegung erfolgenden realen Rückmeldung mit der virtuellen Efferenzkopie können fehlerhafte Steuerprogramme erkannt und verbessert werden. Auf diese Weise wird das zunächst bewußte, aufmerksam gesteuerte und durch eintreffende Sinnesreize kontrollierte Bewegungsprogramm optimiert und nach und nach möglichst korrekt in das Bewegungsgedächtnis übergeführt. Damit hat sich der Bewegungsablauf eingeprägt. Die bewußte Kontrolle über die Sinne ist nicht mehr unbedingt notwendig, das heißt der Ablauf ist „automatisiert" und kann mit großer Geschwindigkeit durchgeführt werden.

Das Erlernen schneller Handbewegungen beim Musizieren geschieht also in mehreren Schritten: Zunächst wird unter Kontrolle der beteiligten Sinne – Somatosensorik, Auge, Gehör – ein grober und nur langsam ausführbarer Entwurf des Bewegungsprogramms erstellt. Die Bewegungen sind noch unkoordiniert und unökonomisch. Für die Handmotorik heißt das, daß die Anzahl der beteiligten Muskeln, die Dauer der Muskelaktivität und die notwendige Muskelkraft noch nicht optimiert sind. Durch Einstudieren des Bewegungsablaufs gelingt es in der zweiten Phase des Lernens, Ökonomie und Koordination zu verbessern und die Bewegungsgeschwindigkeit zu erhöhen. Dieses Lernen muß und soll nicht immer mit „Bewußtmachen" der Bewegungsabläufe im Sinn eines sprachlich vermittelbaren Analysevorgangs einhergehen. Es handelt sich hier überwiegend um prozedurales „Lernen durch Tun". Wie sehr sich dieses Lernen dem verbal-analytischen Zugriff entzieht, kann im Selbstexperiment leicht nachvollzogen werden: Man stelle sich nur vor, einem eben gelandeten Außerirdischen über Funk im Detail erklären zu müssen, wie ein Streichholz angezündet wird.

Auch während der Phase des Ökonomisierens und Optimierens werden die Bewegungen noch unter weitgehender Kontrolle der Sinnesorgane durchgeführt. Erst im dritten Schritt sind die Bewegungsfolgen als stabile neuronale Repräsentationen, mit anderen Worten: *als motorische Programme*, im Bewegungsgedächtnis verankert und können automatisiert, ohne ständige Beachtung des sensorischen Feedbacks, und mit großer Geschwindigkeit durchgeführt werden. Abspeicherung und langfristiger Erhalt der Präzison dieser Programme sind aktive Prozesse und beruhen auf der regelmäßigen Aktivierung und gegebenenfalls Korrektur der komplex verschalteten, hochspezifischen neuronalen Netzwerke.

Der lebenslange Übeprozeß beim professionellen Musizieren erfolgt in enger wechselseitiger Beeinflussung von Motorik, Sensorik und Auditorik. Durch den täglichen Umgang mit dem Musikinstrument verfeinern sich nicht nur die motorischen Fertigkeiten, sondern auch Gehör und Somatosensorik. Darüber hinaus kommt es zu funktionellen Anpassungen der Muskulatur, der Sehnen und des Bindegewebes. Professionelle Geiger verfügen beispielsweise im linken Unterarm über eine bessere Außendrehbeweglichkeit (Supinationsfähigkeit) als rechts (Wagner 1988). Dies kann als Anpassung an die berufliche Tätigkeit mit täglich mehrstündiger Außendrehung des linken Unterarms gewertet werden.

Was geschieht beim Üben im Gehirn?

Nach heutigem Wissen sind am Erwerb neuer feinmotorischer Programme alle Hirnstukturen beteiligt, die der Steuerung und Kontrolle von Bewegungen dienen. Dazu gehören neben der Großhirnrinde vor allem das Kleinhirn und die Basalganglien. Alle drei Hirnregionen sind durch Rückkopplungsschleifen zum Teil mehrfach miteinander verbunden. Motorisches Lernen kann daher nicht an einer bestimmten Stelle des Zentralnervensystems lokalisiert sein, sondern manifestiert sich immer in allen beteiligten Funktionssystemen.

Bereits im letzten Jahrhundert wurde vermutet, daß das Kleinhirn für das motorische Lernen eine große Rolle spielt. Patienten mit Schädigungen des Kleinhirns waren im Gegensatz zu Gesunden nicht mehr in der Lage, durch Üben die Geschwindigkeit einer Serie aufeinanderfolgender komplizerter Fingerbewegungen zu steigern. In weiteren Untersuchungen stellte sich heraus, daß das Kleinhirn für die richtige Auswahl, die richtige Reihenfolge und für das richtige „Timing" von Bewegungen eine wesentliche Rolle spielt. Eine weitere für den Erwerb motorischer Programme bedeutsame Hirnstruktur sind die Basalganglien. Ähnlich wie den Patienten mit Kleinhirnschädigungen fällt es Patienten mit Erkrankungen der Basalganglien schwerer, neue Bewegungen zu erlernen. Parkinson-Patienten können durch Üben zwar ihre Bewegungsgeschwindigkeit bei komplexen Folgebewegungen verbessern, bleiben aber immer noch deutlich hinter gesunden Vergleichspersonen zurück (Salmon und Butters 1995).

Die geschilderten Befunde wurden an Patienten mit Hirnschädigungen erhoben und berücksichtigen hochdifferenzierte feinmotorische Handbewegungen nicht. Seit Entwicklung der nichtinvasiven funktionellen bildgebenden Verfahren konnten auch an Gesunden Aufschlüsse über die hirnphysiologischen Grundlagen des Erwerbs feinmotorischer Fertigkeiten gewonnen werden. Gegenstand intensiver Forschung waren dabei die durch motorisches Lernen hervorgerufenen Veränderungen im Bereich der sensomotorischen Hirnrindenareale. Mit Hilfe der funktionellen Kernspintomographie, einer Methode, die die Zunahme der Hirndurchblutung bei vermehrter Nervenzellaktivität erfaßt, konnten beim Erlernen von schnellen Fingerbewegungssequenzen Änderungen der neuronalen Aktivität im Bereich der primären motorischen Area nachgewiesen werden. Dabei traten unterschiedliche Effekte auf, je nachdem, ob man die Hirnaktivitäten vor und nach einer einmaligen Übesitzung von wenigen Minuten Dauer oder nach längerem Üben über mehrere Wochen verglich. Wurde eine komplizierte Wechselbewegung der Finger mehrfach hintereinander ausgeführt, fand sich bereits nach einer einzigen Übesitzung von nur 30 Minuten Dauer eine Größenzunahme der aktivierten Areale in der kontralateralen Handregion der primären motorischen Hirnrinde. Bei einer als Kontrollaufgabe durchgeführten, ebenso schwierigen, aber nur einmal geforderten Folge von Fingerbewegungen war dieser Effekt nicht meßbar. Die Größenzunahme blieb allerdings ohne weiteres Üben nur etwa eine Woche bestehen, danach war die aktivierte Handregion wieder auf den Ausgangswert geschrumpft. Wurde die spezifische Wechselbewegung über mehrere Wochen täglich zu Hause geübt und perfektioniert, so zeigte sich eine langfristige stabile Vergrößerung der aktivierten neuronalen Netzwerke der primären motorischen Hirnrinde. Auch dieser Effekt war spezifisch für die täglich geübte Folge von Fingerbewegungen und trat nicht bei einer ebenso komplizierten, aber nicht geübten Fingerbewegung auf (Karni et al. 1995). Gleichzeitig mit der durch Übung induzierten langfristigen Vergrößerung der neuronalen Netzwerke im Bereich der primären motorischen Rinde verkleinern sich offenbar die beteiligten Nervenzellpopulationen im Bereich des Kleinhirns und der supplementärmotorischen Area. Vieles spricht dafür, daß die kurzfristigen Effekte in der primären motorischen Area auf eine „Umstimmung" der neuronalen Netzwerke zurückzuführen sind. Diese „Umstimmung" besteht vermutlich in einer gesteigerten Reaktionsbereitschaft und erhöhten Empfindlichkeit für eintreffende Informationen aus den sensorischen Rindenarealen, aus der supplementär-motorischen Area und wahrscheinlich auch aus dem Kleinhirn und aus den Basalganglien. Die langfristigen Effekte sind mit großer Wahrscheinlichkeit das Korrelat der oben angesprochenen stabilen („fest verdrahteten") motorischen Programme.

Die bisher dargestellten Untersuchungen berücksichtigen eine bereits mehrfach erwähnte Besonderheit der Handbewegungen beim professio-

3. Vom Spitzgriff zur Liszt-Sonate 103

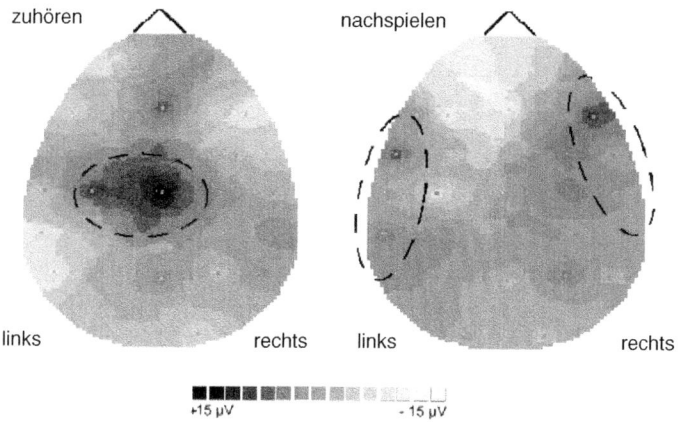

3.2 Mit Hilfe des Gleichspannungs-EEGs gemessene Hirnaktivierungsbilder während des Hörens von einfachen Klaviermelodien (links) und während des Nachspielens dieser Melodien auf dem Klavier mit der rechten Hand (rechts). Abgebildet sind nur die Änderungen, die durch eine acht Minuten dauernde Klavier-Übesitzung erzeugt werden. Die Diagramme sind als Ansichten von oben auf das Gehirn zu verstehen. Zunahme der Aktivität nach dem Üben ist dunkel dargestellt, Abnahme hell. Man erkennt auf dem linken Diagramm, daß nach dem Üben bereits beim Hören von Klaviermelodien die zentral gelegenen sensomotorischen Areale mitaktiviert werden. Beim Nachspielen kommt es nach dem Üben zur zusätzlichen Aktivierung der seitlich gelegenen Hörrinde beider Hirnhälften.

nellen Musizieren nicht, nämlich die enge Verbindung zwischen Motorik und Höreindruck. Üben und Spielen eines Instruments beruhen immer auf einer auditorisch-sensomotorischen Integrationsleitung des Gehirns. Professionelle Pianisten können eindrucksvoll schildern, wie ihnen beim Hören von Klaviermusik die Finger „jucken" und wie andererseits beim selbstvergessenen Trommeln mit den Fingern auf der Tischplatte vor dem „inneren Ohr" Klaviermusik erklingt. Marc Bangert aus unserem Labor wies in einer Reihe von Experimenten nach, daß professionelle Pianisten beim Hören von Klaviermusik ihre motorische Handregion und beim lautlosen Klavierspiel auf einer Tastatur ihre Hörrinde aktivieren.

Ähnlich wie bei der oben geschilderten feinmotorischen Aufgabe kommt es offenbar auch beim Erlernen des Klavierspiels zu kurzfristigen Effekten im Bereich der Großhirnrinde. Bereits nach vier Minuten Klavierüben entsteht bei Anfängern eine funktionelle Kopplung mit gleichzeitiger Aktivierung der Nervenzellverbände in den Hörrinden und den sensomotorischen Arealen, die mit der Methode der Gleichspannungselektroenzephalographie nachweisbar ist (Bangert et al. 1998). In Abbildung 3.2 ist ein Beispiel für einen derartigen raschen Lerneffekt gezeigt. Ein Anfänger hatte die Aufgabe, einfache, drei Sekunden lange Klaviermelodien im Fünf-Ton-Raum nach dem Hören mit der rechten Hand nachzuspielen. War die Wiedergabe korrekt, wurde der Schwierigkeitsgrad der vorgegebenen Melodien erhöht, bis keine weitere Steigerung der Nachspielleistung mehr erreicht werden konnte. In der Regel war die Leistungsgrenze in einer Übesitzung nach 20 bis 30 Nachspielaufgaben erreicht.

In Abbildung 3.2 sind die Änderungen der Hirnaktivität nach einer acht Minuten dauernden Trainingssitzung dargestellt. In den beiden symbolisierten Kopfdiagrammen ist dabei links die Änderung der Hirnaktivierung beim Zuhören, rechts beim Nachspielen dargestellt. Die Kopfdiagramme sind als Aufsichten auf die Großhirnrinde zu verstehen (oben entspricht jeweils der Stirnhirnregion, unten der Hinterhauptsregion). Eine Zunahme der Hirnaktivität nach dem Training ist dunkel, eine Abnahme weiß kodiert. Man erkennt deutlich, daß nach dem Training schon beim Anhören der Aufgabe die zentral gelegenen motorischen Großhirnareale aktiviert werden. Beim Nachspielen dagegen zeigen sich nach dem Training vor allem in den links und rechts seitlich gelegenen Schläfenregionen zusätzliche Aktivierungen. Dies entspricht einer verstärkten Aktivierung der Hörrinde.

Die Kopfdiagramme können eine Vorstellung geben, welche plastischen Anpassungsvorgänge in der Großhirnrinde schon nach wenigen Minuten Üben ablaufen. Sie zeigen aber auch, daß beim Klavierüben weitverzweigte Nervenzellnetzwerke unter Einbeziehung fast aller Großhirnstrukturen aktiviert werden. Vielleicht ist dieses Gehirnjogging der Grund, warum Pianisten länger jung bleiben, wie gelegentlich behauptet wird.

Apollos Fluch: der Verlust von Handfertigkeiten

»Mit dem dritten Finger gehts durch die Cigarrenmechanik leidlich. Der Anschlag ist jetzt unabhängig.«
Robert Schumann, *Tagebücher*, 7. Mai 1832.

3. Vom Spitzgriff zur Liszt-Sonate

»Der dritte Finger ist vollkommen steif.«
                        Robert Schumann, *Tagebücher*, 14. Juni 1832.

»Ich erinnere mich noch ganz genau. Es begann morgens während der Generalprobe mit Orchester. Wir probten das Klavierkonzert d-moll von Mozart, ein Stück, das ich ganz besonders liebe und über zwanzigmal unter verschiedenen Dirigenten öffentlich gespielt hatte. Schon bei meinem ersten Klaviersolo im ersten Satz bemerkte ich, daß ich mit meinem rechten kleinen Finger die schnellen Sechzehntelnoten nicht mehr präzise traf und häufig zwei Noten gleichzeitig anschlug, etwas, das mir noch nie passiert war. Ich hatte das Gefühl, als ob der kleine Finger eine Art Eigenleben entwickelte und außer Kontrolle geriet. Ich stand die Probe durch und führte die Schwierigkeiten auf die anstrengende Flugreise und auf die Zeitverschiebung zurück. Immerhin war es nach meiner inneren Uhr jetzt 4 Uhr morgens. Mittags übte ich das Stück langsam und laut. Das bereitete mir keine Schwierigkeiten. Aber immer, wenn ich die Geschwindigkeit auf das erforderliche Tempo steigerte, zogen sich der kleine Finger und der Ringfinger der rechten Hand unwillkürlich ein, als würden die Fingerbeeren von ungeheuer starken unsichtbaren Magneten zur Handinnenfläche gezogen. Ich war verzweifelt und geriet in Panik. Dann arbeitete ich hektisch alle Fingersätze um und versuchte, das Konzert nur mit Daumen, Zeige- und Mittelfinger der rechten Hand zu spielen. Irgendwie überlebte ich das Konzert, aber mein Leidensweg hatte begonnen.«
                        R. F., ein deutscher Konzertpianist, der nicht
                            mit vollem Namen genannt werden möchte.

Was Robert Schumann in wenigen Worten seinem Tagebuch anvertraut und was der Konzertpianist R. F. eindrucksvoll schildert, ist das tragische Scheitern am „Schwierigsten, was der Mensch können kann". Ein derartiger dramatischer Verlust von Handfertigkeiten wird als „Musikerkrampf" oder „tätigkeitsspezifische fokale Dystonie" bezeichnet. Darunter versteht man unwillkürliche Fehlbewegungen, muskuläre Verkrampfungen, Verlust der feinmotorischen Kontrolle und der Koordination in Muskelgruppen, die entscheidend am Instrumentalspiel beteiligt sind. Typisch ist, daß die Krankheitserscheinungen immer in gleicher oder sehr ähnlicher Weise bei der Ausführung bestimmter Bewegungen auftreten. Die Symptome können vielfältig sein: Einziehen von Fingern an der Tastatur oder am Griffbrett, Klebenbleiben bei der Ausführung von Trillern, unwillkürliche Daumenbeugung am Streicherbogen oder Abstreckung von Fingern bei schnellen Passagen. Seltener tritt die Störung als „fokaler Tremor" mit unkontrolliertem Zittern einzelner Finger beim Ausführen einer schwierigen Spielbewegung in Erscheinung.

Im typischen Fall bestehen bei derartigen aufgabengebundenen Koordinationsstörungen keine Einbußen des Berührungs- und Schmerzempfindens der Hand, gelegentlich bemerken die Patienten jedoch eine Veränderung der Eigenwahrnehmung mit oft schwer zu beschreibendem Spannungsgefühl oder eigenartig vibrierenden Mißempfindungen in den betroffenen Muskelpartien. Charakteristisch ist, daß die Bewegungsstörung – zumindest zu Beginn der Erkrankung – ausschließlich im Zusammenhang mit den langgeübten Bewegungen am Instrument ausgelöst wird und daß andere feinmotorische Fertigkeiten nicht betroffen sind. Meist interpretieren die Betroffenen die Störung zunächst als spieltechnisches Problem und intensivieren die Arbeit am Instrument. Verstärktes Üben führt aber leider in aller Regel nicht zu einer Verbesserung, sondern im Gegenteil zu einer Verschlechterung der Kontrolle der betroffenen Bewegungsabläufe.

Verschiedene Faktoren können das Ausmaß der Bewegungsstörung beeinflussen. Viele Patienten berichten, daß die Störung am Morgen oder nach langem Schlaf weniger stark ist. Psychische Anspannung kann unter Umständen die Bewegungsfähigkeit verbessern, so daß Bewegungsabläufe in Vorspielsituationen besser gelingen als zu Hause. Häufig verändert sich die Symptomatik durch Haltungsänderung, zum Beispiel durch Änderung der Handgelenks- oder Schulterposition bei Pianisten. Auch eine Veränderung der Gefühlsinformation kann das Ausmaß der Bewegungsstörung verändern. Das Klavierspiel mit einem Latexhandschuh führt häufig zu einer Verbesserung der Symptome, wobei dieser Effekt aber meist nur wenige Minuten anhält. Allen Patienten gemeinsam ist die Erfahrung, daß die willentliche Gegensteuerung der unwillkürlichen Verkrampfung die Symptomatik verstärkt.

In Abbildung 3.3 ist die Bewegungsstörung des oben zitierten Konzertpianisten gezeigt. Der Pianist hat die Aufgabe, mit regulärem Fingersatz eine C-Dur-Tonleiter aufwärts zu spielen. Bei Berührung der Tastatur mit dem Daumen (oben) ist noch eine reguläre Handhaltung möglich. Bereits beim Anschlag des Zeigefingers (Mitte) kommt es zu unwillkürlichem Einziehen des Ring- und Kleinfingers. Diese Tendenz verstärkt sich noch, wenn der Mittelfinger angeschlagen wird (unten). Zusätzlich kommt es zu einer unwillkürlichen Beugung des Handgelenks und zur Anhebung des Handrückens. Tonleiterspiel mit regulärem Fingersatz, aber auch viele andere Spielfiguren können nicht mehr ausgeführt werden.

Die Erkrankung kann sich auch außerhalb der Handmotorik manifestieren. Bei Blechbläsern und Holzbläsern kommt es zu Störungen der Lippenkontrolle, bei Sängern zu Beeinträchtigungen der Feinmotorik von Stimmbändern und Vokaltrakt. Nicht nur Musiker sind von der Bewe-

3. Vom Spitzgriff zur Liszt-Sonate 107

3.3 Beispiel eines „Musikerkrampfes" bei einem Konzertpianisten. Die Aufgabe ist, eine C-Dur-Tonleiter aufwärts zu spielen. Beim Anschlag mit dem Daumen kann die normale Handposition noch gehalten werden (oben), beim Anschlag mit dem Zeigefinger (Mitte) erkennt man aber bereits das unwillkürliche Einziehen von Ring- und Kleinfinger. Beim Anschlag mit dem Mittelfinger (unten) entsteht zusätzlich eine unwillkürliche Beugung im Handgelenk. Der Bewegungsablauf ist gestört, und ein flüssiges Passagenspiel ist nicht mehr möglich.

gungsstörung betroffen, am verbreitetsten ist das Krankheitsbild als Schreibkrampf mit unwillkürlicher Einkrampfung von Fingern und Handgelenk beim Schreiben. Schließlich tritt die Erkrankung auch beim Sport auf, zum Beispiel als „Yips" beim Golfspielen. „Yips" bezeichnet eine unwillkürliche Einkrampfung des Handgelenks beim „Putten" und wurde durch den davon betroffenen Golfchampion Bernhard Langer bekannt.

Welche Musiker erkranken?

In der griechischen Sage verlieh Apollo als Gott der Musen den Menschen die Gabe des Musizierens. Gerade die hochbegabten, erfolgreichen Musiker scheinen besonders anfällig für Musikerkrämpfe zu sein. Namhafte Künstler wie Robert Schumann, Glenn Gould, Leon Fleisher, Gary Grafman waren oder sind von der Krankheit betroffen. Mit ihren außergewöhnlichen Fähigkeiten wurde ihnen als „Fluch" der Keim des Scheiterns in die Wiege gelegt. Nach eigenen Schätzungen sind in Deutschland mindestens zwei Prozent der Berufsmusiker erkankt, das heißt bei etwa 70 000 Berufsmusikern ist derzeit mit 1 400 Betroffenen zu rechnen (Altenmüller 1996). Wahrscheinlich ist die Dunkelziffer hoch. Viele Erkrankte wechseln unauffällig den Beruf, geben das Konzertieren auf, unterrichten nur noch oder brechen ein Musikstudium ab. Im Vergleich zum Schreibkrampf, der in Nordamerika mit einer Häufigkeit von 1 zu 3 500 auftreten soll (Nutt et al. 1988), erkranken Musiker also deutlich häufiger. Interessanterweise ist die Störung bei Jazzmusikern und bei überwiegend improvisierenden Musikern eine Rarität. Es liegt nahe, dies mit dem geringeren Kontrolldruck im Jazz in Verbindung zu bringen. Möglicherweise suchen Jazzmusiker aber auch seltener ärztliche Hilfe auf, weil sie durch freiere Auswahl des Repertoires und durch Kreation von individuellen Bewegungsabläufen die Störung besser ausgleichen können.
  Es gibt mehrere Risikofaktoren für die Ausbildung der Bewegungsstörung. Männer sind im Verhältnis 5:1 häufiger betroffen als Frauen. Gitarristen und Pianisten sind besonders gefährdet. Wahrscheinlich spielt die gesamte „Lebensübedauer" eine Rolle. Gitarristen und Pianisten erreichen nicht selten tägliche Spielzeiten von mehr als sechs Stunden, während Streicher im Mittel „nur" zwischen drei und vier Stunden am Instrument verbringen. Bei ungefähr 30 Prozent der Patienten findet sich in der Vorgeschichte eine Häufung von Schmerzzuständen oder „Sehnenscheidenentzündungen", selten können auch einmalige Überlastungen die Symptomatik auslösen. In etwa zehn Prozent der Fälle tritt die Koordinationsstörung als Folge einer Schädigung peripherer Nerven – meist des

Ellennerven – auf und bleibt weiter bestehen, auch wenn der Nerv – beispielsweise durch eine operative Verlagerung – wieder entlastet wird. Genetische Faktoren mit familiärer Häufung von Bewegungsstörungen findet man bei zehn Prozent der Betroffenen.

Die Persönlichkeitsprofile der Erkrankten weisen fast immer eine sehr starke gefühlsmäßige Bindung an die Musik, ein hohes Leistungsniveau und einen hohen Selbstanspruch mit Hang zum Perfektionismus auf. Diese Charaktereigenschaften wurden früher häufig als Argumente für eine rein psychische Ursache der Erkrankung angeführt. Es darf aber nicht vergessen werden, daß gerade diese Persönlichkeitsmerkmale Voraussetzungen für den Erfolg eines Berufsmusikers sind. Musikerkrämpfe sind eine Erkrankung der Solisten, Konzertmeister und der Solobläser. Nur in Ausnahmefällen sind Laien betroffen, die dann aber ebenfalls eine sehr starke emotionale Bindung an die Musik aufweisen.

Mögliche Ursachen von Musikerkrämpfen

Die besondere Persönlichkeitsstruktur der Betroffenen und die wechselhafte und häufig für die behandelnden Ärzte nicht nachvollziehbare Symptomatik führten dazu, daß die Erkrankung bis in die siebziger Jahre dieses Jahrhunderts meist als psychisches Krankheitsbild gedeutet wurde. Musikerkrämpfe wurden häufig als Konversionssymptom eines ungelösten Ambivalenzkonfliktes gegenüber der einerseits versklavenden, andererseits aber zugleich belohnenden und lebensnotwendigen Arbeit am Instrument interpretiert.

Der Vorstellung, daß diese Erkrankung rein psychische Ursachen habe, setzten die Neurologen Sheehy und Marsden 1982 ein anderes Konzept entgegen: Bewegungsstörungen wie der „Musikerkrampf" seien Erkrankungen der Basalganglien und gehörten zur Krankheitsgruppe der segmentalen Dystonien. Als Hauptargumente führten sie an, daß in psychologischen Untersuchungen von Betroffenen keine Abnormitäten des Persönlichkeitsprofils festzustellen waren und daß psychologische Behandlungsverfahren wie Psychotherapie oder Verhaltenstherapie keine Besserung brachten. Auch die Beobachtung, daß gelegentlich eine Ausweitung auf andere Handbewegungen erfolgte, wurde als Argument für eine organische Ursache angeführt. Sheehy und Marsden erklären die Entstehung mit einer gestörten Kontrolle der Basalganglien auf Neuronenschaltkreise des Hirnstamms und des Rückenmarks, die ihrerseits zu einer Störung der im Normalfall vorhandenen gegenseitigen Hemmung von Beuger- und Streckeraktivität der Hand- und Fingermuskulatur bei feinmotorischen Bewegungen führt. Der Effekt der „Verkrampfung" beim Musizieren wurde folgerichtig mit einer gleichzeitigen Anspannung von Beugern und Streckern erklärt, wobei aufgrund des natürlichen Übergewichts der Beugerkraft letztendlich eine Beugebewegung resultiert.

Neue Befunde der Hirnforschung fordern ein vielschichtigeres Erklärungsmodell. Gegen die Alleingültigkeit der „Basalganglienhypothese" spricht, daß die gleichzeitige Anspannung antagonistischer Muskelgruppen nicht immer nachweisbar ist und meist erst beim Versuch der aktiven Gegensteuerung gegen die Fehlbewegung eintritt. Darüber hinaus fand man bislang in bildgebenden Verfahren keine Häufung von Abnormitäten im Bereich der Basalganglien. Dagegen konnten in der motorischen Hirnrinde in einer Reihe von Untersuchungen Veränderungen des neuronalen Erregungsablaufs vor komplexen Handbewegungen nachgewiesen werden. So ist beispielsweise die Aktivität der primären motorischen Areale unmittelbar vor Initiierung einer Fingerbewegung am Klavier gehemmt (Peschel et al. 1998). Weitere Auffälligkeiten wurden im Bereich der primären sensorischen Handregion entdeckt. Magnetoenzephalographische Messungen ergaben, daß bei Patienten mit Musikerkrämpfen die einzelnen Fingerareale der betroffenen Hand im Vergleich zu gesunden Kontrollpersonen nicht klar voneinander getrennt, sondern miteinander verschmolzen waren und daß die gesamte Ausdehnung des sensiblen Handareals vermindert war (Elbert et al. 1998).

Die zunächst verwirrenden Befunde lassen sich erklären, wenn man sich vor Augen führt, welche Hirnareale beim Üben und beim Musizieren beteiligt sind. Unabhängig vom Ort der Störung wird sich eine Fehlfunktion der sensomotorischen Netzwerke immer auf die Endstrecke der Erregungskette auswirken. Mit anderen Worten werden notwendigerweise immer die in der primären motorischen Area kodierten hochspezialisierten motorischen Programme betroffen sein. Bei einer erblich bedingten Bereitschaft und beim Zusammentreffen mehrerer Risikofaktoren kann ein im Normalfall harmloses passageres Fehllernen, eine vorübergehende Fehlbewegung, in ein fixiertes und leider nur selten und dann meist nur unvollständig korrigierbares motorisches Fehlprogramm übergehen. Durch pathologische neuronale Erregungsmuster aus der somatosensorischen Handarea, aus den Basalganglien oder aus den präfrontalen Motivationsarealen entstehen „falsch" aussprossende synaptische Verschaltungen im Bereich der primären motorischen Area, die sich in der „Einheitsreaktion" des Musikerkrampfes manifestieren. Die Entdifferenzierung der neuronalen Repräsentation von Feinmotorikprogrammen führt zu einem Rückgriff auf ontogenetisch und phylogenetisch ältere „Kraftprogramme". Das unwillkürliche Einziehen der Finger ließe sich dann als rudimentäres

Greifprogramm deuten – als Atavismus und „Gruß" aus einer Zeit, als unsere Vorfahren mit ihren Händen noch den Faustkeil führten, lange bevor die ersten Knochenflöten (oder gar Konzertflügel) erfunden waren.

***Dank.** Frau cand. med. Astrid Götze und Herrn Dipl.-Phys. Wolfgang Trappe sei gedankt für die Erstellung von Abbildung 3.1. Herrn Dipl.-Phys. Marc Bangert und Herrn Dr. Parlitz verdanke ich Abbildung 3.2. Für kritisches Lesen, Verbesserungsvorschläge und Diskussion sei den Genannten, Herrn Prof. Konrad Meister und – last but not least – meiner Frau Bärbel gedankt. Schließlich danke ich Herrn Dr. Marco Wehr für seine stetige Unterstützung trotz starker Strapazierung seines herausgeberischen Langmuts durch meine chronische Nichteinhaltung von „Deadlines".*

René Descartes, der Schöpfer des berühmten Satzes »Ich denke, also bin ich«, verstieg sich als medizinischer Laie auch zu einigen gewagten anatomischen Spekulationen. Die unscheinbare Zirbeldrüse wurde von ihm, einem überzeugten Dualisten, zu dem Ort im Gehirn auserkoren, an welchem der Geist mit dem Körper in Verbindung tritt. Weiterhin war er davon überzeugt, daß Muskeln wie hydraulische Pumpen arbeiten. Heute wissen wir über die Funktionsweise eines Muskels ziemlich genau Bescheid. Leider hilft uns das nicht, im Rahmen der Robotik eine künstliche Hand herzustellen. Ein muskelähnliches Antriebsaggregat liegt momentan weit jenseits des technisch Machbaren. Deshalb behilft man sich mit Seilzügen, Spindelantrieben oder eben auch kleinen Hydraulikpumpen, die – von Hochleistungscomputern gesteuert – mechanische Finger bewegen. Diese künstlichen Hände können wohl einige Spezialaufgaben erledigen, von der universellen Einsetzbarkeit der menschlichen Hand sind sie jedoch noch weit entfernt. Deshalb erstaunt es nicht, daß gerade die Robotiker die Komplexität der Hand als Wunder begreifen und sich in aller Bescheidenheit, aber mit größter Raffinesse bemühen, unsere Fingerfertigkeiten Schritt für Schritt ein wenig besser zu imitieren.

Götz von B. und der Datenhandschuh

Von Helge Ritter

Die Nachbildung menschlicher Fähigkeiten durch den Bau künstlicher „Androiden" hat die Menschen schon vor Jahrhunderten gefesselt. Natürlich sollten diese Maschinen auch etwas tun und brauchten daher häufig Hände. So konstruierte der französische Uhrmacher Vaucanson bereits im 18. Jahrhundert einen berühmt gewordenen Flötenspieler, dessen Hände mit beweglichen Fingern ausgestattet waren. Sie konnten sich zum Klang einer Flöte so bewegen, als würden sie die Noten spielen. Diese mechanische Perfektion wurde für lange Zeit nicht mehr erreicht. Spätere „Salonroboter" hatten meist nur starre Hände, vollführten damit aber dennoch oft bemerkenswerte Leistungen. So konstruierte der preußische Ingenieur von Kempelen zur Mitte des 19. Jahrhunderts eine mechanische Puppe, die in ihrer Hand eine Feder hielt, diese in Tinte tauchte und anschließend damit eine Reihe von Worten zu Papier brachte. Derartige Wunderwerke der Feinmechanik waren meist zur Unterhaltung des Adels gedacht. Sie glichen in ihrer Funktion einem komplexen Uhrwerk, das starr und ohne „innere Intelligenz" einen festen Ablauf durchlief, und ihre Konstrukteure waren nicht selten zugleich Uhrmacher.

Die eiserne Faust und ihre Nachfolger

Die Unterhaltung war allerdings nicht die einzige Triebfeder für die Entwicklung von Robotern und von Roboterhänden. Unglücke und Kriege gaben seit jeher Anlaß, nach technischen Lösungen für Arm- und Handprothesen zu suchen. Lange Zeit stagnierte die Entwicklung beim einfachen Haken, der Urform jeglicher Handprothese. Doch wer ausreichend begütert war, konnte sich schon im 15. Jahrhundert technisch anspruchsvollere Lösungen leisten. Als vielleicht erster Träger einer Prothese mit beweglichen Fingergliedern ist uns Götz von Berlichingen bekannt. Seine „eiserne Faust" besaß bereits fünf separate Finger, die über einen ausgeklügelten Mechanismus passiv bewegt, arretiert und auf Knopfdruck wieder gestreckt werden konnten (Abbildung 4.1). Künstliche Hände dieser Art waren allerdings noch bis in das 19. Jahrhundert hinein schwer und nur beschränkt brauchbar, da sie mit der verbliebenen gesunden Hand bewegt werden mußten. Eine Verbesserung war die Erfindung von Zugbandagen, die es gestattete, Bewegungen von Fingern und Hand mittels der Schultermuskulatur zu betätigen.

Die Weltkriege boten den traurigen Anlaß zu weiteren Entwicklungen. So entstand 1919 die erste mit Fremdenergie betriebene Handprothese, und 1949 wurde in München die erste mit elektrischen Muskelsignalen

4. Götz von B. und der Datenhandschuh 115

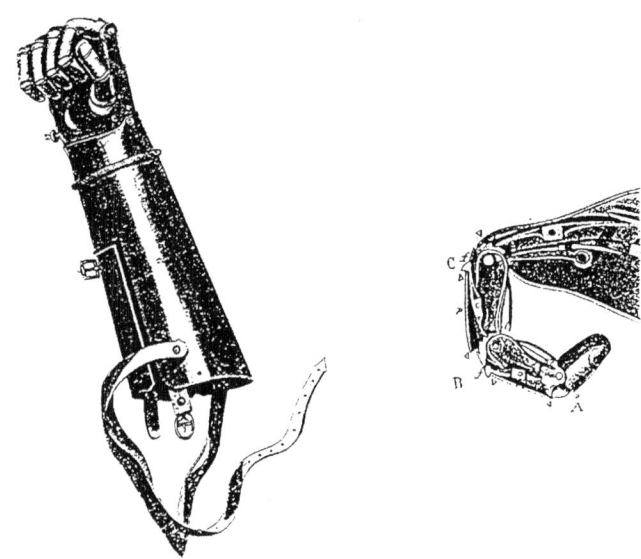

4.1 Die „eiserne Faust" des Götz von Berlichingen besaß bereits bewegliche Finger, die über einen Seilzugmechanismus betätigt werden konnten.

betätigte Prothese vorgestellt. Aber erst die Fortschritte in der Elektronik, in Verbindung mit verbesserter Miniaturisierung und Werkstofftechnologie, gestattete den Bau mehrfingriger Hände, deren Finger einzeln bewegt werden konnten. Bei den meisten dieser Entwicklungen handelt es sich um Forschungsprojekte; die Steuerungskomplexität und Fehleranfälligkeit dieser zum Teil hochkomplexen mechatronischen Gebilde ist noch viel zu groß, um sie als Handersatz alltagstauglich zu machen. Dennoch können diese Systeme helfen, ein besseres Verständnis für die technologischen Anforderungen an den Bau geschickter, künstlicher Hände zu gewinnen und damit den Weg für eine Realisierung verbesserter Handprothesen zu ebnen.

Die meisten Entwicklungen fallen in den Zeitraum von den achtziger Jahren bis zur Gegenwart. Eines der frühesten Modelle, die „Okada-Hand", entstammte einem japanischen Forschungslaboratorium. Diese Hand verfügte über insgesamt drei Finger mit elf Gelenkwinkelfreiheitsgraden. Damit gelang es ihrem Erbauer bereits, Manipulationsaufgaben, wie etwa das Wenden eines Stabs zwischen den Fingern, zu demonstrieren. Die dazu notwendige Abfolge von Fingerstellungen wurde zuvor „per

Hand" eingestellt und gespeichert. Zwischen den einzelnen Stellungen wurde linear interpoliert. Diese Demonstration zeigte, daß relativ komplexe Bewegungsabläufe mit künstlichen Mehrfingerhänden im Bereich des technisch Möglichen lagen. Die Erfahrungen mit den ersten künstlichen Händen zeigten aber auch, daß eine mechanische Nachbildung der menschlichen Finger- und Gelenkanordnungen bei weitem nicht genügte, um eine der menschlichen Hand auch nur entfernt vergleichbare „Bewegungsgeschicklichkeit" zu erreichen. Abgesehen vom Problem der Miniaturisierung – die meisten künstlichen Hände sind auch heute noch deutlich größer als ihr menschliches Vorbild –, ergeben sich zahllose andere Probleme, die beachtet und gelöst werden müssen, wenn die künstliche Hand gut funktionieren soll.

Ein erstes großes Problem bildet die Antriebstechnik. Die Finger der menschlichen Hand werden durch mehr als drei Dutzend Muskeln bewegt. Dabei kann jeder einzelne Finger beachtliche Kräfte aufbringen und, etwa bei einem gut trainierten Bergsteiger, vorübergehend das gesamte Körpergewicht halten. Trotz dieser großen Kraftentfaltungsmöglichkeit können wir mit denselben Fingern auch äußerst feinfühlige Bewegungen mit hoher Präzision ausführen, wie etwa bei der Arbeit eines Neurochirurgen unter dem Mikroskop. Allerdings gibt die Bauweise der menschlichen Hand bereits einen wichtigen Hinweis. Abgesehen von wenigen Ausnahmen, hat es die Natur unterlassen, die aktiven Antriebselemente (die Muskeln) in der Hand selbst unterzubringen. Stattdessen werden die Kräfte über Sehnen übertragen; die Muskeln selbst befinden sich überwiegend im Unterarm. Vermutlich waren es Platzersparnisgründe, die zu diesem Aufbau zwangen. Daher erstaunt es kaum, daß man für eine Reihe späterer Entwicklungen bei den künstlichen Händen einem ähnlichen Konstruktionsprinzip folgte und die Finger über Seilzüge antrieb.

Eine der einflußreicheren Entwicklungen dieser Art war die „Salisbury-Hand", die 1982 von Kenneth Salisbury an der amerikanischen Stanford-University entwickelt wurde. Sie besaß drei identische Finger mit insgesamt neun Gelenkfreiheitsgraden (drei Gelenke pro Finger). Anstelle von Muskeln und Sehnen verwendeten ihre Erbauer miniaturisierte Elektromotoren im Unterarm, die die Finger über teflonbeschichtete Seilzüge antrieben. Da ein Kabel nur Zugkräfte übertragen kann, wurden für jeden Finger (drei Gelenkwinkelfreiheitsgrade) vier unabhängig steuerbare Zugkabel benötigt. In der bisher geschilderten Form wäre die Salisbury-Hand allerdings wenig geeignet gewesen, um wirklich geschickt zuzugreifen. Wenn wir unsere Finger gegen einen Gegenstand drücken, erhalten wir in jedem Augenblick eine genaue Rückmeldung über die Kräfte, die auf unsere Finger wirken. Darüber hinaus besitzen wir eine recht genaue Vorstellung davon, in welcher Stellung sich unsere Finger gerade befinden, und erhalten von der Haut weitere wichtige Hinweise, welche Oberflächenbeschaffenheit das in unserer Hand befindliche Objekt besitzt, ob wir es sicher halten oder ob es sich gerade gegen unsere Fingerflächen bewegt.

Diese Eigenwahrnehmung oder „Propriozeption" kommt uns völlig selbstverständlich vor und bildet eine wichtige Voraussetzung, um unseren Händen das alltägliche Fingergeschick zu entlocken (☞ Weinmann). Bereits mit dem Wegfall einer einzigen Wahrnehmungskomponente, beispielsweise des Tastsinns unserer Haut, büßen wir viel von unseren Manipulationsmöglichkeiten ein. Dies wird uns deutlich, wenn wir beispielsweise mit Handschuhen eine diffizile Aufgabe ausführen sollen. In diesem Falle verfügen wir immerhin noch über eine grobe Tastempfindung; die Wahrnehmung von Kräften und Fingerstellungen ist praktisch unverändert. Wieviel Verlust an Bewegungsgeschick bei einem gänzlichen Wegfall der Tastempfindung eintritt, kann der Leser in einem instruktiven Selbstversuch leicht nachvollziehen, indem er jedem Finger einen Fingerhut aufsetzt und dann einige Objekte zwischen den so „tastblind" gewordenen Fingern zu bewegen versucht. Das kleine Experiment verdeutlicht, wie wichtig eine gute Sensorik für geschicktes Manipulieren von Objekten ist. Daher ist es auch für Roboterhände unverzichtbar, neben einer guten Mechanik über künstliche Sinne zu verfügen, wobei besonders die Rückmeldung von Fingerkräften, aber auch die Erfassung von Berührungsinformation an den Fingerspitzen und -gliedern von großer Wichtigkeit ist.

Die Konstrukteure der Salisbury-Hand statteten daher die Seilzüge, die die Finger bewegten, mit Zugkraftsensoren aus. Solche Sensoren lassen sich für einen weiten Kraftbereich herstellen und erlauben es, Kräfte mit hoher Genauigkeit und praktisch trägheitsfrei zu messen. Zusammen mit zusätzlichen Drehwinkelsensoren, die die Achsstellungen der Antriebsmotoren erfassen, lassen sich damit die Fingerstellung und die über die Seilzüge der Fingerspitze mitgeteilte Kraft zu jedem Zeitpunkt berechnen. Umgekehrt kann zu gewünschten Sollwerten für diese Größen die erforderliche Motorachsstellung und Seilkraft bestimmt werden. Damit ist jedoch erst ein kleiner Teil der Voraussetzungen geschaffen, mit der künstlichen Hand zu greifen oder Objekte zu manipulieren. Jede Phase einer Greifbewegung erfordert eine ausgeklügelte, zeitliche und räumliche Koordination der Bewegungen aller Fingerglieder, und der Ablauf der weiteren Bewegung wird zu jedem Zeitpunkt von den seitens der Sensoren zurückgemeldeten Informationen wesentlich beeinflußt. Eine solche Rückwirkung der Sensorik auf die Aktorik wird als Regelung bezeichnet. Mit ihrer Einführung durch Norbert Wiener begann das Zeitalter der Kybernetik, und heute spielen Regler von oft beachtlicher Komplexität eine große Rolle in einer Vielzahl technischer Systeme.

Für die Regelung der Fingerbewegungen einer mehrfingrigen Hand ergeben sich eine Reihe besonderer Probleme, deren Überwindung auch heute noch Gegenstand aktiver Forschungsarbeit ist. Sie reichen dabei bis zu der Frage, wie wir die zur Bewegung einer Hand notwendige Intelligenz in einer Maschine realisieren können. Dieser Problematik wollen wir uns jedoch erst später zuwenden, nachdem wir unseren begonnenen Überblick über die technische Evolution der für künstliche Hände erforderlichen Hardware abgeschlossen haben.

Das Design der Salisbury-Hand mit ihren drei gleichartig gebauten Fingern sah bewußt davon ab, eine menschliche Hand zu kopieren. Stattdessen wurde die Fingergeometrie auf der Basis mehrerer heuristisch gewählter Forderungen, wie etwa guter Beweglichkeit für ein kugelförmiges Objekt mit einem Zoll Durchmesser, optimiert. Die Konstrukteure der später gebauten MIT-Utah-Hand und der Belgrad-Hand gingen einen Schritt weiter und versuchten, die menschliche Handgeometrie als Vorbild zu nehmen. Ein wichtiges Merkmal der menschlichen Hand bildet die Sonderstellung des Daumens; dieser besonders bewegliche Finger kann zu jedem einzelnen der übrigen Finger eine Gegenüberstellung einnehmen. Viele unserer täglichen Handbewegungen machen von dieser Vielseitigkeit des Daumens Gebrauch, und im Falle des Verlusts eines einzelnen Fingers bewirkt der Verlust des Daumens die weitestgehenden Funktionseinschränkungen (☞ Reill). Es liegt daher nahe, das Konzept eines Daumens auch auf künstliche Roboterhände zu übertragen. Sowohl die MIT-Utah-Hand als auch die Belgrad-Hand besaßen daher einen „künstlichen Daumen", der in Opposition zu den restlichen Fingern angebracht und besonders beweglich war. Beschränkte sich die MIT-Utah-Hand noch auf insgesamt vier Finger (einen Daumen und drei weitere Finger) mit insgesamt 16 Gelenkfreiheitsgraden, ging die Belgrad-Hand noch einen Schritt weiter und verwirklichte alle fünf Finger einer menschlichen Hand, jedoch geringfügig größer als das menschliche Original.

Eine große Schwierigkeit für den Betrieb derartig komplexer Hände bildet die Koordination ihrer zahlreichen Fingergelenke. Die Steuerung der 16 Gelenkfreiheitsgrade der MIT-Utah-Hand erfordert hochkomplexe Computerprogramme. Obwohl das eigentliche Ziel bei der Entwicklung derartiger Hände in der Realisierung eines möglichst breitgefächerten Spektrums an „Fingerfertigkeit" bei der Handhabung von Objekten liegt, zwingt die Komplexität der resultierenden Steuerungsaufgabe die Entwickler bis heute dazu, sich bei der Entwicklung geeigneter Steuerungssoftware auf weitgehend spezialisierte Bewegungsabläufe zu beschränken.

Daher war es ein wichtiges Ziel bei der Weiterentwicklung der Belgrad-Hand, die mit der nochmals erhöhten Fingerzahl einhergehende Komplexitätserhöhung durch geeignete Maßnahmen wieder „in den Griff" zu bekommen und eine Möglichkeit zu finden, eine derart komplexe Hand dennoch einigermaßen einfach steuern zu können. Dies gelang den Konstrukteuren, indem sie die unabhängige Steuerbarkeit der einzelnen Fingergelenke aufgaben und statt dessen die Drehbewegung dreier aufeinanderfolgender Fingergelenke mechanisch in ähnlicher Weise koppelten wie bei der menschlichen Hand: Wenn sich die Hand schließt, bewegen sich alle aufeinanderfolgenden Fingergelenke zunächst gleichsinnig, bis der Finger mit dem gegriffenen Objekt in Kontakt kommt. Wird dadurch die weitere Bewegung eines der inneren (proximalen) Fingergelenke blockiert, schließen sich die weiter außen liegenden Gelenke noch weiter, wodurch die Umschließung des Objekts vervollständigt wird. Die Bewegung des Fingers endet erst, wenn das Zustandekommen weiterer Kontaktpunkte auch die Bewegung der noch verbleibenden Gelenke blockiert hat. Dieses sehr elegante Bewegungsschema erlaubt es, Objekte unterschiedlicher Form auf relativ einfache Weise sicher zu umschließen. Indem zusätzlich zur Kopplung der drei Gelenke desselben Fingers bei der Belgrad-Hand auch noch die Bewegung je zwei nebeneinanderliegender Finger (Zeige- und Mittelfinger beziehungsweise Ringfinger und kleiner Finger) zusammengefaßt wurden, gelang es ihren Konstrukteuren, die Anzahl unabhängig zu steuernder Bewegungsfreiheitsgrade auf lediglich vier zu reduzieren. Zwei davon entfallen auf die Schließbewegung der beiden genannten Fingerpaare, in der jeweils alle Gelenke eines Paars in der beschriebenen, gekoppelten Weise synchron bewegt werden. Die beiden verbleibenden Freiheitsgrade sitzen im Daumen. Dieser kann sich um eine Vertikalachse so drehen, daß er jedem der anderen Finger gegenüberstehen kann. Der verbleibende weitere Freiheitsgrad steuert – diesmal über zwei gekoppelte Gelenke – die Daumenkrümmung.

Dieser Ansatz demonstriert eindrucksvoll, wie geschicktes Design einer Hand bereits ein erhebliches Maß an „innerer Intelligenz" verleihen und die Aufgabe der Steuerung damit drastisch vereinfachen kann. Die dabei vorgenommene Zusammenfassung von Bewegungsfreiheitsgraden zu einer kleineren Anzahl geeignet zusammen- oder „synergistisch" wirkender Gruppen stellt ein wichtiges allgemeines Prinzip dar, Finger- und Greifbewegungen in verstehbarere Einheiten zu zerlegen und so etwas wie ein „Alphabet" von Grundbewegungsmustern zu gewinnen, aus denen sich komplexere Bewegungen mit bewältigbarem Aufwand synthetisieren lassen.

Die Wichtigkeit dieses Prinzips läßt sich durch eine einfache kombinatorische Überlegung noch unterstreichen. Die menschliche Hand besitzt etwa 27 Freiheitsgrade (aufgrund der Ansteuerung mittels Muskeln hängt die genaue Zählung davon ab, wie man diese in unabhängige Gruppen einteilt). Würden wir diese völlig unabhängig voneinander bewegen und für jeden Freiheitsgrad auch nur die beiden Endstellungen und eine weitere Mittelstellung unterscheiden, so ergäbe dies allein bereits die immense Zahl von 3^{27} oder mehr als sieben Billionen (eine 7 mit zwölf Nullen) unterschiedlicher Handstellungen. Vergleichen wir dies mit der Dauer eines menschlichen Lebens von etwa drei Milliarden Sekunden, so sehen wir, daß wir nur einen verschwindend geringen Bruchteil dieser Handstellungen ausnutzen könnten. Die unabhängige Beweglichkeit einer derart großen Anzahl von Freiheitsgraden ist daher völlig überflüssiger „Luxus", und die Zusammenfassung von Bewegungsfreiheitsgraden zu häufig anwendbaren Bewegungssynergien stellt ein wichtiges Ökonomieprinzip dar, den immensen Konfigurationsraum sowohl der menschlichen Hand als auch einer künstlichen Roboterhand so weit zu strukturieren, daß seine Beherrschung machbar wird.

Auch in Deutschland wurden in den letzten Jahren mehrere Roboterhände entwickelt. Den vielleicht größten Bekanntheitsgrad erreichte die zweifingrige Hand der Deutschen Forschungsanstalt für Luft- und Raumfahrt (DLR) in Oberpfaffenhofen, die für die D2-Weltraummission entwickelt wurde. Im Gegensatz zu den bisher beschriebenen Handdesigns besitzt dieser Greifer lediglich zwei Finger, verfügt dafür jedoch über eine außerordentlich hochentwickelte und vollständig innerhalb der Hand integrierte Sensorik. So sind die planar einander gegenüberstehenden Innenflächen der beiden Finger mit einer Matrix aus je 16 Tastsensoren belegt. Dadurch läßt sich beim Zugreifen feststellen, wie „bündig" ein Objekt von den beiden Fingern erfaßt ist. Der Raum zwischen den Greiferbacken wird durch zwei Miniaturkameras überwacht, die eine genaue Kontrolle der Annäherungsphase beim Greifen sowie eine Detailinspektion des Objekts ermöglichen. Zusätzlich tragen die Greiferbacken und das Greifergehäuse insgesamt neun weitere Lasersensoren. Jeder dieser Sensoren sendet einen Laserstrahl aus, der auf das Objekt trifft und mittels eines Triangulationsverfahrens eine direkte Entfernungsmessung des Auftreffpunkts gestattet. Zusätzlich verfügt die Hand über Kraft- und Positionssensoren für die Finger; zwei weitere Kraft- und Drehmomentsensoren befinden sich im Handgelenk.

Eine derart reichhaltige Ausstattung mit Sensorik ist für die Steuerung „intelligenter" Greifbewegungen überaus nützlich. Jedoch stellt sie den Ingenieur auch vor ein schwieriges Verkabelungsproblem. Besonders

Tastsensoren, die im Idealfall auf allen Fingerflächen erwünscht sind, und dort möglicherweise noch aus Gruppen vieler Einzelsensoren bestehen, stellen hohe Anforderungen an die Verkabelung, da in den Fingern der Platz besonders begrenzt ist, und zusätzlich häufig noch Antriebselemente untergebracht werden müssen. Die Natur verwendet hier als elegante Lösung Nervenbahnen, in denen Tausende einzelner „Adern" in einem dünnen und biegsamen, sich ständig erneuernden (und damit praktisch verschleißlosen) „Kabel" zusammengefaßt sind. Derartiges können wir mit herkömmlichen elektrischen Verbindungsleitungen heute auch noch nicht entfernt kopieren. Jedoch kann die Technik versuchen, eine ähnliche Leistung mit anderen Mitteln zu erzielen. Die Entwickler der DLR-Hand übertrugen dazu ein Prinzip, das sich bereits bei der Vernetzung von Computern bewährt hatte, auf ihr Handdesign: Anstelle eigener Leitungen für jede Sensorkomponente verwenden sie ein serielles „Bussystem", auf dem alle Sensorsignale überlagert werden. Aufgrund der im Vergleich zu Nerven viel höheren Arbeitsgeschwindigkeit elektronischer Komponenten läßt sich auf diese Weise mit lediglich zwei Drähten ein vieladriger Nerv simulieren.

Eine andere Handentwicklung aus jüngerer Zeit stammt von der TU München (Abbildung 4.2). Dort entwickelten Wissenschaftler eine modulare, mehrfingrige Hand, um mehrfingriges Greifen von Objekten in Roboterexperimenten näher untersuchen zu können. Ein wichtiges Designziel war dabei, auch für eine Hand mit mehreren Einzelfingern höhere Fingerkräfte zu erzielen, als sie in früheren, auf elektrischen Antrieben basierenden Konstruktionen möglich waren. Zugleich sollte noch ein möglichst schnelles Reagieren der Finger möglich sein. Daher fiel die Wahl auf ein Antriebskonzept, bei dem die notwendigen Fingerkräfte über miniaturisierte, direkt an den Fingern angebrachte hydraulische Antriebszylinder entwickelt werden. Jeder Finger verfügt über insgesamt vier Gelenke, die eine seitliche Kipp- und eine Beugebewegung des Fingers ermöglichen. Dabei sind die Bewegungen der beiden äußersten Beugegelenke wieder miteinander gekoppelt, um – ähnlich wie bei der Belgrad-Hand – einen Bewegungsfreiheitsgrad einzusparen. Trotz allem sind pro Finger noch drei Ölkabel notwendig, um die Antriebszylinder der drei Bewegungsfreiheitsgrade zu versorgen. Dabei wird der Öldruck für die Schließrichtung der Hand benutzt, das Öffnen erfolgt durch eine im Zylinder angebrachte Gegendruckfeder (ein bidirektionaler Betrieb jedes Zylinders würde die Anzahl erforderlicher Ölkabel verdoppeln). Eine besondere Herausforderung bei dieser Handkonstruktion lag in der hochpräzisen Herstellung der miniaturisierten Antriebszylinder, die sich durch geringe Reibung bei zugleich hoher Öldichtigkeit auszeichnen müssen.

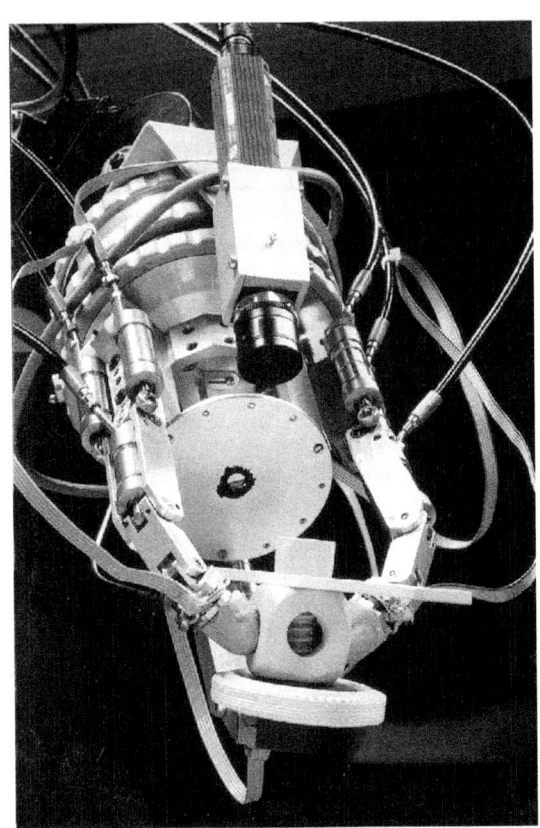

4.2 Beispiel für eine Roboterhand mit drei unabhängig beweglichen Einzelfingern. Miniaturisierte Ölhydraulikzylinder bilden die „Muskeln" der künstlichen Hand (TUM-Hand, Entwicklung der Arbeitsgruppe von Professor Pfeiffer, TU München).

Weitere Handdesigns unterschiedlicher Komplexität wurden an den Universitäten Bologna und Karlsruhe, an der ETH Zürich und an der TU Darmstadt entwickelt. Eine der vielleicht vielversprechendsten Entwicklungen der jüngeren Zeit baut auf der DLR-Hand auf und entwickelt den dort bereits für zwei Finger eingesetzten Spindelantriebsmechanismus weiter: Ein miniaturisierter Elektromotor dreht mit hoher Geschwindigkeit eine dünne Gewindespindel, die sich dadurch in einem Gegengewinde rasch und mit hoher Kraftentfaltung auf und ab bewegen kann. Durch eine Anzahl raffinierter konstruktionstechnischer Kniffe ergibt sich ein Antrieb, dessen Wirkungsmöglichkeiten denen eines menschlichen Muskels erstaunlich ähnlich ist. Die Konstruktion einer auf diesem Antrieb basierenden, mehrfingrigen Hand ist bei der DLR bereits seit mehreren Jahren im Gange, und ein erster Prototyp demonstriert eindrucksvoll, daß damit möglicherweise eine neue Generation agiler und zugleich kraftvoller Roboterhände möglich wird.

Wie fühlt sich ein Pfirsich an?

Der kurze Streifzug durch die Geschichte technischer Roboterhandkonstruktionen hat bereits einige der Herausforderungen erkennen lassen, die uns der Versuch einer Nachbildung der menschlichen Hand bietet. Trotz raffiniertester Ingenieurskunst wird die menschliche Hand sicherlich noch für geraume Zeit unseren technischen Meisterwerken in vieler Hinsicht überlegen sein. Dies gilt in ganz besonderem Maße für die hochentwickelten Wahrnehmungsfähigkeiten unserer Haut. Abgesehen davon, daß sie neben sehr günstigen mechanischen Eigenschaften, die Fähigkeit zur Selbstreparatur besitzt, liefert sie uns ein hochauflösendes Tastbild des Gegenstands, den wir in der Hand halten. Wir spüren genau, ob Vertiefungen, Rundungen, Kanten oder Ecken vorhanden sind. Wir fühlen, ob es sich um warmes Holz oder kaltes Metall handelt. Wir schließen unsere Finger unwillkürlich fester, wenn sich die Oberfläche glatt oder „rutschig" anfühlt, und wir geben mit unserer Kraft nach, wenn uns unsere Finger ein empfindliches, verformbares Etwas signalisieren. Dabei erkunden wir einen Gegenstand in der Regel durch spielerische Fingerbewegungen von mehreren Seiten und setzen die dabei gewonnenen Tastinformationen ohne die geringste Anstrengung zu einem ganzheitlichen „Fühleindruck" zusammen, anhand dessen wir eine Vielzahl von Objekten sofort unterscheiden und „blind" identifizieren können.

Technische Sensoren, die diese Fähigkeiten auch nur entfernt nachvollziehen, sind heute noch nicht in Sicht. Bereits die Fabrikation einer haltbaren und flexiblen „Sensorhaut", die lediglich die notwendigen Daten erfassen kann, steht noch in weiter Zukunft. Erst recht fehlt uns die notwendige „künstliche Intelligenz", die es einer Roboterhand ermöglichen würde, mit einem derartigen Sensor so umzugehen, daß er seine Meßfähigkeiten maximal entfalten und reichhaltige Tastinformationen liefern könnte. Beim Computersehen bietet bereits die autonome Steuerung einer beweglichen

Kamera, die etwa den Geschehnissen einer Szene „intelligent" folgt, ein schwieriges und erst in Anfängen gelöstes Problem. Im Gegensatz zu einem Kameraauge stellt die Haut in Verbindung mit den Fingern nun sogar einen Sensor dar, dessen dreidimensionale Gestalt sich in einer komplizierten, von der Form und Oberflächenbeschaffenheit des Objekts abhängigen Weise ständig verändert, wodurch sich ein extrem komplexes Problem der Bewegungssteuerung und der gleichzeitigen Interpretation der dabei zurückgelieferten Signale ergibt.

Dennoch kann man einige Aspekte des Tastsinns technisch nachbilden. Eine Klasse von Sensoren verwendet matrixförmige Anordnungen druckempfindlicher Elemente, die im Kontakt mit einer Oberfläche ein grobes „Druckbild" der Oberflächengestalt liefern. Auf diese Weise lassen sich bereits Schlüsse über die Form eines Gegenstands ziehen, und verschiedene Krümmungsbeschaffenheiten, wie Kante, Kuppe oder Ecke, sind relativ gut zu unterscheiden. Ein Problem derartiger Sensoren sind jedoch ihre begrenzte Auflösung (in der Regel lediglich einige hundert Bildpunkte innerhalb einer wenige Quadratzentimeter großen Sensorfläche) und ihre im Vergleich zur anschmiegsamen Haut oft wesentlich ungünstigeren mechanischen Eigenschaften. Das Auslesen der einzelnen Sensoren geschieht in der Regel seriell, wodurch sich – ähnlich wie bei den heute weitverbreiteten Flüssigkristall-Matrixbildschirmen – auch eine große Anzahl von Sensorelementen über wenige Drahtleitungen auslesen läßt.

Da die Daten derartiger Sensoren im Grunde grobaufgelöste „Tastbilder" darstellen, können bei der Verarbeitung ihrer Information ganz ähnliche Techniken eingesetzt werden, wie sie aus der Bildverarbeitung bekannt sind. Beispielsweise lassen sich mittels lokaler, immer die Pixel einer Nachbarschaft miteinander verknüpfender „Filteroperationen" lokale Merkmale, wie Kantenrichtung und Krümmungsinformation gewinnen. Eine derartige Verwandtschaft zwischen der Verarbeitung taktiler und visueller Information scheint es auch im Gehirn zu geben. Dort wird die Tastinformation von Neuronen in einem auf Tastreize spezialisierten Gehirnrindenfeld (dem somatosensorischen Areal) verarbeitet (☞ Weinmann). Die Ansprecheigenschaften dieser Neuronen ähneln dabei denjenigen visueller Neurone in der Sehrinde, und wir werden im folgenden noch einmal auf diese Ähnlichkeit zurückkommen.

Ein technisches System kann daher auch versuchen, gleich einen Schritt weiterzugehen, und statt eines Tastbildes ein visuelles Bild als Informationsquelle für die Beschaffenheit eines zu greifenden Objekts benutzen. Während es für die Natur aus mehreren Gründen eher schwierig ist, unsere Handinnenflächen mit einem oder gar mehreren Augen zu bedecken, ist ein entsprechendes Design für eine Roboterhand ohne weiteres realisierbar. So besitzt die oben beschriebene DLR-Hand zwei Miniaturkameras, die ein sehr gut aufgelöstes Bild des Raumes zwischen den Greiferbacken liefern. Gegenüber Tastsensoren bietet ein solcher Kamerasensor die Vorteile vergleichsweise hoher Auflösung, geringster Abnutzung und der Möglichkeit, auch schon aus einiger Entfernung etwas über das Objekt zu erfahren. Dabei können durchaus wichtige taktile Eigenschaften, wie etwa Oberflächenrauhigkeit, aus der Bildinformation geschätzt werden.

Allerdings ist es auf diese Weise nicht möglich, die für das Greifen so wichtige Information über Kräfte an den Finger- und Handflächen zu erhalten. Wie wir bereits gesehen haben, kann Information über derartige Kräfte indirekt häufig schon aus den Fingerantrieben gewonnen werden. Derartige, indirekte Kraftmessungen liefern jedoch in der Regel keinen Aufschluß darüber, an welcher Stelle der Hand eine Kraft einwirkt. Statt dessen geben sie nur die Summe aller Kräfte (und Drehmomente), die jenseits des Angriffspunktes des Gelenkantriebs angreifen. Aufgrund der beschriebenen Einschränkungen verfügbarer Sensortechnologie ist man dabei darauf angewiesen, ausgewählte, für den Greifvorgang besonders wichtig erscheinende Stellen der Roboterhand mit Tastsensorfeldern zu belegen; eine auch nur einigermaßen flächendeckende Belegung kommt mit heutigen Mitteln noch nicht in Frage. Besonders wichtig sind hierbei die Fingerspitzen. Daher sind viele Taktilsensorsysteme in Gestalt miniaturisierter Fingerkuppensensoren konstruiert. Neben möglichst reichhaltiger Sensorinformation spielen dabei zugleich die mechanischen Eigenschaften der Fingerspitzen für das zuverlässige Halten eines Gegenstands eine wichtige Rolle. Darum muß die Entwicklung künstlicher Fingerspitzen beide Fragen zugleich im Auge behalten.

Abbildung 4.3 zeigt als Beispiel die Finger der bereits erwähnten TUM-Hand, ausgestattet mit sensorbestückten Fingerkuppen, die an der Universität Bielefeld entwickelt wurden, um der TUM-Hand mehr „Fingerspitzengefühl" zu verleihen. Im Gegensatz zu anderen, technisch oft extrem aufwendigen und empfindlichen Sensordesigns lag das Ziel dieser Entwicklung in der Realisierung eines möglichst leicht herstellbaren und dabei dennoch leistungsfähigen Fingerkuppensensors. Die Fingerkuppen bestehen aus handelsüblichem, plastisch formbarem Silikonmaterial, das sich durch eine gute „Griffigkeit" auszeichnet. Jede Kuppe sitzt auf einem vierkantigen Träger, der einem miniaturisierten Steuerknüppel ähnelt und der seitlichen oder vertikalen Druck gegen die Fingerkuppe in Druckkräfte auf vier Drucksensoren an seiner Basis umwandelt. Diese Drucksensoren sind aus einem speziellen Polymermaterial gefertigt, dessen elektrischer Widerstand sich unter Druckeinwirkung verändert. Dadurch läßt sich die auf die Fingerkuppe wirkende Kraft sowohl nach Betrag als auch nach

4.3 Erste taktile Fingerkuppensensoren ermöglichen Roboterhänden ein Zugreifen mit „Fingerspitzengefühl". Der Schaltkreis trägt die Auswerteelektronik für die von den Fingerkuppen gemeldeten Sensorsignale (Entwicklung der Arbeitsgruppe Neuroinformatik, Universität Bielefeld).

Richtung ermitteln. Darüber hinaus ist das Ansprechverhalten ausreichend schnell, um mechanische Vibration der Fingerkuppe zu detektieren. Solche Information ist besonders wertvoll, um etwa beginnendes Rutschen zu erkennen oder um die Reliefstruktur in einer Oberfläche zu erspüren. Eine ähnliche Fähigkeit ist auch in der menschlichen Haut realisiert. Dort sitzen langsam reagierende „tonische" und schnell antwortende „phasische" Drucksensoren, die beide Arten von Information in separate Kanäle einspeisen.

Erst die von derartigen Sensoren gelieferte Kraftinformation bietet die Chance, Objekte mit den Fingern einer Roboterhand in einigermaßen feinfühliger Art und Weise zu manipulieren. „Dirigenten" des dazu erforderlichen Zusammenspiels der Roboterfinger sind dabei die Tastsensoren in den Fingerkuppen. Je nachdem, ob die Finger fest zupacken oder elastisch nachgeben sollen, müssen ihre Reaktionen auf die Sensorsignale jeweils anders ausfallen. Dieser Zusammenhang zwischen Fingerstellung, Fingerkuppensensormeldung und gewünschtem Bewegungsziel wird durch eine Anzahl von Regelungsschleifen hergestellt. Diese können rechnergesteuert so eingestellt werden, daß die Finger eine gewünschte Sollage einnehmen und bei Auslenkungen um die Sollage eine proportional zur Auslenkung wachsende Rückstellkraft entfalten. Eine derartige „Federcharakteristik" ist bereits geeignet, einfache Objekte relativ sicher festzuhalten. Die ebenfalls computergesteuert einstellbare „Härte" der Federcharakteristik erlaubt es, zwischen einem zarten Zugreifen und einem energischen Zupacken zu wechseln. Ein anderes Reglerverhalten wird notwendig, wenn beginnendes Rutschen den drohenden Verlust eines Objekts ankündigt. Jetzt müssen die Finger sehr rasch den Griff festigen. Eine solche „reflexartige" Reaktion erfordert eine kurzzeitige, rasche Erhöhung der Gelenkkräfte. Dies muß jedoch in koordinierter Weise geschehen, damit das Objekt nicht durch eine unbalancierte Krafteinwirkung erst recht den Halt zwischen den Fingern verliert. Komplexere Bewegungen, wie etwa das Rollen eines Gegenstands zwischen den Fingern, erfordern eine noch weitergehende Abstimmung zwischen den einzelnen Reglerschleifen.

Bei all diesen Vorgängen sind die wirkenden physikalischen Gesetze seit langem vollständig bekannt, und es mag scheinen, als ob man die notwendigen Aktionen der Finger aus einer hinreichend detailgetreuen Simulation des beabsichtigten Geschehens zuverlässig vorausberechnen können sollte. Dies wäre auch der Fall, wenn alle Eigenschaften des beteiligten Objekts, der Fingermechanik und Kontakte, der Gelenkantriebe sowie der Sensoren vollständig und genau bekannt wären. Genau dies ist aber in nahezu allen Fällen nicht gegeben. Am besten kennen wir noch die mechanischen Eigenschaften der Roboterhand. Aber bereits hier gibt es Spiel in den Antrieben, es treten Reibungskräfte auf, die sich im Laufe der Zeit verändern, und die Antriebe weisen ein oft komplexes, nichtlineares Verhalten auf, besonders wenn es um rasche Beschleunigungs- oder Bremsvorgänge geht. Die Sensorik bringt weitere Unwägbarkeiten ins Spiel: Berührt das Objekt die Hand an Stellen, an denen sich keine Sensoren befinden, können wir den Ort des Berührkontakts nur noch grob schätzen und damit die Einwirkung von Kräften und Drehmomenten nur noch näherungsweise berechnen. Eine noch größere Unbekannte stellt die mechanische Beschaffenheit des Gegenstands dar. Wie groß etwa sind Reibungskoeffizient und mechanische Elastizität beispielsweise eines Pfirsichs? Und welches mechanische Modell würden wir beim Knoten einer Schnur oder gar eines Taschentuchs für die Simulation zugrunde legen? Selbst formstabile Alltagsobjekte kommen meist in so vielen Formvarianten vor, daß nicht einmal eine Spezialisierung von Greifstrategien auf einzelne Objekttypen, wie etwa Tassen oder Schlüssel, Aussicht auf Erfolg bietet.

Aber selbst wenn eine künstliche Hand „nur" einen Bleistift mit genau bekannten Eigenschaften vom Tisch aufnehmen soll, stellt sich sofort eine ganze Reihe schwieriger Fragen. Viele dieser Fragen haben mit dem sogenannten „Redundanzproblem" zu tun. Bereits einen einfachen Gegenstand wie den Bleistift, können wir auf sehr viele unterschiedliche Arten ergreifen und zwischen den Fingern bewegen. Wenn wir unsere eigenen Hände benutzen, brauchen wir uns um all diese Details nicht zu kümmern: unbewußt und reflexartig trifft unser Gehirn alle Entscheidungen, wählt eine Richtung, aus der sich die Hand dem Bleistift nähert, die Finger „finden" sichere Griffpositionen zu beiden Seiten des Stifts, und die zahlreichen Muskeln spannen sich so an, daß der Bleistift in jeder Phase des Vorgangs sicheren Halt zwischen den Fingern findet. Noch während des Aufnehmens vom Tisch korrigieren die ersten Finger bereits ihre Anfangspositionen, die anderen Finger greifen sofort unterstützend in das Geschehen ein. Der Stift dreht sich mühelos in unseren Fingern, die Berührorte zwischen Hand und Stift wandern dabei von Finger zu Finger und zugleich am Bleistift entlang, und noch bevor wir es gewahr werden, liegt der Stift schreibfertig in unserer Hand, am vorderen Ende sicher zwischen Daumen, Zeige- und Mittelfinger fixiert, an seinem hinteren Schaft zusätzlich gestützt durch sanften Kontakt mit der Innenseite der Handbeuge zwischen Daumen und Zeigefinger.

Könnten wir die zahlreichen Einzelschritte dieses komplizierten Vorgangs im Detail registrieren, so würden wir bei einer Wiederholung feststellen, daß der wesentliche Ablauf wieder derselbe ist, jedoch können einzelne Details verändert sein. Vielleicht halten wir den Bleistift diesmal weiter vorn am Schaft. Bei einem sechskantigen Stift drückt unser Daumen nunmehr vielleicht gegen eine Kante, während es zuvor eine Flachseite war. Oder wir waren beim Zugreifen nicht ganz aufmerksam und mußten während des Aufnehmens nachfassen, um ein Entgleiten des Schreibwerkzeugs zu verhindern. Es ist diese Vielfalt an kniffligen Details, die die technische Nachbildung des Fingerspiels unserer Hand so schwierig macht. Ein Computer, der die Hand steuern soll, muß für jede Einzelheit mit einem Programmodul ausgestattet werden, das für die jeweilige Einzelheit eine Festlegung trifft.

Greifen wir nur ein einzelnes Teilproblem exemplarisch heraus, um ein näheres Bild vom Ausmaß dieser versteckten Schwierigkeiten zu gewinnen! Zu Beginn der Bewegung muß das Steuerprogramm unter anderem entscheiden, an welchen Orten die Finger am Objekt plaziert werden sollen. Wie könnte ein Computer hierzu einen Vorschlag berechnen? Als erstes fällt auf, daß im Prinzip sehr viele Kombinationen unterschiedlicher Angriffspunkte in Frage kommen. Doch diese sehr große Kandidatenmenge ist nicht beliebig, vielmehr sichert erst die Einhaltung einer Anzahl physikalischer Bedingungen einen zuverlässigen Halt. Beispielsweise macht es keinen Sinn, alle Angriffspunkte auf derselben Seite des Bleistifts zu wählen: auf diese Weise könnten wir den Bleistift bestenfalls zur Seite schieben. Für einen Griff müssen wir Druck und Gegendruck entfalten, also von mehreren Seiten gleichzeitig Kräfte auf das Objekt ausüben können. Auch wenn diese Bedingung erfüllt ist, können die erforderlichen Kräfte dabei ganz unterschiedlich ausfallen. Fassen wir den Bleistift ganz an seinem äußersten Ende, so müssen wir die Finger ziemlich fest zusammendrücken, wenn sich auch die nun weit entfernte Bleistiftspitze mit vom Tisch abheben soll (aber vielleicht wollen wir in diesem Falle den Stift auch nur hochkippen, und die Bleistiftspitze dazu als Drehpunkt verwenden. – wieder eine zusätzliche Entscheidung, die getroffen werden muß!).

Noch ungünstiger sieht es aus, wenn wir den Bleistift an seiner Spitze anpacken wollten. In diesem Falle können wir auch mit sehr großer Fingerkraft kaum ein Wegdrehen nach unten verhindern. Anders bei einem Griff in der Mitte: Jetzt ist alles gut „ausbalanciert", und das Schreibgerät kann mit geringer Fingerkraft sicher abgehoben werden. Aber wir täuschen uns. Wir haben noch wichtige Details übersehen: Der Stift liegt nämlich flach auf dem Tisch! Falls wir nicht sehr schlanke Finger haben, können wir die „günstigen" Griffpunkte zu beiden Seiten der Stiftmitte gar nicht erreichen; wir können lediglich unsere Fingerspitze von schräg oben zu beiden Seiten heranführen. Daher muß die Andruckkraft nun sehr sorgfältig bemessen werden: Drücken wir zu schwach, bleibt der Stift einfach liegen. Drücken wir zu stark, rutscht er nach unten aus unseren Fingern heraus. Dazwischen gibt es eine optimale Kraft, die eine maximale „Sicherheitsreserve" gewährleistet. Die Berechnung dieser Kraft kann nach bekannten physikalischen Gesetzen erfolgen und führt auf ein mathematisches Optimierungsproblem, das mit geeigneten Rechenverfahren gelöst werden muß. Dabei kann es von der Situation abhängen, nach welchem Gütekriterium die Optimierung durchgeführt wird. Vielleicht wollen wir im einen Falle die Gefahr des Wegrutschens minimieren. In einer anderen Situation spielt die Einhaltung einer bestimmten Geschwindigkeit eine wichtigere Rolle, und in einer dritten geht es uns nur darum, den Bleistift zu befühlen, etwa, um uns zu vergewissern, daß es sich tatsächlich um den sechskantigen Bleistift und nicht um den runden Farbstift handelt.

Wir sehen, daß schon in der allerersten Phase des Zugreifens das Steuerprogramm einer künstlichen Hand in eine beachtliche Anzahl von Einzelfragen verstrickt wird. Jede dieser Fragen führt zur Suche nach der Lösung eines mehr oder weniger schwierigen mathematischen Optimierungsproblems, wobei die Festlegung des jeweils geeigneten Optimierungskriteriums von der Situation und den Lösungen der vorangegangenen Schritte abhängen kann. Die einzelnen Optimierungsschritte sind also auch noch miteinander verkoppelt, und die Vorausplanung eines Bewegungsablaufs muß im Prinzip versuchen, diese Verkopplungen wenigstens zum Teil mitzuberücksichtigen. Dies wäre hoffnungslos, wenn jede Optimierungsaufgabe eine echte Optimallösung erfordern würde. Glücklicherweise sind gute Näherungslösungen in der Regel völlig ausreichend. Dadurch werden wichtige Vereinfachungen möglich. Eine Vereinfachungsmöglichkeit besteht darin, auf eine mathematische Lösung der Teilprobleme gänzlich zu verzichten, und statt dessen eine ausreichend große Anzahl von „Fertiglösungen" zu speichern, die dann situationsspezifisch abgerufen werden. Ein derartiges „Bewegungsvokabular" würde das notwendige Wissen um die richtige Fingerkoordination in impliziter Form enthalten und könnte durch Hinzufügen neuer Muster leicht erweitert werden.

Vermutlich beschreitet die Natur einen ganz ähnlichen Weg. Die Neuronen unseres Gehirns können aus Zeitgründen keine Optimierungsverfahren durchführen, wenn diese viele sequentielle Iterationen erfordern. Ein einzelnes Neuron kann bestenfalls einige hundert Impulse pro Sekunde abgeben und ist damit ein aus Ingenieurssicht unglaublich langsames Bauelement. Wenn viele dieser Neuronen parallel zusammenarbeiten, können sie jedoch sehr schnell komplexe Muster abrufen, wobei der Abruf durch ein Teilmuster ausgelöst werden kann, das gewissermaßen als „Schlüssel" wirkt. Auf diese Weise könnten einzelne Elemente eines großen Vokabulars an Basisbewegungen situationsspezifisch aktiviert und aneinandergeknüpft werden. Die Idee eines so aufgebauten „Motorprogramms" ist alles andere als neu, und erste Vorschläge dieser Art wurden bereits um die vorige Jahrhundertwende von den Physiologen William James und Sir Charles Sherrington gemacht, auch wenn diese noch nicht auf das Vorbild eines Computerprogramms Bezug nehmen konnten. Der Nachweis, daß unsere Bewegungssteuerung tatsächlich in ähnlicher Weise funktioniert, ist allerdings auch heute noch nicht erbracht.

Die technische Nachbildung dieser attraktiven Idee gelingt bisher nur in einfachen Ansätzen. Dies liegt hauptsächlich daran, daß die vorkommenden Bewegungssituationen viel zu zahlreich sind, um sie durch eine große Anzahl fester Reaktionsmuster abdecken zu können. Dies hat erst dann Aussicht auf Erfolg, wenn es gelingt, anstelle starrer Reaktionsmuster flexiblere, in sich schon etwas intelligente „Agenten" zu verwenden, die auf ganze Situationsbereiche spezialisiert sind und dort dann jeweils die Kontrolle übernehmen. Beispielsweise kann es sich bei den einzelnen Agenten um Regler handeln, die versuchen, ein bestimmtes sensorseitiges

Sollmuster (etwa eine situationsgerechte Kombination aus Gelenkwinkeln und Kraftsensormeldungen) aufrechtzuerhalten oder in Richtung des Sollmusters eines Nachfolgeagenten zu verschieben. Ein solcher Ansatz liegt beispielsweise der Koordination der in Abbildung 4.3 (Seite 126) gezeigten Finger zugrunde. Hier werden die Sollmuster mit den Meßdaten von den Fingersensoren sowie von weiteren Sensoren im Antriebssystem der Hand verglichen. Je nach Ergebnis macht jeder „Regelungsagent" einen Vorschlag, wie die Bewegung fortzusetzen ist. Die einzelnen Vorschläge stehen dabei miteinander in Wettbewerb, und es können unterschiedliche Kriterien vorgegeben werden, um einen „Sieger" zu ermitteln, dessen Vorschlag am Ende tatsächlich umgesetzt wird. Alternativ und komplexer ist die Aufgabe, statt dessen ein ganzes „Team" auszuwählen, dessen Mitglieder dann geeignet miteinander koordiniert werden müssen. Besonders interessantes Verhalten wird möglich, wenn die einzelnen Agenten adaptiv, etwa als künstliche neuronale Netze, realisiert werden. Dies befähigt sie, ihre Reaktionen im Laufe der Zeit durch Lernen anzupassen und zu verbessern. Dies erfordert aber nicht nur geeignete Lernregeln, sondern auch eine Art „Generator" zur Erzeugung von Bewegungen, mit denen die Hand die Geschehnisse beim Ergreifen von Objekten explorieren und so allmählich immer umfassenderes Bewegungswissen gewinnen kann. Die komplette technische Realisierung einer solchen lernenden Handsteuerung liegt noch in einiger Ferne; einzelne Teilergebnisse gibt es jedoch bereits, und weitere Fortschritte können neben dem technischen Nutzen möglicherweise auch Einblick in Organisationsprinzipien natürlicher Hand- und Fingerbewegungen bieten.

Einmal Cyberspace und zurück

Angesichts der Schwierigkeit der Aufgabe ist es sehr verständlich, wieso die autonome Steuerung künstlicher Mehrfingerhände immer noch in erster Linie Gegenstand der Forschung ist. Die gelegentlich gezeigten, eindrucksvollen Demonstrationsbeispiele sind auf die jeweilige Einzelsituation sorgfältig abgestimmte Bewegungssequenzen, und selbst geringe Störeinflüsse bringen den genau vorgeplanten Bewegungablauf durcheinander. Jedoch gibt es auch viele interessante Anwendungen für Roboterhände, bei denen auf Autonomie verzichtet werden kann. Dabei handelt es sich häufig um Anwendungen der „Telerobotik", bei denen der Roboter und seine Hand von einem Menschen ferngesteuert werden und seinem Bediener dadurch eine „Fernpräsenz" ermöglichen. Eine solche Möglichkeit ist beispielsweise bei Arbeiten in Gefahrenumgebungen oder an schwer zugänglichen Orten, wie etwa im Weltraum, von großem Interesse. Auch die Steuerung von Prothesen fällt in diesen Bereich. Ein neues, sich rasch entwickelndes Einsatzfeld ist die virtuelle Realität. Auch hier geht es darum, Menschen die Präsenz an einem unzugänglichen Ort zu ermöglichen. Anders als in der normalen Telerobotik handelt es sich jedoch um virtuelle Simulationswelten, und dementsprechend haben auch die gesteuerten Roboterhände keine reale Existenz mehr, sondern existieren nur noch als Grafiksimulation.

Mehrfingrige Roboterhände in Verbindung mit steuerbaren Kameras bieten die technische Grundlage dafür, daß wir auch diffizilere manuelle Arbeiten über Entfernungen hinweg ausführen können, ohne uns selbst physisch dorthin bewegen zu müssen. Dies macht es allerdings erforderlich, nicht nur unsere eigenen Bewegungskommandos auf eine möglichst anthropomorph gestaltete Hand zu übertragen, sondern auch umgekehrt möglichst viel sensorische Information zurückzuerhalten. Bei den allerersten Telerobotikexperimenten in den sechziger Jahren hatte man noch nicht daran gedacht, eine entsprechende Rückmeldungsmöglichkeit insbesondere für Kräfte und Tastsinn zu schaffen. Die einzige Rückmeldung war visueller Natur, und die Benutzer des Systems mußten die frustrierende Erfahrung machen, daß wir ohne die anderen Informationen nur sehr grobe Handhabungsoperationen ausführen können. Es bedeutet bereits eine große Hilfe, wenn etwa die Gegenkraft, die ein Zweibackengreifer beim Schließen erfährt, in gleicher Weise als Gegenkraft, etwa an einem Schließgriff, der den Schließvorgang auslöst, künstlich erzeugt und so für den Bediener erfahrbar gemacht wird. Erst so kann die Greifkraft dosiert und eine Manipulation auch empfindlicher Objekte ermöglicht werden.

Allerdings erfordert die Steuerung mehrfingriger Hände aufwendigere Mechanismen. Ein verbreiteter Ansatz bedient sich eines Außenskeletts (Exoskelett), welches wie ein Handschuh getragen werden kann. Im Gegensatz zu einem passiven Handschuh können die Gelenke des Exoskeletts über miniaturisierte Antriebsmotoren selbst Gelenkkräfte erzeugen und dadurch dem Träger mechanischen Widerstand in Abhängigkeit von den Sensormeldungen einer angeschlossenen Roboterhand signalisieren. Die „Natürlichkeit" dieser Empfindung hängt stark davon ab, wie gut die Übersetzung von Handsensorsignalen in simulierten Gelenkwiderstand ist. Eine solche Übersetzung läßt sich um so überzeugender realisieren, je besser die künstliche Hand den Bewegungs- und Wahrnehmungsmöglichkeiten einer menschlichen Hand entspricht.

Eine alleinige Rückmeldung von Kräften kann dem Träger eines Handexoskeletts nur ein vergleichsweise grobes Greifgefühl vermitteln. Wie wir bereits gesehen haben, ist unsere normale Tastempfindung daran gewöhnt, ständig ein recht detailliertes „Abbild" der Oberflächenstruktur eines gegriffenen Objekts von den Sensoren unserer Haut geliefert zu bekommen. „Abbild" ist dabei recht wörtlich zu nehmen. Für die Verarbeitung von Tastinformationen der Hand ist in der Gehirnrinde ein beachtlich großes Gehirnareal, das somatosensorische Areal, zuständig, dessen Neuronen ein in vieler Hinsicht ähnliches Ansprechverhalten zeigen wie die visuellen Neuronen in der Sehrinde: Beide Arten von Neuronen stellen eine Art „Kantendetektoren" dar, das heißt, die meisten Neuronen im Sehcortex reagieren, wenn in einem kleinen Bereich des Sehfelds eine (bewegte) Helligkeitskante auftaucht. Analog verhalten sich Neuronen im somatosensorischen Areal: sie „feuern", wenn wir mit der Fingerspitze über ein Relief gleiten, und zeigen dabei eine ganz ähnliche Orts- und Richtungsselektivität wie im visuellen Cortex. Jede Zelle ist auf einen engen Winkelbereich von Kantenrichtungen spezialisiert und ist zugleich nur für eine kleine Region der Fingerspitze (oder einer anderen Stelle auf der Hand) sensitiv. Die Zuordnung zwischen Orten auf der Hand und den dafür selektiven Neuronen ist dabei nachbarschaftserhaltend: Neuronen, die im Gehirn benachbart liegen, sind in der Regel auch für benachbarte Hautpunkte sensitiv. Dadurch ergibt sich ein Art „Gehirnkarte" unserer Handoberfläche. Aus Untersuchungen mit Affen weiß man, daß diese Karte stark verzerrt ist. Die relativ kleinen Oberflächen der Fingerkuppen werden einem überproportional großen Bereich des somatosensorischen Areals zugeordnet, während sich die Verarbeitung von Tastsignalen vom Rest der Hand (und auch der meisten anderen Punkte der übrigen Körperoberfläche) im verbleibenden Teil des Areals konzentriert.

Dies erklärt, warum die Empfindung der Fingerspitzen für uns so wichtig ist. Ähnlich wie für die Sehgrube (Forea) beim Auge hat die Natur hier besonders viele Gehirnneuronen für die Signalverarbeitung vorgesehen. Daher können wir mit den Fingerkuppen sehr fein tasten; das sprichwörtliche „Fingerspitzengefühl" nimmt im buchstäblichen Sinne vergleichsweise viel Raum in unserem Gehirngeschehen ein, und jede Einbuße, wie etwa im Falle eines Exoskeletts, empfinden wir als massiven Verlust.

Glücklicherweise gibt es auch hier erste Ansätze, künstliche Tastreize auf der Hautoberfläche hervorzurufen. Solche „taktilen Displays" sind erste Schritte, Tastbilder elektronisch übertragbar zu machen und damit über Entfernungen hinweg die taktile Beschaffenheit von Objekten erkunden zu können. Die bemerkenswerte Verwandtschaft zwischen taktilem und visuellem System im Gehirn spiegelt sich übrigens auch in der Geschichte der technischen Entwicklung wieder: Einige bemerkenswerte Versuche, für blinde Menschen einen Ersatz für den ausgefallenen Sehsinn zu finden, verwendeten vibrierende Stäbe, deren Enden in Form einer Gittermatrix angeordnet waren, die auf die Haut gedrückt werden konnte. Durch eine geeignete Ansteuerung konnten dann grobaufgelöste „Vibrationsbilder" von Objekten erzeugt werden, die dem Blinden nach einiger Gewöhnung Aufschluß über die geometrische Gestalt von Gegenständen liefern konnten.

Die Miniaturisierung dieses Ansatzes führt zu den heutigen „haptischen Displays". Hierbei handelt es sich um dichte Anordnungen millimetergroßer Metallstifte, die durch einen geeigneten Antrieb (zum Beispiel eine Pneumatik) entlang ihrer Längsachse bewegt werden können. Dabei können vielfältige raumzeitliche Schwingungsmuster erzeugt werden. Wenn wir eine Matrix derart angesteuerter Stifte mit unserer Fingerkuppe berühren, erfahren wir eine Tastempfindung, die sich durch die raumzeitliche Charakteristik des künstlichen Schwingungsmusters in einem beachtlichen Bereich steuern läßt. Die Qualität der künstlich erzeugten Tastempfindung hängt dabei von einer guten Abstimmung des Schwingungsgebers auf die Eigenschaften unseres Tastsinns ab. So können wir Vibrationen im Frequenzbereich von einigen Hertz bis zu einigen hundert Hertz „spüren", jedoch ist für diese Wahrnehmung keine hohe Ortsauflösung erforderlich, und es würde ein einziger Schwingungsgeber pro Fingerkuppe genügen. Gleichzeitig sind wir in der Lage, recht genaue Einzelheiten über die lokale Druckverteilung und die Form eines gegen eine Fingerkuppe gedrück-ten Objekts wahrzunehmen. Dies gelingt uns allerdings erst dann besonders gut, wenn sich das Objekt bewegt. Daher ist es für eine realistische Nachbildung haptischer Empfindungen wichtig, Bewegung und gute, bis in den Millimeterbereich hinabreichende Ortsauflösung zu kombinieren.

Darüber hinaus spüren wir auch thermische Eigenschaften: Metall fühlt sich kalt, schlecht wärmeleitende Stoffe, wie etwa Holz, fühlen sich warm an. Zur Nachbildung dieser Empfindung versucht man beispielsweise, sogenannte Peltier-Elemente zu verwenden. Diese nutzen einen inversen Thermoeffekt aus, denn unter geeigneten Bedingungen kann man mittels eines Stromflusses eine Halbleiterfläche nicht nur erwärmen, sondern auch kühlen. Allerdings ergibt dies nur eine sehr grobe Annäherung an unser Temperaturempfinden. Dieses ist weitaus komplexer, als es einer simplen Temperaturmessung entspricht. Neben der Temperatur gehen in unsere Empfindung Wärmeleitfähigkeit und Wärmekapazität des Gegenstands, aber auch die herrschende Luftfeuchtigkeit sowie die Temperatur kurz zuvor berührter anderer Gegenstände ganz wesentlich ein.

So ist zwar für jede Art der Wahrnehmung eine Technologie zu ihrer künstlichen Stimulation vorhanden, weitgehend ungelöst ist allerdings das Problem, mehrere dieser Technologien auf engstem Raum zu kombinieren, so daß sich ein kompakter „haptischer Bildschirm" ergibt, der der Größe einer Fingerkuppe angemessen ist. Daher gehören taktile Displays, ebenso wie Exoskelette, zu den technisch recht aufwendigen Konstruktionen.

Ein robusteres Instrument zur Interaktion mit künstlichen Händen liefern sogenannte „Datenhandschuhe". Diese ähneln einem normalen Handschuh und können einfach übergezogen werden. Aufgrund eingebetteter, flexibler Sensoren sind sie in der Lage, Informationen über die räumliche Gestalt der Hand aufzunehmen und diese einem angeschlossenen Rechner weiterzuleiten. Dieser kann die Meßsignale auswerten und daraus recht weitgehend die Form der Handhaltung rekonstruieren. In einigen fortgeschrittenen Datenhandschuhdesigns sind zusätzlich aktive Elemente, beispielsweise in Form aufblasbarer Luftsäckchen eingebaut, mit denen Tastinformation an die Finger zurückgeliefert werden kann. In Abhängigkeit von Größe und Anzahl dieser Säckchen kann dem Träger des Handschuhs ein gewisser Grad an „Berührgefühl" vermittelt werden. Inzwischen sind sogar Datenhandschuhe erhältlich, denen ein aktiv steuerbares Exoskelett übergezogen werden kann, so daß die Messung der Handstellung mit der Rückkopplung von Kraftinformation verknüpft werden kann.

Daher bilden Datenhandschuhe heute bereits eine häufig eingesetzte Schnittstelle, um Information über die Bewegung unserer Hände für Computer erfaßbar zu machen. Denn mittlerweile sind es nicht allein künstliche mechanische Hände, die wir intelligent steuern wollen. Die Entwicklung der virtuellen Welten im Computer führte dazu, daß es inzwischen auch virtuelle Roboter gibt, deren Hände ebenfalls bewegt werden müssen. Zwar ist die Konstruktion einer nur virtuell als dreidimensionale Computergraphik existierenden Hand um vieles einfacher als die eines realen mechanischen Gegenstücks (wenn auch keineswegs trivial), aber bereits die „Choreographie" natürlich wirkender Hand- und Fingerbewegungen ist keine leichte Aufgabe mehr, da die virtuelle Hand ebensoviele bewegliche Freiheitsgrade besitzt wie ihr natürliches Vorbild. Einige wichtige Erleichterungen gibt es allerdings: Man kann Kräfte auf dem Computerbildschirm nicht sehen, daher genügt es, die Kinematik, das reine Bewegungsgeschehen, ohne die tatsächliche Berechnung wirkender Kräfte, nachzubilden. Darüberhinaus ist „virtuelles Material" mechanisch fast beliebig gutmütig. Es kennt weder Massenträgheit noch mechanischen Verschleiß, es kann selbst in filigranen Bauformen erzeugt und vervielfältigt werden, und viele Fragen, wie etwa die der Energieversorgung oder ausreichender mechanischer Festigkeit, stellen sich gar nicht erst.

Trotz dieser erheblichen Erleichterungen ist die automatische Erzeugung real wirkender Finger- und Handbewegungen eine immer noch sehr komplexe Aufgabe. Auch wenn virtuelle Hände nur virtuelle Objekte manipulieren können, besteht an einer guten Steuerungsmöglichkeit solcher Hände ein großes praktisches Interesse, beispielsweise zur lebensechten Animation virtueller Darsteller. Hier ist heutzutage der einfachste Weg immer noch das Aufzeichnen von Bewegungen menschlicher Hände, und dies bildet eines der Einsatzfelder der zuvor beschriebenen Datenhandschuhe. Gleichzeitig erschließt sich uns damit auch eine neue Welt. Virtuelle Hände spielen für uns gewissermaßen die Rolle einer Prothese in einer Welt, in der wir sonst keine eigenen Gliedmaßen besitzen würden. Denn ebensowenig, wie ein virtueller Roboter mit seinen virtuellen Händen in unsere Welt eingreifen kann, können wir dies mit unseren Händen in seiner Welt tun (bei einer fiktiv guten Simulation wäre die Situation – bis auf den Stromschalter – hochgradig spiegelsymmetrisch. Beispielsweise könnten wir über ein Display die virtuelle Welt ansehen; ebenso könnte ein virtueller Roboter über eine Kamera ein Videobild unserer Welt mittels eines mitsimulierten künstlichen visuellen Systems betrachten).

Die Entwicklung verbesserter Interfaces zur Erfassung menschlicher Handbewegungen kann daher einen wichtigen Beitrag leisten, die virtuelle Welt für uns „erfaßbarer" zu machen, als sie es heute ist (☞ Wehr). Verbunden damit ist die Möglichkeit eines intuitiveren Hantierens mit komplexen Computerprogrammen, für die herkömmliche Eingabemöglichkeiten, wie etwa Knöpfe oder Mauszeiger, zu begrenzt sind. Besonders attraktiv erscheint dabei eine vollkommen berührungslose Erfassung von Handbewegungen. Wenn wir einen Seemannsknoten erklärt bekommen, bereitet es uns keine sonderliche Mühe, die Finger- und Handbewegungen unseres Gegenübers zu erkennen und ihnen die Beschreibung für den Knüpfvorgang zu entnehmen. Diese Erklärfunktion unserer Hände ist in vielen ähnlichen Situationen des Alltags ein wichtiger Faktor, der erheblich zu unserem gegenseitigen Verstehen beiträgt. Selbst im reinen Gespräch kann die Gestik unserer Hände ein wesentlicher Beitrag sein, der oftmals an der Anschaulichkeit oder Lebhaftigkeit des Ausdrucks wesentlichen Anteil besitzt. Dieses für uns höchst natürliche Zusammenspiel unserer Hände mit unserem sprachlichen Ausdruck können wir heute noch nicht für die Kommunikation mit Computern nutzen. Dies liegt daran, daß Rechner unsere Handbewegungen weder visuell ausreichend gut erkennen noch inhaltlich angemessen interpretieren können.

Einen Teil dieser Fähigkeiten in heutigen Rechnern künstlich nachzubilden ist eine seit wenigen Jahren an mehreren Informatiklabors intensiv untersuchte Forschungsaufgabe. Zwar gibt es schon eine Anzahl von Verfahren, Computern das Sehen „beizubringen", etwa für die sichtgestützte Qualitätskontrolle in der automatischen Fertigung vieler Produkte oder für die Überwachung von Anlagen. Jedoch sind die dafür entwickelten Computervision-Algorithmen auf relativ festgelegte, einfach strukturierte Objekte spezialisiert und versagen meist bereits schon, wenn sich die Beleuchtungsbedingungen nennenswert ändern.

Hände sind demgegenüber hochgradig formvariable „Objekte", die sich in komplexer Weise bewegen können. Die meisten vorhandenen Ansätze zur visuellen Erkennung von Handhaltungen und Handbewegungen versuchen daher, die Erkennungsaufgabe durch Anbringen von speziell gefärbten Fingermarkierungen so weit zu vereinfachen, daß der Einsatz bisheriger Techniken zum Erfolg führen kann. Eine weitere wirkungsvolle Strategie ist der Verzicht auf dreidimensionale Information und die Auswertung der Handsilhouettenform vor einem kontrastreichen Hintergrund.

Ein anderer und in vieler Hinsicht besonders attraktiver Lösungsansatz basiert auf der Verwendung künstlicher neuronaler Netze. Derartige Netze verfügen über die Fähigkeit zu lernen und bieten daher den Vorteil, daß die Vielgestaltigkeit des visuellen Erscheinungsbildes menschlicher Handhaltungen dem Rechner nicht in allen Details mühsam einprogrammiert werden muß. Statt dessen können sie das notwendige visuelle Erkennungswissen aus einer geeigneten Anzahl von „Trainingsbildern" gewinnen. Die Trainingsbilder zeigen Hände in möglichst vielen, repräsentativen Haltungen, wobei die Lage der Fingerspitzen genau bekannt ist. Diese Bilder werden von neuronalen Netzen verarbeitet (Abbildung 4.4). Ein an

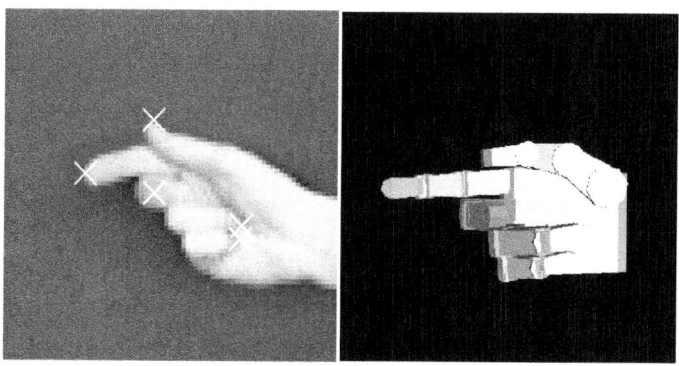

4.4 Die Erkennung von Handstellungen erlaubt es, virtuelle Computerhände zu steuern. Vorgabe ist ein von einer Kamera geliefertes Rasterbild (links); künstliche neuronale Netze erkennen die Fingerspitzenorte und steuern die Bewegung eines computergenerierten dreidimensionalen Handmodells (rechts).

der Universität Bielefeld verfolgter Ansatz verwendet hierzu zunächst sogenannte „Gaborfilter", die in grober Näherung wie ein Neuron im visuellen Cortex auf Helligkeitskanten in unterschiedlichen Orientierungen ansprechen. Ihre Antworten ergeben eine Kodierung des Ursprungsbildes, aus der, anfänglich noch vage, weitere Netze für jeden Finger die Positionen der Fingerspitzen ableiten. Das erwähnte Lernverfahren vergleicht jetzt die von den Netzen gelieferten Positionen mit den korrekten Orten. Die Abweichungen von den Trainingsbildern können anschließend in Veränderungen der Netzparameter umgerechnet werden, die so beschaffen sind, daß sich die Fehler im Mittel verkleinern. Der Erfolg dieses Verfahrens läßt sich leicht kontrollieren, indem man die Ausgabe der neu parametrisierten Netze mit dem Trainingsbild vergleicht. Durch schrittweise Verbesserung können die Fehler dann solange verringert werden, bis auch eine Erkennung der Fingerspitzen auf unbekannten Testbildern ausreichend genau erfolgt. Technisch eingesetzte neuronale Netze beanspruchen übrigens nicht, als Modelle das Geschehen im biologischen System zu kopieren. Stattdessen versuchen sie eher, grundsätzliche Verarbeitungsprinzipien – wie etwa die auf Gaborfunktionen beruhende Bildfilterung oder den Einsatz von Lernregeln anstatt starrer Programmierung – zu übernehmen und in einen technischen Kontext sinnvoll zu übertragen.

Kehren wir von der Erkennung von Händen, dem „Griff in die virtuelle Realität", der Telerobotik und der Steuerung künstlicher Mehrfingerhände zurück zum Ausgangspunkt unseres Streifzugs durch die technische Entwicklung. Auch heute, mehr als 200 Jahre nach Vaucansons mechanischen Wunderwerken, ist der Bau künstlicher Hände immer noch eine technische Herausforderung ersten Ranges. Trotz leistungsfähiger Computer, fortgeschrittener Antriebstechnologien und moderner Mechatronik, die die letzten Entwicklungen mehrerer High-Tech-Felder zusammenführt, ist es immer noch nicht möglich, das Geschick unserer Hände auch nur entfernt technisch zu imitieren. Und dies, obwohl auf anderen, weit schwieriger erscheinenden Feldern – man denke etwa an das Schachspiel – Computer die Fähigkeiten des Menschen mittlerweile erreicht und in Kürze auch überholt haben werden.

Daraus können wir mindestens zwei Ermutigungen ziehen. In einem Jahrhundert, in dem uns Forschung und Technik an die Schwelle der letzten Geheimnisse von Kosmos und Mikrokosmos geführt haben, in dem die fernsten Winkel unseres Planeten erkundet werden, ja Menschen bis zum Mond gebracht wurden und in dem zugleich die wissenschaftliche Spezialisierung ein zuvor nicht gekanntes Ausmaß erreicht hat, sehen wir ganz in unserer Nähe eine faszinierende, immer noch ungelöste Aufgabe, zu deren

Lösung viele Fachgebiete – von der Mechanik über Materialwissenschaft, Sensortechnik, Elektronik, Computertechnologie bis hin zu Medizin, Biologie und Informatik – zusammenarbeiten müssen. Und zum zweiten liegt das Maß dieser Herausforderung unmittelbar vor unseren Augen: Es sind unsere Hände und das, was wir mit ihnen tun können.

Ein Schnitt mit dem Messer kann weh tun. Normalerweise verschwinden die Schmerzen, wenn die Wunde verheilt. Diese Erfahrung verführt dazu, das Phänomen Schmerz durch ein einfaches Kausalprinzip erklären zu wollen. Da haben wir als Ursache die Verletzung und als Wirkung die Schmerzwahrnehmung. Wie weit dieses simple Erklärungsmodell von der vielschichtigen Wirklichkeit entfernt ist, offenbart der immer noch rätselhafte Phantomschmerz. Noch Jahrzehnte nach der Amputation einer Hand oder eines Fußes – die Stümpfe sind längst vernarbt – werden viele Betroffene von fürchterlichen Schmerzattacken gepeinigt.

Möglicherweise haben diese Schmerzen etwas mit der Kartierung der Gliedmaßen im Gehirn zu tun. Den Händen sind dabei besonders große Hirnareale zugeordnet. Dies könnte erklären, warum es gerade bei Handverlusten zu heftigen Phantomempfindungen kommt. Um das Übel an der Wurzel zu packen, wird man verstehen müssen, wie die Hirnkarten entstehen und in welcher Weise sie sich verändern können. Deshalb sind gerade von der Schmerzforschung weitere Einsichten zu erwarten, die die rätselhafte Repräsentation der Hände im Gehirn in einem klareren Licht erscheinen lassen werden.

Die Phantomhand

Von Stephanie Töpfner und Niels Birbaumer

Phantomschmerz – eine bleibende schlechte Erinnerung?

„Weg ist weg" – der Stoßseufzer des manischen Spielers, der gerade seine letzten Heller verloren hat, scheint eine Binsenweisheit zu sein. Ein banaler Satz, der für den Verlust von Hab und Gut, Haus und Hof genau dieselbe Gültigkeit haben sollte wie für den Verlust eines Körperteils. Aber der Verlust von Hand und Arm, Bein oder Fuß vollzieht sich keineswegs so spurlos, wie man annehmen sollte. Im Gegenteil treten nach Abtrennung von Gliedmaßen durch Gewalt, Unfälle oder Operationen oft seltsame Veränderungen auf, die den ohnehin Leidgeprüften zusätzlich quälen und piesacken können. Diese Erscheinungen werden als „Phantomempfindungen" bezeichnet. Sie können grundsätzlich nach Verlust unterschiedlichster Körperteile auftreten. Da aber die Hand nicht nur beim Kriegshandwerk oder der Arbeit des Bergmanns, des Schmieds, Bauern oder Mechanikers oft das exponierteste Glied ist, sondern auch im Gehirn selbst eine herausragende Stellung genießt, sind solche Phantomempfindungen nach dem Verlust von Händen besonders häufig und höchst bemerkenswert.

Die Phantomhand, die fehlende Hand, die trotzdem so wahrgenommen wird, als ob sie noch vorhanden sei, bedeutet für viele Betroffene oft eine lebenslange Last. Selbst das Fehlen von zwei Fingern kann genügen, die Lebensqualität eines Menschen so grundlegend zu beeinträchtigen, daß Partnerbeziehung, Berufsleben und Freizeit von dem zur chronischen Krankheit gewordenen Phantomschmerz dominiert werden. Über das Kuriosum und das rein medizinisch-therapeutische Problem hinaus kann man aus den Phantomempfindungen viel über die Beziehung zwischen Gehirn und Körperperipherie, über die Mechanismen von Schmerzerinnerung, über die erstaunliche Plastizität des Gehirns und über den Realitätsgehalt von Wahrnehmungen lernen.

Herr W., Jahrgang 1925, der 1944 durch eine Kriegsverletzung Daumen und Zeigefinger seiner rechten Hand verloren hat, ist ein Opfer von Phantomschmerzen geworden. Versuche zur Erhaltung seiner Finger waren während der Kriegswirren nicht möglich, und so wurde gleich amputiert. Die innerhalb der ersten Woche nach der Amputation aufgetretenen brennenden, quälenden Phantomschmerzen in diesem Bereich sind – trotz zahloser Therapieversuche – bis heute geblieben. Eine Schmerztherapie hat er damals nicht erhalten. Aber auch Jahre danach konnten ihm weder herkömmliche Schmerzmittel, starke Opiate, Psychopharmaka, verschiedene Nervenblockaden, Schmerzkatheter, wiederholte Nachoperationen an den Stümpfen der Finger noch Akupunktur und Naturheilverfahren eine ausreichende und anhaltende Linderung seiner Schmerzen und Verringerung der Leiden auf ein erträgliches Maß verschaffen. Einzig Entspannungstechniken und Ablenkung lassen ihn seine Schmerzen für eine gewisse Zeit vergessen. Er mußte aufgrund der Schmerzen frühzeitig in Rente gehen und ist auch heute noch auf der Suche nach einer wirksamen Therapie.

Anders Herr S.: Er ist 25 Jahre alt und hat 1997 bei der Arbeit mit einer Holzspaltmaschine seine linke Hand verloren. Auch bei ihm traten innerhalb weniger Tage nach der notfallmäßig durchgeführten Amputation in Vollnarkose stärkste Phantomschmerzen in der fehlenden Hand auf. Er erhielt deshalb sehr bald einen Schmerzkatheter, über den mit Hilfe von lokal wirksamen Betäubungsmitteln die Leitung der den linken Arm versorgenden Nerven blockiert wurde. Dies bewirkte eine sofortige Schmerzfreiheit. Der Katheter mußte noch zehn Tage belassen werden, da bei den Auslaßversuchen immer wieder Schmerzen auftraten, jedoch in deutlich geringerer Intensität als zu Beginn. Auch nach der Entfernung des Katheters empfand Herr S. seine linke Hand noch als präsent. Sie tat ihm jedoch nicht mehr weh. Er erhielt kurze Zeit später eine Prothese, mit der er lernte, wichtige Teile der ursprünglichen Funktionen seiner Hand wiederaufzunehmen. Phantomschmerzen sind bei ihm bis heute nicht mehr aufgetreten.

Diese beiden Fallberichte illustrieren einerseits, wie breit das Spektrum der Verläufe bei Phantomschmerzen sein kann, andererseits drängt sich auch die Frage nach den Ursachen der Entstehung von Phantomschmerzen auf. Welche Mechanismen sind es, die bewirken, daß unser Gehirn den Verlust von Extremitäten – seien diese nun durch Unfälle oder geplante Operationen bedingt – nicht vergessen kann? Warum haben sehr viele Amputierte innerhalb kurzer Zeit nach dem Verlust einer Extremität Phantomempfindungen, die sich nur bei einem geringen Teil der Patienten von selbst wieder zurückbilden? Kann durch frühzeitige und intensive Therapie die Entstehung von Phantomschmerzen verhindert werden? Was kann man aus den Phantomschmerzen über die Beziehung von Hand und Gehirn und die Repräsentation der Hand im Gehirn lernen? Die fehlende Hand oder der amputierte Fuß sind offenbar im Zentralnervensystem so verankert, daß sie – schmerzhaft oder nichtschmerzhaft – erhalten bleiben. Viele Fragen, denen wir uns Schritt für Schritt nähern wollen.

Was wissen wir bislang vom Phantomschmerz? Bereits im 15. Jahrhundert erregte der französische Militärarzt Ambroise Paré die Aufmerksamkeit seiner Zeitgenossen, als er bei einigen seiner Patienten nach der Amputation eines Beines das Auftreten von stärksten Schmerzen in dem fehlenden Körperteil beschrieb, obwohl doch das Glied gar nicht mehr vorhanden war. Diese merkwürdige Erscheinung der schmerzhaften Erinnerung an das verlorene Körperteil beschäftigte auch Literaten und Philosophen, wie Herman Melville und René Descartes. Die Geschichte kennt prominente Opfer von Phantomschmerzen. Berühmte Schlachtenlenker wie Admiral Nelson blieben davon genausowenig verschont wie unzählige namenlose Kriegsversehrte.

Der Begriff „Phantomglied" wurde im 19. Jahrhundert von dem amerikanischen Neurologen Weir Mitchell geprägt. Er sprach zunächst von „unsichtbaren Gliedern" und später von „Phantomgliedern". Empfindungen und Schmerzen in diesen „unsichtbaren Gliedern" sind eine nahezu zwangsläufige Folge von Amputationen, nicht nur der Extremitäten, sondern auch nach Brustamputationen bei Frauen, aber wesentlich seltener nach Entfernung innerer Organe oder Zahnextraktionen. Phantomempfindungen können auch im Bereich anderer Sinnesorgane, wie dem optischen, dem akustischen und dem olfaktorischen System nach Unterbrechung der Reizleitung zwischen dem jeweiligen Sinnesorgan und dem Zentralnervensystem auftreten. So können zum Beispiel spät erblindete Personen eine andere Person ganz deutlich sehen. Manchmal ist es schwierig, Halluzinationen von Phantomempfindungen abzugrenzen. Halluzinationen sind aber in der Regel dynamischer. Sie beziehen sich auf ganze Ereignisketten oder Sätze. Das Phantomglied bleibt dagegen manchmal Jahre in derselben, oft schmerzhaften Position. Von bloßen „Vorstellungen" sind Phantomempfindungen und -schmerzen durch ihren unabweislichen, unkontrollierbaren und unwillkürlichen Charakter unterschieden. Man kann die Intensität der Phantomwahrnehmung durch Ablenkung zwar beeinflussen, aber selten eliminieren. Die eindringlichsten Phantomphänomene sind diejenigen des somatosensorischen Systems im Bereich der Wahrnehmung von Berührungs-, Schmerz- und Temperaturreizen. Sie stellen für viele Betroffene eine massive Beeinträchtigung ihrer Lebensqualität dar, während sie bei Therapeuten oft Hilflosigkeit und vergebliches Probieren der verschiedensten Therapien auslösen.

Phantomempfindungen und – als deren Sonderform – Phantomschmerzen sind eine sehr häufige Erscheinung. Sherman und seine Mitarbeiter befragten 11 000 Veteranen der US-Armee, die im Krieg Gliedmaßen verloren hatten. Mehr als 80 Prozent dieser Soldaten berichteten über deutliche Phantomschmerzen (Sherman und Sherman 1983, 1984). Der Schmerz tritt meist unmittelbar nach der Amputation auf, bei der Mehrzahl der Fälle innerhalb der ersten Woche. Obwohl er bei einer kleinen Gruppe innerhalb einer unbestimmten Zahl von Jahren wieder verschwindet, leidet doch die Mehrheit lebenslang an zum Teil heftigsten Schmerzen. Die Dauer der schmerzhaften Episoden rangiert dabei zwischen sekundenlangen Anfällen bis zu Dauerschmerzen. Erst in den letzten Jahren wurden Fortschritte bei der Aufklärung dieser Phänomene erzielt. Voraussetzung hierfür war die Zusammenarbeit verschiedener wissenschaftlicher Disziplinen. Die in der Medizin in letzter Zeit zwar vielbeschworene, in Wirklichkeit jedoch noch selten verwirklichte Interdisziplinarität ist für die Lösung derartiger Probleme unabdingbar. So bietet heute die Kombination der Methoden und Erkenntnisse von Physiologie, Psychologie, Anästhesiologie, Neurologie und Neuroradiologie eine erhebliche Erweiterung der Möglichkeiten der einzelnen Fächer.

Die Therapieresistenz und der Mangel an wirksamen Therapieverfahren führt viele Phantomschmerzpatienten häufig zum Arzt. Nicht selten müssen sich Patienten wegen der für Außenstehende manchmal bizarr klingenden Schilderungen ihrer Beschwerden als unglaubwürdig oder psychisch gestört bezeichnen lassen. Natürlich ist die Aussage, das Phantom existiere ausschließlich „im Kopf", nicht völlig falsch. Falsch ist aber die Annahme, daß ein Schmerz „im Kopf" (ohne feststellbare Schmerzursache in der Peripherie) weniger peinigend ist als ein Schmerz, dessen Ursache in der Körperperipherie ausgemacht wird. Das Gegenteil kann der Fall sein. Für den auf Organbefunde fixierten Arzt ist aber in der Regel alles, was „psychisch" ist, das heißt im Zentralnervensystem abläuft, nicht "wirklich." Es wird gerne als Simulation oder gar als Zeichen einer geistigen Erkrankung gedeutet. Umgekehrt haben einige Psychologen Probleme anzuerkennen, daß psychische Phänomene, wie zum Beispiel Schmerz, ein organisches, physisches Korrelat im Gehirn haben müssen und deshalb grundsätzlich physikalisch meßbar sein können. Phantomschmerzen sind daher ein Beispiel dafür, daß die Grenzen zwischen psychischen und physischen Ursachen um so mehr verschwimmen, je tiefer man den Abläufen im Nervensystem auf den Grund geht.

Es existieren über 60 verschiedene Therapievorschläge für Phantomschmerzen. Dabei profitiert von diesen Theapievefahren nur ein verschwindend kleiner Anteil der Patienten dauerhaft. Man kennt eine große Zahl externer und interner Faktoren, die entweder als Schmerzverstärker oder lindernd wirken. Diese Faktoren sind zum Teil rein mechanischer Natur und ihre Wirkung häufig gegensätzlich; so ist beispielsweise das Tragen der Prothese bei manchen Patienten schmerzverstärkend, bei anderen reduziert es die Schmerzen. Psychophysiologische Einflüsse, wie vermehrte Lenkung der Aufmerksamkeit auf das Phantomglied oder psychischer Streß, verstärken den Schmerz, während Ablenkung und Entspannung das Gegenteil bewirken können. Auch Wetterwechsel, insbesondere Tiefdruck, bereitet sehr vielen Amputierten Probleme.

Die Vielfältigkeit dieser Faktoren weist darauf hin, daß die Wahrnehmung des „unsichtbaren Gliedes" auf einem komplexen Zusammenwirken verschiedenster peripherer physiologischer und zentralnervöser Mechanismen beruht. So könnte der Phantomschmerz ein Modellsystem für die Entwicklung und Aufrechterhaltung eines Schmerzgedächtnisses darstellen. Untersuchungen an Arm- und Handamputierten, die noch ausführlich dargestellt werden, weisen in diese Richtung. Andererseits ist Phantomschmerz ein sehr eindrucksvolles Beispiel für ein chronisches Schmerzsyndrom, das durch die pathologische Spontanaktivität unterhalten wird, die in verletzten peripheren Nervenfasern entsteht (auch dazu später mehr). Diese Vorstellung geht davon aus, daß das Gehirn nicht unterscheiden kann, ob die Schmerzquelle im Stumpf lokalisiert ist oder in der fehlenden Hand beziehungsweise den Fingern. So wäre erklärbar, daß ein Handamputierter die Schmerzen in den fehlenden Fingern empfindet, obwohl die Schmerzquelle am Unterarmstumpf sitzt.

Wo entsteht der Phantomschmerz? Diese Frage nach dem „Wo" ist genauso wichtig wie die Frage nach dem „Wie". Wüßte man, wo der Schmerz entsteht, könnte man die Frage nach dem Wie leichter beantworten. Sind die durchtrennten Nervenfasern am Stumpf die Ursache, müßte man diese beeinflussen, wenn er im Rückenmark entstünde, müßte man seine Weiterleitung verhindern, und wenn die maßgeblichen Mechanismen im Gehirn lokalisiert sind, müßte man diese durch Training verändern können.

Wir wollen hier versuchen, die wissenschaftlichen Grundlagen für die Annahme eines Schmerzgedächtnisses auf Rückenmarksebene und in höher gelegenen Teilen des Zentralnervensystems zu erläutern. Zum Teil ergeben sich daraus auch neue therapeutische Konsequenzen. Doch zunächst wollen wir die Erscheinungsformen des Phantomschmerzes genauer unter die Lupe nehmen.

Ein Phantom mit vielen Gesichtern

Die Phantomhand oder das Phantombein kann so wirklichkeitsnah erlebt werden wie die Eigenwahrnehmung des gesunden Gliedes der anderen Körperseite. Manche Menschen haben das Gefühl, ihre fehlenden Gliedmaßen befänden sich in einer besonderen Stellung, andere berichten unmittelbar nach der Amputation, daß sie ihr Phantom so deutlich und real empfinden, daß sie aufstehen und weglaufen könnten. Phantomempfindungen können sämtliche Formen der sensiblen Wahrnehmung aufweisen

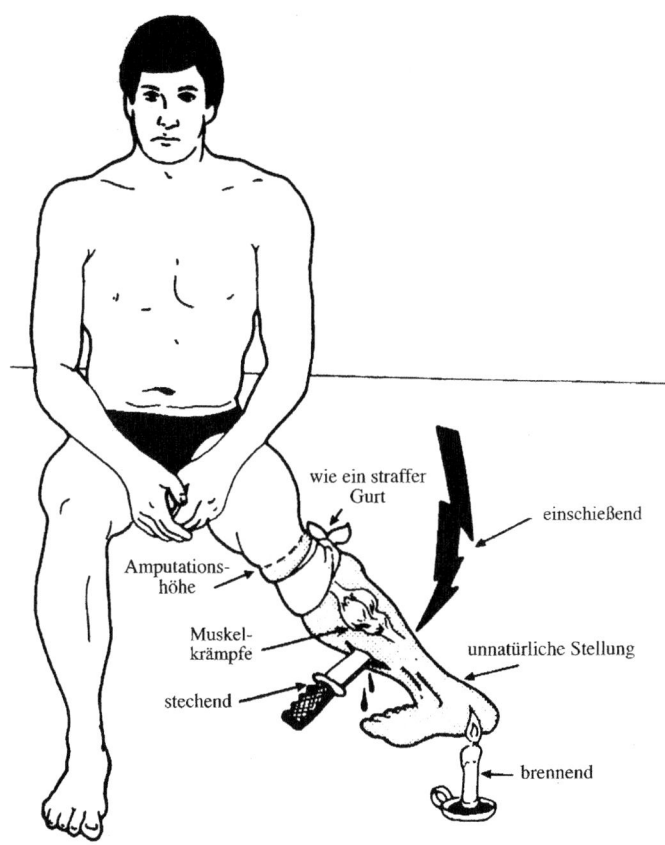

5.1 Typische Beschreibungen von Phantomschmerzen.

wie Jucken, Wärme- oder Kältegefühl, Druck, das Gefühl, daß etwas abgeschnürt wird, oder das Gefühl, jemand bohre mit einem Messer im Phantomglied. Ganz besonders häufig werden brennende oder krampfartige Schmerzen angegeben. Es gibt Amputierte, die berichten, den Ring, den sie am amputierten Finger immer getragen haben, wahrzunehmen. Das im Kapitel *Hand und Hirn* (☞ Weinmann) beschriebene Krankheitsbild des Neglekts ist in gewisser Hinsicht ein komplementäres Phänomen zur Phantomwahrnehmung. Patienten mit Amputationen in der Körperperipherie empfinden in der Regel ein einziges Phantom, während es umgekehrt bei Patienten mit zentralen Schädigungen (etwa nach Schlaganfall) vorkommen kann, daß sie die Zugehörigkeit eines peripheren Körperteils wie der Hand entweder ganz leugnen oder aber mit der Vorstellung leben, mehrere Hände zu haben. Offensichtlich bewirkt die Zerstörung der Hirnareale, die einen Körperteil repräsentieren, eher den Ausfall oder ein subjektives Verschwinden, während die Zerstörung oder Entfernung eines Körperteiles im Gehirn ein Zuviel an Empfindungen bewirken kann.

Phantomwahrnehmungen sind um so häufiger und intensiver, je bedeutsamer der entfernte Körperteil war. Die Bedeutung ergibt sich aus der Häufigkeit und der Art der Tätigkeiten, für die der jeweilige Körperteil benutzt wird. In der Neurowissenschaft wird „Bedeutung" gleichgesetzt mit „assoziativer Bindung", also je mehr signifikante Ereignisse gleichzeitig mit dem jeweiligen Körperteil assoziiert werden. Wie wir gesehen haben, ist die Ausdehnung der Großhirnregion, die einen bestimmten Körperteil repräsentiert, proportional zu seiner Bedeutung. Damit könnte das unterschiedliche Ausmaß der Phantomwahrnehmungen erklärt werden. Im Gegensatz zur Hand ist das Ellenbogengelenk beim erwachsenen Menschen im Großhirn kaum repräsentiert, das heißt nur verhältnismäßig wenige Zellen befassen sich mit seiner Wahrnehmung. Auch der Oberarm wird vom Großhirn nahezu „ignoriert" (vergleiche Abbildung 1.4, Seite 35).

Charakteristisch für all diese Formen eines gestörten Körperschemas ist das hohe Maß an Realitätsnähe. So berichtet ein Patient, wenn er mit seinem amputierten Unterschenkel mit Fischerstiefeln im Wasser stehe, könne er das Wasser durch ein vermeintliches Loch im Stiefel den fehlenden Unterschenkel herabtropfen spüren (Sherman 1952). Wiederholt wurde berichtet, daß Amputierte das Gefühl haben, ihr Phantomglied zu bewegen, und daß es zu Veränderungen der Muskelspannung im Phantom komme. Die Muskeln, die vormals den fehlenden Körperteil kontrollierten, lösen jetzt die entsprechenden Bewegungen im Phantom aus (Cronholm 1951). Die Elektromyographie (EMG) ist ein Verfahren, das die mit einer Muskelkontraktion einhergehenden Änderungen der Spannungsverhältnisse registriert und dadurch Muskelaktivität quantifizierbar macht. Leitet man die Muskelspannung am Stumpf und an der verbliebenen gesunden Extremität ab, so läßt sich bei denjenigen Patienten, die ihre Schmerzen als krampfartig wahrnehmen, auch eine erhöhte Muskelspannung messen. Die charakteristischen EMG-Veränderungen gehen den krampfartigen Schmerzen jedesmal voraus. Daraus wurde ein sehr wirkungsvolles therapeutisches Verfahren entwickelt. Mit Hilfe des EMG-Biofeedback kann erhöhte Muskelspannung, die in der Regel von dem

Betroffenen nicht bewußt wahrgenommen wird, mit Hilfe von optischen oder akustischen Signalen an einem Bildschirm beobachtet und kontrolliert werden. Biofeedback gibt unmittelbar Rückmeldung über den Aktivierungszustand der jeweiligen Muskelgruppe. Von den Phantomschmerzpatienten, die mit diesem Verfahren behandelt wurden, profitierten diejenigen, die lernten, ihre verspannten Muskelpartien zu entspannen (Sherman et al. 1979).

Ein eigenartiges Phänomen ist das sogenannte *Telescoping*, das Wandern von Hand oder Fuß in Richtung Stumpf. Ursprünglich ist das Phantom in voller Größe und Form vorhanden, nähert sich aber bei manchen Patienten im Laufe der Zeit immer mehr dem Stumpf. Dabei bleiben körperferne Details wie Nägel, Finger und Zehen deutlich erhalten, während körpernahe Elemente wie der Unterarm „verlorengehen". Sherman stellte fest, daß gerade bei den Patienten, die unter Phantomschmerzen leiden, das fehlende Glied detailgetreu und deutlich erhalten bleibt. Bei den Patienten, die keine Schmerzen haben, nehmen die Phantomempfindungen und das Gefühl der Kontrolle über das Phantom mit zunehmendem *Telescoping* ab (Sherman et al. 1997). Dieses Schrumpfen des Phantoms, und zwar besonders der nichtschmerzhaften und unbedeutenden Anteile wie des Unterarmes nach einer Handamputation, tritt bei vielen Amputierten auf. Armamputierte sind häufiger betroffen als Beinamputierte (Henderson und Smyth 1948). Der Prozeß ist meist nach einem Jahr abgeschlossen. Das kann sich dann für den Betroffenen so anfühlen, als ob an seinem Stumpf eine Hand oder auch nur einzelne Finger hängen.

Bei einigen Amputierten tritt eine weitere Wahrnehmungstäuschung auf, die ebenfalls auf Veränderungen höherer zentralnervöser Verarbeitungsmechanismen hinweist, die „übertragenen Empfindungen" (englisch: *referred sensations*). Phantomempfindungen und Schmerzen können durch Berührung von Körperarealen fern des Stumpfes, zum Beispiel der Lippenregion bei Armamputierten, oder direkt am Stumpf ausgelöst werden. Untersucht man die Körperoberfläche Handamputierter genauer, indem man im Gesicht und am Oberkörper Berührungs- oder leichte Schmerzreize setzt, so zeigt sich, daß über viele Punkte Phantomempfindungen und Schmerzen in der fehlenden Hand ausgelöst werden können. Besonders auffällig sind dabei die topographischen Beziehungen. Beispielsweise spürt der Patient, wenn man ihn an der Spitze des Kinns berührt, den Daumen, einen Zentimeter darüber den Zeigefinger, darüber den Mittelfinger und so weiter. Ganz deutlich zeigte sich dieses seltsame Phänomen bei einem jungen Patienten, dessen Arm wegen eines bösartigen Knochentumors amputiert werden mußte und der sich bei uns vorstellte. Er hatte vor seiner Amputation wegen der starken Schmerzen stets die

Faust geballt gehalten. Nach der Amputation hatte er häufig Schmerzen in der Phantomhand, die er mit einer starken Muskelspannung in der Phantomhand in Zusammenhang brachte, ähnlich der der geballten Faust vor der Operation. Als wir das Kinn bei der Untersuchung mit einem Wattestäbchen berührten, bat er um Wiederholung, denn er fühlte, wie sich dabei die Faust öffnete. Durch wiederholte Berührung konnte er die Faust schließlich vollständig öffnen. Dabei ließen auch die Schmerzen für kurze Zeit nach. Dieser Effekt hielt leider nur Minuten an.

Umbau mit Folgen – die Ursachen von Phantomschmerzen

Die Phänomenologie der Phantomempfindungen und des Phantomschmerzes bietet also ein ganzes Kaleidoskop von Erscheinungsformen mit vielen – scheinbar auch widersprüchlichen – Eigenschaften. *Telescoping* und *referred sensations* deuten auf die herausragende Rolle des Gehirns selbst hin, während Neurombildung und pathologische Spontanaktivität (siehe Seite 153) durchtrennter Nerven für periphere Ursachen der Phantomempfindungen sprechen. Erst langsam lernt man, unterschiedlichste Aspekte miteinander zu vereinbaren und daraus ein kohärentes Bild von den neuro-

☞

5.2 Schematische Übersicht der zentralnervösen Verarbeitung von Schmerzinformation. Es sind hier nur die von der Haut ausgehenden und zum somatosensorischen Cortex aufsteigenden Bahnen gezeigt. Die absteigenden Bahnen, die diese nozizeptiven Informationen modulieren, sind nicht eingezeichnet. Die Gesichtshaut wird vom Trigeminusnerv sensibel versorgt. Die Nervenimpulse aus den Nozizeptoren der Haut werden über nozizeptive Afferenzen zum Hinterhorn des Rückenmarks geleitet und dort auf Nervenzellen des Hinterhorns umgeschaltet. Die nozizeptiven Informationen werden in spinale Reflexe (Steuerung des Muskeltonus, Aktivierung des sympathischen Nervensystems) und in Hirnstammreflexe (Herz-Kreislauf-Regulation) integriert. Der Tractus spinothalamicus ist die im Vorderseitenstrang vom Rückenmark zum Thalamus aufsteigende Bahn, die im lateralen und medialen Thalamuskern endet. Vom lateralen Thalamuskern nehmen die spezifischen Bahnen zum somatosensorischen Cortex ihren Ursprung. Medial beeinflußt die Schmerzinformation das aufsteigende retikuläre aktivierende System (ARAS), das die Erregbarkeit des Cortex steuert, sowie das limbische System. Das limbische System beeinflußt die emotionalen, affektiven Aspekte der Schmerzwahrnehmung, am somatosensorischen Cortex findet die bewußte Schmerzwahrnehmung statt.

5. Die Phantomhand 151

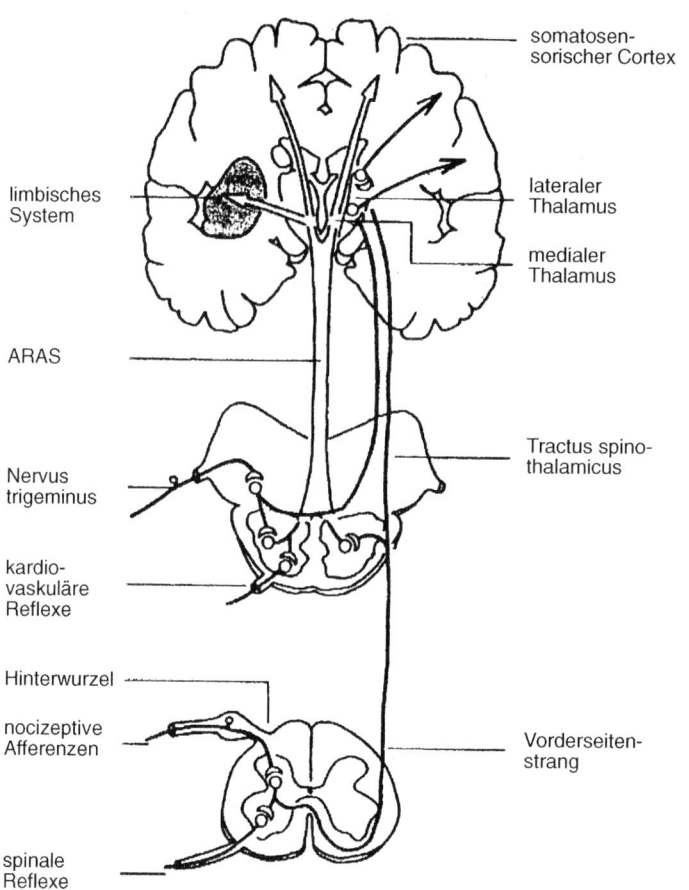

nalen Mechanismen zu machen, die für Phantomempfindungen verantwortlich sind.

Abbildung 5.2 zeigt die Schmerzbahnen von der Körperperipherie zum Gehirn. Die Schmerzwahrnehmung wird wie andere Komponenten der sensiblen Wahrnehmung, wie zum Beispiel eine Berührung, zunächst über die Erregung spezieller Rezeptoren aufgrund schmerzhafter äußerer Reize in der Körperperipherie ausgelöst. Die Weiterleitung erfolgt dann über spezielle Bahnen des Rückenmarks zu den schmerzverarbeitenden Zentren wie Thalamus und Großhirn. Diese Bahnen nehmen etwa denselben Weg wie die bereits beschriebenen Bahnen des Berührungsempfindens (Abbildung 1.2, Seite 30). Anders als bei einer Berührung kommt jedoch bei der Schmerzwahrnehmung der emotionalen und affektiven Komponente, das heißt dem augenblicklichem Zustand des Gehirns, große Bedeutung zu. Der Grund hierfür ist, daß Hirnstrukturen, die Gefühle und Triebe steuern, bei chronischen Schmerzzuständen zusätzlich aktiert werden.

Wie bereits erwähnt, geht man davon aus, daß Phantomempfindungen und Schmerzen das Resultat eines komplexen Zusammenwirkens schmerzauslösender Mechanismen in der Körperperipherie und schmerzverstärkender beziehungsweise unterhaltender Abläufe darstellen, die in den Schaltstellen der Schmerzleitung wie den Hinterwurzelganglien im Rückenmark und in höhergelegenen schmerzverarbeitenden Zentren wie dem Thalamus und dem Cortex stattfinden. Auslöser sind das schmerzhafte Trauma der Amputation in der Körperperipherie und vor der Amputation bestehende Schmerzen. Das Amputationstrauma ist für unser nociceptives System, das System der Schmerzwahrnehmung, auch dann schmerzhaft, wenn wir diesen Schmerz dank moderner Narkosetechniken nicht bewußt wahrnehmen. Als Folge der Durchtrennung von Nervenfasern des schmerzleitenden und des nichtschmerzleitenden Systems treten Umbauvorgänge an diesen Fasern auf. Sie ziehen in den Hinterwurzelganglien im Rückenmark Veränderungen auf molekularer Ebene nach sich. Diese Mechanismen können eine Sensibilisierung auslösen und später anhaltende Veränderungen im zentralen Nervensystem bewirken. Diese könnte man als „Schmerzgedächtnis" bezeichnen.

Der starke Einstrom von Schmerzen vor und während der Amputation ist notwendige Voraussetzung, aber nicht alleinige Ursache des Phantomschmerzes. Der Phantomschmerz gründet letztlich auf dem Phänomen, daß ein wichtiger Anteil des peripheren Sinneseinstroms aus Hand, Fuß oder auch der weiblichen Brust verloren ist und eine „leere Position" in den Empfangsarealen des Gehirns verbleibt, die „gefüllt" und/oder enthemmt wird. Das „Füllungsprogramm" ist für den Phantomschmerz verantwortlich, seine Mechanismen werden in den nächsten Abschnitten beschrieben. In tierexperimentellen Untersuchungen wurde gezeigt, daß Verletzungen und insbesondere Schädigungen des schmerzleitenden Systems auch zu bleibenden Veränderungen im Zentralnervensystem führen. Solche neuroplastischen Veränderungen ließen sich sowohl im Rückenmark als auch im Gehirn feststellen.

Dieses Zusammenspiel von peripherem Nerv, Rückenmark und Gehirn wollen wir im folgenden noch näher beleuchten.

Falscher Alarm in der Peripherie

Die Durchtrennung eines peripheren Nerven führt nicht zu einer Unterbindung von Signalen aus der betroffenen Körperregion. Die Nervenfasern sind in Form gesteigerter Erregung und Erregbarkeit weiterhin aktiv. Manchmal können die Signale durch eine Amputation sogar verstärkt werden. Diese sogenannten spontanen Erregungen können sowohl im Stumpf als auch an der ersten Schaltstelle der den Stumpf versorgenden Nerven in den Hinterwurzelganglien des Rückenmarks entstehen (siehe Abbildung 5.2). Verantwortlich für die abnorme Aktivität ist der Versuch der durchtrennten peripheren Nervenzellen zu regenerieren. Dies gelingt aber nicht, da das Zielgewebe, das amputierte Glied, fehlt. Die Folge sind Neurome, die mikroskopisch wie knollige Auftreibungen der Nervenenden aussehen. Diese Neurome sind die Quelle der verstärkten Signale aus dem Stumpf. Innerhalb von drei Tagen nach Durchtrennung einer Nervenzelle ist eine massive Spontanaktivität nachweisbar, die manchmal dauerhaft bestehen bleibt (Devor et al. 1994).

Neurome sind nicht nur spontan aktiv, sondern sie reagieren auch besonders stark auf Druckreize. Bei diesen Neuromen ist die Eigenschaft der Rezeptorspezifität, die im Zusammenhang mit dem Berührungs- und Tastempfinden beschrieben wurde, verlorengegangen. Dies äußert sich darin, daß man durch Druck auf gewisse Areale am Stumpf bei vielen Amputierten Stumpf- und Phantomschmerzen auslösen kann. Das Tragen der Prothese wird dann problematisch, und kann auch erfahrene Orthopädiemechaniker vor fast unlösbare Aufgaben stellen.

Neurome können aber auch durch andere Reize – wie Entzündungen, Sauerstoffmangel infolge Minderdurchblutung oder Kälte – aktiviert werden. Alle diese inadäquaten Reize aktivieren die Schmerzbahnen, und das Gehirn erhält also ständig „falsche" Nachrichten aus der Peripherie. Dies könnte auch erklären, warum viele Amputierte Wetterwechsel und insbesondere Kälte als Auslöser angeben. Für die Bedeutung dieser äußeren Faktoren spricht außerdem, daß fast alle Patienten, die an Phantomschmerzen leiden, gleichzeitig an Stumpfschmerzen leiden (Sherman et al. 1997).

Daß für die Empfindung von Schmerzen in der Hand nicht unbedingt die Schmerzrezeptoren in der Hand direkt gereizt werden müssen, hat fast jeder selbst schon erfahren: So kann ein plötzlicher starker mechanischer Reiz an der Innenseite des Ellenbogengelenks, wo der Nervus ulnaris oberflächlich verläuft, auch schmerzhafte Mißempfindungen an der Kleinfingerseite der Hand auslösen. Die am Ellenbogengelenk erzeugte Aktivität wird vom Gehirn in das Versorgungsgebiet dieses Nerven projiziert. Einen ähnlichen Mechanismus könnte man sich bei manchen Phantomschmerzen vorstellen. Die Spontanaktiviät und die abnorm starke Erregbarkeit der verletzten Neuronen am Ort der Durchtrennung oder auch im Hinterhorn des Rückenmarks wären also der treibende Motor. Weder die wiederholte Neuromentfernung noch die Zerstörung der Hinterwurzelganglien im Hinterhorn des Rückenmarkes stellen eine dauerhafte Lösung dar, denn jede neue Verletzung verschiebt nur den Ort der Übererregung.

Das Rückenmark als neurochemisches Umspannwerk

Die Durchtrennung des periperen Nervs führt nicht nur zu Umbauvorgängen im Bereich des Stumpfes und zur Neuromentstehung. Die massiven Impulseinströme, die bei Amputationen entstehen, verändern auch Verschaltungsmuster im Rückenmark und bahnen dort den Weg für nachfolgende Reize aus der Körperperipherie. Die abnorme Erregbarkeit und Erregung der Nervenfasern zieht die Übererregung von Neuronen im Hinterhorn nach sich. Hier kennt man bereits einzelne Moleküle – in diesem Fall einen speziellen Rezeptortyp für bestimmte Neurotransmitter –, die an bestimmten Synapsen im Rückenmark und im Gehirn sitzen und die mit hoher Wahrscheinlichkeit für solche Sensibilisierungsvorgänge verantwortlich sind. Die Rezeptoren können ihre Eigenschaften durch verstärkten Einstrom aus der Peripherie in spezieller Weise längerfristig verändern.

Die Übererregbarkeit im Rückenmark wird sehr wahrscheinlich durch die Aktivierung von sogenannten NMDA-Rezeptoren (N-Methyl-D-Aspartat) mit Aminosäuren wie Glutamat an den Membranen der Nervenzellen unterhalten. Glutamat ist einer der wichtigsten erregenden Botenstoffe des zentralen Nervensystems. Durch die Bindung von Glutamat an den Rezeptor werden in der Zelle Reaktionen ausgelöst, die die weitere Signalverarbeitung anhaltend beeinflussen. Charakteristisch für die NMDA-Rezeptoren ist, daß sie von einfachen Schmerzreizen nicht aktiviert werden können. Erst die Erregung einer Nervenzelle durch zwei gleichzeitig eintreffende Signale aktiviert die NMDA-Rezeptoren, und es kommt zur Öffnung von normalerweise geschlossenen Ionenkanälen. Die Öffnung dieser Ionenkanäle und der Einstrom von Calcium bewirken eine Reihe von intrazellulären Reaktionen auf molekularer Ebene. In der nachfolgenden Zelle entstehen infolgedessen langdauernde Potentiale (Jänig 1993). Letztlich resultiert eine anhaltende Verstärkung des Schmerzsignals.

Tierexperimente zeigen, daß durch die Gabe von Stoffen, die NMDA-Rezeptoren blockieren, sogenannte NMDA-Antagonisten, diese zentralen Sensibilisierungsprozesse auf Rückenmarksebene verhindert werden

(Woolf und Thompson 1991). Unter Antagonisten versteht man dabei pharmakologische Substanzen, die zwar an einen Rezeptor binden, dort aber keine Änderungen der zellulären Eigenschaften auslösen. Einer dieser Antagonisten ist Ketaminhydrochlorid, kurz Ketamin, ein oft bei Narkosen eingesetztes starkes Schmerzmittel. Ketamin hat den Nachteil, daß es dosisabhängig zu schweren Bewußtseinsstörungen führen kann. Damit ist es für längeren Einsatz bei chronischen Schmerzpatienten nicht geeignet. Die Gruppe der NMDA-Antagonisten bildet jedoch eine vielversprechende Klasse von Schmerzmitteln bei neuropathischen, also durch Nervenverletzungen verursachten Schmerzsyndromen. Das Schöne, manchmal allerdings auch Frustrierende an wissenschaftlichen Theorien ist, daß sie sich in Experiment und Realität bewähren müssen. Sollte der starke Schmerzreiz während einer Amputation tatsächlich Umbauvorgänge im Rückenmark verursachen, so müßte die Unterbrechung dieses starken peripheren Einstroms die Entstehung der Umbauvorgänge hemmen, die ein peripheres Schmerzgedächtnis entstehen lassen.

Diese Idee formulierte G. W. Crile bereits 1913. Bei geplanten Operationen sollte die Anwendung regionaler Nervenblockaden zusätzlich zur Allgemeinanästhesie die Weiterleitung der Schmerzreize während der Operation unterbrechen können. Das bedeutet, daß mit Hilfe von Lokalanästhetika die Schmerzleitung am peripheren Nerven oder im Bereich der Hinterwurzeln vor, während und nach dem operativen Eingriff ausgeschaltet wird. Durch eine Allgemeinanästhesie alleine wird die Schmerzleitung nämlich nicht unterbunden. Eine Reihe tierexperimenteller Studien belegt, daß zentrale Sensibilisierungsprozesse durch die Kombination beider Verfahren verhindert werden können (Coderre 1993). Auch beim Menschen gibt es erste Hinweise. Eine Studie untersuchte die Häufigkeit der Entstehung von Phantomschmerzen nach einer präventiven Analgesie. Die Patienten waren drei Tage vor der Amputation und während der Operation über einen rückenmarksnahen Katheter, über den sie Lokalanästhetika oder Opiate erhielten, vollständig schmerzfrei, während die Kontrollgruppe nur für den Zeitraum der Operation eine rückenmarksnahe Anästhesie erhielt. Bei der rückenmarksnahen Anästhesie handelt es sich um ein Routineanästhesieverfahren, das sich besonders für Operationen im Bereich der unteren Extremitäten und zur Schmerztherapie in diesem Körperbereich eignet. Im Gegensatz zur Allgemeinanästhesie wird das Bewußtsein dadurch nicht beeinträchtigt. Die Patienten aus der Experimentalgruppe hatten nach der Operation deutlich weniger Phantomschmerzen als die Kontrollgruppe (Bach et al. 1988). Allerdings ließ sich dieser Effekt durch andere Studien bisher nicht sicher bestätigen (Nikolajsen 1997).

Aufgrund dieser widersprüchlichen Ergebnisse ist eine abschließende Beurteilung zum jetzigen Zeitpunkt noch nicht möglich. So läßt sich nicht eindeutig sagen, ob durch die Wahl eines speziellen Narkoseverfahrens die Entstehung von Phantomschmerzen verhindert werden kann. Sicher sind die Umbauvorgänge in Peripherie und Rückenmark nicht der Weisheit letzter Schluß, wenn es um die Erklärung von Phantomempfindungen geht. Einige der Erscheinungsformen, die wir oben kennengelernt haben, lassen sich ohne direkte Beteiligung des Gehirns kaum verstehen.

Neuronale Landkarten und das Schmerzgedächtnis

Nicht nur das akute Schmerzereignis der Amputation, das Amputationstrauma, sondern auch die vor der Amputation bestehenden Schmerzen haben einen Einfluß auf Entstehung, Art und Intensität von Phantomschmerzen. Es zeigte sich in einigen Langzeituntersuchungen, daß nur bei 36 Prozent der Patienten der vor der Amputation bestehende Schmerz mit dem Phantomschmerz identisch war. Die meisten Patienten beurteilten sowohl den Ort wie auch die Natur der Schmerzen verschieden. Bei Nachuntersuchungen sechs Monate und zwei Jahre später waren es nur noch zehn Prozent. Aber bei den Patienten, die vor der Operation schon länger als einen Monat über Schmerzen geklagt hatten, traten Phantomschmerzen deutlich häufiger auf als bei denen, deren Schmerzen weniger als einen Monat andauerten (Jensen et al. 1985). Bei vielen Patienten werden also auch die Schmerzen vor der Amputation erinnert. Die einzelnen Schmerzqualitäten werden jedoch wie andere Gedächtnisinhalte verformt und durch andere Schmerzcharakteristiken „überschrieben". Vieles deutet darauf hin, daß sich bei Menschen, die Phantomschmerzen entwickeln, Veränderungen in der Hirnorganisation vollziehen, die unter dem Begriff „Reorganisation" zusammengefaßt werden können. Diese Veränderungen des neuronalen Netzwerks nach Amputationen konnten nicht nur im Hinterhorn des Rückenmarks nachgewiesen werden, sondern auch im primären somatosensorischen Cortex. Im Tierversuch zeigt sich bereits Stunden nach Amputation eines Fingers, daß die Zellen im somatosensorischen Cortex, die in der Fingerregion oder in ihrer Nachbarschaft liegen, verstärkt auf Berührungsreize und Schmerzreize in den Körperarealen reagieren, die der Amputation benachbart sind (Kaas 1991). Wie sind die Neurophysiologen solchen Veränderungen auf die Spur gekommen?

Am somatosensorischen Cortex, jenem Teil des Großhirns, in dem Berührung und Schmerz empfunden werden, lassen sich über elektrische (Elektroenzephalogramm, EEG) oder magnetische (Magnetoenzephalogramm, MEG) Hirnableitungen nach einem Reiz in der Körperperipherie Aktivität in Arealen nachweisen, die wie eine Karte des Körpers angeordnet sind (siehe Abbildung 1.4, Seite 35). Die Aufzeichnung der elektrischen Aktivität des Gehirns mit EEG und MEG liefert bisher den wichtigsten Zugang zur Erforschung der Zusammenhänge zwischen Gehirn und Verhalten. Der Vorteil des EEGs ist, daß es die zum Teil im Bereich von wenigen Millisekunden ablaufenden informationsverarbeitenen Prozesse im Gehirn mit hoher Zeitauflösung erfassen kann. Sein größter Nachteil ist, daß es den Ort, an dem diese Prozesse ablaufen, nicht mit der gleichen Präzision bestimmt. Anders beim MEG: Bei der Verarbeitung von Information im Gehirn wird elektrische Ladung bewegt. Jede Bewegung elektrischer Ladung ruft ein Magnetfeld hervor. Die magnetischen Feldlinien umgeben die Längsachse eines durch einen elektrischen Dipol hervorgerufenen Stroms. Mit dem Magnetoenzephalographen können diese schwachen magnetischen Felder mittels hochempfindlicher Detektoren nachgewiesen werden. Der Vorteil des MEGs liegt neben einer hohen zeitlichen Auflösung auch in der Lokalisation der Aktivitätsquelle. Abbildung 5.3 zeigt das Magnetfeld, das bei einer Versuchsperson durch Stimulation am rechten Daumen entsteht. Die Aktivitätsquelle, durch die dieses Magnetfeld erzeugt wird, liegt in der Mitte zwischen den Feldmaxima.

Wie wir wissen, ist die Größe der Rindenfelder im Homunculus nicht der Größe der Extremitäten, Organe oder Hautflächen proportional, sondern der Zahl der Rezeptoren in dem jeweiligen Hautgebiet und der Bedeutung des jeweiligen Körperteils. Man hat lange angenommen, daß dieses Strukturprinzip auf einem genetisch festgelegten Programm beruht, das in einer kritischen frühen Lebensphase seine Feinabstimmung erfährt. Viele Eigenschaften der Phantomempfindungen weisen aber darauf hin, daß diese „zentralen Landkarten" auch bei Erwachsenen plastisch und veränderlich sind. Außerdem geht man entgegen früheren Annahmen, daß die corticalen Strukturen nicht an der Schmerzverarbeitung beteiligt sind, heute davon aus, daß Schmerzempfindungen und insbesondere die Beurteilung von Dauer, Stärke und Lokalisation des Schmerzes nicht ohne die Mitarbeit der Großhirnrinde möglich sind (Kenshalo und Willis 1991). In Untersuchungen an Amputierten konnten mit Hilfe der oben beschriebenen Verfahren tatsächlich plastische Veränderungen des somatosensorischen und auch des motorischen Cortex nachgewiesen werden. Bei Hand- und Armamputierten „verschiebt" sich das dem somatosensorischen Cortex benachbarte Mundareal in das Handareal und das Ausmaß der Verschiebung ist exakt proportional zum Ausmaß der Schmerzintensität ist (Elbert et al. 1994; Flor et al. 1995).

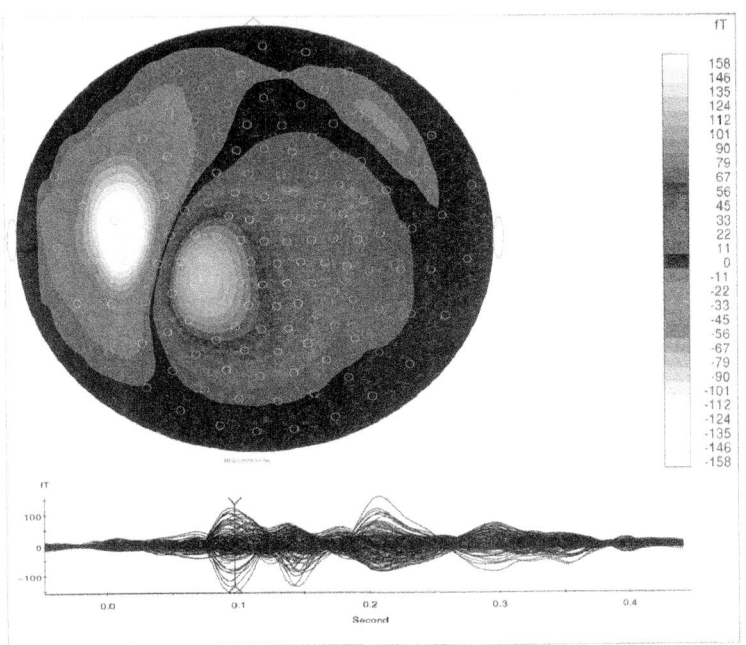

5.3 Die Abbildung zeigt die Quelle der höchsten Aktivität (gemessen in Femtotesla, fT), die im somatosensorischen Cortex einer Versuchsperson nach Stimulation am rechten Daumen magnetoenzephalographisch abgeleitet wurde. Die Lokalisation entspricht der Repräsentation des Daumens im somatosensorischen Homunculus.

Ursprünglich wurden diese plastischen Veränderungen der Hirnkartierung, die corticale Reorganisation, als physiologisches Korrelat der für den Phantomschmerz charakteristischen Phänomene *Telescoping* und übertragene Empfindungen (siehe Seite 149) interpretiert. Es wurde angenommen, daß diese Phänomene Zeichen eines Anpassungsmechanismus des somatosensorischen Cortex an den veränderten Einstrom von Reizen aus der Körperperipherie darstellen und mit einer Verringerung von Phantomschmerzen einhergehen (Ramachandran et al. 1992). In eigenen Untersuchungen konnten wir jedoch zeigen, daß diese Verschiebungen ausschließlich mit der Intensität der Phantomschmerzen korrelieren.

Untersucht man Personen mit angeborenen Mißbildungen, bei denen die Hände von Geburt an unmittelbar an den Schultern sitzen oder gar nicht ausgebildet sind (fachsprachlich: Phokomelie beziehungsweise Amelie), so läßt sich keine Reorganisation nachweisen, während bei traumatisch Amputierten eine eindeutige Verschiebung der Lippenregion in die Handregion zu sehen ist. Bei der Kontrollgruppe traumatisch Amputierter ohne Schmerzen war eine derartige Verschiebung nicht nachzuweisen. Andererseits existieren Fallberichte von Phokomelien, die nach Verletzungen und Amputationen an der unterentwickelten Extremität auch Phantomschmerzen entwickelten. Keine dieser vier Personen hatte angeborene Phantomschmerzen (Saadah 1994). Dies unterstützt die Hypothese, daß die Entwicklung von Phantomempfindungen und -schmerzen an schmerzhafte Erfahrungen geknüpft und nicht Folge eines angeborenen Verlustes eines Körpergliedes ist (Montoya et al. 1998).

Wir untersuchten in einer weiteren Studie, ebenfalls bei Hand- und Armamputierten mit Phantomschmerzen, ob sich die Reorganisation durch Ausschalten des sensorischen Einstroms aus dem peripheren Nervensystem rückgängig machen läßt (Birbaumer et al. 1997; Abbildung 5.4). Die Patienten erhielten dazu eine Betäubung des Stumpfes in Form einer sogenannten axillären Plexusanästhesie. Bei der axillären Plexusanästhesie wird das Nervengeflecht betäubt, das Arm und Hand sensibel und motorisch versorgt. Im Gegensatz zu der Kontrollgruppe, die aus vergleichbaren Patienten ohne Phantomschmerzen bestand, zeigte sich bei den Schmerzpatienten eine corticale Reorganisation. Aber nur bei der Hälfte der Schmerzpatienten gingen durch die Betäubung ihres Stumpfes auch die Phantomschmerzen zurück. In dieser Gruppe bildete sich auch die corticale Reorganisation unter Anästhesie zurück. Das zeigte sich darin, daß innerhalb kürzester Zeit (etwa 30 Minuten) die Repräsentation der Lippe wieder ihren ursprünglichen Platz einnahm. Bei denjenigen, die keine Schmerzreduktion zeigten, blieb die corticale Reorganisation unverändert bestehen. Die Repräsentation der Lippe lag in der Handregion.

Wir konnten damit zeigen, daß es Phantomschmerzpatienten gibt, deren Schmerzen unabhängig von peripheren schmerzunterhaltenden Faktoren weiterexistieren, und daß es andere gibt, deren Schmerzen reversibel sind und bei denen sich innerhalb kürzester Zeit die corticale Reorganisation komplett zurückbildet. Bei der ersten Gruppe könnte der Phantomschmerz Ausdruck permanenter Veränderungen der neuronalen Struktur sein, während bei der zweiten Gruppe diese Veränderungen offenbar nicht dauerhaft sind, sondern über Reize aus der Körperperipherie aufrechterhalten werden. Die von uns gezeigte corticale Reorganisation bei Arm- und Handamputierten ist als Folgeerscheinung der Amputation und der Schmerzen davor zu sehen. Die plastischen Veränderungen am somatosensorischen Cortex sind Ausdruck eines Schmerzgedächtnisses. Die

160 Die Hand – Werkzeug des Geistes

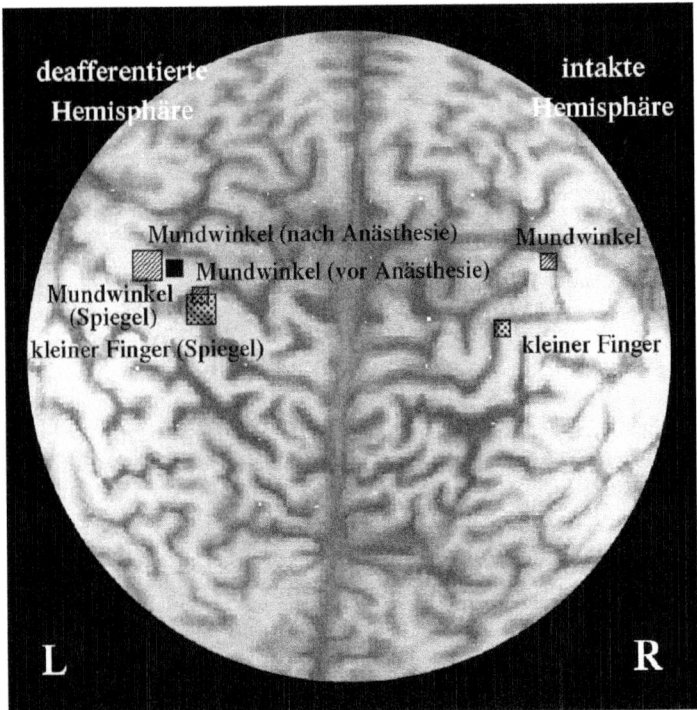

5.4 Corticale Repräsentation der Mundwinkel vor und nach der axillären Plexusanästhesie bei einer Phantomschmerzpatientin mit einer Amputation der rechten Hand, die durch die Plexusanästhesie schmerzfrei wurde. Die rechte Hand ist am somatosensorischen Cortex links auf der Hemisphäre repräsentiert, die linke gesunde Hand auf der rechten, intakten Hemisphäre. Man bezeichnet in diesem Zusammenhang die linke Hemisphäre auch als deafferentiert, da sie durch die Plexusblockade keinen sensorischen Input erhält. Vor der Plexusblockade ist die Repräsentation des Mundwinkels (kleines schraffiertes Quadrat) auf der deafferentierten Hemisphäre in Richtung Fingerareal verschoben. Das Areal des kleinen Fingers der deafferentierten Seite (großes gepunktetes Quadrat) ist als Referenzpunkt von der intakten Hemisphäre gespiegelt (kleines gepunktetes Quadrat); Gleiches gilt für das Areal des Mundwinkels (gespiegelt: großes schraffiertes Quadrat). Nach der Plexusblockade wanderte die Repräsentation des Mundwinkels wieder an ihren angestammten Platz zurück (schwarzes Quadrat). Gleichzeitig tritt eine deutliche Reduktion der Phantomschmerzen ein.

durch peripher ansetzende Therapieverfahren (zum Beispiel Betäubung mit Regionalanästhesie) nicht zu beeinflussenden Phantomschmerzen in Kombination mit bleibender Reorganisation könnten erklären, warum bei vielen Patienten Therapiemaßnahmen, die ausschließlich an der Peripherie ansetzen, versagen.

Unterstützt werden diese Annahmen durch Donald Hebbs synaptische Theorie spezifischer Gedächtnisinhalte. Der Phantomschmerz könnte als Beispiel für einen spezifischen Gedächtnisinhalt, als Engramm (wie etwa die Erinnerung an das Gesicht einer befreundeten Person), interpretiert werden. Für die Speicherung eines spezifischen Gedächtnisinhalts sind neuronale Zellensembles erforderlich. Bestimmte Erregungskonstellationen passieren die Aufmerksamkeitsfilter des Zentralnervensystems und lösen in diesen Zellensembles kreisende Erregungen aus, die die Grundlage für anhaltende strukturelle synaptische und zelluläre Veränderungen darstellen. Anzahl und Stärke der Verknüpfungsstellen zwischen den Zellen ändern sich. Die strukturellen synaptischen Veränderungen können entweder durch Sprossen neuer Synapsen oder durch Aktivierung stiller oder gehemmter Synapsen entstehen (Birbaumer 1996).

Die Geschwindigkeit, mit der sich die Verschiebungen auf der neuronalen Landkarte vollziehen, macht eine Erweiterung von Hebbs Ideen notwendig. Man nimmt inzwischen an, daß die Bildung von Zellensembles nicht nur ein Prozeß ist, der der dauerhaften Speicherung von Informationen dient, sondern daß es schon bei raschen Signalverarbeitungsprozessen zur Bildung von Zellensembles kommt. Die NMDA-Synapse, die wir im Zusammenhang mit den Umbauvorgängen am Rückenmark kennengelernt haben (siehe Seite 154), scheint die notwendigen Voraussetzungen für eine schnelle Veränderung der Weichenstellungen zwischen Nervenzellverbänden zu besitzen. Die Leistungen des Nervensystems sind aus dieser Sicht nicht das Resultat einer reflexartigen Signalverarbeitung durch ein starres vorprogrammiertes Netz, wie Descartes glaubte, sondern das Produkt von Selbstorganisationsprozessen in einem dynamischen System, das die neuronale Architektur ständig selbst generiert (Flohr 1996).

Da die corticale Plastizität auch im Alter erhalten bleibt, könnten sich zukünftig neue therapeutische Möglichkeiten vielleicht auch für diejenigen Phantomschmerzpatienten ergeben, bei denen keines der bisher gebräuchlichen Verfahren zufriedenstellende Ergebnisse zeigt. Einer der wichtigsten Ansätze dazu ist die weitere Erforschung der Rolle der NMDA-Rezeptoren und der beteiligten Synapsen, deren Bedeutung für die zentralnervöse Informationsverarbeitung nicht geklärt ist. Die Entwicklung von Antagonisten dieser Rezeptoren, die nicht die angesprochenen Nebenwirkungen haben, ist nach dem augenblicklichen Stand des Wissens für die zukünftige Therapierbarkeit derjenigen Schmerzsyndrome, bei denen das schmerzleitende System selbst gestört ist – also alle sogenannten neuropathischen Schmerzsyndrome –, von großer Bedeutung.

Resümee

Nach allem, was man bisher über die Entstehung von Phantomempfindungen weiß, sind sie ein exzellentes Beispiel dafür, wie sensorische Einflüsse aus der Peripherie des Körpers die Architektur unseres Gehirns prägen können. Die abgetrennte Hand hinterläßt ihre Spuren, nicht nur äußerlich sichtbar, sondern bis hinein in die mikroskopischen und molekularen Strukturen des zentralen Nervensystems. Die vielfältigen Mechanismen, die für das Entstehen einer so seltsamen Erscheinung wie der Phantomhand verantwortlich sind, haben wir noch lange nicht bis ins Detail verstanden. Aber vermutlich wird ihre weitere Erforschung noch viele überraschende Aspekte des Zusammenspiels zwischen Hand und Hirn, zwischen dem Körper und seinem zentralen Steuerungsorgan zu Tage bringen.

Dank. *Dieser Beitrag entstand mit Unterstützung des* fortüne-*Programms (Projekt Nr. 459) der Eberhard-Karls-Universität Tübingen (Sabine Töpfner) und der Deutschen Forschungsgemeinschaft (Niels Birbaumer).*

*m*anche meinen / lechts und rinks / kann man nicht / vel wechsern / werch ein illtum!« Dieses Gedicht des Sprachspielers Ernst Jandl läßt die Untiefen der Händigkeitsforschung erahnen. Vordergründig begegnen wir der Tatsache, daß die meisten Menschen zwei Hände besitzen, wobei jedoch nur die eine, die Vorzugshand, geschickt und stark ist, während sich die andere im Alltag oft linkisch gebärdet. Warum ist die linkische so selten die rechte?

Rechts und links scheinen deutlich unterschieden zu sein. Bohrt man allerdings ein wenig tiefer, verlieren diese Unterschiede ihre scharfe Kontur, und man beginnt, den Hintersinn des Dichterwortes zu begreifen. Ganz so offensichtlich sind die Asymmetrien nicht, und es drängt den neugierigen Forscher, seine nuancierten Befunde zu erklären. Beim Greifen, beim Werken und beim Musizieren hat das Gehirn immer seine Finger im Spiel. Hilft es uns auch, das Phänomen der Händigkeit zu erhellen? Eine verräterisch einfache Lösung will sich aufdrängen. Schließlich besitzt das Gehirn zwei verschiedene Hälften. Könnten diese ihre Verschiedenartigkeit nicht in einem geheimnisvollen Mechanismus auf die Hände übertragen? Doch mit den Hemisphären verhält es sich ähnlich wie mit den Händen: »lechts und rinks kann man nicht velwechsern!«

Rechts ist da, wo im Gehirn links ist?

Von Bruno Preilowski

Darüber, was den Menschen einzigartig unter den Lebewesen macht, ist viel und heftig gestritten worden: Werkzeuggebrauch, Sprache, Kultur, Empathie, Moral, Gewissen, Bewußtsein – also die Fähigkeit zur Selbstreflektion – oder die Möglichkeit, aus der Vergangenheit zu lernen und zukünftiges Verhalten zu planen, standen bereits zur Diskussion. Eine genauere Betrachtung läßt viele dieser Eigenschaften jedoch nicht unbedingt als prinzipielle Unterschiede zwischen Menschen und anderen Tieren gelten. Die vergleichende Verhaltensforschung kann nämlich auf erstaunliche Eigenschaften von Tieren verweisen und – nicht nur bei anderen Primaten – auch solche aufzeigen, die wir gern nur dem Menschen zugestehen möchten. Das, was uns vielleicht als einziges bleibt (abgesehen von einigen eher negativen Eigenschaften), erscheint nicht besonders aufregend, nämlich die genetische Prädisposition für Rechtshändigkeit.

In allen bekannten Kulturen dieser Welt und zu allen uns durch Bilder, Schriften oder Artefakte zugänglichen Zeiten der Menschheitsgeschichte gab und gibt es im Durchschnitt etwa 90 Prozent Rechtshänder – eine Verhaltensasymmetrie, die wir in dieser Form bei keiner anderen Art finden. Wie gesagt, eigentlich nichts besonders Aufregendes, wäre da nicht der noch immer rätselhafte Zusammenhang von Händigkeit und asymmetrischer Hirnigkeit – die geheimnisvolle Beziehung zwischen einer äußerlich sichtbaren, scheinbar einfach strukturierten Verhaltensasymmetrie und anderen im Schädel verborgenen morphologischen und funk-

---

☞

6.1 Mit rechts zeigen, was man mit links sagt (und denkt)? Oder vice versa? Statistisch gesehen wird beim Sprechen die rechte Hand häufiger und stärker bewegt als die linke. Auch die Rednerpose des Tonfigürchens aus der Zeit der Maya (Bildmitte) scheint von dieser Erfahrung geprägt zu sein. Sprachbegleitende Gestik findet man schon bei Kindern in der Phase der Ein-Wort-Sprache, und blind geborene Kinder zeigen die gleichen typischen Gesten wie ihre sehenden Altersgenossen. Sprache und Gestik sind also hör- und sichtbare Repräsentationen einer Idee. Wieviel an Information über eine Idee wird jeweils in der einen oder anderen Modalität ausgedrückt? Welche Interaktionen finden zwischen den beiden Ausdrucksformen während der Entwicklung statt, und welche Rolle spielt dabei die Händigkeit? Kann die Gestik der Sprachentwicklung des Kindes oder der Rehabilitation von Sprachstörungen förderlich sein? Woher kommt dieser Zusammenhang von Sprache und Handbewegung, der sich ja auch in Worten wie aufzeigen, begreifen und so weiter widerspiegelt? Das sind nur einige der vielen noch offenen Fragen. Wie auch über den Zusammenhang von Händigkeit und Hirnigkeit gibt es zu Gestik, Händigkeit und Sprache viele plausible Erklärungsansätze, aber nur sehr wenig handfeste Beweise.

6. Rechts ist da, wo im Gehirn links ist? 165

Redner Collage 1, 1998, BP

tionellen Asymmetrien des Gehirns, die das organische Substrat unserer Fähigkeiten und unserer Persönlichkeit darstellen. Diese möglichen Zusammenhänge sind nicht nur für die sogenannte differentielle Psychologie interessant, also für den Bereich der Psychologie, der sich mit individuellen Unterschieden beschäftigt. Auch für andere Bereiche sind sie von großer potentieller Bedeutung. So etwa für die Pädagogik und Psychologie von Kindern und Jugendlichen oder für die neuropsychologische Rehabilitation von Hirngeschädigten. Beispielsweise geht es um die Entwicklung von Händigkeit und asymmetrisch repräsentierten Gehirnfunktionen, insbesondere von Sprache und Wahrnehmung. Es geht auch um Fragen nach dem Einfluß von erzwungenen Veränderungen in der Händigkeit und insgesamt natürlich zur Links- und Beidhändigkeit. Welche Rolle spielen hier genetische und sozialkulturelle Einflüsse? Unterscheiden sich Linkshänder tatsächlich in typischer Weise bezüglich ihrer Persönlichkeit, Kreativität oder gar Lebenserwartung? Gibt es eine normale Händigkeit als Ausdruck eines normalen Gehirns und umgekehrt? Kann ich gar über die Benutzung der nicht bevorzugten Hand ein brachliegendes Potential meiner Gehirnfunktionen aktivieren?

Ziel dieses Beitrags wird es sein, die oft auf der Basis grober Vereinfachungen und in Form von Indizienbeweisen konstruierten Zusammenhänge auf die wissenschaftlichen Grundlagen zurückzuführen sowie korrelative und kausale Zusammenhänge deutlich voneinander abzugrenzen. Damit werden die Antworten nicht immer so eindeutig und griffig ausfallen, wie man es für die erzieherische und therapeutische Praxis gerne hätte. Einfache Antworten ergeben sich aber, was die Hirnforschung und das menschliche Verhalten angeht, zumeist sowieso nur für triviale und darüber hinaus uninteressante Phänomene; und das ist die Händigkeit mit Sicherheit nicht.

Was die Struktur dieses Kapitels angeht, so wird sich der erste Teil im weitesten Sinne mit Definitionsfragen beschäftigen – zunächst zur Händigkeit, danach zur Hirnigkeit. Es geht dabei nicht nur um Begriffsklärungen. Vielmehr ist diese umfassende Diskussion in mehrfacher Hinsicht besonders wichtig. Auf der einen Seite zeigt sich hier der Bezug von Händigkeit und Hirnigkeit zu einer Vielzahl von Bereichen des täglichen Lebens und illustriert so die Bedeutung und Attraktivität des Themas. Aber gleichzeitig soll auch erkennbar werden, welche grundlegende Bedeutung Definitionsfragen haben, und welche Schwierigkeiten damit verbunden sind. Zum anderen wird auf Definitionsprobleme so ausführlich eingegangen, weil sie ein Hauptgrund für die vielen widersprüchlichen Befunde und fehlenden Antworten auf scheinbar einfache Fragen sind. Im wesentlichen soll hier gezeigt werden, daß Händigkeit und Hirnigkeit zu oft in unzulässiger Weise vereinfacht werden. Am problematischsten ist es, wenn Händigkeit und Hirnigkeit nur in Gegensatzpaaren definiert werden, also auf der einen Seite nur zwischen Rechts- und Linkshändigkeit sowie andererseits nur zwischen links- oder rechtshirnigen Funktionen unterschieden wird.

Schließlich soll diese Diskussion auch eine Grundlage zur adäquaten Beurteilung von Befunden schaffen, die im zweiten Teil referiert werden.

Diese Daten betreffen den oben genannten möglichen Zusammenhang zwischen Händigkeit und verschiedenen individuellen Verhaltens- und Leistungsunterschieden. Insgesamt wird versucht, die biologische Dimension von Händigkeit und Hirnigkeit zu betonen, wobei sich durch vergleichende Untersuchungen Ansätze zu einer Konsolidierung der sehr heterogenen Befunde ergeben.

Händigkeit und Hirnigkeit – zwei Schlagwörter genauer betrachtet

Die Händigkeit des Menschen ist eine der offensichtlichsten Verhaltensasymmetrien und wie jedes Verhalten ein Ausdruck von Aktivitäten des Gehirns. Sobald man aber versucht, die Beziehungen zwischen diesem Verhalten und den Gehirnfunktionen näher zu analysieren, scheint sich das scheinbar so robuste Phänomen zu verflüchtigen. Ähnlich sieht es mit anderen funktionellen Asymmetrien des Gehirns aus, die mit der Händigkeit in Beziehung gebracht werden. Und so kommt es, daß wir auf so wichtige Fragen wie beispielsweise die, ob die Richtung und der Ausprägungsgrad der Händigkeit für die Entwicklung von Sprache und Denken von Bedeutung sind, immer noch keine eindeutigen Antworten geben können.

Mehrere Erklärungen dieses scheinbaren Widerspruchs bezüglich der Händigkeit – zwischen Offensichtlichkeit einerseits und Flüchtigkeit auf der anderen Seite – sind möglich. Zum einen spricht vieles dafür, daß sowohl die Händigkeit als auch die anderen funktionellen Asymmetrien, beispielsweise in sprachlichen oder räumlich-perzeptuellen Funktionen, im Grunde auf sehr geringen und subtilen Unterschieden in den Funktionen beider Gehirnhälften basieren. Es scheint eher die Art der Befunderhebung zu sein, die uns viel größere Unterschiede suggeriert. Sobald eine kategorische Einteilung – in diesem Falle also in Rechts- oder Linkshändigkeit – vorgenommen wird, verliert man schnell die Größenordnungen der Unterschiede aus den Augen.

Tatsächlich sind die Leistungsunterschiede zwischen den Händen nicht sehr groß und eher normal verteilt. Das bedeutet, entsprechend einer glockenförmigen Verteilung gibt es nur relativ wenige extreme Links- und Rechtshänder; die meisten Personen findet man im mittleren Bereich der Verteilung. Aufgrund der Tatsache, daß die meisten Händigkeitsdaten jedoch mit Fragebogen oder Prüfungen erhoben werden, bei denen jeweils nur die Benutzung der einen oder anderen Hand zum Tragen kommt, ergibt sich dann das Bild einer extremen J-förmigen Verteilung, von 80 bis 90 Prozent Rechtshändern und einem kleinen Rest von Linkshändern (Abbildung 6.2).

Die Faszination des Themas Händigkeit hat sicher auch etwas mit seiner historischen und kulturellen Dimension zu tun. Zum Beispiel ergab ein Vergleich von Kunstwerken, die innerhalb von circa 5 000 Jahren auf den verschiedenen Kontinenten entstanden, daß über alle Jahrhunderte und geographischen Entstehungsorte hinweg immer um die 90 Prozent (plus/minus einiger weniger Prozentpunkte) „rechtshändige" Abbildungen gefunden werden (Coren und Porac 1977). Tatsächlich entsprechen die Beobachtungen in der abbildenden Kunst auch sehr genau den Statistiken über die Händigkeit, die mit den verschiedensten Tests und Fragebogen erhoben werden.

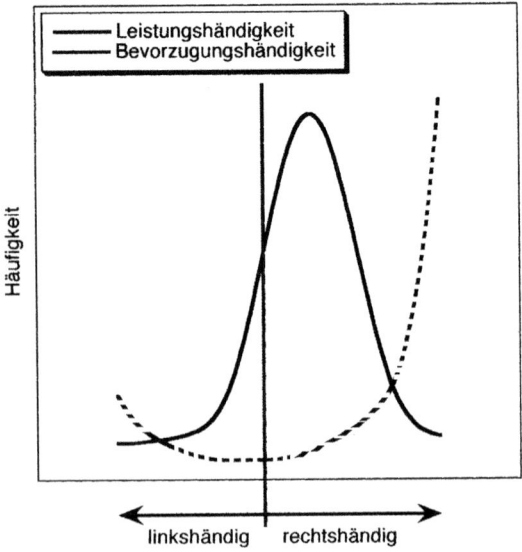

6.2 Häufigkeitsverteilungen von Bevorzugungs- und Leistungshändigkeit. Während die Bevorzugungshändigkeit eine extreme Überzahl von Rechtshändern gegenüber Beidhändern und Linkshändern zeigt, scheint die Verteilung der Leistungshändigkeit normal zu sein. Aber der Mittelpunkt dieser Normalverteilung ist nach rechts verschoben. Die meisten Menschen werden also bessere Leistungen mit der rechten Hand erbringen, und nur relativ wenige wird man aufgrund von Leistungsvergleichen als extreme Links- oder Rechtshänder bezeichnen können.

Aus der Kunst erfahren wir über die Händigkeit sowohl etwas über die kulturellen und religiösen als auch über die alltäglichen Aspekte dieses Phänomens. Dabei wird deutlich, daß in allen Kulturen die rechte Hand wie auch generell die rechte Seite als gut, stark, aktiv, sauber, edel, heilig, ja, auch als männlich angesehen wird, während links eher mit dem jeweiligen Gegenteil verbunden ist. Ein Vorurteil, das wir ebenso in den Sprachen der Welt reflektiert finden. In fast allen hat das Wort für „links" eine negative Bedeutung: *link, linkisch, gauche, sinister* ... Und es gibt scheinbar auch kein traditionelles Sprichwort, in dem der jeweilige Begriff für „links" mit einer positiven Aussage verbunden wäre. *Rechts, recht, dexter, droit* ... hingegen sind immer positiv besetzt.

Kulturelle Vorstellungen und Ansichten zur Händigkeit führten nicht nur zur Dominanz der rechten Hand in der Kunst, sondern entfalten darüber hinaus bis heute einen großen Einfluß, beispielsweise auch auf die Händigkeitsforschung und – indirekt – auf die Händigkeitsstatistiken. Dies gilt vor allem für Untersuchungen, die die Händigkeit mit Hilfe von Fragebogen erheben.

Händigkeit kommt in vielen Formen vor

Was also ist nun Händigkeit wirklich? Hier geht es uns wie mit anderen psychologischen Konstrukten: *Die* Händigkeit gibt es nicht. Bereits auf der Verhaltensebene können wir zwischen mehreren Formen der Händigkeit unterscheiden, insbesondere zwischen einer *Bevorzugungshändigkeit* und einer *Leistungshändigkeit*. Beide stimmen durchaus nicht immer überein. Vor allem bei (Bevorzugungs-)Linkshändern, aber auch bei etwa 25 Prozent der Personen, die ansonsten die Benutzung der rechten Hand vorziehen, findet man bei bestimmten Tätigkeiten bessere Leistungen mit der nicht bevorzugten Hand.

Teilweise gibt es darüber hinaus noch eine Differenzierung, daß bestimmte Tätigkeiten mit der einen Hand schneller und mit der anderen genauer ausgeführt werden. Letzteres könnte übrigens als Grundlage der Definition einer funktionellen Händigkeit – also jeweils bezogen auf spezifische Leistungen – dienen. Andererseits wird auch allgemeiner von *Handdominanz* gesprochen. Dies impliziert die Annahme einer allgemeinen Überlegenheit einer Hand, die eine Extrapolation über die tatsächlich beobachtete Differenzierung der Hände hinaus darstellt. Hier deutet sich bereits an, daß es letztlich nicht um Eigenschaften geht, die dem Ausführungsorgan Hand, sondern eher dem steuernden Nervensystem beziehungsweise dem Gehirn zugeschrieben werden.

170 Die Hand – Werkzeug des Geistes

Die Beziehung der Händigkeit zu Gehirnfunktionen bildet daher den eigentlichen Kern der Händigkeitsproblematik. Um Gehirnfunktionen geht es beispielsweise auch, wenn wir verschiedene Formen der Händigkeit nach der Art der untersuchten oder vermuteten Fähigkeiten unterscheiden. Sie spielen ebenso eine wesentliche Rolle, wenn man entscheiden muß, ob nur die momentane Präferenz und die augenblicklich festzustellende Leistung berücksichtigt wird oder ob versucht werden soll herauszufinden, zu

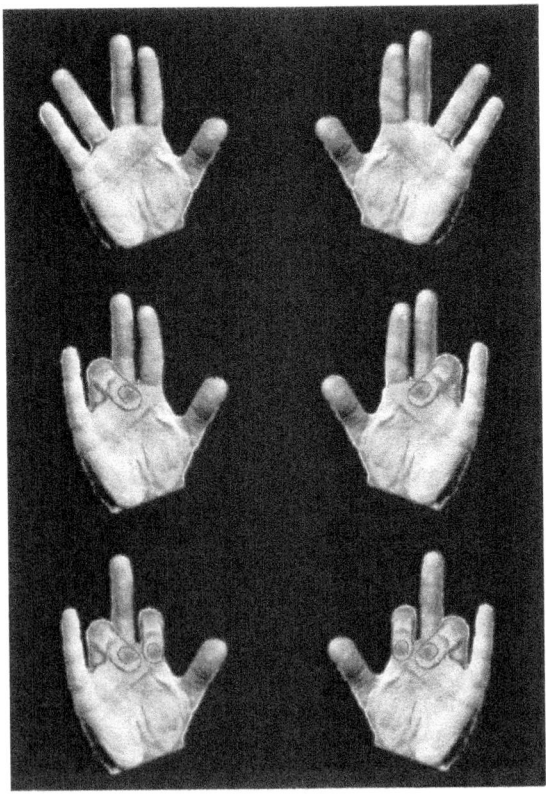

6.3 Wo Rechtshänder besser mit der linken Hand zurechtkommen. Bestimmte Fingerstellungen können die meisten Rechtshänder mit der linken Hand schneller und genauer reproduzieren als mit ihrer bevorzugten Hand. Bei Linkshändern ist bei diesen Aufgaben kein eindeutiger Unterschied feststellbar. Die Abbildung zeigt einige typische Fingerstellungen, die bei diesen Untersuchungen verwendet wurden.

welcher Leistung jemand mit der einen oder anderen Hand fähig ist – also, mit welcher er schneller eine Fertigkeit erwerben oder längerfristig ein höheres Leistungsniveau erreichen kann. Für welche Definition man sich entscheidet, hängt letztlich davon ab, zu welchem Zweck man etwas über die Händigkeit einer Einzelperson oder einer Gruppe erfahren will.

Bei einer Gruppenuntersuchung könnte es zum Beispiel darum gehen, eine ermüdungsfreie Arbeitsplatzsituation zu schaffen. Oder es könnte die Plazierung eines Bedienungselements betreffen, das nur selten, vielleicht nur in einem Notfall, dann aber so schnell und so leicht wie möglich mit einer Hand bedient werden soll. Im ersten Fall würde man also vielleicht versuchen herauszufinden, mit welcher Hand eine bestimmte Arbeit über längere Zeit hinweg mit dem geringsten Aufwand ausgeführt werden kann. Hier geht es also vor allem um Langzeiteffekte der Handbenutzung beziehungsweise um Fragen nach der Kapazität für Fertigkeiten, die eventuell durch Training erst erworben werden müssen. Hingegen wird man sich im Fall der seltenen Notfallreaktion wahrscheinlich eher bemühen zu ergründen, welche Hand mit größerer Wahrscheinlichkeit gewissermaßen instinktiv benutzt wird, um den Schalter umzulegen oder zu drehen. Damit wird also deutlich, daß sich je nach Zielsetzung das Augenmerk auf die Bevorzugungs- oder die Leistungshändigkeit richtet.

Interessant ist nun, daß die Händigkeit in der Ergonomie offensichtlich keine Rolle zu spielen scheint, obwohl einige Untersuchungen dies durchaus nahelegen (zum Beispiel Chapanis und Gropper 1968; Garonzik 1989). So ist das Stichwort „Händigkeit" in den entsprechenden Lehrbüchern überhaupt nicht zu finden. Analysen von Arbeitsabläufen und Bewegungsstudien machen keinen Unterschied dahingehend, mit welcher Hand eine Tätigkeit auszuführen ist. Entsprechend finden wir beispielsweise im Bereich der Technik eine Auslegung der Bedienelemente, die – im Gegensatz zur Beachtung von sensorischen beziehungsweise Wahrnehmungsgesichtspunkten – keinerlei Rücksicht auf die Händigkeit nimmt. Entscheidend sind offensichtlich vielmehr traditionelle, technische und Kostengesichtspunkte. Also müssen die Engländer in ihren Autos mit der linken Hand schalten, und wir Kontinentaleuropäer können die rechte Hand benutzen, müssen dabei aber mit der linken Hand lenken. Im Cockpit eines Verkehrsflugzeugs hängt die Bedienungshand in ähnlicher Weise davon ab, wo der Bediener sitzt; ob er also vom Sitz des Piloten oder des Copiloten aus arbeitet (Abbildung 6.4). Während früher noch einer der beiden, bei Übernahme bestimmter Bedienarbeiten durch den Kollegen oder die Kollegin, das jeweils zentral vor den Sitzen angebrachte Steuerhorn mit beiden Händen oder mit der bevorzugten Hand bedienen konnte, sind in den neuesten Typen nur noch spielzeuggroße Joysticks zu finden,

6.4 Airbus A319-Cockpit mit seitlich angebrachten Steuerhebeln (Joysticks beziehungsweise Sidesticks), die – je nach Sitzposition – entweder nur mit der linken oder der rechten Hand bedient werden können.

die jeweils an den Seiten so angebracht sind, daß man sie im linken Sitz nur mit der linken Hand und im rechten nur mit der rechten Hand bedienen kann. In der Industrie scheint man also nicht so recht an wirkliche oder tiefgreifende Unterschiede zwischen rechter und linker Hand zu glauben.

Die Diskussion über die praktische Bedeutung der Händigkeit und damit außerdem über eine brauchbare Definition ist auch in einem ganz anderen Zusammenhang zu finden, nämlich im Versorgungs- und Versicherungswesen. In der Bundesrepublik Deutschland geht man beispielsweise davon aus, daß jeder Verlust einer Hand – ob rechts oder links – gleich zu bewerten ist. Lediglich im Rahmen der gesetzlichen Unfallversicherung wird in der Rechtsprechung und bei der Begutachtung zwischen einer Gebrauchs- und einer Hilfshand unterschieden und bei einer Verletzung der linken Hand nach den MdE-Tabellen (MdE, Minderung der Erwerbsfähigkeit) fünf bis zehn Prozent weniger anerkannt. Angesichts der Behinderung, die wir auch bei den banalsten Tätigkeiten, beispielsweise bei der Körperpflege, empfinden, wenn wir einmal unsere gewöhnlich benutzte Hand aus irgendeinem Grund nicht verwenden können, scheint es eigentlich gerechtfertigt, noch viel größere Unterschiede in der Bewertung der Hände vorzunehmen. Aber erstaunlicherweise ist es nach Meinung der meisten der in der Rehabilitation Tätigen tatsächlich so, daß nach einem Verlust der bevorzugten Hand deren Fertigkeiten mit der anderen Hand relativ schnell (wieder)erworben werden können. Einschränkend muß man aber hinzufügen, daß es hierzu keine überzeugende Forschung gibt.

Das eigentliche Argument für die Gleichbehandlung der rechten und der linken Hand bei einem Verlust ist, wenn man die Begutachtungsdiskussion näher betrachtet, in Wirklichkeit ein ganz anderes: Es ist die Erkenntnis, daß es sich bei der Händigkeit um ein zu komplexes Phänomen handelt; daß die »notwendigen Zusatzgutachten aufgrund Zeitaufwand, Kosten und zusätzlicher neuer Fehler- und Verwechslungsmöglichkeiten als völlig unbrauchbar« angesehen werden; daß es darüber hinaus »trotz größter Bemühungen schwierig, wenn nicht unmöglich ist, die wirkliche Händigkeit zu bestimmen, was in der Vergangenheit häufig zu ungerechten Beurteilungen im Rahmen der Begutachtung geführt hat«; und daß man also »dem Ärger mit diesem Problem am besten gleich dadurch entgeht, daß man bei der Einschätzung der MdE an den oberen Extremitäten keine Seitenunterschiede macht« (Mollowitz 1993, S. 338–339). Tatsächlich bedarf im Einzelfall das Problem der Definition und der Messung der Händigkeit – und nicht nur, wenn es um die nachträgliche Beurteilung der Händigkeit geht – besonderer Überlegung.

Methoden der Händigkeitsbestimmung

Wie bereits erwähnt wurde, ist die Zielsetzung der Händigkeitsbeurteilung oft mit der Frage nach den zugrundeliegenden Hirnfunktionen verbunden. Entsprechend sollten die Methoden der Händigkeitsbeurteilung eher auf die Erfassung dieser Hirnfunktionen ausgerichtet sein. Das aber stellt sich als ein recht schwieriges Unterfangen dar. Der Grund hierfür liegt einfach darin, daß wir gar nicht genau wissen, wie das Gehirn Handbewegungen steuert. Vor allem bezüglich der für die Händigkeit besonders wichtigen Frage, welche sensomotorischen Funktionen jeweils nur von einer und welche von beiden Gehirnhälften gesteuert werden, gibt es sehr widersprüchliche Antworten.

Wie auch in anderen Kapiteln dieses Buches nachzulesen ist, müssen wir uns von der Vorstellung einseitig lokalisierter Funktionen verabschieden. Vielmehr sind beide Körperhälften sensorisch wie motorisch in vielfältiger Weise in den beiden Hälften unseres Nervensystems repräsentiert, und diese beiden Hälften wiederum interagieren auf den verschiedensten Ebenen in noch völlig unverstandener Manier. Wir haben also im Augenblick keine Möglichkeit, die Gültigkeit bestimmter Händigkeitsprüfungen aufgrund funktioneller neuroanatomischer Kenntnisse zu bewerten. In der Großhirnrinde kann man zwar Asymmetrien in den motorischen Repräsentationen finden, die mit einer bevorzugten Handbenutzung korrelieren. Dies gilt aber nur für einen geringen Teil einer größeren Anzahl von Hirnarealen, die an der Motorik beteiligt sind. Darüber hinaus sind diese corticalen Asymmetrien kurzlebig und verschwinden, wenn ein bestimmter Grad der Perfektion der ausgeführten Bewegungen erreicht ist. Es ist zu vermuten, daß die corticalen Asymmetrien nur einen momentanen Zustand wiedergeben, der nicht in jedem Fall grundlegende Asymmetrien des motorischen Systems widerspiegelt.

Und wie sieht es auf der Ebene der Verhaltensbeobachtung aus? Welche Tätigkeiten haben sich in den Händigkeitsuntersuchungen der letzten Jahrzehnte als besonders aussagekräftig erwiesen? Erwarten würde man vor allem die Untersuchung bestimmter Fingerfertigkeiten, die am ehesten von nur einer Hemisphäre kontrolliert werden. Darüber hinaus sollten es solche sein, deren Beurteilung noch nicht durch Übung mit der einen oder anderen Hand überlagert ist. Aber dies ist nicht der Fall. Im wesentlichen finden sich auf der Liste für Erwachsene Schreiben, Schneiden mit einem Messer, Suppelöffeln, Einschlagen eines Nagels und gezieltes Werfen. Also alles Tätigkeiten, die eindeutig durch Erfahrung geprägt sind.

Eine ganze Reihe von Untersuchungen deutet darauf hin, daß die Ergebnisse von Händigkeitstests ab einem bestimmten Alter, soweit sie auf Bevorzugungsmessungen basieren, vor allem durch Lernen und Erfahrung und damit durch kulturelle Einflüsse geprägt sind. Wir sind Gewohnheitstiere, und wie unser gesamtes Verhaltensrepertoire durch Wiederholung geschliffen und ökonomisiert wird, werden wir auch nicht jedes Mal von neuem erforschen, mit welcher Hand wir vielleicht die bessere Leistung erzielen könnten. Als erinnernde, denkende und planende Wesen werden wir möglichst sofort die Hand benutzen, mit der wir bisher die besten Erfahrungen gemacht haben. Bei Tieren, die ebenfalls ausgeprägte Handbevorzugungen zeigen, findet man beispielsweise keine solche Generalisierung der Bevorzugungen. Vielmehr erwiesen sich die Handbevorzugungen von Tieren in den meisten seriösen Untersuchungen als sehr situationsspezifisch und wechselten oft von einer zur anderen Testsituation. Aber dazu später mehr.

Die extreme Verteilung und der fehlende direkte Bezug zu einer hirnanatomisch begründeten Händigkeit wiederum bedeutet, daß die solchermaßen gemessene Bevorzugungshändigkeit eine recht wackelige Basis für weitergehende Schlußfolgerungen darstellt. Widersprüchliche Ergebnisse über Zusammenhänge zwischen Händigkeit und verschiedenen anderen Leistungs- und Persönlichkeitsvariablen oder genetischen Modellen sind teilweise darauf zurückzuführen.

Obwohl es – wie bereits erwähnt – für bestimmte Fragestellungen durchaus sinnvoll ist, die Bevorzugungshändigkeit zu bestimmen, muß zur Beantwortung aller Fragen, die Beziehungen zu Hirnfunktionen oder die Bestimmung von Zusammenhängen zwischen Händigkeit und Hirnigkeit betreffen, die Leistungshändigkeit gemessen werden; das bedeutet, es müssen Leistungs- beziehungsweise Kapazitätsdaten erhoben werden. Solange hierfür nur wenige Testdurchgänge durchgeführt werden können, ist es natürlich nicht möglich, die Grenzen der Leistungsfähigkeit festzustellen. In solchen Fällen ist es besonders wichtig, daß die erhobenen Leistungsdaten nicht durch vorhergegangene Übung verfälscht wurden. Da langwierige Tests zur Bestimmung der Leistungsfähigkeit sehr aufwendig sind und den untersuchten Personen, insbesondere wenn es sich um Kinder handelt, oft nicht zugemutet werden können, stellt auch die Bestimmung der Leistungshändigkeit in der Praxis oft einen Kompromiß dar.

Ein typisches Beispiel für ein solches Verfahren ist der Händigkeitstest von Marian Annett (*peg-moving task*) (Annett 1985). Hierbei müssen Holzdübel aus den Löchern einer Leiste so schnell wie möglich in die einer zweiten, etwa 20 Zentimeter entfernten Leiste umgesteckt werden. Aus den über mehrere Durchgänge gemittelten Zeiten für die Durchführung mit der linken beziehungsweise der rechten Hand werden dann Differenzwerte berechnet. Damit ist also eine graduelle Differenzierung nach Leistungsunterschieden zwischen linker und rechter Hand möglich. Tatsächlich entsprechen die Verteilungen der erhaltenen Händigkeitswerte durchaus der Glockenkurve einer Normalverteilung. Allerdings ist der Mittelwert nach rechts verschoben. Das heißt, auch bezüglich der Leistungshändigkeit werden die meisten Personen eher dem rechtshändigen Lager zuzuordnen sein, aber im Gegensatz zu der Verteilung der Bevorzugungshändigkeit werden die wenigsten als extreme Links- oder Rechtshänder klassifiziert.

Ein weiterer, häufig verwendeter Test mißt die Geschwindigkeit beim sogenannten *tapping*. Hierbei wird gemessen, wie oft mit dem Finger oder der ganzen Hand innerhalb einer Zeitspanne ein Kontakt berührt wird. Während also im *peg-moving task* und ähnlichen Aufgaben neben der Geschwindigkeit auch eine Geschicklichkeitskomponente enthalten ist, geht es beim *tapping* nur um die motorische Geschwindigkeit. Dabei glaubt man, mit dieser Aufgabe den Einfluß von Lernen und Erfahrung weitestgehend ausgeschaltet zu haben. In der Praxis zeigt sich jedoch, daß dies nur annähernd der Fall ist.

Am gebräuchlichsten ist jedoch die Erhebung von Händigkeitsdaten per Fragebogen beziehungsweise einfacher Befragung. Für die einfache Kategorisierung in zwei Klassen genügt es vollkommen zu fragen, ob sich jemand als Rechts- oder Linkshänder einstuft. Weitere Fragen nach Tätigkeiten, die mit der rechten oder linken Hand durchgeführt werden, sind nur dann sinnvoll, wenn man eine eindeutigere Zuordnung zu den beiden Händigkeitskategorien erreichen möchte. Valide Zuordnungen zu mehr als zwei Händigkeitsgruppen sind aber auch mit noch so umfangreichen Fragebogen nicht möglich, da die Grenzen zwischen solchen Gruppen willkürlich sind.

Hirnigkeit, Lateralität und zerebrale Asymmetrie

Wie eingangs erwähnt, ist es der mögliche Zusammenhang zwischen der Händigkeit und dem Gehirn (Hirnigkeit) beziehungsweise zwischen der Händigkeit und einer umfassenderen Asymmetrie des menschlichen Verhaltens (Lateralität) oder der ihnen zugrundeliegenden Gehirnfunktionen (zerebrale Asymmetrie), der die eigentliche theoretische Bedeutung der Händigkeitsforschung ausmacht. Ohne diese Bedeutung von vornherein anzweifeln zu wollen, muß man doch festhalten, daß die allgemeine Faszination an dieser Beziehung vor allem auch daher rührt, daß man zu dem Glauben verleitet wird, man könne mit Hilfe der scheinbar offensichtlichen oder zumindest leicht festzustellenden Händigkeitsausprägung etwas über die uns im allgemeinen verborgenen Vorgänge in den Köpfen unserer Mitmenschen erfahren.

Nun hat die bisherige Diskussion hoffentlich gezeigt, daß eine Händigkeit, die einen eindeutigen Bezug zu Hirnfunktionen erlaubt, durchaus nicht offensichtlich oder leicht festzustellen ist. Und so wie ich glaubte, etwas ausholen zu müssen, um den Einfluß von Erfahrung und Erwartungen auf die Händigkeitsdefinition und auf die Messungen deutlich zu machen, möchte ich auch vorab auf einige Probleme in der Bewertung der Hirnigkeit beziehungsweise Lateralität eingehen, damit die später zu diskutierenden möglichen Zusammenhänge angemessener beurteilt werden können. In anderen Worten, es sollte bald offensichtlich werden, daß das Konzept der zerebralen Asymmetrie, wie das der Händigkeit auch, eine grobe Vereinfachung darstellt. Man wird also – schlicht gesagt – weder daran, wie jemand die Hände faltet oder die Arme überkreuzt, erkennen können, ob er besonders kreativ ist oder ob er eher sprachliche oder visuell räumliche Fähigkeiten besitzt.

Zur Begriffsklärung sei noch ergänzt, daß „Lateralität" mit der älteren Bezeichnung „Seitigkeit" identisch ist. Beide bezeichnen bilaterale Asymmetrien in der Struktur, der Funktion und im Verhalten von Lebewesen. Der Begriff der „zerebralen Asymmetrie" wird zwar oft mit „Lateralität" gleichgesetzt, bezieht sich aber auf die morphologische und funktionelle Asymmetrie des Nervensystems, genauer gesagt, des Gehirns, während „Lateralität" oder „Seitigkeit" auch andere seitenbezogene morphologische und funktionelle Asymmetrien nichtneuronaler Strukturen einschließt. „Hirnigkeit" ist ein sehr unschöner Begriff. Ich habe ihn eigentlich nur mit ins Spiel gebracht, weil er als Wortgebilde irgendwie besser zu „Händigkeit" paßt. In der Folge möchte ich aber nur von „Lateralität" oder „zerebraler Asymmetrie" sprechen. Der ebenfalls noch häufig verwendete Begriff der „Hirndominanz" ist, wie auch der der „Handdominanz", mehrdeutig und nicht sehr hilfreich. Er sollte daher, wenn überhaupt, nur in bezug auf ganz bestimmte genau und explizit definierte Funktionen benutzt werden.

Linkes Gehirn, rechtes Gehirn

Seit etwas über 100 Jahren haben wir aufgrund der systematischen Beobachtung von Patienten mit einseitigen Hirnschädigungen wissenschaftliche Hinweise auf funktionelle Unterschiede zwischen unseren beiden Gehirnhälften. So treten nach linksseitigen Verletzungen häufiger Störungen im sprachlichen Bereich auf als nach rechtshemisphärischen Schädigungen. Umgekehrt sind Störungen der räumlichen Orientierung häufiger nach rechts- als nach linksseitigen Hirnverletzungen zu beobachten. Andere Beispiele sind Beeinträchtigungen in der Ausführung von zweckmäßigen, durch verbale Aufforderung oder Vorbild definierte Bewegungen (Dyspraxien) nach linksseitigen Hirnläsionen und Probleme bei der Gesichtererkennung nach Schädigungen der rechten Gehirnhälfte.

Die Vielzahl sogenannter neuropsychologischer Störungen versuchte man, nach gewissen Charakteristika zu gruppieren und daraus allgemeinere, grundlegende Funktionsunterschiede zwischen den Gehirnhälften abzuleiten. So gibt es eine Reihe von Hinweisen darauf, daß die Arbeitsweise der linken Hemisphäre als seriell, analytisch und zeitkritisch angesehen werden kann, wohingegen die der rechten Hirnhälfte eher als parallel und ganzheitlich erscheint.

Im Laufe der Zeit entwickelte sich diese Tendenz zur dichotomen Charakterisierung der rechten und linken Gehirnfunktionen geradezu zu einer Art Dichotomanie. Die meisten Interpretationen dieser Dichotomie gehen nicht nur weit über die Tragweite der existierenden wissenschaftlichen Daten hinaus; sie spiegeln eigentlich eher unsere Neigung wider, in Gegensatzpaaren zu denken, also gewissermaßen die zwei Seelen aus unserer Brust in das Gehirn zu verlagern. Sie erwecken darüber hinaus auch den Eindruck, jede der Hemisphären könne nur das eine oder das andere, oder jede von ihnen sei jeweils allein für eine bestimmte Aufgabe zuständig. (Man erinnere sich, daß die Einteilung bei der Händigkeit in ähnlicher Weise die Tendenz zeigt, nur Links- und Rechtshänder zu unterscheiden.)

Als Begründung für die extreme Sicht der zerebralen Asymmetrie werden oft die Ergebnisse der sogenannten Split-Brain-Forschung aufgeführt. Es handelt sich hierbei um experimentelle Untersuchungen mit Patienten, die unter medikamentös nicht mehr zu beherrschenden epileptischen Anfällen litten, so daß man bei ihnen als letzten therapeutischen Versuch die direkte Nervenfaserverbindung zwischen den beiden Gehirnhemisphären durchtrennte. Aber es ist gerade das Verdienst der Forschergruppe um Roger Sperry, der 1981 für diese Arbeiten mit dem Nobelpreis ausgezeichnet wurde, gezeigt zu haben, daß Funktionen wie Sprache oder das Erkennen von Gesichtern nicht auf eine Hemisphäre beschränkt sind (Sperry und Preilowski 1972). Selbst wenn beispielsweise die linke Hemisphäre im Bereich der kommunikativen Sprache zu dominieren scheint, konnte man zeigen, daß die rechte Hemisphäre ebenfalls gewisse sprachliche Fähigkeiten besitzt. Und die linke Hemisphäre kann auch Gesichter erkennen, wobei aber scheinbar das Erkennen von einzelnen markanten Merkmalen im Vordergrund steht.

Selbst bei gesunden Versuchspersonen findet man Hinweise auf die Dominanz einer Hemisphäre. Dies ist beispielsweise beim dichotischen Hören zu beobachten. Hier wird beiden Ohren genau gleichzeitig unterschiedliches Hörmaterial dargeboten. Da beide Ohren mit beiden Gehirnhälften verbunden sind, ist von vorneherein keine Lateralisierung der Informationen möglich. Es zeigt sich nun zumindest in Gruppenvergleichen, daß sprachliche Materialien öfter und genauer wiedergegeben werden, wenn sie dem rechten Ohr dargeboten wurden. Reize, die gleichzeitig dem linken Ohr zugespielt wurden, werden hingegen öfter überhaupt nicht oder nur fehlerhaft erkannt beziehungsweise wiedergegeben. Andererseits führen bestimmte musikalische Reize, beispielsweise Akkorde, zu einer besseren und genaueren Erkennungsleistung mit dem linken Ohr.

Auch bei Untersuchungen im taktilen Bereich kann man Rechts-links-Unterschiede feststellen, die auf eine zerebrale Asymmetrie schließen lassen. Beispielsweise können Split-Brain-Patienten räumliche Strukturen von Objekten schneller und genauer identifizieren, wenn sie diese mit der linken Hand erfühlen. Bei gesunden Versuchspersonen kann man wiederum beide Hände gegeneinander arbeiten lassen und feststellen, daß beim gleichzeitigen Abtasten Mustervorgaben mit der linken Hand im Schnitt präziser und schneller erkannt oder zugeordnet werden können als mit der rechten. Die Ergebnisse dieser sogenannten dichaptischen Tests entsprechen denen früherer Untersuchungen über Händigkeitsunterschiede beim Lesen der Blindenschrift. Neuere Befunde weisen aber darauf hin, daß das Lesen der Brailleschrift sehr stark durch Lernen und Erfahrung geprägt ist. Außerdem wird es normalerweise mit den Fingern beider Hände ausgeführt. Wenn überhaupt Unterschiede zwischen rechts- und linkshändigen Leistungen von Braillelesern zu finden sind, dann sind diese von vielen Faktoren, wie beispielsweise dem Alter der Person, dem Grad der Lesefertigkeit und der Art der Aufgabe, abhängig. Die Forschung zu dieser Fragestellung zeigt geradezu beispielhaft, wie sich über die Zeit – und viele Experimente – hinweg die Beziehung der zerebralen Asymmetrie zu einer sensomotorisch-kognitiven Leistung – hier dem Braillelesen – als viel komplizierter herausstellt, als ursprünglich vermutet wurde.

Insgesamt finden sich also auch bei gesunden Versuchspersonen Hinweise auf vergleichbare lateralisierte Prozesse. Die Ergebnisse dieser experimentellen Untersuchungen deuten, wie die klinischen Erfahrungen, beispielsweise auf eine linkshemisphärische sprachliche Spezialisierung hin und auf eine rechtshemisphärische für räumliche Wahrnehmung und Orientierung. Allerdings sind die gemessenen Unterschiede sehr gering und oft nur als Mittelwerte größerer Gruppenuntersuchungen signifikant. Das bedeutet, daß viele der oben beschriebenen Methoden bei einzelnen Personen keine verläßliche und valide Aussage bezüglich der Ausprägung ihrer Lateralität zulassen. Wir müssen also auch davon ausgehen, daß viele Aussagen zur zerebralen Asymmetrie eine sehr starke Vereinfachung darstellen.

Es kann nicht deutlich genug hervorgehoben werden, daß unser Verhalten immer auf Funktionen beider Gehirnhälften basiert. Untersuchungen mit sogenannten bildgebenden Verfahren (die ihrerseits nicht ganz unproblematisch sind, was hier aus Platzgründen aber nicht weiter diskutiert werden kann) zeigen, daß auch bei den klassischen Asymmetrieaufgaben, wie beispielsweise bei den sprachlichen, die metabolische Aktivität in jeweils beiden Hemisphären ansteigt. Wie bereits aufgrund der Split-Brain-Forschung vermutet werden konnte, sind also auch an der Sprache beide Hemisphären beteiligt.

Die Komplexität dieser beidhemisphärischen Funktionen birgt viele Rätsel. Zum Beispiel die Frage, weshalb – trotz solcher geringen Unterschiede zwischen den Hemisphären in den Funktionen des gesunden Gehirns – bei einseitigen Läsionen so extrem unterschiedliche Funktionsausfälle auftreten können. Wir können hier durchaus eine Parallele zur Händigkeit sehen. Wie bei den Auswirkungen einseitiger Läsionen auf die kognitiven Funktionen, die unsere Vorstellung von der zerebralen Asymmetrie bestimmen, so finden wir auch bei der Händigkeit relativ große phänomenologische Unterschiede in der Handbenutzung. Aber sowohl die meßbaren Hemisphärenunterschiede in den kognitiven Funktionen wie auch die Leistungsdifferenzen zwischen rechter und linker Hand, die jeweils auf bedeutende Hirnfunktionsunterschiede im normalen gesunden Gehirn hinweisen würden, scheinen relativ gering zu sein. Eine mögliche Erklärung ist, daß es sich bei beiden Phänomenen – Händigkeit und zerebraler Asymmetrie – um Manifestationen ausbalancierter Systeme handelt. Wenn sie einerseits, wie bei der Händigkeit, durch Lernen und Erfahrungen und andererseits, wie bei neuropsychologischen Patienten, durch Hirnverletzungen aus der Balance gebracht werden, resultieren deutliche Asymmetrien, die aber nicht systemimmanent sind. Auf Untersuchungen, aus denen dieser Erklärungsansatz entstanden ist, werde ich später noch im Zusammenhang mit der Beschreibung von vergleichenden Forschungsansätzen näher eingehen.

Sind Händigkeit und zerebrale Asymmetrie nur zwei Erscheinungsformen des gleichen Phänomens?

Auf die Frage, ob Händigkeit und andere Formen der Lateralität unabhängige Phänomene darstellen, ob sie vielleicht dieselbe Ursache haben oder ob sie sich sogar gegenseitig bedingen, gibt es noch keine definitive Antwort. Ohne eine solche Antwort aber können wir nicht entscheiden, inwieweit es möglich ist, die Ausprägung der zerebralen Asymmetrie, beispielsweise mit Hinblick auf die sprachlichen oder andere kognitive Funktionen, über die Messung der Händigkeit zu beurteilen. Hinter dem Interesse, die Händigkeit als Indikator der Lateralität zu verwenden, verbirgt sich wiederum der Wunsch, auf möglichst einfache Art und Weise etwas über die Fähigkeiten und individuellen Eigenarten einer Person zu erfahren. Falls es eine Interaktion zwischen den Phänomenen gäbe, wäre es vielleicht sogar möglich, über die Beeinflussung der Händigkeit auf die geistigen Fähigkeiten einzuwirken. Könnte also beispielsweise die Lernbehinderung eines Kindes, die auf eine abnormal entwickelte Lateralität zurückgeht, über die Händigkeit diagnostiziert und durch Händigkeitsübungen therapiert werden?

Eine kritische Sicht der existierenden Literatur, die zu diesem Gebiet fast 100 Jahre zurückreicht, läßt leider nur Indizienbruchstücke erkennen. Und diese deuten im wesentlichen – in Form von Korrelationen zwischen Händigkeit und anderen Lateralitätserscheinungen – auf gemeinsame Ursachen hin. Einen kausalen Zusammenhang konnte man bisher nicht nachweisen.

Von den vielen verschiedenen Ansätzen zur Untersuchung dieses Fragenkomplexes können im folgenden nur einige wenige dargestellt werden. Antworten erwartete man sich beispielsweise von einem Vergleich zwischen der ontogenetischen oder der phylogenetischen Entwicklung der Händigkeit und anderer Lateralitätserscheinungen. Ferner interessierte man sich dafür, warum sich in den verschiedensten Problemgruppen, aber auch in bestimmten Berufen, überproportional viele linkshändige oder gemischthändige Personen finden lassen. Ein anderer Ansatz versuchte, die Prävalenz unterschiedlicher Lateralitäts- und Händigkeitsgruppen durch allgemeingültige genetische Lateralitätsmodelle zu erklären. Und schließlich gibt es auch Vermutungen, die in der Händigkeit wie auch in anderen Formen der Lateralität die Auswirkungen eines asymmetrischen Weltprinzips sehen.

Die Entwicklung der Händigkeit bei Kindern

Die Ergebnisse dieser Untersuchungen spiegeln vor allem – soweit überhaupt Einigkeit über ihre Validität besteht – die allgemeine Entwicklung des Nervensystems wider. Für mögliche Interaktionen zwischen der Entwicklung der Händigkeit und kognitiven Funktionen beispielsweise gibt es keine überzeugenden Belege. Allerdings ist diese Forschung auch mit einer Reihe von besonderen Problemen belastet. Zum einen werden, wie gesehen, Händigkeit und Lateralität sehr unterschiedlich und zumeist stark vereinfacht definiert. Zum anderen gibt es nur wenige Längsschnittuntersuchungen, und diese umfassen dann oft nur eine geringe Anzahl von Lebensjahren.

Die meisten Befunde stammen aus Querschnittuntersuchungen. Ein typisches Problem solcher Studien aber ist vor allem, daß sie durch die Mittelwertbildung über Gruppen von Kindern, die sich bei gleichem Alter in unterschiedlichen Entwicklungsphasen befinden, ein geschöntes Bild einer systematischen, stetigen Entwicklung geben. Stufen- oder Phasenmodelle der kognitiven Entwicklung, die daraus entstanden sind, lassen etwaige Sprünge oder zeitweise Verzögerungen in der Entwicklung einzelner Kinder gar nicht erkennen (☞ Michaelis). Mit der Händigkeit sieht es ähnlich aus. Auch hier scheint die Händigkeitsausprägung kontinuierlich in Richtung Rechtshändigkeit zu verlaufen. Kinder zeigen aber in den ersten vier Lebensjahren oft nur geringe Bevorzugungs- oder Leistungshändigkeit und wechseln zumindest in den ersten zwei Jahren häufig die Richtung ihrer Bevorzugung. Dies steht nun in einem gewissen Widerspruch zu Berichten, daß bereits *in utero* 90 Prozent der Feten beim Lutschen eine konsistente Bevorzugung des rechten Daumens zeigen. Leider gibt es hierzu aber nur wenige verläßliche Studien.

Für die Zeit nach der Geburt findet sich in der Literatur kein Beleg für eine eindeutige Händigkeit während der ersten 18 Monate. Tatsächlich wäre eine ausgeprägte Verhaltensasymmetrie in diesem Zeitraum auch eher ein pathologisches Zeichen. Erst gegen Ende des zweiten Lebensjahres deutet sich bei den meisten Kindern eine bevorzugte Richtung an. Ab einem Alter von vier Jahren ist die Bevorzugung bei 85 bis 90 Prozent der Kinder relativ eindeutig festzustellen. Wirklich verläßliche Angaben lassen sich aber gewöhnlich erst zwei Jahre später, im Alter von sechs Jahren, machen. Dabei besteht ein wesentliches Problem darin, daß die Händigkeitstests zumeist mit den in einem bestimmten Alter möglichen Manipulationstätigkeiten identisch sind und die Ergebnisse somit durch Übung wesentlich beeinflußt werden.

Solange bei den übrigen zehn bis 15 Prozent der Kinder, die keine eindeutige Bevorzugung zeigen, keine anderen Hinweise auf Entwicklungsstörungen (halbseitige Lähmungen, Sprachstörungen und so weiter) vorliegen, gibt es jedoch keinen Grund zu der Annahme, daß sich die schwächere oder fehlende Händigkeitsausprägung negativ auf ihre Entwicklung auswirkt. Lediglich im Bereich der Motorik gibt es einige Hinweise dafür, daß Jungen und Mädchen, die keine eindeutige Händigkeit zeigen, bei entsprechenden Entwicklungstests schlechter abschneiden (Kaufman et al. 1978; Tan 1985). Aber auch hier müßte abgeklärt werden, ob sich fehlende Händigkeit und motorische Entwicklung gegenseitig beeinflussen oder aber durch eine gemeinsame Ursache, beispielsweise eine subtile neurologische Entwicklungsstörung oder Reifungsverzögerung, hervorgerufen werden.

Auch was den Hinweis angeht, daß zwischen der Beständigkeit, mit der jeweils nur eine Hand zum Zeichnen und Malen benutzt wird, und der intellektuellen Reife eine Korrelation zu finden ist (Gottfried und Bathurst 1983), sollte man Vorsicht walten lassen. Ein solcher Befund könnte zwar auf den Einfluß eines allgemeinen Reifungsprozesses schließen lassen und somit die Händigkeit als einen Entwicklungsindex rechtfertigen. Der Zusammenhang, der übrigens nur für Mädchen nachgewiesen wurde, könnte aber auch dadurch zustande gekommen sein, daß insbesondere die früher reifenden Mädchen den sozialen Einflüssen auf die Händigkeit eher zugänglich sind. Tatsächlich findet man später unter den umerzogenen Händern mehr Frauen als Männer. In keinem Fall aber kann man aufgrund dieser Studie im Umkehrschluß davon ausgehen, daß sich eine schwächer ausgeprägte oder fehlende Bevorzugung einer Hand negativ auf die kognitive Entwicklung auswirken müßte.

Bei solchen Fragen sind Längsschnittuntersuchungen und Einzelfalldarstellungen besonders wichtig. Leider gibt es nicht allzuviele, und die Probleme mit adäquaten Händigkeits- und Lateralitätsmaßen sind hier ebenfalls zu finden. Vor allem wurde in diesen Untersuchungen oft nur nach einem Zusammenhang zwischen Linkshändigkeit und *Problemen* der kognitiven Entwicklung gesucht. Aber hierfür gibt es keinen eindeutigen Beleg. In fast allen Fällen, in denen man einen Zusammenhang zwischen fehlender Händigkeitsausprägung oder Linkshändigkeit und Auffälligkeiten in der kognitiven Entwicklung gefunden hatte, ergaben sich Hinweise auf eine gemeinsame pathologische Ursache. Bei normalen, gesunden Kindern konnte man bezüglich der geistigen Entwicklung bisher keine Unterschiede zwischen Rechts- und Linkshändern feststellen.

Lediglich bei Kindern mit Lese-Rechtschreibstörung (im Deutschen als Legasthenie, international als Entwicklungsdyslexie bezeichnet) wurde in neueren Analysen ein – allerdings recht schwacher – Zusammenhang mit der Händigkeit postuliert. Nicht zum ersten Mal, denn seit vielen Jahrzehnten beschäftigen sich Untersuchungen mit dieser Frage, und vielfältige Theorien über mögliche Zusammenhänge wurden konstruiert. Im wesentlichen gingen alle von einem Zusammenhang zwischen Linkshändigkeit (oder geringerer Ausprägung der Rechtshändigkeit) mit einer verzögerten oder abnormalen Entwicklung der linken Hemisphäre aus wie er für die verschiedenen sprachbezogenen Entwicklungsstörungen bekannt ist. Aber ebensooft wurde ein solcher Zusammenhang auch in Frage gestellt.

Leider ist hier nicht die Möglichkeit gegeben, diese Diskussion zu vertiefen. Stattdessen soll nur festgestellt werden, daß die überwiegende Anzahl der Untersuchungen darauf hindeutet, daß es keinen direkten Zusammenhang zwischen Händigkeit und kognitiver Entwicklung gibt. Dafür sprechen auch Untersuchungen an Kindern mit frühkindlichen Hirnschädigungen, bei denen es zu einem Wechsel von Händigkeit und/oder Sprachlateralisation kam.

Wie später noch ausgeführt wird, gibt es eine genetisch bedingte Prädisposition für Rechtshändigkeit. Dies erhöht somit die Wahrscheinlichkeit, daß eine fehlende Rechtshändigkeit beziehungsweise eine Linkshändigkeit auf eine pathologische Ursache zurückzuführen ist. Eine solche pathologische Ursache *kann* – muß aber nicht – dann auch zu anderen Entwicklungsproblemen führen. Insofern kann eine Abweichung von der Rechtshändigkeit natürlich als Indiz für mögliche Entwicklungsschwierigkeiten in Frage kommen.

Händigkeit und Risiko

Ähnliche Überlegungen wie die eben dargelegten wurden auch für Befunde angestellt, die auf einen überproportionalen Anteil von Links- und Mischhändern in verschiedenen Problemgruppen hinwiesen. Berichte darüber gibt es für so unterschiedliche Störungen wie Alkoholismus, Schizophrenie, Autismus, Epilepsie, Schlafprobleme, Stottern, Lern- und Aufmerksamkeitsstörungen, Immunerkrankungen oder auch Frühdelinquenz. Verschiedene Risikofaktoren wurden als Ursache vermutet: Insbesondere wurde eine genetische Prädisposition postuliert, die entweder mit oder ohne Veränderungen im Hormonhaushalt eine Beeinträchtigung der Entwicklung der linken Hemisphäre oder eine besondere Wachstumsförderung der rechten Hemisphäre bewirkt. Andere versuchten nachzuweisen, daß es durch Früh- oder Risikogeburten zu Hirnschädigungen und dadurch wiederum zu Abweichungen von der Rechtshändigkeit, also zu (pathologischer) Linkshändigkeit und zu Veränderungen der zerebralen Asymmetrie kognitiver Funktionen kommt.

Eine der komplexeren dieser Theorien, die eine besondere Rolle des Testosterons für die Entwicklung annimmt, geht davon aus, daß die vielfältigen oben erwähnten Verbindungen zwischen den verschiedenen Erkrankungen und der Linkshändigkeit dadurch zustande kommen, daß hormonelle Veränderungen zu unterschiedlichen Zeiten der frühen Entwicklung sehr unterschiedliche Auswirkungen haben können (siehe unter anderem Geschwind und Galaburda 1984). Das Interessante an dieser Theorie ist, daß neben einer Vielzahl von anderen Annahmen die Möglichkeit beschrieben wird, daß die gleichen hormonell bedingten abnormalen Reifungsprozesse des Gehirns eventuell auch besondere Fähigkeiten im sensomotorischen, musischen und intellektuellen Bereich bewirken. Damit ergab sich die Frage, ob man nicht bei dem Versuch, die oben genannten Krankheiten durch therapeutische Maßnahmen zu verhindern, die Welt gleichzeitig um ein wesentliches Potential von herausragenden Athleten und genialen Künstlern oder Wissenschaftlern bringen würde. Die Beantwortung dieser speziellen Frage ist zur Zeit noch nicht sehr drängend, da es bisher für die Theorie von Geschwind und Galaburda nur sehr lückenhafte Indizien und eher anekdotische Evidenzen gibt. Sie bietet vor allem auch insofern Angriffspunkte für Kritik, als sie versucht, zuviel gleichzeitig zu erklären. Einzelne Aspekte wären es durchaus wert, genauer untersucht zu werden. Darüber hinaus aber ist das Thema „Krankheit und Genius" beziehungsweise „Extremleistung und Abnormität" ein Dauerbrenner, nicht nur in der Händigkeitsforschung, wobei man spekulieren könnte, daß seine Attraktivität auch etwas mit dem Neid der normal Begabten zu tun hat, die nach einer ausgleichenden Gerechtigkeit suchen.

Wie problematisch Theorien sind, die nur auf korrelativen Zusammenhängen basieren, wird deutlich, wenn man weitere Daten zur Linkshändigkeit betrachtet: So ist unter Erwachsenen mit blonden Haaren die Häufigkeit von Nicht-Rechtshändern doppelt so hoch wie bei Personen mit dunklem Haar. Andererseits wurde eine signifikant geringere Anzahl von Linkshändern unter Patientinnen mit Brustkrebs und bei Patienten mit einer diagnostizierten Demenz vom Alzheimer-Typ gefunden. Linkshändigkeit soll auch – zumindest bei Mädchen – saisonal bedingt sein (mit einem Hoch bei Geburten im November). Die Literatur ist voll von weiteren Beschreibungen der verschiedensten Assoziationen und auch von heftigen Auseinandersetzungen darüber, ob diese Zusammenhänge signifikant sind.

Angesichts dieser (gewollt) eigenartigen Zusammenstellung von Befunden sollte deutlich werden, daß es nicht so sehr darum gehen kann, darüber zu streiten, ob es sich in jedem einzelnen Fall wirklich um methodisch abgesicherte, signifikante Korrelationen handelt. Auch scheint es kaum möglich, durch Metaanalysen der riesigen und sehr heterogenen Literatur zu allgemeinen, umfassenden Gesetzmäßigkeiten zu gelangen. Das führt in den meisten Fällen nur zu einer sehr selektiven Auswahl und Beurteilung der Daten. Eine solche Analyse ist vor allem dann nicht gerechtfertigt, wenn sie als abschließender Beweis für eine Theorie gesehen wird. Dagegen ist nichts einzuwenden, wenn mit solchen Analysen Hinweise auf eine mögliche Händigkeitsursache und die Ursache einzelner Auffälligkeiten gewonnen werden, die dann gezielt getestet werden können.

Im Zusammenhang mit der Diskussion um pathologische Ursachen für Abweichungen von der Rechtshändigkeit und mögliche Risikofaktoren, die sowohl eine besondere Anfälligkeit für bestimmte Erkrankungen oder Leistungsveränderungen als auch Misch- oder Linkshändigkeit bedingen, wird oft eine mögliche Beeinträchtigung der Lebenserwartung von Linkshändern erwähnt. Die Forschergruppe um Stanley Coren an der University of British Columbia hat über viele Jahre hinweg hierzu Untersuchungen durchgeführt (Coren 1993). Ausgangspunkt ihrer Studien war der Befund, daß in einer Population von über 5 000 Personen im Alter von zehn bis 80 Jahren eine stetige Abnahme des Anteils von Linkshändern – von 15 Prozent bei den 10jährigen bis zu weniger als einem Prozent bei den 80jährigen – gefunden wurde. Da es sich um eine Querschnittstudie handelte, hätte dieser Effekt eventuell dadurch zustande kommen können, daß die älteren Personen in dieser Studie vielleicht noch durch eine frühere strikte Umerziehung zur Rechtshändigkeit beeinflußt wurden oder daß sie einfach im Laufe ihres Lebens länger dem Druck zur Rechtshändigkeit ausgesetzt waren. Allerdings zeigten andere Untersuchungen zum einen, daß die meisten „erfolgreichen" Umerziehungsversuche vor dem Alter von neun Jahren stattfanden, wobei interessanterweise bei Mädchen eine höhere Erfolgsrate (über 80 Prozent) gefunden wurde als bei Jungen (60 Prozent). Danach sinkt die Rate auf unter 20 Prozent, das heißt eine mögliche weitere Umerziehung im Erwachsenenalter kann vernachlässigt werden. Außerdem zeigten mehrere Untersuchungen, daß der Gesamtanteil an Händigkeitswechseln nur etwa drei bis vier Prozent beträgt, also weit weniger als die 15prozentige Änderung, die über die Spanne von 70 Jahren gefunden worden war.

Mögliche Ursachen für das größere Risiko von Linkshändern, früher zu sterben, wurden in umfangreichen Publikationen der letzten Jahre diskutiert. Sie umfassen neben den oben bereits erwähnten Assoziationen zu vielfältigen Erkrankungen auch Statistiken darüber, daß nicht nur unter Alkoholikern (insbesondere unter den therapieresistenten Alkoholikern) überproportional viele Linkshänder sind, sondern auch unter den Menschen, die mehr als zehn Zigaretten pro Tag rauchen. Übrigens wird das Rauchen neben dem Alter der Mutter als weiterer Faktor beschrieben, der zu Geburtsproblemen und einer erhöhten Wahrscheinlichkeit eines linkshändigen Kindes führen kann. Und schließlich wird auf eine Reihe von nordamerikanischen Unfallstatistiken verwiesen, in denen Linkshänder überrepräsentiert sind. Auch hierfür werden sehr viele unterschiedliche Gründe diskutiert, die von erhöhten Risiken der Linkshänder in einer rechtshändigen Welt bis hin zu sensomotorischen Leistungsschwächen und Persönlichkeitsvariablen reichen, die Linkshänder zu Unfällen prädestinieren.

Wie man sich denken kann, blieben solche Schlußfolgerungen nicht unwidersprochen. Zumindest scheinen sie auch weder in den arbeitsphysiologischen noch in den versicherungstechnischen Bereich Eingang gefunden zu haben. Übrigens gestehen selbst Coren und Mitarbeiter zu, daß es sich um eine »etwas radikale und makabre Hypothese« handelt. Aber sie glauben, der Maxime von Sherlock Holmes folgen zu müssen, der meinte, daß das, was übrig bleibe, nachdem man das Unmögliche eliminiert habe, notgedrungen die Wahrheit sein müsse, so unwahrscheinlich sie auch erscheinen möge.

Von linken Anwälten und rechten Chirurgen

Heftige Diskussionen gibt es seit langem auch über die unterschiedlichen Anteile von Rechts- und Linkshändern in verschiedenen Berufsgruppen. Viele Studien kommen zu widersprüchlichen Ergebnissen. Letzteres läßt darauf schließen, daß nicht nur die Definition von Händigkeit und zerebraler Asymmetrie Probleme bereitet, sondern auch die Bestimmung der Kovarianten, also im vorliegenden Fall der Eigenschaften, die für die verschiedenen Berufe von besonderer Bedeutung sind.

Beispielhaft hierfür ist die Diskussion darüber, weshalb in bestimmten Sportarten Linkshänder überwiegen. Besitzen sie besondere sensomotorische Fertigkeiten oder ist ihre – im Vergleich zur überwiegenden Anzahl von Rechtshändern – relative Seltenheit von besonderem Vorteil? Aus der Tatsache, daß der Anteil von Linkshändern – insbesondere in interaktiven Sportarten – besonders hoch ist, schließt beispielsweise eine Autorengruppe (Raymond et al. 1996), daß Linkshänder besondere Kampfvorteile besitzen. Sie gehen sogar soweit zu vermuten, daß es dieser kämpferische Vorteil ist, der das Überleben der Linkshändigkeit sichert. Schließlich haben es die Linkshänder trotz aller Selektionszwänge zugunsten der Rechtshändigkeit geschafft, ihren Anteil von etwa zehn Prozent an der Bevölkerung seit dem Neolithikum konstant zu halten.

Als weiteres Beispiel mag eine neuere umfangreiche Umfrage dienen, in der Vertreter von neun Berufsgruppen zu ihrer Händigkeit befragt wurden (Schachter und Ransil 1996). Danach hatten Architekten und Rechtsanwälte die durchschnittlich höchsten Linkshändigkeitswerte. Orthopädische Chirurgen, Mathematiker und Bibliothekare zeigten die höchsten Rechtshändigkeitswerte. Bei den Beidhändern waren Psychiater und Rechtsanwälte am häufigsten und Mathematiker und Bibliothekare am seltensten vertreten. Zahnärzte und Kieferorthopäden konnten nicht eindeutig gruppiert werden. Wie auch in anderen Untersuchungen bezog sich die Erklärung auf mögliche Zusammenhänge zwischen Händigkeit und besonderen sprachlichen (das heißt linkshemisphärischen) und räumlich-visuellen (das heißt rechtshemisphärischen) Fertigkeiten.

Gerade aber bei den Linkshändern gibt es bezüglich des vermeintlichen Zusammenhangs von sprachlichen und räumlich-visuellen Fertigkeiten ein

Reihe von Unklarheiten. Ähnliches gilt übrigens auch für den Zusammenhang mit mathematischen Fähigkeiten, worauf wir hier aber nicht eingehen können. Die meisten Hinweise auf eine mögliche Beziehung zwischen den für die zerebrale Asymmetrie besonders wichtigen sprachlichen und räumlichen Funktionen mit der Händigkeit finden wir in der klinischen Literatur.

Vor allem die Ergebnisse von sogenannten Wada- oder Amytal-Tests sind hier zu nennen (zum Beispiel Rasmussen und Milner 1977; Rey et al. 1988). Bei diesem klinisch-diagnostischen Verfahren wird in getrennten Untersuchungen jeweils eine der beiden Gehirnhälften betäubt und die daraus resultierende Beeinträchtigung verschiedener Funktionen, beispielsweise des Sprechens, Benennens, Erkennens und anderer Funktionen registriert. Hierbei konnte man nun feststellen, daß sprachliche Funktionen bei Rechtshändern fast ausschließlich durch die Betäubung der linken Hemisphäre beeinträchtigt wurden. Ein ähnliches Muster zeigten auch die Linkshänder. Allerdings gab es unter ihnen einen größeren Prozentsatz von Patienten, die sowohl bei der Injektion des Betäubungsmittels in die linke als auch in die rechte Gehirnhälfte Sprachausfälle zeigten. Eine weitere, kleinere Gruppe zeigte Sprachausfälle nur nach rechtsseitiger Betäubung. Für die Mitglieder dieser letzten Gruppe wurde eine erhöhte Wahrscheinlichkeit von frühkindlichen Hirnschädigungen festgestellt. Hier scheint also die Lateralisation von Sprache und Händigkeit überwiegend durch die Schädigung der linken Gehirnhälfte bedingt worden zu sein. In der anderen Gruppe von Linkshändern (denen mit beidseitigen Sprachfunktionen) zeigte etwa die Hälfte bei rechtsseitigen Injektionen vor allem Behinderungen des automatisierten Sprechens (Zählen, Wochentage aufsagen). Damit blieb nur eine Minderheit mit beidhemisphärischen Behinderungen von typischen „linkshemisphärischen" propositionalen Sprachleistungen.

Die Annahme, daß Linkshänder weniger eindeutig lateralisiert seien, muß also relativiert werden. Sie scheint nur für eine recht kleine Gruppe von Linkshändern zu gelten. Das gleiche betrifft die Aussage, daß Linkshänder durch rechtsseitige Schlaganfälle eher von Sprachproblemen betroffen seien, gleichzeitig aber auch von den beidseitigen Sprachfunktionen profitieren, indem sie eine bessere Spontanerholung zeigen. Von den Personen, die Sprachstörungen nach rechtsseitigen Schlaganfällen erlitten haben, bleiben viele – wie auch die linkshemisphärisch Geschädigten – über Jahre hinweg behindert. Aufgrund dieser Einschränkung in der Annahme von beidseitigen Sprachrepräsentationen bei Linkshändern muß man auch die darauf aufbauende Schlußfolgerung, Linkshänder würden größere sprachliche Fähigkeiten besitzen, in Frage stellen. Und schließlich erscheint es ebenso unwahrscheinlich, daß Linkshänder aufgrund einer beidseitigen Sprachrepräsentation Probleme mit räumlichen Leistungen haben müßten, da deren Repräsentation in der rechten Hemisphäre durch die Sprache eingeengt werde.

Tatsächlich zeigen Untersuchungen an größeren und repräsentativeren Gruppen keine Unterschiede zwischen Rechts- und Linkshändern und zwar sowohl was die Leistungen in kognitiven Aufgaben angeht, als auch was die Auswirkungen von einseitigen Läsionen auf verbale und nichtverbale Funktionen betrifft (zum Beispiel Newcombe und Ratcliff 1973). Lediglich eine kleine Gruppe von Linkshändern zeigt, was man am ehesten als ein weniger regelmäßiges Muster der zerebralen Asymmetrie bezeichnen könnte. Auf der anderen Seite wissen wir sehr wenig über die Lateralität von Linkshändern, weil sie gewöhnlich aus den Untersuchungen zur zerebralen Asymmetrie ausgeschlossen werden. Darüber hinaus werden in vielen Untersuchungen, in denen Links- und Rechtshänder explizit verglichen werden, keine genauen Angaben gemacht, nach welchen Kriterien die Gruppen eingeteilt wurden. Aber das ist von besonderer Bedeutung, da mittlerweile deutlich geworden sein sollte, daß es bei Linkshändern sehr große Unterschiede in der Ausprägung ihrer Lateralität und in den dafür vermuteten Ursachen gibt.

Interessant ist nun, daß trotz fehlender überzeugender Daten dennoch am Mythos des linkshändigen Sprachgenies mit räumlichen Orientierungsproblemen festgehalten wird. Und so kommt es, daß dann die überzufällig große Anzahl von Linkshändern unter den Architekten und Künstlern beispielsweise auf der Basis von Spekulationen über die besondere Kreativität von Linkshändern, ihr Bewußtsein anders zu sein, ihre Fähigkeit quer zu denken oder ihre besondere Persönlichkeit erklärt wird. Dieser mögliche Zusammenhang zwischen Händigkeit und Persönlichkeitseigenschaften könnte nun wiederum ein weiteres Thema für umfassende Diskussionen darstellen. Die Ergebnisse aber wären dem bisher Gesagten sehr ähnlich und genauso widersprüchlich, so daß wir hier darauf verzichten können. Eine gewisse Übereinstimmung gibt es lediglich dahingehend, daß sich in den extremen Enden der Verteilungen sehr unterschiedlicher Leistungen und auch Persönlichkeitsvariablen – also im negativen wie positiven Extrem – überproportional viele Linkshänder oder besser gesagt, Abweichler von einer ausgeprägten Rechtshändigkeit finden lassen.

Wendeltreppen, Zwillinge und ein genetisches Modell

Händigkeit und Sprachlateralisierung haben sicher eine genetische Komponente. So liegt die Wahrscheinlichkeit, daß ihre Kinder Linkshänder sind, für zwei rechtshändige Eltern zwischen zwei und zehn Prozent. Wenn ein Elternteil Linkshänder ist, dann erhöht sich dieser Prozentsatz auf 17 bis 20 Prozent. Vor allem wenn die Mutter linkshändig ist, scheint sich die Wahrscheinlichkeit für ein linkshändiges Kind zu verdoppeln. Der Einfluß eines linkshändigen Vaters hingegen wird eher gering eingeschätzt. Für den Fall, daß Vater und Mutter linkshändig sind, gehen die Angaben recht weit auseinander. Frühere Untersuchungen nahmen eine 50prozentige Wahrscheinlichkeit für die Linkshändigkeit ihrer Kinder an, neuere Daten sprechen von circa 26 Prozent. Wir können wiederum vermuten, daß Definitions- und Meßprobleme für die unterschiedlichen Befunde verantwortlich sind.

Aber unabhängig von diesen Abweichungen sprechen die Zahlen doch – genauso wie die Tatsache, daß eine bestimmte Händigkeit (am offensichtlichsten natürlich die Linkshändigkeit) in Familien gehäuft auftritt – für genetische Einflüsse. Am bekanntesten sind wahrscheinlich Beschreibungen des britischen Königshauses oder des schottischen Kerr-Clans (daher auch die Bezeichnung „Kerr-handed" für „left-handed"). Letztere sollen ihre Burgen so gebaut haben, daß sie von Linkshändern besonders gut verteidigt werden konnten. Was die Beschreibung der Wendeltreppen angeht, die – entgegen dem Uhrzeiger gedreht – eine bessere Verteidigung durch linkshändige Schwertkämpfer ermöglicht haben sollen, muß man aber feststellen, daß solche Treppen gleichzeitig auch dem rechtshändigen Angreifer entgegenkommen. Und die umgekehrte Drehrichtung, die mit einer Behinderung des rechtshändigen Angreifers einhergeht, würde ebenso dem Linkshänder den freien Schlag von oben einschränken. Die architektonischen Daten gehören also nicht zu den überzeugendsten Belegen für genetisch determinierte Händigkeit. Schon eher spricht für die Genetik, daß die Händigkeit von Adoptiveltern keinen Einfluß auf die Händigkeit ihrer Adoptivkinder hat.

Ein Problem aber stellen die Zwillingsuntersuchungen dar und hier vor allem die Tatsache, daß eineiige Zwillinge trotz eines identischen Chromosomensatzes sehr häufig unterschiedliche Händigkeit aufweisen. Da unter eineiigen Zwillingen insgesamt mehr Linkshänder zu finden sind – etwa 20 Prozent im Vergleich zu zehn bis zwölf Prozent bei Einzelgeburten – vermutete man einen Zusammenhang mit den erhöhten prä- und postnatalen Risiken von Mehrlingsgeburten. Wie bereits erwähnt, gibt es einige Forscher, die in Geburtsschädigungen der linken Hemisphäre die eigentliche Ursache für Linkshändigkeit sehen (zum Beispiel Bakan et al. 1973). Eine weitere Überlegung zur unterschiedlichen Händigkeit bei identischen Zwillingen ging in Richtung einer Spiegelbildentwicklung, die eventuell durch eine späte Teilung der befruchteten Eizelle hervorgerufen werden könnte. Hierfür schienen auch andere entgegengesetzte Lateralitätsphänomene zu sprechen. So zeigen solche eineiigen Kinder oft nicht nur eine entgegengesetzte Händigkeit, sondern beispielsweise auch spiegelbildliche Haarwirbel oder Gesichtsasymmetrien. Auf der anderen Seite gibt es beim erblichen Situs inversus (also der umgekehrten Asymmetrie der inneren Organe) keinen erhöhten Anteil von Linkshändern.

Bezüglich der zerebralen Asymmetrie von eineiigen Zwillingen gibt es widersprüchliche Befunde. Das heißt, nur einige Studien fanden beispielsweise einen deutlicheren Rechts-Ohr-Vorteil im dichotischen Hören (siehe Seite 179) beim rechtshändigen Zwilling im Vergleich zu seinem linkshändigen Geschwister. Andere Arbeiten ergaben, daß sich eineiige Zwillinge bezüglich der zerebralen Asymmetrie sehr ähnlich waren, obwohl sie sich in der Händigkeit unterschieden. Eine Untersuchung, in der mehrere Lateralitätstests eingesetzt wurden, kam zu dem Ergebnis, daß die Zwillinge je nach Händigkeit eine zerebrale Asymmetrie zeigten, die denen von Einzelgeborenen entsprach (Kee et al. 1998). Wenn also rechts- wie linkshändige Einzelgeborene einen rechtshemisphärischen Vorteil zeigten, beispielsweise bei der Unterscheidung von emotionalen Gesichtern, so zeigten das auch die rechts- und linkshändigen Zwillinge. Das gleiche galt für die größere linkshemisphärische Beteiligung in Links- wie Rechtshändern bei verbalen Aufgaben, wie in dem schon genannten dichotischen Hörtest oder der Identifizierung von Silben bei tachistoskopischen Halbfelddarbietungen. Und dort, wo Linkshänder häufig eine geringere Ausprägung der zerebralen Asymmetrie zeigen, beispielsweise wenn die Interferenz von verbalen und motorischen Aufgaben gemessen wird (der Einfluß von Anagrammaufgaben auf möglichst schnelle fortlaufende Fingerbewegungen), zeigten auch die verschiedenhändigen Zwillinge entsprechende Unterschiede. Das Ergebnis dieser letztgenannten Experimente wird auch durch magnetresonanztomographische Untersuchungen über die Asymmetrie einer sprachrelevanten Region im Temporallappen, des sogenannten Planum temporale, gestützt (Steinmetz et al. 1995): Eineiige Zwillinge mit unterschiedlicher Händigkeit unterschieden sich auch hier nicht von Einzelgeborenen mit entsprechender Händigkeit.

Letztlich müssen wir aufgrund der bisher vorliegenden Daten also annehmen, daß die genetischen Einflüsse – sowohl auf die Händigkeit wie auf andere Formen der zerebralen Asymmetrie – begrenzt sind. Dies erklärt möglicherweise, weshalb bisher keines der vielen Modelle, die vorgeschlagen wurden, um sowohl Händigkeit als auch andere Formen der zerebralen Asymmetrie zu erklären, die Häufigkeitsverteilung der verschiedenen Lateralitätsphänomene nachbilden kann. Am besten kommen noch die Theorien weg, die von vornherein davon ausgehen, daß es keinen vollständigen Vererbungsmechanismus im Mendelschen Sinne gibt.

Eine dieser Theorien geht noch einen Schritt weiter, indem sie gar nicht erst versucht, sowohl die rechts- wie die linksgerichtete Asymmetrie genetisch festzulegen (Annett 1985). Das sogenannte *right-shift*-Modell von Marian Annett fordert wegen der Glockenkurvenverteilung (eine sogenannte Zufalls- oder Normalverteilung) von Rechts- und Linkshändern bei allen bisher untersuchten Tieren vielmehr, daß sich auch die Lateralität des Menschen mehr oder weniger normal verteilt. Marian Annett stützt ihre Annahme auf die Messung von Händigkeitsleistungen mit dem bereits beschriebenen Umstecktest. Dabei fand sie, daß sich zumeist nur geringe Unterschiede zwischen links- und rechtshändigen Leistungen ergaben. Je größer die Differenzen zugunsten der rechten oder der linken Hand waren, desto seltener waren sie. Im wesentlichen bedeutet das – wie die Bezeichnung „Zufallsverteilung" bereits andeutet – die Auswirkung von zufälligen, überwiegend nichtgenetischen Einflüssen auf die Richtung der Händigkeit.

Der Hauptunterschied zwischen einer solchen Glockenkurve, wie wir sie auch für die Tierhändigkeit finden, und der Kurve für den Menschen ist nun aber, daß letztere nicht um den Nullwert zentriert, sondern insgesamt nach rechts verschoben ist. Diese Verschiebung kommt nach Annett durch den sogenannten *right-shift*-Faktor zustande, der in Form von zwei Allelen r+ und r– vererbt wird und eine gewisse Resistenz gegen Umwelteinflüsse vermittelt. Individuen mit r++ oder r+– beziehungsweise r–+ zeigen demzufolge die Tendenz zur Rechtshändigkeit, wobei die Heterozygoten etwas anfälliger für nichtgenetische Einflüsse auf die Händigkeit sind als Homozygote mit dem Allelpaar r++. Bei Personen mit r– – aber bestimmen allein die nichtgenetischen Einflüsse, ob sie nun Rechts- oder Linkshänder werden. Damit könnte man beispielsweise die oben diskutierten Fälle von eineiigen Zwillingen mit unterschiedlicher Händigkeit gut erklären. Überhaupt stimmen die meisten der Händigkeitsbefunde recht gut mit dieser Theorie überein, was vor allem der Annahme, daß Händigkeit eine kontinuierliche Variable ist, eine besondere Glaubwürdigkeit verleiht.

Was nun die anderen Lateralitätsphänomene angeht, so postuliert Annett in ähnlicher Weise, daß nur die linkshemisphärische Prädisposition für Sprache genetisch determiniert ist. Für etwaige rechts- oder beidhemisphärische Sprachfunktionen, wie auch für linkshändige oder beidhändige Leistungsvorteile, sollen allein zufällige Einflüsse verantwortlich sein. Eigentlich ist der *right-shift*-Factor sogar nur dazu da, während der Gehirnentwicklung in der linken Hemisphäre möglichst günstige Voraussetzungen für die Sprachentwicklung zu schaffen. Der Vorteil für die linke Hemisphäre soll dadurch erreicht werden, daß Mund und Ohr innerhalb dieser Gehirnhälfte durch eine Art artikulatorische Schleife miteinander verbunden werden. Die rechte Hand soll eigentlich eher zufällig aufgrund der Nähe von Hand- und Mundrepräsentationen von diesem Arrangement profitieren.

Letztlich geht diese Theorie von unterschiedlichen Entwicklungsgeschwindigkeiten der Hemisphären aus, wobei der linken Hemisphäre durch das r+-Allel sowohl für Sprach- als auch für Handkontrolle ein gewisser Vorteil verschafft wird. Der r--Genotyp würde diesen linkshemisphärischen Vorteil nicht haben, so daß sich je nach zufälligen Einflüssen Sprache und Händigkeit unabhängig lateralisieren könnten. Darüber hinaus würden sich in diesem Fall beide Hemisphären gleich langsam entwickeln.

Die Annahme unterschiedlicher Entwicklungsgeschwindigkeiten beider Hemisphären ist allerdings ein schwacher Punkt dieser Theorie. Das heißt, genauer gesagt, die Annahme unterschiedlicher Auswirkungen der Reifungsgeschwindigkeit auf verschiedene kognitive Funktionen. Hier bezieht sich Annett auf eine Reihe von sehr heterogenen Befunden und übernimmt die Hypothese, daß eine schnelle Gehirnentwicklung verbalen Fähigkeiten zugute kommt und räumliche benachteiligt. Eine langsame Entwicklung hätte demnach den umgekehrten Effekt. In ihrer Theorie führt so r++ zu einem ausgeprägten, schnellen linkshemisphärischen Wachstum und im weiteren zu besonderen sprachlichen Fähigkeiten (und größter Wahrscheinlichkeit extremer Rechtshändigkeit) bei gleichzeitiger Benachteiligung der rechten Hemisphäre. Spätentwickler (Genotyp r--) hätten zwar ein gewisses Risiko für sprachliche Entwicklungsbeeinträchtigungen, aber zumindest sei ihre rechtshemisphärische Entwicklung ungefährdet. Optimal wäre also eine Kombination r+- oder r-+ mit einem gewissen Entwicklungsschub für die Sprachentwicklung und ohne größere Beeinträchtigung der rechtshemisphärischen Funktionen.

Übertragen auf die jeweils gleichzeitig determinierte Händigkeitsprädisposition können wir die heterozygoten *right-shift*-Genotypen unschwer als die Hauptgruppe ausmachen, die den größten Anteil an der Verteilung hat. Sie sollte also sowohl bezüglich der Händigkeitsunterschiede als auch anderer zerebraler Funktionen keine größeren Auffälligkeiten zeigen. Bei den homozygoten Extremen aber – also bei extremer Rechtshändigkeit und bei rein zufällig bedingter Händigkeit – sollte auch die Wahrscheinlichkeit von extremen Hoch- wie Minderleistungen im kognitiven Bereich zunehmen.

Doch gerade was diese Gruppe betrifft, in der sehr unterschiedliche Beziehungen zwischen Händigkeitsausprägung und verschiedenen kognitiven wie sensomotorischen Leistungen möglich sind, ließen sich entsprechende Vorhersagen nur teilweise bestätigen. Dabei wird deutlich, daß das Modell bei den recht gut passenden Gruppenaussagen davon profitiert, daß nur sehr wenig durch genetische Vorgaben festgelegt wird. Vieles bleibt offen, da zum einen die vom *right-shift*-Gen bewirkten asymmetrischen Effekte sehr gering sind und letztlich die Entwicklung jedes Individuums durch die vielfältigsten Bedingungen unterschiedlich beeinflußt wird. Aber so kommt es auch, daß die Theorie bei spezifischen Vorhersagen, also im konkreten Einzelfall, aus genau den gleichen Gründen versagt. Auf der anderen Seite muß man zugeben, daß im Augenblick kein besseres Erklärungsmodell existiert.

Gibt es ein asymmetrisches Weltprinzip?

Schon seit jeher spielen in der Diskussion um die Einordnung der Händigkeit in allgemeine Naturgesetzmäßigkeiten Vermutungen über übergeordnete universelle Kräfte eine gewisse Rolle. Eine durch solche Kräfte bewirkte generelle Seitigkeit oder Lateralität wird übrigens auch als „Chiralität", also als „Händigkeit" (von griechisch *cheir*, Hand) bezeichnet. Zuletzt wurde der vor einigen Jahren von Atomphysikern beim radioaktiven Zerfall nachgewiesene Verstoß gegen das Symmetriegesetz für eine Chiralität der belebten Welt verantwortlich gemacht. Wie uns die Physiker versichern, drehen alle beim Betazerfall erzeugten Elektronen nach links. Dies wiederum könnte erklären, weshalb die Natur durchaus zwischen rechts und links unterscheidet. So entdeckte man etwa, daß bestimmte Bakterien nur rechtsdrehende Moleküle verwerten. In der Medikamentenforschung ist bekannt, daß die beiden Enantiomere (Spiegelbildformen eines Moleküls) sehr unterschiedlich wirken können. So vermutet man, daß die linkshändige Form des Thalidomid-Moleküls die entwicklungsschädigende Wirkung des Medikaments Contergan hervorrief. Wir wissen auch, daß die Baupläne des Lebens nur in Form von linksdrehender DNA existieren: die berühmte Doppelhelix-Strickleiter wird aus zwei miteinander verbundenen nach links drehenden Spiralen gebildet.

Im allgemeinen scheinen die Versuche, ein grundlegendes Rechts-links-Prinzip oder einen generellen Asymmetriefaktor für die Erklärung von

Händigkeit und zerebraler Asymmetrie heranzuziehen, nicht sehr überzeugend. Sicher ist es interessant, die verschiedensten rechts- und linkshändigen Formen von Pflanzen und Lebewesen zu vergleichen. Auch sind Fragen nach den Gründen dafür, daß unter manchen Spezies und unter diesen wiederum an bestimmten Orten mehr „Rechtser" als „Linkser" zu finden sind, sehr anregend. Man würde schon gerne wissen, weshalb bestimmte Kletterpflanzen überwiegend rechtsherum und andere linksherum ranken, weshalb gewisse Muscheln und Schnecken häufiger rechts- oder linksgewundene Gehäuse haben oder weshalb bestimmte Plattfische ihre Lage im Wasser und die Position eines ihrer Augen eher zur einen Seite hin verändern, während sich andere Subspezies in die entgegengesetzte asymmetrische Form entwickeln.

Insgesamt spricht jedoch – trotz interessanter einzelner Beispiele – wenig für einen generellen asymmetrischen Rechts-links-Entwicklungsgradienten in der Natur. Wie bereits W. Ludwig 1932 feststellte, nachdem er mehreren tausend Hinweisen auf biologische Asymmetrien in der Literatur nachgegangen war, zeigt die Natur eher eine übergeordnete Tendenz zur Symmetrie (Ludwig 1932). Von dieser Tendenz wird nur in einigen Fällen, beispielsweise für bestimmte Organanlagen bei bestimmten Spezies sowie manchmal nur in bestimmten Individuen und während bestimmter Lebensphasen abgewichen. Vieles spricht dafür, daß dieses dann sekundäre Spezialisierungen darstellen, wie beispielsweise auch, wenn asymmetrische Geschlechtsorgane so angelegt sind, daß sich nur „rechtsseitige" Männchen mit entsprechenden „linksseitigen" Weibchen paaren können oder umgekehrt.

Tierexperimentell-vergleichende Untersuchungen von Händigkeit und Lateralität

Von biologischer Seite wird unsere Vermutung, daß die Unterschiede, die den scheinbar großen Verhaltensasymmetrien und auch der Händigkeit zugrunde liegen, in Wirklichkeit eher gering sind, also ebenfalls bestätigt. Ferner zeigt sich, daß sie eine große individuelle Variabilität besitzen und durch Erfahrung beeinflußt werden. Schließlich fanden wir bei dem Versuch, eine gemeinsame biologische Basis für den Vergleich von Händigkeit und zerebraler Asymmetrie zu bestimmen, daß die lateralen Asymmetrien insgesamt aus biologischer Sicht eher als sekundäre Abweichungen einer überwiegend auf Symmetrie gerichteten Entwicklung zu betrachten sind. Außerdem deutete sich die Möglichkeit an, daß bereits geringfügige Ursachen Asymmetrien auslösen können und die Richtung einer Abweichung dabei eher zufällig ist. Insgesamt könnte man also beide Phänomene als vorerst unabhängig zu sehende Manifestationen eines prinzipiell ausbalancierten Systems betrachten.

Die tierexperimentell-vergleichende Forschung bemüht sich nun, die Faktoren näher zu untersuchen, die diese Balance aufrechterhalten beziehungsweise sie in irgendeiner Weise nach rechts oder links verschieben. Sie hat dabei den großen Vorteil, der Beeinflussung durch kulturelle oder soziale Einflüsse aus dem Wege gehen zu können. Zumindest kann man das Fehlen solcher Einflüsse auf die Ausprägung der Lateralität bei den Tieren annehmen. Demgegenüber läßt sich aber durchaus feststellen, daß sich diese Einflüsse manchmal bei den Forschern bemerkbar machen. Sie suchen nämlich häufig in den Tieren nur Vorläufer der menschlichen Lateralität, ohne zu beachten, daß beispielsweise die heute untersuchten Affenarten eine eigene jahrmillionenlange Entwicklung durchlaufen haben. Damit wird die Möglichkeit übersehen, daß die Händigkeit, die wir bei diesen Tieren finden, durch ganz andere Selektionsmechanismen beeinflußt wurde. Darüber hinaus haben die meisten Untersucher keine direkte Beziehung zur Erforschung der Händigkeit beim Menschen; und so folgen sie häufig ihren wiederum durch kulturelle Vorurteile und oberflächliche Erfahrung geprägten Vorstellungen von der menschlichen Händigkeit. Dadurch wird diese Forschung bis heute von der Suche nach einem Überwiegen von Rechts- oder Linkshändigkeit bei verschiedenen Spezies geprägt.

Ein allgemeiner biologischer Ansatz müßte davon ausgehen, daß es von Vorteil sein kann, bestimmte Leistungen von Hand und Gehirn besonders effizient zu entwickeln. Auch könnte man potentielle Vorteile für eine arbeitsteilige Entwicklung – beispielsweise einer Halte- und einer Manipulationshand – postulieren. Aber letztlich muß man doch auf die spezifischen Selektionszwänge achten, der die jeweilige untersuchte Spezies ausgesetzt ist. Für bestimmte Pavianarten zum Beispiel, die in der Savanne leben und in deren Ernährung Grassamen eine bedeutsame Rolle spielen, ist es überlebenswichtig, die Samen mit beiden Händen gleich zielgenau und schnell zu picken. Eine asymmetrische Spezialisierung der Hände wäre hier kaum von Vorteil. Letzteres könnte aber für Frucht- und Insektenfresser durchaus der Fall sein. Kurzum, wenn wir Händigkeit zwischen verschiedenen Spezies oder über Gattungen, Ordnungen oder gar Klassen hinweg vergleichen, erscheint es kaum sinnvoll, von vorneherein nur nach Gemeinsamkeiten zu fahnden, die auf die Händigkeit oder Lateralität beim Menschen – gewissermaßen als Krone der Schöpfung – hinweisen. Dies gilt meiner Ansicht nach für alle vergleichenden Untersuchungen, ob nun an Mäusen, Ratten, Katzen, Hunden, Affenarten oder an Vögeln geforscht wird – wie an Papageien und Finken, bei denen man beispielsweise „Füßigkeit" in der Manipulation von Objekten, also in gewisser Weise auch eine Art Händigkeit, findet. Aber das schließt natürlich nicht aus, daß bei einer jeweils auf eine Spezies ausgerichteten Untersuchung allgemeine Gesetzmäßigkeiten entdeckt werden, die ebenso zur Erklärung von menschlichen Verhaltensasymmetrien taugen.

Eine andere Strategie der vergleichenden Untersuchung konzentriert sich auf die Untersuchung unserer nächsten tierischen Verwandten, den Menschenaffen. Schimpansen sind dabei von besonderem Interesse, vor allem weil bei ihnen verschiedene Formen sogenannten protokulturellen Verhaltens beobachtet werden können, so etwa die Anfertigung und Nutzung von Werkzeugen. Für das Termitenangeln werden beispielsweise Zweige entlaubt und mit einer Hand in die Öffnungen von Termitenhügeln eingeführt. Die Jungtiere lernen dieses Verhalten offensichtlich durch Beobachtung der Erwachsenen. Soweit man die Befunde an einer relativ geringen Zahl von Individuen verallgemeinern kann, zeigen sich bei diesem Verhalten individuelle konsistente Handbevorzugungen sehr selten, ebensowenig Bevorzugungen auf der Populationsebene, und die Handbevorzugung des Modells wird von den Jungtieren nicht übernommen. Es bleibt also vorerst offen, ob von den vergleichenden Untersuchungen mit Menschenaffen besondere Aufschlüsse über Händigkeit und zerebrale Asymmetrie zu erwarten sind.

Die Güte der vergleichenden Forschung ist jedoch in jedem Fall von der Nähe des Tiermodells zum Menschen unabhängig. Wichtiger ist die biologische Validität eines Modells. Unter Berücksichtigung dieses Kriteriums kann man sagen, daß die vergleichenden Untersuchungen bisher in allen untersuchten Spezies genauso viele Rechts- wie Linkshänder fanden und die individuelle Händigkeit zwar innerhalb einer Beobachtungs- oder Testsituation häufig konstant blieb, aber von Situation zu Situation wechselte. Die Richtung der Bevorzugung schien dabei eher zufällig zustande zu kommen.

Es mag also einen Mechanismus und sogar einen Selektionsdruck geben, eine individuelle Asymmetrie auszubilden, aber es fehlt offensichtlich ein zusätzlicher Selektionsfaktor, der die Händigkeit in eine bestimmte Richtung drängt. Ebenso fehlt bei den untersuchten Tierarten augenscheinlich ein Mechanismus, der eine Generalisierung einer Bevorzugung bewirkt.

So konnte bei Rhesusaffen gezeigt werden (Preilowski 1993), daß je nach dem sensomotorischen Aufwand, der mit einer Aufgabe verbunden war, die Bevorzugungen einer bestimmten Hand unterschiedlich ausgeprägt waren. Beim einfachen Greifen nach Futterstücken in einer kurzen

Röhre wurde nur zu 62 Prozent eine bestimmte Hand verwendet. Dieser Prozentsatz erhöhte sich auf 66 Prozent, wenn das Futter aus einer etwas längeren Röhre herausgeholt werden mußte. Und wenn das Futterstück vom Ende eines hin- und herschwingenden Fadens zu greifen war, ergab sich eine 80prozentige Bevorzugung einer bestimmten Hand. Diese Bevorzugung steigerte sich schließlich auf durchschnittlich 94 Prozent, wenn das Greifen des Futterstücks von einem Faden nicht mehr unter visueller Kontrolle durch die Gitterstäbe des Käfigs möglich war, sondern nur durch ein kleines Loch in einer Trennwand, durch das der Affe mit einem Auge schauen konnte. Bei einer Aufgabe schließlich, die vom Tier verlangte, eine spezifische Kraft zwischen den Fingern einer Hand zu erzeugen, benutzten die Affen nur noch ein und dieselbe – bei den einzelnen Tieren aber jeweils verschiedene – Hand. Bei Tausenden von Versuchsdurchgängen kam es zu keinem Wechsel der benutzten Hand. Ähnlich beharrlich war die Bevorzugung einer Hand in einem Krafttest, bei dem Gewichte über einen Seilzug angehoben werden mußten. Hier war darüber hinaus zu beobachten, daß die Tiere, auch wenn aufgrund von Ermüdung die Leistung und somit auch die Belohnungshäufigkeit abnahm, keine Anstalten machten, einmal die andere Hand beziehungsweise den anderen Arm auszuprobieren. Dabei gab es in der Ausführung dieser Aufgabe durchaus deutliche Leistungsunterschiede zwischen den Extremitäten der Tiere. Aber die Bevorzugung war davon vollkommen unabhängig. Ich glaube, gerade letzteres ist ein deutlicher Hinweis auf situationsspezifisches Lernen von Handbenutzungen.

Auch wir Menschen unterliegen ähnlichen Lerneinflüssen, wir scheinen aber eher über die Fähigkeit zur Generalisierung zu verfügen. Bei dem Lerntransfer von einer Situation zu einer anderen spielen unsere kognitiven Fähigkeiten und insbesondere die Möglichkeit, aus der Vergangenheit bewußte Erwartungen für zukünftiges Verhalten zu entwickeln, eine große Rolle. Etwas vereinfacht könnte man sagen, daß es auch unter den Tieren Bevorzugungs- und Leistungshändigkeit gibt, aber sie scheinen von ihrer Händigkeit nichts zu wissen – sie scheint ihnen nicht bewußt zu sein. Allerdings sollte man hinzufügen, daß Kognition beziehungsweise Bewußtsein nur einen zusätzlichen, aber sicher nicht den entscheidenden Faktor für die Generalisierung motorischer Fertigkeiten und Bevorzugungen darstellt.

Zwei weitere Befunde aus dieser vergleichenden Händigkeitsforschung sind von Bedeutung. Zum einen betrifft dies die individuellen Unterschiede in der Beständigkeit und Ausprägungsstärke der Händigkeit und zum anderen Hinweise auf den Einfluß von interhemisphärischen Interaktionen auf die Entwicklung von Händigkeit.

Die bei den Rhesusaffen beobachteten individuellen Unterschiede sind deshalb wichtig, weil sie dazu führten, zwischen Händigkeitsrichtung, Händigkeitsausprägung und später auch Händigkeitsbeständigkeit zu differenzieren. Im Lichte dieser Unterscheidungen ergaben sich Möglichkeiten, die Händigkeit des Menschen erst einmal unabhängig von anderen funktionellen Asymmetrien als eigenständige Spezialisierung zu betrachten. Und tatsächlich erhalten wir mehr und mehr Hinweise dafür, daß diese Unterscheidung beispielsweise für die Genetik der Händigkeit von Bedeutung ist. Wenn bei der Untersuchung der Affen die Situation so manipuliert wurde, daß die Benutzung der einmal gewählten und dann dauerhaft bevorzugten Hand erschwert wurde, dann zeigten sich gewissermaßen unterschiedliche Händigkeitstypen. Da gab es Tiere, die sofort und vollständig auf die Benutzung der anderen Hand wechselten. Andere dagegen blieben bei der anfänglich bevorzugten Hand, selbst wenn ihnen ihre Verwendung einige Verrenkungen abverlangte. Eine dritte Gruppe schließlich wechselte langsam, aber stetig zu der anderen, bequemer zu benutzenden Hand über.

Versuche mit Ratten und Mäusen, die sich wegen der schnelleren Generationenfolge besser für genetische Experimente eignen, konnten zeigen, daß die Richtung der Händigkeit durch selektive Zucht nicht zu beeinflussen ist (Collins 1975). Das heißt, es war bisher nicht möglich, rechts- oder linkshändige Tiere zu züchten. Hier scheint der Mensch, wie eingangs etwas überspitzt formuliert, tatsächlich einzigartig zu sein, obwohl die Genetik der menschlichen Händigkeit immer noch nicht vollständig geklärt ist. Aus den Tierversuchen gibt es aber einige Hinweise dafür, daß der Ausprägungsgrad und die Beständigkeit beziehungsweise Hartnäckigkeit, mit der an einer Bevorzugung festgehalten wird, eine genetische Komponente haben. Diese Aspekte sollten auch beim Menschen noch genauer untersucht werden. Sie könnten ein wichtiger Teil der Lösung des genetischen Puzzles sein.

Kommen wir nun zu den Befunden, die auf eine Rolle der interhemisphärischen Interaktion bei der Entstehung der Händigkeit hindeuten. Die Ergebnisse wurden im Rahmen von Untersuchungen über die Bedeutung der sogenannten neocorticalen Kommissurenbahnen für das motorische Verhalten erhoben (Preilowski 1990; Preilowski 1993). Die neocorticalen Kommissurenbahnen bilden eine direkte Verbindung zwischen den beiden Großhirnhemisphären. Die größte dieser Kommissuren ist das Corpus callosum, das aus circa 200 Millionen Nervenfasern besteht. Es ist oft mit der Entstehung und Aufrechterhaltung der zerebralen Asymmetrie in Verbindung gebracht worden, ohne daß bisher eine überzeugende Erklärung dieser Funktion vorgebracht worden wäre. Auf einzelne Befunde beim Menschen werden wir später noch zu sprechen kommen. Hier soll vor allem darauf hingewiesen werden, daß zum einen eine vollständige Durchtrennung des Corpus callosum keine Veränderung in der Handbevorzugung bei Tieren und auch keine Veränderungen in den Leistungen beider Hände hervorruft. Noch wichtiger aber ist der Befund, daß bei Affen mit einem intakten Corpus callosum unter bestimmten Umständen kein intermanueller Lerntransfer zu finden ist. Das bedeutet, wenn die Tiere über längere Zeit beziehungsweise über viele Versuchsdurchgänge hinweg mit den Fingern einer Hand eine bestimmte Leistung – in unserem Fall eine Kraftdiskrimination (Abbildung 6.5) – perfektioniert haben, so sind sie nicht in der Lage, diese Aufgabe auch mit der anderen Hand auszuführen. Aus dem Verhalten können wir schließen, daß sich die Tiere nach dem Handwechsel zwar an die Bedingungen der Versuchssituation erinnern können, zum Beispiel daß der Beginn eines jeden Versuchsdurchgangs durch einen bestimmten Ton signalisiert wird: Nach dem Ertönen dieses Tones greifen sie also nach dem Manipulandum. Dann aber scheinen sie nicht mehr zu wissen, was sie mit den Fingern am Manipulandum tun sollen. Sowohl die adäquate Fingerstellung als auch die Kraftkontrolle muß neu erlernt werden.

Zur Aufklärung dieses unerwarteten Ergebnisses wurden weitere Untersuchungen durchgeführt, die unter anderem ergaben, daß ein Lerntransfer eher möglich ist, wenn die Kraftdiskrimination nicht mit den Fingern einer Hand, sondern durch eine Bewegung des ganzen Armes ausgeführt wird. Die proximalen Bereiche der Extremitäten haben neben der kontralateralen auch mehr ipsilaterale, also gleichseitige sensorische und motorische Verbindungen mit den beiden Gehirnhemisphären als die distalen Glieder. Das heißt, hier wäre zu vermuten, daß bereits beim einseitigen Training des Armes eine gewisse Mitübung der anderen Extremität beziehungsweise Hemisphäre erfolgt. Dies ist bei der Kraftdiskrimination, die mit Hilfe von Fingerbewegungen ausgeführt werden mußte, sehr viel weniger wahrscheinlich.

Weitere Untersuchungsergebnisse deuten darauf hin, daß es sich nicht nur um einen fehlenden Transfer handelt, sondern daß mit einem einseitigen Training sogar eine Form der Hemmung der anderen Seite einher zu gehen scheint. Dafür spricht zum einen der Befund, daß eine Lernübertragung zwischen den Händen eher stattfand, wenn das einseitige Vortraining weniger umfangreich war. Zum anderen zeigten Tiere, die abwechselnd mit beiden Händen trainiert wurden, im Schnitt schlechtere Lernleistungen als solche, die nur mit einer Hand gearbeitet hatten (Abbildung 6.6). Wenn die Übung mit einer Hand lediglich unabhängig erfolgen würde, also keine Ersparnis für das Üben mit der anderen Hand brächte, dann hätten die beidhändig trainierten Tiere im Mittel über beide Hände in etwa ebenso-

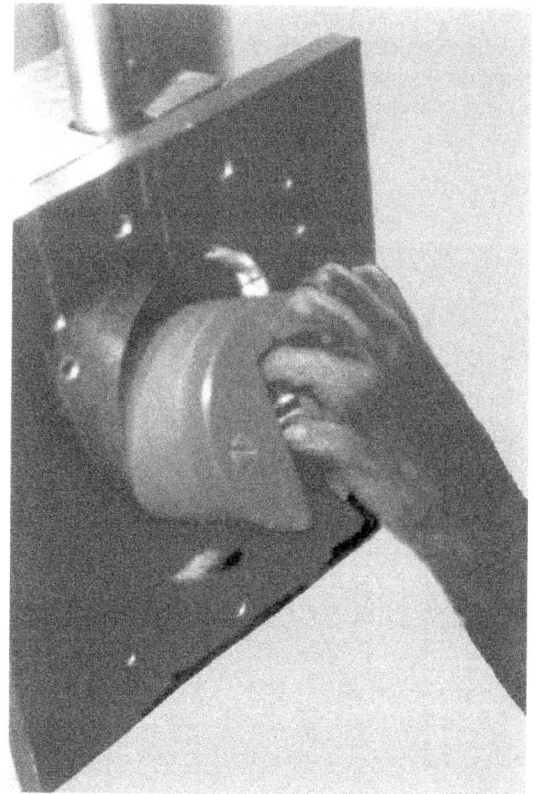

6.5 Kraftdiskriminationsaufgabe. Wenn Rhesusaffen mit den Fingern eine bestimmte, vom Experimentator vorgegebene Kraft ausüben und diese innerhalb bestimmter Grenzen über einige Zeit halten müssen, dann zeigen sich Bevorzugungs- und Leistungsunterschiede zwischen den Händen. Während des Trainings kann die Aufgabe zunehmend schwieriger gestaltet werden, indem der Bereich, innerhalb dessen die zu produzierende Kraft liegen muß, verkleinert wird. Immer wenn das Erfolgskriterium für eine bestimmte Schwierigkeitsstufe erreicht wurde, wird die Schwierigkeit gesteigert. Als Maß für die Leistung wird die Anzahl der Versuche genommen, die benötigt wurden, um das Erfolgskriterium auf den einzelnen Schwierigkeitsstufen zu erreichen. Bei freier Handwahl wählen die Tiere eine Hand und benutzen diese, ohne jemals einen Wechsel zu versuchen. Nach einem erzwungenen Handwechsel muß das Tier mit der neuen Hand erneut trainiert werden. Beim Training mit beiden Händen verlaufen die Lernkurven unabhängig voneinander.

viele Lerndurchgänge benötigen müssen wie die einhändig trainierten Tiere. Die beidhändig trainierten benötigten aber signifikant mehr Lerndurchgänge, das heißt der Wechsel zwischen den Händen führte zu einer Behinderung. Ein weiterer Beleg für interhemisphärische Hemmung muß noch

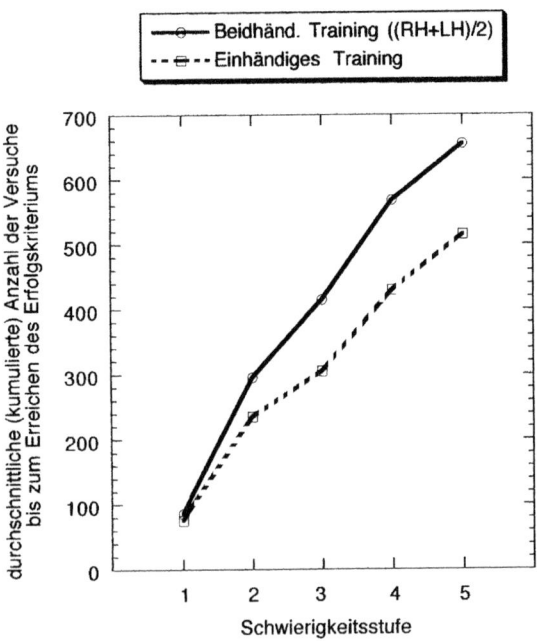

6.6 Einhändiges Training ist besser als beidhändiges Training (zumindest für Rhesusaffen). Für die Kurve der beidhändig trainierten Tiere wurde die Anzahl der Versuche durch zwei geteilt: Würde jeweils eine Hand vom vorausgehenden Training mit der anderen Hand profitieren, sollte die Beidhandkurve unterhalb der Kurve der einhändig trainierten Tiere zu liegen kommen. Ähnliche Werte beider Gruppen würden für eine Unabhängigkeit der Lernverläufe mit beiden Händen sprechen. Da die Beidhanddaten aber über den Einhanddaten liegen, bedeutet dies, daß Affen, die täglich mit beiden Händen trainiert wurden, pro Hand mehr Lerndurchgänge benötigten als Tiere, die nur mit einer Hand trainiert wurden. Beim Menschen konnten solche negativen Interaktionen bisher wissenschaftlich noch nicht belegt werden; in den meisten Fällen profitiert die eine Hand von der Übung der anderen, man spricht hier von positivem intermanuellen Lerntransfer.

mit Vorsicht genossen werden, da er bisher nur auf der Untersuchung eines einzelnen Tieres basiert. Hier hatten wir bei einem Affen, dessen Corpus callosum vor dem Training durchtrennt worden war, gefunden, daß er nach dem Wechsel der Hand relativ schnell wieder die Leistung zeigte, die er mit der zuerst trainierten Hand erreicht hatte. Bei ihm schien also keine interhemisphärische Hemmung vorzuliegen. Damit ergibt sich die Hypothese, daß eine einseitige Benutzung einer Hand, ohne Beteiligung der anderen Hand, zu einer interhemisphärischen Hemmung über das Corpus callosum führt und so die Spezialisierung einer Hand begünstigt.

Ein Modell für die Entstehung der Händigkeit – und vielleicht auch der zerebralen Asymmetrie

Das folgende Modell geht davon aus, daß bei höheren Säugern ein Selektionszwang zur effektiveren und vor allem flexibleren Nutzung einer begrenzten Hirnmasse besteht. Die laterale asymmetrische Spezialisierung kann nun als Teil einer solchen Gehirnentwicklung gesehen werden. Es wird angenommen, daß diese in mehreren Schritten während der Phylogenese und der Ontogenese erfolgen kann. Nach diesem Modell verläuft die Entwicklung zunächst von einem abbildenden und reagierenden Gehirn zu einem, das die Welt rekonstruiert und Erwartungen von Verhaltensweisen ausbildet, die die Kontrolle des ausgeführten Verhaltens erlauben. Diese Entwicklungsschritte können hier nicht näher diskutiert werden. Sie sind an anderer Stelle beschrieben worden (Preilowski 1986). Insgesamt könnte man diese Entwicklung als einen Wandel von der Repräsentation zur Rekonstruktion der Welt im Gehirn charakterisieren.

Der nächste wichtige Schritt hängt mit der oben erwähnten interhemisphärischen hemmenden Interaktion zusammen. Diese hemmende Interaktion könnte die Unabhängigkeit der Hemisphären sicherstellen, die eine Grundvoraussetzung für ihre Spezialisierung durch Übung bildet. Im Prinzip ist dieser Mechanismus nicht auf interhemisphärische Prozesse beschränkt, sondern er könnte ebenso innerhalb einer Gehirnhälfte die Spezialisierung einzelner Bereiche unterstützen. Aber hier stehen natürlich im Augenblick die laterale Asymmetrie und die Händigkeit und damit die lateralen interhemisphärischen Interaktionen im Vordergrund. Diese Entwicklung könnte man als Abkoppelung und damit als Schritt von der Interdependenz zur Unabhängigkeit bezeichnen. Letzteres würde dann schließlich die eigentliche Spezialisierung, hier also die lateral asymmetrische Spezialisierung, als dauerhafte Abweichung von symmetrisch angelegten Funktionen ermöglichen.

Der direkte Beweis für die Gültigkeit dieses Modells steht noch aus. Zusätzliche tierexperimentelle Untersuchungen sind notwendig. Das Modell erhebt jedoch auch den Anspruch, für den Menschen zu gelten. Bislang ist es allerdings noch nicht gelungen, einen direkten Beweis zu führen. Versuche, durch ein einseitiges „Übertraining" in einer Fingergeschicklichkeitsaufgabe die Lernübertragung auf die andere Hand zu behindern, führten bisher zu gegenteiligen Ergebnissen: das heißt, je mehr vorher mit einer Hand geübt worden war, um so besser war die Leistung nach dem Wechsel zur untrainierten Hand. Es gibt mehrere Erklärungsmöglichkeiten für diesen Befund, ohne das obige Modell in Frage zu stellen: Zum einen ist es denkbar, daß das einseitige Training nicht weit genug getrieben wurde. Zumindest war die Intensität des unimanuellen Trainings bei den Affen wesentlich größer als die, die den menschlichen Versuchsteilnehmern abgefordert wurde. Noch wahrscheinlicher aber scheint mir, daß das Ergebnis auf eine mangelnde Lateralisierung der an der Aufgabe beteiligten Funktionen zurückzuführen ist. An der Aufgabe, die verlangte, einen Stift so schnell wie möglich um die Finger einer Hand hin- und herzudrehen, sind wahrscheinlich sehr viele unterschiedliche Funktionen beteiligt, von denen nur einige wenige lateralisiert bleiben. An den anderen sind wahrscheinlich beide Hemisphären beteiligt. Vielleicht ist dies aber auch nur ein weiterer Beleg dafür, daß wir Menschen offenbar nicht dazu in der Lage sind, wirklich nur eine Gehirnhälfte für irgendeine Aufgabe zu benutzen. Das geschieht möglicherweise nur, wenn die andere Hemisphäre mit einer anderen Aufgabe beschäftigt ist.

Einen gewissen Hinweis für diese Annahme gibt eine Untersuchung, die Stephan Swinnen an der Universität von Leuven durchgeführt hat (Swinnen 1998). Er ließ seine Versuchsteilnehmer jeweils mit der einen Hand einen Kreis auf ein Graphik-Tablett zeichnen und gleichzeitig mit der anderen Hand ein Dreieck. Zuerst hatten die Versuchspersonen große Schwierigkeiten mit dieser Aufgabe: Der Kreis ähnelte eher einem Dreieck, und das Dreieck sah eher wie ein Kreis aus. Nach einiger Zeit jedoch gelang die Übung ganz gut. Das für unsere Fragestellung Interessante ist nun, daß die Versuchspersonen beim folgenden Aufgabentausch zwischen den Händen mit ihrer Leistung wieder ganz am Anfang zu stehen schienen. Man kann daraus schließen, daß unimanuelle Lernerfahrung unter bestimmten Bedingungen tatsächlich lateralisiert bleibt. Da die Informationen über die ausgeführten Bewegungen sicherlich nicht lateralisiert bleiben, muß man davon ausgehen, daß der jeweils einseitige Lernprozeß eine gezielte Unterdrückung dieser Informationen voraussetzt.

Es spricht also insgesamt doch einiges dafür, daß sich eine anfänglich geringfügig ausgeprägte asymmetrische Tendenz über viele Jahre hinweg zu einer massiven funktionellen Asymweitet. Ob ähnliche interhemisphärische Hemmprozesse auch an der einseitigen Entwicklung und Aufrechterhaltung von kognitiven Asymmetrien beteiligt sind, ist – wie viele andere Fragen nach dem Einfluß von Umwelt und Erbe – nur schwer zu beantworten. Es fehlen hierzu sowohl entsprechende neuropsychologische Untersuchungen von Säuglingen und Kindern wie auch vergleichbare tierexperimentelle Untersuchungen.

Zusammenfassung und Schlußfolgerungen

Es versteht sich von selbst, daß die vielleicht etwas verwirrende Auswahl an Befunden und Argumenten die persönlichen Erfahrungen des Autors im Bereich neuropsychologischer Untersuchungen zur Händigkeit und Lateralität bei Tieren und Menschen widerspiegelt und damit auch seine darauf aufbauenden Vorurteile. Und das gleiche gilt natürlich für die Schlußfolgerungen, die aber doch solange eine gewisse Gültigkeit haben, als sie nicht durch andere Befunde widerlegt werden.

Demnach können Händigkeit und zerebrale Asymmetrie als vergleichbare Formen der Lateralität betrachtet werden. Sie scheinen onto- wie phylogenetisch auf ähnliche Art und Weise zu entstehen, wobei wir die Auswirkungen biologischer Gesetzmäßigkeiten annehmen, aber im Detail noch nicht beschreiben können. Die verschiedenen strukturellen und funktionellen lateralen Asymmetrien sind jeweils sekundäre Abweichungen von einer grundlegenden Symmetrie. Diese Symmetrie wird durch ein dynamisches Gleichgewicht lateraler Interaktionen aufrechterhalten. Schon geringfügige Einflüsse können einzelne strukturelle und funktionelle Systeme aus der Balance bringen. Sowohl genetische Prädispositionen als auch unterschiedliche allgemeine sowie speziesspezifische und individuell verschiedene Umweltfaktoren können für solche Einflüsse verantwortlich sein und so die einzelnen Lateralitätsformen prägen.

Für den Menschen gibt es Hinweise auf eine besondere, genetisch bedingte überwiegende Prädisposition zur Verschiebung der Balance in Richtung einer linkshemisphärischen Spezialisierung für sprachliche und bestimmte motorische Prozesse, die sich letztlich in einem zahlenmäßigen Übergewicht von Rechtshändern mit linkshemisphärischer sprachlicher Dominanz widerspiegelt. Die Lateralitätsunterschiede sind jedoch graduell und normalverteilt. Das bedeutet, daß sie für die meisten Menschen gering sind und nur wenige Personen extreme Rechts-Links-Unterschiede aufweisen. Händigkeit und Sprachlateralisierung werden lediglich durch die

Form ihrer Erhebung und durch den Eindruck klinischer Auffälligkeiten dichotomisiert und damit in unzulässiger Weise vergröbert.

Die prinzipielle Tendenz zur Symmetrie, die dynamischen lateralen Interaktionen im Gehirn, die graduelle Ausprägung der Lateralitätsformen und die Tatsache, daß die uns hier am meisten interessierende Händigkeit und die Sprache im Prinzip unabhängig voneinander sind, sich also nicht gegenseitig beeinflussen, das alles ist von besonderer, auch praktischer Bedeutung. Am deutlichsten läßt sich das am Beispiel der Auswirkungen eines Händigkeitswechsels, insbesondere eines Wechsels der Schreibhand, erläutern. Hierzu gibt es nämlich recht mystische Vorstellungen. Sogar von einem „unblutigen Eingriff in das Gehirn" ist manchmal die Rede.

Sicher wird unser Gehirn durch Erfahrung geprägt. Während der Entwicklung finden wir plastische Veränderungen, die innerhalb bestimmter kritischer Phasen besonders gravierende Auswirkungen haben und lebenslang überdauern. Aber auch für den Rest unseres Lebens gibt es plastische Veränderungen im Gehirn, ohne die Lernen gar nicht möglich wäre. Insofern ist jede Lernerfahrung ein „unblutiger" Eingriff in das Gehirn. Aber anders als durch diesen aufmerksamkeitsheischenden Begriff suggeriert wird, sind bei einem Wechsel der Händigkeit für die generellen Funktionen des Gehirns keine prinzipiellen Probleme zu erwarten. Die meisten von uns könnten ohne große Probleme bestimmte Fertigkeiten mit der jeweils nichtbevorzugten oder auch leistungsschwächeren Hand erlernen. Unterschiede im Verlauf des Umlernens würde man nur aufgrund der jeweiligen Ausprägung der Leistungshändigkeit und der bisherigen Lernerfahrung erwarten. Und natürlich würden einem überlernte Gewohnheit den Anfang ziemlich schwer machen. Aber, wie gesagt, prinzipiell ist unser Gehirn zu dieser Lernleistung in der Lage, und das ohne irgendwelche negativen Konsequenzen für andere Gehirnfunktionen. Auch gibt es bei intakten Kommissurenverbindungen zwischen den Hemisphären keinen Grund anzunehmen, daß spezielle Probleme beim Schreiben auftreten sollten oder gar daß sprachliche oder Denkprozesse durch einen Wechsel der Schreibhand behindert würden.

Etwas komplizierter ist die Situation bei Kindern. Aber auch hier ist es nicht der sensomotorische Umlernprozeß, der zu möglichen Problemen führt. Bei Kindern wäre eventuell durch die fehlende Myelinisierung der Kommissurenbahnen, die erst mit etwa zehn Jahren abgeschlossen ist, ein Problem zu erwarten, wenn die Händigkeitskontrolle beim Schreiben von einer anderen als der sprachdominanten Hemisphäre ausgeübt wird. Auf der anderen Seite aber besitzt das kindliche Gehirn besondere Formen der Plastizität, um auch mit diesem Problem fertig zu werden. Dafür sprechen

Befunde bei Kindern, die aufgrund des Verlustes eines Armes oder einer Hand lernen mußten, mit der anderen Hand zu schreiben.

Mittlerweile ist der Zwang zur Rechtshändigkeit zumindest offiziell nicht mehr gegeben – lediglich linkshändiges Polospiel soll nach wie vor verboten sein. Auch die Vorurteile gegenüber Linkshändern scheinen geringer zu werden. Dabei spielt es wahrscheinlich eine ganz wesentliche Rolle, daß die Bilder von Linkshändern, die über die Medien verbreitet werden, überwiegend prominente und erfolgreiche Personen darstellen.

Das Problem eines Wechsels der Händigkeit liegt vielmehr darin, daß man einem Kind nur schwer begreiflich machen kann, daß es die Hand, die es am liebsten benutzt und bei deren Benutzung es sich am sichersten fühlt, nicht verwenden soll. Selbst bei älteren Kindern wird dies zu einer verständlichen Abwehrhaltung führen. Ganz abgesehen von den negativen psychischen Auswirkungen, wenn ein Kind durch solche Maßnahmen als andersartig gebrandmarkt wird oder sich durch seine eigenen Eltern als minderwertig, weil „fehlerhaft" beurteilt glaubt.

Aus den diskutierten Befunden zur Händigkeit und zur zerebralen Asymmetrie ergibt sich außerdem, daß Kinder mit fehlender eindeutiger Händigkeit oder linksseitiger Bevorzugung sehr differenziert betrachtet werden müssen. Fehlende eindeutige Präferenz könnte sowohl mit einer sensomotorischen Entwicklungsverzögerung als auch mit einer etablierten symmetrischen Leistungsgleichheit zusammenhängen. In beiden Fällen wird man eventuell die Bevorzugung von symmetrischen Bewegungsmustern finden. Aber nur im ersten Fall sollten beispielsweise altersunangemessene unwillkürliche Mitbewegungen auftreten oder andere Anzeichen einer Entwicklungsverzögerung diagnostizierbar sein. In diesem Fall könnten besondere therapeutische Maßnahmen notwendig werden, bevor man eine mögliche Händigkeitsbeeinflussung in Erwägung zieht. Ansonsten würde man in beiden Fällen vorsichtig einseitige Übungen einführen und das weitere Vorgehen von der Beobachtung eventueller asymmetrischer Leistungsveränderungen oder Widerstände abhängig machen. Bei Linkshändigkeit ohne offensichtliche pathologische Ursache gibt es keinerlei Indikation für einen Händigkeitswechsel, und ein solcher sollte daher wegen der genannten emotionalen und motivationalen Konsequenzen unterbleiben. Ergibt sich ein Verdacht auf Gehirnschädigung, so müßte diesem in jedem Fall durch eine umfassende neuropsychologische Untersuchung nachgegangen werden. Aufgrund ganz bestimmter Konstellationen von sensomotorischen und kognitiven Leistungen könnte es durchaus sinnvoll erscheinen, einen Händigkeitswechsel in Betracht zu ziehen. Dabei wird man dann den möglichen Nutzen eines solchen Wechsels gegen die möglichen negativen Reaktionen und die Möglichkeiten, diese zu überwinden, abwägen müssen.

Auf der anderen Seite erleben viele Linkshänder nach wie vor Benachteiligungen. Dabei wird durchaus akzeptiert, daß unsere Welt vor allem auf die Befriedigung des Durchschnitts ausgerichtet ist. Das viel tiefer reichende Problem von Minderheiten aber hat auch etwas damit zu tun, daß man das als normal betrachtet, was durch die Mehrheit repräsentiert wird. Das wird intuitiv auch und gerade von Kindern empfunden. Für die Praxis ergibt sich daraus, daß – trotz der vielen interessanten und geheimnisvollen Aspekte – der normale Umgang mit der Linkshändigkeit wichtiger ist als alle sonstigen Überlegungen zu Händigkeit und Hirnigkeit.

*D*er deutsche Philosoph Immanuel Kant, berühmt für seine Bemühungen, die »Bedingungen der Möglichkeit von Erfahrung« in der abstraktesten Weise zu ergründen, scheute sich gleichzeitig nicht, den menschlichen Alltag gedanklich zu durchdringen. Überrascht stellt der geneigte Leser fest, daß der Verfasser der „Kritik der reinen Vernunft" auch eine wohlausgewogene Meinung besaß, in welcher Weise Kleinkinder zu windeln seien. Um es kurz zu machen, Kant lehnte das Windeln ab, da es die Bewegungsfreiheit des Kindes beschränke und damit eine optimale Entwicklung verhindere. Heute wissen wir, daß der Denker zumindest in diesem Punkte falsch gewickelt war. Selbst Säuglinge, die monatelang in enge Tücher eingeschlagen werden, oder Kinder, die ohne Arme zur Welt kommen, entwickeln sich im allgemeinen intellektuell völlig normal. Das zeigt, daß die wohlfeile Formel vom „Greifen und Begreifen", zumindest was die individuelle Entwicklung des Menschen angeht, zu kurz greift. Das Erkunden der Welt mit den Händen ist zweifelsohne von großer Wichtigkeit. Entfällt diese Möglichkeit jedoch, ist der Mensch flexibel genug, andere Sinnesmodalitäten zu nutzen und damit zu verfeinern.

Vom Greifen zum Begreifen?

Von Richard Michaelis

Anders als bei den heute noch lebenden großen Menschenaffen haben sich Hände und Arme beim *Homo sapiens* im Verlauf der Evolution zu einem Handwerkszeug herausgebildet, und dies nicht nur in der direkten Bedeutung des Wortes. Denn mit der Hand lassen sich nahezu alle emotionalen, sozialen, seelischen, geistigen, musikalischen und künstlerischen Ausdrucksmöglichkeiten realisieren, zu denen der Mensch fähig ist. Die zur sozialen Kommunikation befähigende Gestik der Hände ist weitgehend angeboren. Sie wird, weil artspezifisch, daher in ihrem Bedeutungsgehalt von allen Menschen spontan verstanden. Darüber hinaus hat sich jedoch auch eine kulturspezifische Gestik der Arme und Hände entwickelt, deren Aussage erlernt werden muß, damit sie nicht mißverstanden wird: So besteht ein Unterschied in der emotionalen Aussage, ob bei einer Verbeugung, wie zum Beispiel in China, die Hände über der Brust gekreuzt oder, wie in Japan, auf die Oberschenkel gelegt werden.

Innere Befindlichkeiten von Menschen lassen sich an den Händen ablesen: Kummer, Angst, Gespanntheit, Gereiztheit, Ungeduld, Langeweile, Rastlosigkeit, Freude, Entspanntheit, um nur einige Gemütsregungen zu nennen. Die Hände und ihre Bewegungs- und Ausdrucksmöglichkeiten sind essentieller Teil des physischen und psychischen Lebens eines Menschen. Sie ermöglichen die Tätigkeiten des täglichen Lebens, eine emotional gesteuerte Gestik, die gestische Begleitung des Sprechens und das künstlerische, gestaltende Handwerken der Maler, Bildhauer, Schauspieler, Musiker und Dirigenten. Und schließlich sind die Hände mitbeteiligt an den Handlungen an den äußersten Grenzen des menschlichen Seins, beim Lieben, Hassen, Foltern und Töten.

Diesem menschenspezifischen Hand-Vermögen soll in dem vorliegenden Beitrag nicht weiter nachgegangen werden. Vielmehr wird sich unser Interesse darauf richten, wie die Fähigkeiten der Hände evolutionär entstanden sind und wie sie sich beim Kleinkind entwickeln. Bei der Darstellung der Entwicklung des Greifens werden wir jedoch überraschend auf ein prinzipielles Dilemma des Verstehens der Entwicklung des Menschenkindes stoßen, auf das wir näher eingehen müssen. Wir werden einen neuen Begriff einzuführen haben, die *ontogenetische Adaptation*, da dem Menschen im Verlauf der Evolution eine außerordentliche Anpassungsfähigkeit an seine Umweltbedingungen zugewachsen ist. Diese wurde auch bei der Entstehung und der Entwicklung des Greifens wirksam. In einem Intermezzo wird nach dem Abschnitt, der die Entwicklung des Greifens darstellt, noch einmal die anfangs erwähnte psycho-emotionale Bedeutung der Hand aufgegriffen, da die Hand für das Kleinkind ein sogenanntes Übergangsobjekt zu werden vermag.

Was aber geschieht mit Menschen, denen keine „Handwerkszeuge" zur Verfügung stehen? Mit der hohen individuellen Adaptationsfähigkeit im Verhalten und Lernen läßt sich erklären, wie Menschen ohne Handfunktionen trotzdem ein menschenbestimmtes Leben führen können.

Wie kam der Mensch zu seinen Händen?

Wie wir noch sehen werden, muß die Frage anders gestellt werden, nämlich: Wie kam der Mensch auf die Beine, um seine Hände als Werkzeuge benutzen zu können? Landläufig geht man immer noch von der Vorstellung aus, die Vorläufer des heutigen Menschen, die sogenannten Hominiden, seien nicht zuletzt wegen veränderter Klimabedingungen im Laufe vieler Jahrtausende in Südostafrika von den Bäumen gestiegen, da sie in Steppen und Savannen günstigere Lebensbedingungen, wie unter anderem protein- und energiereichere Nahrung gefunden hätten, wenn auch zunächst nur in Konkurrenz mit Aasvertilgern, also vor allem Hyänen und Geiern. Während dieser Zeit sei das Gehirn gewachsen, und schließlich habe sich der Mensch auf seine Hinterfüße gestellt, mit all den Vorteilen, die der aufrechte, zweibeinige Gang mit sich gebracht habe. Die evolutionäre Umgestaltung der Affenhand hin zur menschlichen Hand sei ein „Geniestreich der Evolution" gewesen, wie kürzlich ein vielgelesenes Journal in einer Sonderausgabe über die Entstehung der menschlichen Hand nicht eben informiert titelte. Zwar veränderten sich im Verlauf der Evolution die Muskulatur der menschlichen Hand und im knöchernen Bereich auch das Handgelenk, womit feine, motorisch hochdifferenzierte Bewegungsabläufe möglich wurden, eine prinzipielle Umwandlung der Anatomie der Hände, wie dies im Verlauf der Evolution mit den Füßen geschehen ist, erfolgte jedoch nicht. Wer die Füße von Schimpansen mit denen des *Homo sapiens* vergleicht, wird schnell zu dieser Feststellung kommen. Während bei den Schimpansen auch die Füße „Greiffüße" geblieben sind – ähnlich wie ihre Hände –, hat sich die Anatomie des Fußes beim Menschen entscheidend verändert. Der „Greiffuß" ist zu einem "Geh- und Lauffuß" geworden. Überraschend ist, daß eine solche Umgestaltung der Füße bei den Hominiden, also bereits vor vier Millionen Jahren abgeschlossen gewesen sein muß. Woher nehmen wir dieses Wissen?

Vor etwa 3,5 Millionen Jahren hatte der Vulkan Sadiman in Tansania einen feinen Ascheregen über die umliegende Landschaft niedergehen lassen. Über diese Aschendecke gingen drei Hominiden und einige, zum

Teil große Säugetiere, wie zum Beispiel Nashörner. Ihre Fußspuren wurden von einem neuen Ausbruch des Sadiman konserviert. Im Laufe der Zeit kamen Teile der Spuren aufgrund von Verwitterungsprozessen dieser Sedimente wieder zum Vorschein. Sie wurden von der Archäologin und Anthropologin Mary Leakey gefunden. Ihr Team grub 1980 die insgesamt etwa 25 Meter lange Fährte aus (Abbildung 7.1). Die erhaltenen und konservierten Abdrücke der Füße im ehemaligen Aschestaub zeigen, daß zwei Hominiden hintereinander hergegangen sein mußten, wobei das zweite Individuum sorgfältig in die Fußspuren des Vorangehenden trat, während parallel daneben eine kleinere Fußspur zu sehen ist.

7.1 3,5 Millionen Jahre alte Fußabdrücke von drei Hominiden, von denen in der rechten Spur zwei hintereinander gegangen sind. Die Abdrücke sind fast identisch mit den Fußspuren heute lebender Menschen. Weitere Erläuterungen im Text.

Für unser Thema ist vor allem die Tatsache höchst überraschend, daß sich bereits zu so früher Zeit die Fußspuren der Hominiden kaum von den Fußspuren der heute lebenden Menschen unterscheiden. Denn: Ein aufrechter Gang ist nur bei einem schon abgeschlossenen evolutionären Umbau des gesamten Skeletts möglich (S-förmige Wirbelsäule, Zentrierung des Wirbelsäulenansatzes am Kopf auf ein mittelständiges Hinterhauptsloch, Streckung des Knie- und Hüftgelenkbereichs und anderes). Von Skelettfunden wissen wir aber auch, daß das Hirnvolumen der Hominiden etwa 500 Kubikzentimeter betrug, also dem der heutigen Schimpansen entsprach. Das Hirnvolumen vergrößerte sich demnach erst *nach* diesem evolutionären Schritt und in enger Korrelation mit dem zunehmend präziseren Gebrauch der Hände und Arme, die jetzt nicht mehr zum Abstützen während der Fortbewegung auf dem Boden und nicht mehr als Greif- und Klammerwerkzeuge beim Leben auf Bäumen eingesetzt werden mußten. Hände und Arme wurden im Laufe der folgenden zwei Millionen Jahre auch weiterhin zum Tragen und Halten von nützlichen und lebensnotwendigen Gegenständen verwendet. Zunehmend dienten die Hände nun aber auch zum Werfen von Steinen und angespitzten Stäben während der Jagd und zum Herstellen von Werkzeugen, die zum Schaben, Schlagen, Klopfen und Schnitzen benötigt wurden. Der immer geschicktere Gebrauch der Arme und Hände erforderte sehr rasche und sehr präzise ballistische und repetitive Bewegungsabläufe der Arme und Hände, die nur durch zunehmend komplexere neuronale Strukturen in Gehirn und Rückenmark ermöglicht und gesteuert werden konnten. Nach William Calvin hat sich der neuronale, sensomotorische Steuerungsapparat vor allem für die Motorik der Finger, Hände und Arme auf der Evolutionsstrecke zwischen den Hominiden und dem *Homo sapiens* qualitativ ganz entscheidend verbessert.

Der Qualitätssprung in der Präzision der Handmotorik und die parallel verlaufende Vergrößerung des Hirnvolumens lassen sich an der zunehmend besseren Verarbeitung der hergestellten Werkzeuge ablesen, worauf der Beitrag *Am Anfang war die Hand* (☞ Klix) in diesem Buch näher eingeht. Das Hirnvolumen hatte sich vor zwei Millionen Jahren bereits auf 1000 Kubikzentimeter verdoppelt; nach einer Million Jahren waren nochmals 400 Kubikzentimter dazu gekommen. Und vor etwa 100 000 Jahren erreichte das Gehirn dann ein Volumen, das dem des heutigen Menschen entspricht. Das Gehirn wurde mit seiner Vergrößerung zunehmend lernfähiger und gewann die Fähigkeit, sich weiter zu spezialisieren. Wer sich ein Bild von der Leistung des Nervensystems des heutigen Menschen machen möchte, mag sich die Verknüpfung von Handmotorik und Hirnleistung bei einer Pianistin oder einem Pianisten vorstellen, die ein schwieriges Klavierkonzert zu spielen haben (☞ Altenmüller). Dazu ist ein jahrelanges Training zur Etablierung neuronaler Speicher notwendig, die durch Üben sequentiell und parallel verschaltet worden sind. Dazu gehören aber auch Feedback- und Feedforward-Systeme zur Planung und Kontrolle der ungeheuer raschen Bewegungsabläufe der Hand- und Fingermotorik (☞ Weinmann). Parallel zum musikalischen Spielablauf verläuft eine sensomotorische Kontrolle des Anschlags, der Tonqualität und der Fingerbewegungen bei gleichzeitigem Ausrichten von Auge und Ohr auf das Spiel des Orchesters und die Zeichen- und Lautsprache des Dirigenten.

Mit dem Cro-Magnon-Menschen trat vor etwa 50 000 Jahren dann der Prototyp des *Homo sapiens* in die Menschheitsgeschichte ein, der an Gestalt und Begabung alle Merkmale und Fähigkeiten, auch die zu Kulturleistungen, mitbrachte, die für den heutigen Menschen immer noch charakteristisch sind. (Allgemeinverständliche Bücher über die Evolution des Menschen sind im Literaturverzeichnis unter den Namen Calvin, Harris, Jones et al., Reichholf und Steitz aufgeführt.)

Zusammenfassend läßt sich über das Handwerkszeug des Menschen sagen, daß der „Geniestreich" der Evolution weniger in der Ausformung und Funktion der Hand besteht als vielmehr in der Umbildung eines Greiffußes zu einem Gehfuß und in der Entstehung und Entwicklung eines hochkomplexen neuronalen Speicher- und Kontrollsystems im Gehirn , das die extrem präzisen motorischen und feinmotorischen Fähigkeiten der menschlichen Hand steuert.

Wie Kinder greifen lernen

Arnold Lucius Gesell (1880–1961), ein amerikanischer Kinderarzt und Kinderpsychologe, beschrieb in den zwanziger Jahren unseres Jahrhunderts zum ersten Mal für praktische und wissenschaftliche Zwecke einen genauen Verlauf der frühkindlichen Entwicklung. Auf der Basis dieser Daten stellte Gesell einen Test zusammen, mit dem die Entwicklung und eventuelle Entwicklungsdefizite von Säuglingen und Kleinkindern beurteilt und festgehalten werden können. Die von Gesell vorgeschlagene Einteilung von Entwicklungssträngen und deren Definitionen sowie deren zeitliche Abfolge sind auch heute noch essentielle Bestandteile vieler Kleinkinder-Entwicklungstests. Gesell ging davon aus, daß die Entwicklung des Kindes weitgehend genetisch determiniert sei und daher in engen zeitlichen Sequenzen und in einem streng hierarchischen Aufbau verlaufen würde. In dem hier zu diskutierenden Zusammenhang werden wir nur auf die Entwicklungsschiene der Motorik und Feinmotorik der Hände und Finger eingehen. Sie wird im folgenden stichwortartig und in ihrer zeitlichen Sequenz kurz zusammengefaßt beschrieben:

- **Neugeborene** greifen noch nicht bewußt. Sie zeigen jedoch einen Greifreflex, der immer auslösbar ist, wenn ein Gegenstand, sei es ein Finger oder ein Stift, quer in ihre Handfläche gelegt wird. Darauf werden die Finger reflektorisch gebeugt und die Hand geschlossen. Die Festhaltereaktion ist so stark, daß sich der Handschluß auch dann nicht lösen läßt, wenn das Kind an dem ergriffenen Gegenstand hochgehoben wird; es bleibt, wie an einer Reckstange, für einige Sekunden in einem Schwebezustand. Die Existenz dieses starken Greifreflexes der Hände wird als ein Relikt der Evolution gedeutet, aus einer Zeit stammend, als es für Neugeborene überlebensnotwendig war, sich im Fellkleid der Mutter festhalten zu können, wenn sich diese rasch bewegte oder zur Flucht ansetzte. Die Funktion des Greifreflexes der Hände läßt sich heute noch bei freilebenden Affen, gelegentlich auch in einem Zoo beobachten, wenn Affenmütter ihre kleinen Kinder im Körperkontakt mit sich herumtragen.
- Im Alter von **3 Monaten** versucht ein Kind, mit sehr unpräzisen, wenig gezielten Bewegungen der Arme und Hände einen Gegenstand, der ihm vorgehalten wird, zu fassen.
- Im Alter von **4 Monaten** werden die Greifversuche präziser. Gegenstände werden mit der ganzen Hand umfaßt (Faustgriff). Die Kinder spielen mit ihren Händen, die Hände werden in Sichtweite in der Körpermitte zusammengebracht. Gegenstände, die in ihre Hände gelangen oder die den Kindern in die Hände gegeben werden, führen sie fast reflektorisch zu den Lippen und stecken sie in den Mund. In den folgenden Monaten gelingt das Ergreifen von Gegenständen sicherer und rascher. Spielzeug kann jetzt mit der Handfläche zwischen Daumen und Zeigefinger erfaßt (radialer Faustgriff) und von einer Hand in die andere gewechselt werden.
- Ab dem **6. Monat** vermag ein Kind sehr zielgenau mit den Händen zu greifen. Ein Gegenstand, ein Spielzeug wird herangeholt, angeschaut und schließlich mit Absicht und nicht nur reflektorisch in den Mund gesteckt.
- Um den **9. Monat** zielen Säuglinge mit dem Zeigefinger auf ihnen bekannte Gegenstände und Personen. Sie tun dies auch dann, wenn sie nach solchen gefragt werden. Auffällig ist um diese Zeit, daß Säuglinge Spielzeuge oder andere für sie greifbare Objekte mit beiden Händen und mit den Fingern genau erkunden, sie beschauen, mit Bedacht in

den Mund stecken, darauf herumkauen, dann wieder anschauen und anhaltend mit ihren Fingern von allen Seiten betasten. Solche taktilen, oralen und visuellen Aktivitäten des Erkundens von Strukturen und Texturen können ein Kind minutenlang beschäftigen. Ablenkungen werden dabei weitgehend ausgeschaltet, die Kinder lassen sich kaum in ihrer Beschäftigung stören. Das konzentriert aufmerksame Lernen über die Beschaffenheit von Objekten, hinsichtlich Farbe, Form und Textur scheint eine wichtige Durchgangsphase des Kennenlernens der Strukturen und Qualitäten des nahen Umfeldes des Säuglings zu sein. Aufmerksamkeit und Konzentration entstehen ebenfalls. Sie werden in dieser Entwicklungsphase vor allem in positiver emotionaler Stimmung bewußt geübt und eingesetzt, wodurch die Erfahrung über die unmittelbare Umwelt beträchtlich wächst.

- Um das **Ende des 1. Lebensjahres** verfügt ein Kind bereits über einen recht präzisen Pinzetten- oder Spitzgriff, der es ihm ermöglicht, kleinere Objekte wie Perlen, Rosinen, Fäden, Brotkrümel zu ergreifen. Im Alter von **2 Jahren** kann es schließlich mit einem Löffel hantieren. Bauklötze werden, allerdings noch unpräzise, aufeinandergestellt, Buchseiten einzeln umgeblättert; Papier und Tapeten werden bekritzelt, wenn dazu sich die Gelegenheit bietet,
- Mit **3 Jahren** beginnen Kinder, Kreise und Kreuze zu kopieren. Die Handhabung von Eßbesteck und Zahnbürste gelingt oft schon recht gut. Ab dem Alter von **4 Jahren** werden „Kopffüßler" gemalt. Erste Ansätze zum Basteln sind möglich; dabei kann eine Kinderschere benützt werden. Die manuellen Aktivitäten von Vater und Mutter werden nachgeahmt, gelegentlich mit schon überraschender Präzision. Im Jahr vor der Einschulung sind die meisten Kinder in der Lage, einen recht differenzierten Menschen weiblichen oder männlichen Geschlechts zu zeichnen, ein Haus, einen Baum, ein Auto, ein Fahrrad. Einzelne Großbuchstaben oder Zahlen werden gemalt, der eigene Name wird oft schon geschrieben.

Über das Entstehen der Händigkeit ist viel geschrieben und spekuliert worden. Verläßliche Daten sind rar. Selbst in Entwicklungsbüchern ist selten etwas über dieses Thema zu finden. Ultraschalluntersuchungen des ungeborenen Kindes zeigen schon eine Bevorzugung des rechten Daumens, der in den Mund gesteckt wird (Largo 1995). Im Verlauf des ersten Lebensjahres läßt sich die Bevorzugung der rechten Seite jedoch nicht mehr dokumentieren. Etwa ab dem Ende des ersten Lebensjahres beginnen Kinder dann, eine Hand zu bevorzugen, wobei die Zeitspanne, in der die

Kinder noch beidhändig hantieren, bis in das vierte und fünfte Lebensjahr reichen kann (☞ Preilowski).

Kehren wir noch einmal zu der Entwicklung der Handfunktionen zurück. Bis heute wird, wie schon berichtet, von einem hierarchisch organisierten Modell der menschlichen Entwicklung ausgegangen. Mit dieser Strategie werden zwar Entwicklungssequenzen voraussagbar, jedoch um den Preis des Negierens der viel bedeutsameren Existenz *individueller* Entwicklungsmuster und Varianten, von denen die kindliche Entwicklung essentiell bestimmt wird. Da der Mensch eine eigene Spezies bildet, müßten sich – nach einer hierarchisch-genetisch determinierten Entwicklungstheorie – alle Kinder dieser Welt in gleichen zeitlichen und funktionellen Sequenzen entwickeln, unabhängig von ihrer Umwelt, der Gesellschaft, in der sie leben, und unabhängig von ihren eigenen Erfahrungen. Einem aufmerksamen Beobachter von Kleinkindern wird jedoch bald auffallen, daß Entwicklungsverläufe bei Kindern zu sehen sind, die mit einer hierarchischen Entwicklungstheorie nicht erklärt werden können.

So untersuchte B. C. L. Touwen die Variabilität und den zeitlichen Verlauf der Greifentwicklung bei 27 holländischen Kindern, die er von Geburt an jeden Monat testete. Wie die Abbildung 7.2 zeigt, beginnen alle Kinder die Greifentwicklung mit einem Faustgriff und alle beenden sie mit einem präzisen Pinzettengriff, also mit einem Griff, der kleinste Gegenstände zwischen der Spitze des Daumens und des Zeigefingers faßt. Die Untersuchung eines Kindes wurde beendet (Ende der schwarzen Balken), wenn es frei gehen konnte. Die Zwischenstadien der Greifentwicklung zeigen jedoch keinerlei für alle Kinder verbindliche zeitlich und funktionell fortschreitende Ordnung. Der Abbildung ist leicht zu entnehmen, daß der Beginn eines Zwischenstadiums der Greifentwicklung individuell stark variiert, da diese offenbar in ihren einzelnen Entwicklungsschritten sehr variabel verläuft, zeitlich breit gefächert und für ein bestimmtes Kind im Detail nicht voraussagbar ist. Aber auch der Zeitpunkt, zu dem ein Kind das freie Gehen erlernt, variiert innerhalb einer großen zeitlichen Spannbreite erheblich. Ein solches Entwicklungsphänomen ist mit dem Theoriemodell der genetischen Determinierung von Entwicklungsphasen nicht mehr zu erklären.

Auch Einzelbeobachtungen aufmerksamer Eltern bestätigen die enorme Variabilität der frühen kindlichen Entwicklung: Ein Junge, eben 18 Monate alt, ausgestattet mit einer ungewöhnlichen Beobachtungsgabe, hantierte, wie beim Vater abgeschaut, mit einem Schraubenzieher. Er ahmte alle notwendigen Bewegungen der Hände und Arme richtig nach, ohne allerdings, mangels Kraft, die Schraube lösen zu können. Die Zuschauer staunten, da solche „Handarbeiten" nach der Theorie der genetischen Determi-

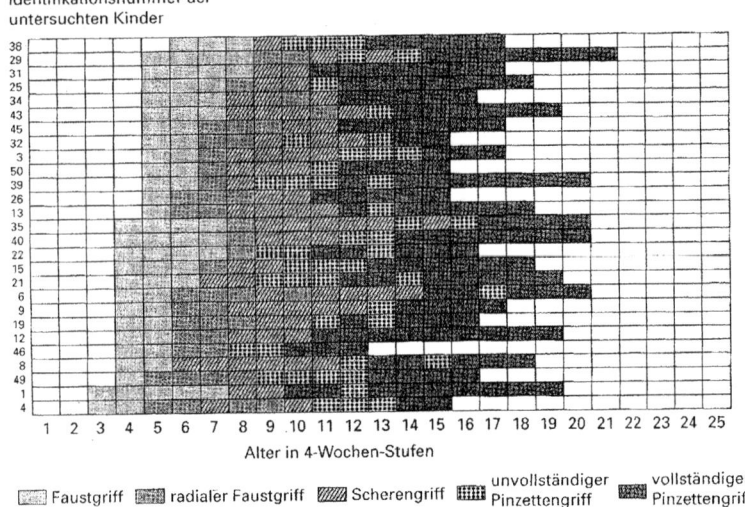

7.2 Die Greifentwicklung nach Touwen. Die Abbildung zeigt für jedes Kind einen individuellen zeitlichen und formalen Entwicklungsablauf. Beim sogenannten Scherengriff wird mit gestrecktem Daumen und Zeigefinger zugefaßt. Weitere Erläuterungen im Text.

nierung der Entwicklung erst ab dem dritten Lebensjahr „vorgesehen" sind.

Die französische Kinderneurologin Claudine Amiel-Tison (1990) berichtete über gezielte und gerichtete, wenn auch langsame Handbewegungen schon bei Säuglingen im Alter von 17 Tagen, wenn ihnen durch Abstützen des Körpers und des Kopfes die Möglichkeit gegeben wird, die Arme und Hände frei zu bewegen. Gezielte und gerichtete Handbewegungen sind aber erst für den fünften und sechsten Lebensmonat zu erwarten.

Solche Beobachtungen, die leicht erweitert werden könnten, stellen die Theorie der genetisch determinierten und strukturierten Entwicklungsabfolgen grundsätzlich in Frage. Eine neue Theorie der Entwicklung des Kindes wird vor allem die überragende Bedeutung der *Variabilität* individueller Entwicklungsverläufe als Ausdruck ökologischer Anpassungs- und Lernprozesse begreifen müssen (Michaelis et al. 1993). Schon 1984 beschrieb R. W. Oppenheim Entwicklung als einen Prozeß der ontogenetischen (individuellen) Adaptation. Er vertrat die Meinung, daß psychobiologische Entwicklungsprozesse vermehrt unter ökologischen Gesichtspunkten gesehen und verstanden werden müßten. Sandra Scarr forderte als Präsidentin der Society of Research in Child Development die Mitglieder der Gesellschaft 1991 auf, die Theorie der individuellen Variabilität als die entscheidende Entwicklungstheorie der neunziger Jahre für die Beurteilung der Entwicklung zu verstehen und zu akzeptieren. Das Echo darauf ist bisher eher zögerlich und verhalten geblieben, was als Verzögerungsphänomen interpretierbar ist, wie es von T. S. Kuhn und von I. Lakatos prozeßhaft für notwendige Paradigmenwechsel beschrieben wurde.

Wir kehren zur Evolution und zu ihren Konsequenzen für das „Hand-Werk" des Menschen zurück. Zwei wichtige Erkenntnisse lassen sich ableiten:

1. Im Verlauf der Evolution des Menschen haben sich Entwicklungsprozesse und die daraus entstehenden Verhaltens- und Aktionsmuster von der dominierenden Rolle der genetischen Determination gelöst. Dadurch wurde ein höherer Grad an *Variabilität* der individuellen Entwicklung erreicht, ein evolutionärer Vorteil, der eine optimale *Adaptation* an Umweltbedingungen durch Lernen ermöglicht.
2. Die hochkomplexe neuronale Ausstattung des menschlichen Gehirns, wie sie durch die Evolution entstanden ist, wird genutzt, wenn aufgrund von Lernprozessen zentrale sensomotorische Speicher entstehen und neuronale Ablaufsequenzen für motorisch komplexe primäre Grundfähigkeiten durch Training erworben und in ihnen festgelegt werden. In einem sekundären Lernmodus werden dann zusätzliche manuelle Fertigkeiten in einem lebenslangen Aneignungs- und Erhaltungsprozeß erworben und diese in zentralen Strukturen dynamisch bewahrt. Sie bestimmen die „handwerklichen" Fertigkeiten individueller Personen als Maler, Zeichner, Musiker, Handwerker, Uhrmacher, Zauberkünstler.

Um kein Mißverständnis über die Rolle der Genetik entstehen zu lassen: Der Beruf, den ein Mensch ergreift, wird zwar nicht zuletzt durch seine individuellen *genetischen* Anlagen mitbestimmt werden, jedoch geschieht dies in einem ökologischen Kontext, der viel bedeutsamer ist, als bisher angenommen wurde.

Linus und die Schmusedecke – ein emotionales Intermezzo

In der Einleitung zu diesem Kapitel wurde kurz auf die psycho-emotionale Bedeutung der Finger- und Handbewegungen hingewiesen. Dieser Aspekt, der für die frühkindliche emotionale Entwicklung von einiger Bedeutung ist, soll daher wenigstens gestreift werden.

Hände und Finger sind für Kinder nicht nur als Werkzeuge bedeutsam, sie sind wichtig und hilfreich für die emotionale Stabilisierung bei dem Versuch, sich langsam aus der symbiotischen Bindung von der Mutter (oder einer anderen Bezugsperson) zu lösen. „Übergangsobjekte" nennt D. W. Winnicott Gegenstände, die dem Kind gegen Ende des ersten Lebensjahres eine Lösung aus symbiotischen Bindungen ermöglichen und erleichtern. Eine schrittweise Lösung aus der engen Mutter-Kind-Bindung ist für das Kind unerläßlich, um selbst eine Persönlichkeit werden und um seine eigene Individualität finden zu können, dies allerdings bei *prinzipiell erhaltener*, jedoch anders strukturierter Bindungsfähigkeit. Jeder Mensch hat diesen emotional riskanten Entwicklungsprozeß daher auf dem Wege vom Kind zum Erwachsenen zu durchlaufen. Puppen, Teddybären, Plüschtiere, aber auch sogenannte Schmusetücher helfen Kindern dabei.

Der wohl bekannteste Schmusetuch-Liebhaber ist Linus aus den Peanuts-Geschichten von Charles Schulz, der nur mit Hilfe seiner Schmusedecke die Frustrationen und Fährnisse des Lebens bestehen kann, die sich ihm nicht zuletzt in Gestalt seiner arroganten, besserwissenden und dominierenden älteren Schwester Lucy präsentieren. Gleichzeitig ist Linus aber auch ein intensiver Daumenlutscher (Abbildung 7.3). „Übergangsobjekte" symbolisieren für ein Kind das Noch-Vorhandensein der Mutter oder einer Bezugsperson, auch wenn diese zeitweise nicht sicht- und greifbar gegenwärtig ist. Damit wird die immense Bedeutung der Übergangsobjekte als Tröster in kritischen Lebenssituationen, bei Kummer und bei Langeweile verständlich. Wird einem Kind das Übergangsobjekt weggenommen, zum Beispiel bei der Aufnahme in ein Krankenhaus, vor einer Narkose oder weil das Tuch gewaschen werden soll, kann der emotionale Effekt für das Kind genauso katastrophal sein wie das Verschwinden der Mutter selbst. Ein Übergangsobjekt erleichtert die enge Lösung bei gleichzeitig anders strukturierter Bindung von einer beziehungsweise an eine Bezugsperson. Sie bleibt, wenn auch nicht mehr anwesend, doch als internalisierte Bezugsperson – oft lebenslang – existent. Das Übergangsobjekt selbst verliert dann seine Bedeutung, es wird nicht mehr benötigt, wird vergessen, verschwindet oder wird als Kindheitserinnerung aufbewahrt. Übergangsobjekte sind jedoch mehr. Sie sind nach Winnicott die ersten

7. Vom Greifen zum Begreifen? 221

7.3 Daumen und Schmusedecke werden als sogenannte Übergangsobjekte benützt. Weitere Erläuterungen im Text.

„Nicht-Ich-Objekte", die ein Kind erstmals deutlich als getrennt von sich selbst erlebt und begreift. Sie führen hinein in eine vom Kind getrennte, separate Welt, die von nun an vom Kind bewußt wahrgenommen und agierend erobert wird.

Nun sind Schmusetücher und Teddybären von der Evolution als Übergangsobjekte nicht vorgesehen worden. Offenbar lassen sich dafür aber Hände und Finger benützen, die Teil des Kindes selbst sind. Nicht wenige Kinder haben schon sehr früh, manchmal bereits im vorgeburtlichen Leben, wie ultrasonographische Befunde verraten, oder wenige Tage nach der Geburt, gelernt, den Daumen in den Mund zu stecken und daran zu saugen. Doch werden offenbar erst gegen Ende des ersten Lebensjahres die Finger, und hier vor allem der Daumen, zu Übergangsobjekten. Die eigenen Finger haben den Vorteil, immer zur Verfügung zu stehen, nicht verloren zu gehen und auch nicht weggenommen werden zu können. Vielleicht erklärt dieser uneingeschränkte Besitz eines eigenen, nicht separierbaren Übergangsobjekts die Hartnäckigkeit, mit der nicht wenige Kinder über viele Jahre ihr Daumenlutschen verteidigen, aber auch die Hartnäckigkeit, mit der Eltern glauben, dieser vermeintlichen Unsitte mit allen Mitteln und Tricks ein Ende bereiten zu müssen.

Leben ohne „Hand-Werkzeug"

Wie in den vorangegangenen Abschnitten dieses Beitrages gezeigt wurde, gehören Hände von Anfang an zum Leben des Menschen. Was aber, wenn Menschen ohne Hände geboren werden oder wegen Verletzungen, Behinderungen und Fehlbildungen ihre Hände nicht gebrauchen können? Menschen ohne Arme und Hände überleben nur unter günstigen zivilisatorischen Bedingungen. Haben sie jedoch diese Chance, scheint die Unfähigkeit, mit den Händen greifen zu können, kaum eine lebenseinschränkende Kondition zu sein, auch nicht für eine weitgehend normale Entwicklung geistiger Fähigkeiten. Diese Behauptung soll im folgenden belegt werden.

Im Juli 1013 wurde Herimann der Lahme als Sohn des begüterten und einflußreichen Grafen Wolferad in Altshausen (im heutigen Oberschwaben) geboren. Nach den Lebensbeschreibungen seines späteren Schülers Berthold und seines Biographen im 19. Jahrhundert, Heinrich Hansjakob, war Herimann von frühester Kindheit an schwerstbehindert. Nie sei es ihm möglich gewesen, sich ohne Hilfe von der Stelle zu bewegen, auch habe er sich nicht im Liegen von einer Seite auf die andere drehen können. Herimann konnte nur gebrochen und kaum verständlich reden, mit den gekrümmten Händen jedoch mühsam schreiben. Trotzdem entwickelte dieses gebrechlich wirkende Kind große geistige Gaben, die offenbar von seinen Eltern erkannt wurden. Sie übergaben ihn daher im Alter von sieben Jahren einer Klosterschule. Dort wurde er bald einer der besten Schüler. Sein späteres Leben verbrachte er als gelehrter Mönch auf der Insel Reichenau. Sein Schüler Berthold schreibt über ihn, daß er trotz seiner schweren Behinderung von reicher Anlage gewesen sei, so daß er alle Männer seines Jahrhunderts an Wissen übertroffen habe. Jedoch sei Herimann, dieses »nützliche und wunderbare Werkzeug der göttlichen Vorsehung, ein beredter und eifriger Verteidiger seiner Lehrsätze gewesen, munter und zierlich in der Rede und auch äußerst schlagfertig«, obwohl er, gelähmt an Mund, Zunge und Lippen, nur gebrochen habe sprechen können. Herimann scheint die damalige Mathematik souverän beherrscht zu haben, er berechnete den Zeitpunkt von Mondfinsternissen voraus und entwickelte bessere Methoden der Geometrie. Auch als Historiker und Biograph der Kaiser Konrad und Heinrich betätigte sich der gelehrte Mönch. Hermanus Contractus, wie er in den alten Quellen genannt wird, starb im Alter von 41 Jahren nach kurzer Krankheit.

Inwieweit die zeitgenössische Schilderung der vielfältigen Begabungen Herimanns im Detail nachvollziehbar ist, mag dahingestellt bleiben. Eine offenbare Tatsache läßt uns allerdings aufhorchen: Ein schwerbehindertes

Kind – und wir dürfen dies unterstellen –, dem von Geburt an die sensorischen, haptischen und feinmotorischen Fähigkeiten seiner Hände nicht zur Verfügung standen, entwickelte sich geistig hervorragend, „begreift" also, ohne daß es zum Greifen fähig gewesen wäre.

In der Kirche von St. Michael in Schwäbisch Hall, in einer Seitenkapelle des riesigen, spätgotischen Chores, ist das Grabmal des armlosen Kunst- und Stadtschreibers Thomas Schweickert zu sehen. Er starb 1602. Das Grabmal zeigt ihn auf dem Boden sitzend, wie er mit beiden Füßen, den Schreibstift zwischen der rechten Großzehe und der zweiten Zehe haltend, seine eigene Grabinschrift verfaßt und diese prächtig künstlerisch gestaltet. Daß Kinder, deren Mütter Contergan (Thalidomid) eingenommen hatten, ohne Arme oder auch ohne Beine geboren wurden, ist noch in unserer Erinnerung. Eine geistige Behinderung der an sich schwerbehinderten Kinder gehörte jedoch nicht zum typischen Krankheitsbild.

Unter körperbehinderten Menschen, die von Beginn ihres Lebens an ganz oder nahezu vollständig auf ihre Hände zur Gestaltung ihres Lebens verzichten müssen, finden sich viele Kinder, Frauen und Männer, deren kognitive Fähigkeiten denen von Gesunden in nichts nachstehen. Der scheinbar direkte Bezug zwischen „Greifen" und "Begreifen", wie es die deutsche Sprache nahelegt, kann also keinen Anspruch auf Allgemeingültigkeit erheben. Für ihn lassen sich bisher auch keine neurobiologischen und neuropsychologischen Bestätigungen finden, wie überhaupt wenig darüber bekannt ist, welche Konditionen für die Entwicklung kognitiver Fähigkeiten obligatorisch, fakultativ oder eher zu vernachlässigen sind.

Mit dieser Aussage könnte der vorliegende Beitrag sein Ende finden, ein Ende, das jedoch ein unbehagliches Gefühl der fehlenden Rundung hinterließe. Ich beziehe mich daher auf den bekannten Satz, der von dem Sozialpsychologen und Mathematiker Kurt Levin stammen soll: »Nichts ist so praktisch wie eine gute Theorie«. Damit will ich versuchen, die offen gebliebene Frage, wie die kognitive Entwicklung auch ohne „Hand-Werk" ablaufen kann, von der Evolution und der Anthropologie her zu beantworten.

In den fünfziger und sechziger Jahren unseres zu Ende gehenden Jahrhunderts erregte ein indianischer Volksstamm, die Zinacanteco, die im Süden von Mexiko nahe der Grenze zu Guatemala lebten, das besondere Interesse amerikanischer Anthropologen und Kinderärzte. Dieser Stamm erwies sich lange Zeit als „resistent" gegenüber zivilisatorischen Versuchungen und Veränderungen. Seine angestammten Lebensweisen und Lebensbedingungen konnte er, trotz unbefangener Kontakte mit der westlichen Zivilisation, lange erhalten. Nicht die Entwicklung und das Ausleben der individuellen Fähigkeiten der einzelnen Stammesangehörigen war das

Ziel des Sozialisationsprozesses der Zinacanteco, sondern die Unterordnung des Einzelnen unter die Gebote der lebenserhaltenden Natur und ihrer göttlichen Symbolisierungen sowie der Einsatz seiner individuellen Begabungen zum Nutzen aller. Diese individualitätsreduzierenden Normen hatten auch Auswirkungen auf den Erziehungsstil der Zinacanteco. Er verlief diametral entgegengesetzt zu dem, was damals amerikanische Kinderärzte und Psychologen als unerläßlich für die Erziehung und Förderung der motorischen und geistigen Fähigkeiten nordamerikanischer Kinder glaubten fordern zu müssen. Die Säuglinge der Zinacanteco wurden in einem sogenannten Rebozo, einem großen Schal, den ganzen Tag über derart eingewickelt von den Müttern getragen, daß sie nicht gesehen, somit aber auch nicht von einem „bösen Blick" getroffen werden konnten, was sonst zeitaufwendige Rituale und Gegenmaßnahmen zur Abwendung des Übels notwendig gemacht hätte. Der Schutz, den der Rebozo dem Säugling vor dem „bösen Blick" bot, verhinderte jedoch auch, daß das Kind selbst sehen konnte. Die Kinder hatten zudem kaum Gelegenheit, sich aktiv zu bewegen oder zu krabbeln. Spielzeug stand ihnen bis zum Ende des ersten Lebensjahres nicht zur Verfügung. Zum Erkunden mit den Händen gab es für die Kinder kaum eine Möglichkeit, sie wurde auch nicht gefördert. Die Säuglinge in ihrem Rebozo hatten allerdings durch einen Schlitz im Kleid der Mutter jederzeit Zugang zur Brust. Sie wurden tagsüber auf der Hüfte der Mutter sitzend getragen, und während des Nachtschlafes hatten sie engen Körperkontakt zu Geschwistern und Eltern.

Nach Meinung der amerikanischen Kinderärzte, die mehrere Jahre ihre Sommerferien bei dem Stamm verbrachten, um dort Feldforschung zu betreiben, mußten die Kinder in ihrer Entwicklung erheblich zurückbleiben, da ihnen jegliche Anregung für die motorische, feinmotorische und kognitive Entwicklung vorenthalten wurde. Die Zinacanteco-Kinder wurden daher mit Entwicklungstests konfrontiert, die für nordamerikanische Säuglinge standardisiert worden waren. Zur großen Verblüffung der Kinderärzte verlief die Entwicklung der Zinacanteco-Säuglinge ebenso wie die amerikanischer Säuglinge, nur im Schnitt um einen Monat verzögert.

Wie läßt sich ein solches, für uns ganz und gar unerwartetes positives Abschneiden der Zinacanteco-Kinder in den Testergebnissen trotz einer vermeintlich bestehenden Retardierung erklären und verstehen? Offenbar ist es für einen menschlichen Säugling zunächst gleichgültig, über welche sensorischen Kanälen er und sein Gehirn die ersten basalen Eindrücke und Erfahrungen über seine unmittelbaren Lebensbedingungen und Lebensbedürfnisse erhält. Die visuellen, haptisch-manuellen, sensomotorischen und feinmotorischen sensorischen Kanäle, die ihre Stimulierungen dem Gehirn vermitteln, werden bei den Zinacanteco-Säuglingen in der Tat sehr viel weniger genutzt als bei den Säuglingen der westlichen Zivilisation. Dafür erhält ein Zinacanteco-Säugling bei weitem mehr sensorische Reize über das Gleichgewichtsorgan und über die Hautkontakte durch das Getragenwerden im Rebozo beim Gehen und Arbeiten der Mutter und durch den engen Körperkontakt mit Geschwistern und Eltern während des Schlafens. Die auditive Modalität wird weniger durch direktes An- und Zusprechen gefordert, wohl aber durch die dem Kind bald bekannten Geräusche seiner nicht eben leisen Umwelt im Dorf, bei der Arbeit der Mutter und in der Hütte der Familie.

Der Kreis läßt sich nun – zumindest hypothetisch und dennoch mit einer hohen Wahrscheinlichkeit – schließen. Wir haben darauf hingewiesen, daß während der Evolution des Menschen ein Loslösen von hierarchisch und genetisch determinierten Entwicklungsprozessen erfolgte, womit sich Möglichkeiten und Chancen ergaben, individuelle Entwicklungsverläufe auf vorgegebene Umweltbedingungen auszurichten und abzustimmen. Das Lernen und Fixieren von Erfahrungen in großen zentralen Programmspeichern konnte sich etablieren; sie machen wesentliche und entscheidende Teile des Menschseins aus. Die Entwicklung des Kindes verläuft dann nicht mehr in globalen, hierarchisch organisierten Stufen, wie ein Zahnräderwerk, sondern über verschiedene definierbare Entwicklungsschienen, die – trotz Störungen oder Ausfällen anderer Schienen – das Erreichen bestimmter Entwicklungsziele garantieren. Mit einem solchen Ansatz ließe sich verstehen, daß die Entwicklung und der Aufbau kognitiver Fähigkeiten auch bei einem Ausfall, bei massiven Störungen oder bei absichtlicher, kulturspezifischer Hemmung eines bestimmten sensorischen Systems über andere Modalitäten erfolgen kann (vergleiche das Beispiel der taubstummen Helen Keller; ☞ Weinmann).

Mit der evolutionären Strategie der Diversifizierung der Entwicklung auf bestimmte Entwicklungsschienen wird gleichzeitig die Gefahr reduziert, die bei hierarchischen Systemen grundsätzlich besteht, daß eine Schädigung oder Störung zentraler Strukturen sofort den gesamten Entwicklungsverlauf aushebelt oder lahmlegt. Parallele Entwicklungswege, die intakt geblieben sind, ermöglichen dann immer noch eine funktionelle Kompensation, die ebenfalls im Sinne einer ontogenetischen, individuellen Adaptation gedeutet werden kann.

In der logischen Propädeutik – einer Vorschule vernünftigen Redens – unterscheidet man zwischen Wörtern und Begriffen. Die Wörter „Schimmel" und „weißes Pferd" sind ohne Zweifel verschieden, bezeichnen aber denselben Begriff. Wenn man über diese feinsinnige Unterscheidung der Philosophen nachdenkt, dann kommt man zu der Einsicht, daß sie für das Funktionieren menschlicher Sprache von großer Wichtigkeit ist. Überraschend dagegen ist die Feststellung, daß ein vergleichbares Begriffskonzept auch bei der Ausführung sprachfreier Handlungen eine Rolle spielt. Bei der Herstellung einer Waffe beispielsweise läßt sich als Spitze ein bearbeiteter Stein oder aber ein Stück Holz verwenden, zwei verschiedene Materialien, die – passend gewählt – die gleiche Funktion erfüllen.

So wie es aussieht, haben Handlungsketten, an deren Ende ein Produkt steht, und unsere gesprochene Sprache, mit welcher sich ein intendierter Sinn mitteilen läßt, nicht nur, was ihre neuroanatomischen Voraussetzungen angeht, viele Punkte gemeinsam. Da die Handlungsketten der Sprache zeitlich vorausgehen, läßt sich vermuten, daß die Formel vom „Greifen und Begreifen", die wir bei der individuellen Entwicklung kritisiert haben, stammesgeschichtlich eine tiefere Bedeutung besitzt.

Am Anfang war die Hand

Von Friedhart Klix

Im Laufe der Evolution wurde unsere Erde wiederholt von Katastrophen heimgesucht, die zeitweise fast alles Leben auslöschten. Sie schafften jedoch andererseits auch Bedingungen für die Entwicklung der Familie der Menschenartigen, der Hominiden. Deren Überlebenschancen wuchsen dadurch, daß sie intelligenzähnliche Strategien entwickelten. Dabei spielte die zunehmende Steuerung der Hand durch das Gehirn eine fundamentale Rolle.

Werfen wir zunächst einen Blick zurück in die Erdgeschichte: Am Ende der Kreidezeit, vor etwa 65 Millionen Jahren, schlug in Mittelamerika ein Asteroid ein. Der Sog in seinem Einsturzkanal war so stark, daß mehr als ein Kubikkilometer Erdmasse in den erdnahen Raum hochgesaugt wurde und den Globus jahrhundertelang umkreiste. Die Erhitzung beim Rücksturz dieser Masse zur Erde verursachte interkontinentale Flächenbrände. Ruß und Rauch schirmten das Sonnenlicht ab. Die Photosynthese, das grüne Feuer der Sonne, kam lange Zeit zum Stillstand. Viele Pflanzenfresser, unter ihnen die Saurier und so manche andere Tiergruppe, fielen den Flächenbränden und ihren Folgen zum Opfer. Aber auch weniger dramatische Ereignisse führten in den vergangenen Jahrmillionen immer wieder zu klimatischen Belastungen der Lebensbedingungen von Tieren und Pflanzen. Es entstanden Periodizitäten, die auf sehr komplexe Wechselwirkungen in unserem Planetensystem zurückgehen. Eine nicht überschaubare Konstellation unterschiedlicher Faktoren bewirkte, daß sich vor etwa drei Millionen Jahren in langsamen Pulsen von 100 – 400 000 Jahren starke Temperaturschwankungen einstellten. Diese Periode wird heute als Pleistozän oder quartäres Eiszeitalter bezeichnet. Bohrungen im Grönlandeis ergaben, daß die langen Rhythmen von außerordentlich kurzzeitigen, sich in wenigen Jahrzehnten ereignenden Temperaturstürzen unterbrochen waren. Diese relativ raschen Wechsel sind für das Verständnis der Menschwerdung von besonderer Bedeutung.

Während längerer Kaltzciten gefror das Wasser zu Eis. Es entstanden zeitweilig Gletschergebirge mit einer Höhe von mehr als 1 000 Metern. Das Eis schob sich von den Polkappen her nach Norden und nach Süden, bis nach Mitteleuropa und ins südliche Afrika vor. Der Meeresspiegel sank zeitweilig um mehr als 120 Meter. Flüsse und Binnenseen trockneten aus. Tropischer Baumbestand schwand auch im mittleren Afrika. Dort hatte sich durch Plattenverschiebungen der Erdkruste ein langes Grabenbruchsystem mit Gebirgsaufschiebungen von beträchtlicher Höhe gebildet, der äthiopische Dom. Er reicht vom nördlichen Äthiopien bis nach Tansania im südöstlichen Afrika. Dieses Gebiet wurde im Pleistozän über lange Zeiträume hinweg fast zu einer Art Ödlandschaft: Die vom Ostatlantik herangetriebenen Wolkenballungen regneten an den Berghängen ab, so daß östlich dieses Riegels ein extrem vegetationsarmes Land lag. Kurze zwischenzeitliche Erwärmungen führten zu Überschwemmungen durch Schmelzwasser aus den Gletschergebirgen, das die bergige Landschaft in eine felsige Inselwelt verwandelte. Die Wasserfläche trennte Lebensräume voneinander. Das fruchtbare Schwemmland konnte Pflanzen und Getier allerdings nur kurzeitig reichhaltige Nahrung bieten. Nachfolgende Kälteperioden ließen den Boden austrocknen und verstetppen. Dürre Savannenlandschaften mit inselartigen Baumbeständen vor den steilen Felswänden waren jetzt die charakteristischen Lebensräume.

Die Hand rückt ins Blickfeld

Dieses Auf und Ab von Dürre mit Kälte und zwischenzeitlichen Hitzewellen konnten nur Lebewesen überstehen, die entweder gegenüber Temperaturschocks von Natur aus gewappnet waren oder aber über hohe Flexibilität und Anpassungsfähigkeit gegenüber stark wechselnden Ernährungs- und Fortpflanzungsbedingungen verfügten. Organismen, die damit gut ausgestattet waren, hatten für sich und ihre Gene bessere Überlebenschancen; dies galt ganz besonders für die höheren Säuger.

In den eiszeitlichen Turbulenzen vor 4,5 bis 2 Millionen Jahren wirkte sich die hohe Flexibilität der Urprimaten als Verbesserungsschub in der Hirnleistungen aus. Aus behenden Primaten gingen die Hominiden hervor. Der Entwicklungsweg ist durch Gebeine punktuell gut belegt. Sie wurden fast ausschließlich östlich des äthiopischen Grabenbruchs gefunden. Die Gehirne sind nicht erhalten, aber was sie bewirkten, das ist in kleinen Ausschnitten zu erschließen. Zum Beispiel kann man Veränderungen in der Fortbewegungsweise nachvollziehen. Wir werfen dazu einen Blick auf die Hände und Füße von Primaten, deren Anatomie der ihrer vormenschlichen Artgenossen aus jener Zeit vergleichbar sein dürfte (Abbildung 8.1). Die langgestreckten Hände von Halbaffen bis zu den Tarsoiden (Makis beispielsweise) haben große Ähnlichkeit mit deren Füßen. Dies deutet darauf hin, daß wir es mit wendigen Kletterern zu tun haben, die Vorder- und Hinterextremitäten zum Hangeln benutzen. Der vierfüßige Knöchelgang, wie wir ihn etwa beim Orang-Utan mit seinen langen Armen beobachten können, ist eine energetisch sehr günstige Lösung. Man erreicht hohe Geschwindigkeit bei geringem Kraftaufwand. Auch deuten die langen großen Zehen auf die Kletterfreudigkeit der ganzen vormenschlichen Primatenfamilie hin. Bei den höheren Affen, insbesondere bei den Pongiden, zu denen Gorilla, Orang-Utan und Schimpanse zählen, treten deutli-

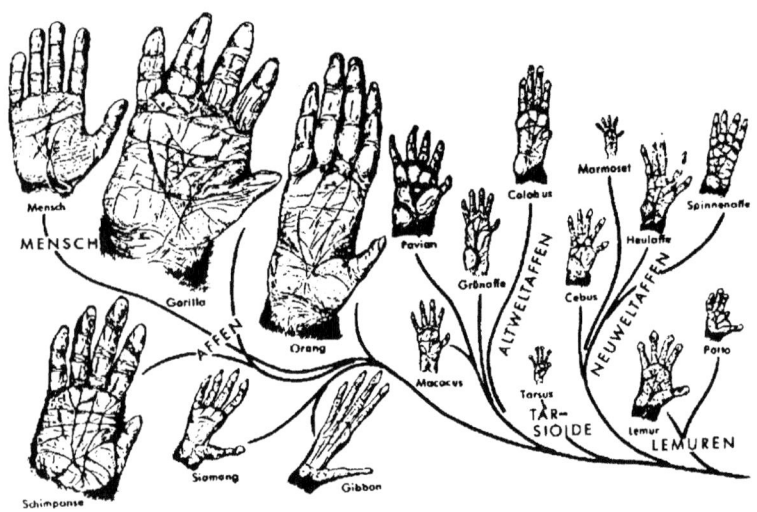

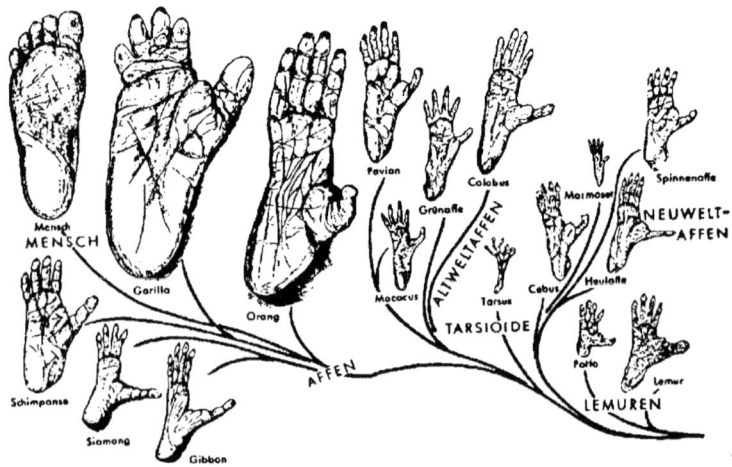

8.1 Fuß- und Handentwicklung der Primaten. Unterschiede und Gemeinsamkeiten werden im Text behandelt.

che Unterschiede zwischen Hand und Fuß auf. Der Kletterfuß bleibt an der Zehenspreizung erkennbar. Die Vorderextremität bildet sich zur Greifhand um.

Die höchstentwickelten Primaten, Schimpansen und vor allem Bonobos, verfügen zudem über einen Pinzett(en)griff, bei dem sich Daumen und Zeigefinger in Opposition befinden, so daß sie ein Steinchen, ein Blatt oder ein kleines Insekt aufnehmen, betrachten, drehen oder zerzupfen können. Dem Ausbau der Zuverlässigkeit dieses Bewegungsmusters kommt erhebliche evolutionäre Bedeutung zu. Dadurch erklären sich auch einige weitere anatomisch-physiologische Veränderungen: Die beiden Augen bildeten ein großes gemeinsames Gesichtsfeld aus, in dem die beiden Sehfelder auf weiter Fläche – aber nicht ganz – verschmolzen. Die beiden infolge des seitlichen Augenabstands verschiedenen Bilder konnten jetzt zur exakten Berechnung der Entfernung eines Gegenstands im Greifraum genutzt werden. Berühren, Betasten, Greifen und auch Zuschlagen wurden mit hoher Präzision möglich. Die Vorderextremitäten büßten allmählich ihre Funktion als Laufergane ein und wurden zu Manipulationsorganen, eben zu Händen. Die Rotationsfähigkeit des länger werdenden Daumens ermöglichte zusammen mit dem Zeigefinger den gefühlvollen Pinzettgriff, also die Berührung von Daumen- und Zeigefingerspitze. Dieser Griff ist wesentlich für Manipulationen, die hohe Feinfühligkeit und sensible Feinmotorik erfordern. Die Auge-Hand-Koordination wird vom Gehirn gesteuert. Die Genauigkeit und Feinheit dieser Steuerung durch das Nervensystem stellte einen Selektionsvorteil, also eine größere Überlebenschance für die Nachkommen dar.

Das Zurückweichen der Baumbestände in den beginnenden Kaltzeiten, Bodentrockenheit und die Vegetation mit körperhohem Savannengras führten zu Sichtbehinderungen. Verzehrbares Niederwild war fast nur noch durch koordinierte Gruppenaktivitäten und nicht mehr im Alleingang zu erhaschen oder zu erschlagen. Das zwang dazu, sich aufzurichten. Das galt auch für die Suche nach zarter, eßbarer Rinde, frischen Blättern und saftigen Früchten. Zudem bevorzugen viele Insekten die Spitzen von Gräsern oder anderen Pflanzen mit ihren nektarreichen Blüten als Aufenthaltsort. Erheben mußte man sich also auch, um dieses Zubrot zu erlangen. Aber das Aufrichten war beschwerlich für einen Körper, der auf Vierfüßigkeit geprägt war. Schwerer noch war das Laufen, denn das Knie war durchgebeugt; es hatte keine Streckriegelung. (Darunter versteht man die selbsttragende, von Muskelkraft weitgehend befreite Standfestigkeit des gestreckten Knies.) Die Fähigkeit zum Streckschluß begünstigte die Artgenossen, die ihn früher ausbildeten als andere in der Gruppe und die dieses Talent an ihre Nachkommen vererbten. Und unter ihren Nachkommen waren wieder jene im Vorteil, die sich früher verpaarten und so diese Eigenschaft schneller weiterverbreiteten.

Mit der aufrechten Körperhaltung rückte, wie erwähnt, die vordere Extremität ins beidäugige Blickfeld. Es wurde zum Trainingsfeld für binokulares Tiefensehen und damit für die Auge-Hand-Koordination. Die aber wird von den höchsten Abschnitten des Zentralnervensystems, vom Gyrus praecentralis aus gesteuert (siehe Abbildung 8.4). Die ganz in der Nachbarschaft liegenden Bereiche des Gyrus frontalis sind für die Steuerung der Willkürmotorik, vor allem aber für den motivierten Handlungsaufbau wesentlich. Das geschieht in enger Wechselwirkung mit tiefer liegenden, Affekte und Emotionalität steuernden Zentren, die sich unter dem Großhirn befinden. Alles in allem zeigt sich, daß der Aufbau von motorischen Präzisionsmustern weitere Aktivitäten des Nervensystems herausforderte und neue Steuerungsmuster mitgestaltete. Man könnte sagen, die Zeit des frühen Pleistozän läutete den Übergang der vormenschlichen Primaten zu den Hominiden ein (Abbildung 8.2).

Zeichen zeigen Ziele

Schon seit langem streiten die Paläoanthropologen um die beste Taxonomie der Hominiden (darunter faßt man die Familie der Menschenartigen, den Menschen mit seinen Vorfahren sowie ausgestorbene Seitenlinien, zusammen). Wann ist ein Fundstück einer schon bekannten Art zuzuordnen, wann muß man angesichts seiner Eigenschaften eine neue Art annehmen? Wir können und wollen uns an diesem Streit nicht beteiligen. Zum gesicherten Wissen gehört, daß man zwischen den nicht mehr tierischen und noch nicht als Mensch anzusehenden Australopithecinen und den frühen Hominiden unterscheidet. Wodurch unterscheiden sich die beiden Arten? Oder anders formuliert: Was kennzeichnet die Hominiden? Drei Kriterien kann man anführen:

1. den aufrechten Gang. Ein Beleg dafür ist die Position des Foramen magnum, der Öffnung an der Schädelbasis, durch die das Rückenmark aus der Wirbelsäule in das Gehirn eintritt.
2. das Vorhandensein von Gerätschaft. Dies läßt sich an bearbeiteten Knochen oder Steinen belegen. Alle anderen Materialien haben sich nicht erhalten. (Wäre nichts verwittert, dann würden wir heute vielleicht von einer Holz- statt von einer Steinzeit sprechen.) Aber immer-

hin wurden vor 2,5 Millionen Jahren die ersten Steinwerkzeuge hergestellt.
3. die Jagd, und zwar die Gruppenjagd. Auf sie kann aus mutmaßlichen Lagerstätten mit Resten zahlreicher Tierknochen geschlossen werden.

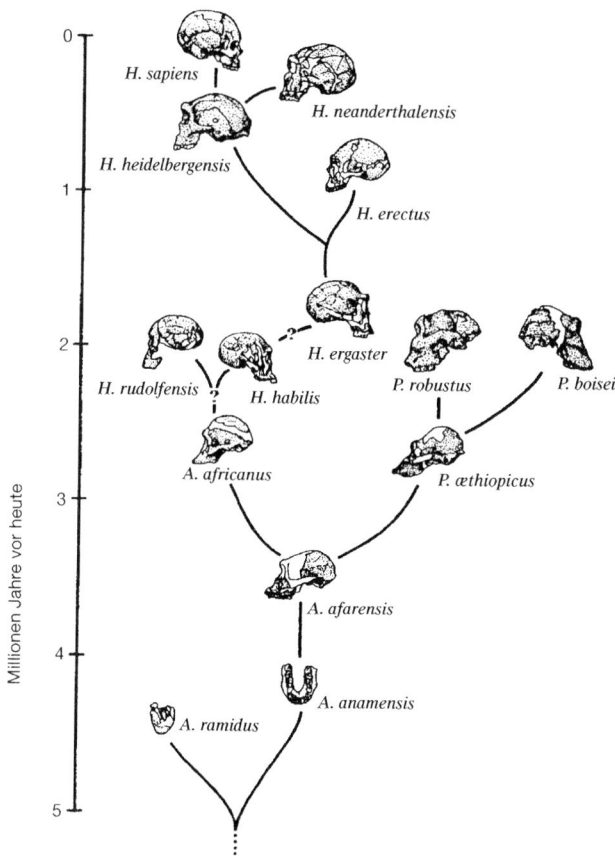

8.2 Stammbaum der Hominiden (nach Tattersall). Die Systematik ist umstritten. *Homo habilis* war der erste Werkzeugmacher, *H. ergaster* ein weiträumiger Wanderer. Er kam bis nach China, Ostasien und Georgien. Wahrscheinlich war er auch der Vorläufer von *H. heidelbergensis* und damit ein Zwischenglied zum Jetztmenschen. *Aber auch Homo erectus wird als menschlicher Vorfahre diskutiert.*

Die ersten Werkzeuge waren zunächst nicht viel mehr als Steine, aus denen man eine Kante herausgeschlagen hatte. Aber sie vermochten den Wirkungsgrad der menschlichen Hand zu verstärken. Damit ließen sich Ziele erreichen, die mit bloßer Hand nicht oder nur viel schwerer hätten verwirklicht werden können. Trotzdem war die Unbeholfenheit vermutlich noch sehr groß. Man möchte meinen, daß ein derartiges Behauen eigentlich auch vormenschlichen Primaten möglich sein müßte. Bonobos können wohl Schneidkanten zum Öffnen erkennen und auswählen. Es ist aber nie beobachtet worden, daß sie sie gezielt herstellen. Es mangelt ihnen offensichtlich an einem handlungserzeugenden *Vorstellungsbild*; deshalb kann die Motivation zur Herstellung nicht entstehen.

Gleichwohl dürfte auch das Vorstellungsbild der Hominiden vor etwa zwei Millionen Jahren nur sehr unscharf, schwach konturiert gewesen sein. Die gefundenen Steinwerkzeuge sind alle unterschiedlich behauen (Abbildung 8.3). Die Bearbeitung erfolgte zu etwas Scharfkantigem hin, nicht zu einer bestimmten Form. Die Abfolge der Handlungsschritte war vermutlich noch stark vom Zufall bestimmt (Leakey 1997). Oldowan nennt man diese Kultur nach dem Ort der Fundstücke, der Olduwai-Schlucht in Kenia. Für einige hunderttausend Jahre gab es nichts Besseres. Im Zeitraum zwischen 1,8 und 1,5 Millionen Jahren vor unserer Zeit ist jedoch eine markante Veränderung in der Herstellungsweise von Faustkeilen zu beobachten. Es ist die Kultur des Acheuléen. Nicht nur, daß die Flintkerne jetzt zweiseitig bearbeitet und zu einer scharfen Kante geschlagen wurden (Abbildung 8.3); die Formgebung im ganzen hat sich verändert: Es ist nun die Gestalt des berühmten Faustkeils, dessen Basisstück dem Handballen angepaßt ist und dessen obere Kante ebenso zum Schneiden wie zum Stechen oder tödlichen Zuschlagen geeignet ist. William Calvin hat die Hypothese begründet, daß die platten Faustkeilformen auch wie eine Art Diskus verwendet wurden, um mittelgroßes Wild zu erlegen. (Die Steinscheiben können sich im Fluge aufrichten, im Körper tiefe Schnitte verursachen, die zu Stürzen führen und bei Herdenflucht das verwundete Tier leichter erlegbar machen.)

Damit sind wir schon beim dritten Merkmal der Hominiden, der Jagd und speziell der Großwildjagd. In und mit ihr gewann die Hand eine neue Funktion. Nicht nur, daß feste Elefantenhaut aufgeschnitten, Fleisch von Knochen erlegten Wildes abgeschabt, Schädel für den Zugang zum energiereichen Hirn aufgeschlagen werden konnten, nein, hier kam etwas fundamental Neues hinzu, das schon länger verfügbar war, nun aber ausgebaut und für neue Aufgaben ausgestaltet wurde. Großwildjagd ist Gruppenjagd. Das war für die Jäger einer ziehenden Horde oft ein Unternehmen auf Leben und Tod. Eine Büffel- oder Elefantenjagd mußte

8. Am Anfang war die Hand 235

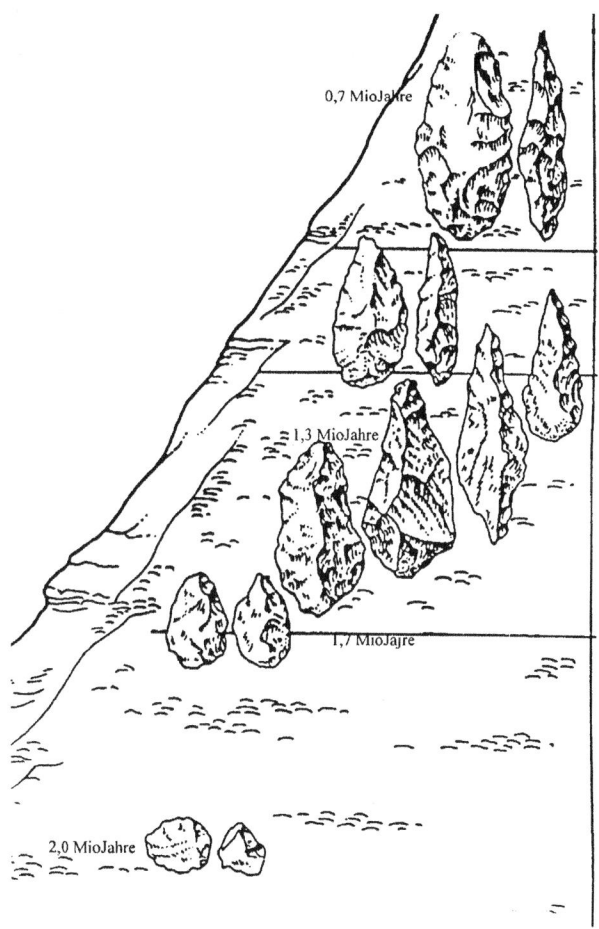

8.3 Von den Geröllgeräten der Australopithecinen aus der Olduwai-Schlucht zu den Faustkeilen des *Homo ergaster* und des *Homo erectus*. Insgesamt ist der technologische Fortschritt zwischen 1,9 Millionen und etwa 700 000 Jahren erstaunlich gering. Aber die Volumina der Schädelkapseln haben sich mehr als verdreifacht. Was war der Grund für die Kapazitätserweiterung? Wozu diente sie?

vorbereitet, abgestimmt und koordiniert werden. Lautbildungen waren vermutlich verfügbar, aber für sich genommen in der Regel wohl nicht eindeutig. Sie mußten vom Kontext her spezifiziert werden. Dies könnte durch imitierende Gestik geschehen sein. Der Rahmen für die Gestenbildung war zunächst der ganze Körper. So wie ein Schulanfänger anfänglich mit dem ganzen Körper schreibt und sich die Motorik erst allmählich auf Hand und Finger beschränkt, so kann man sich auch die Entwicklung der Gestik vorstellen. Ursprünglich zum Zeigen und Hinweisen gebraucht, wurden Handbewegungen im Rahmen von ausgestalteten Gesten mehr und mehr zum Instrument der Bedeutungsvermittlung. Die Bewegungsmuster der Hand wurden mit einer Symbolik ausgestattet. Ein wenig Lautbildung mag sie begleitet haben, leise bei Gefahr, lauter beim Befehl. Vielleicht wurden auch Tierstimmen imitiert. Etwas anderes und wesentliches kam bei der Koordination von sozialem Verhalten durch Handzeichen noch hinzu: Die Bedeutung von Gesten mußte normiert werden. Das heißt, daß einer bestimmten Sorte gleichartiger Bewegungsgestalten eine wohlbestimmte Bedeutung zugeordnet wurde. Dadurch wurde das Verstehen der symbolischen Gesten vom Kontext relativ unabhängig, die Gesamtmenge an Handbewegungen definierte eine Art Zeichensystem. Nicht umsonst benennt das Wort „Hand-Zeichen" gerade eine wohlbestimmte Menge von Bewegungsmustern für genau eine Bedeutung. (Menge bezieht sich auf die Menge der ähnlichen Muster, die für eine Bedeutung bestimmt ist.) Damit entsteht das erste Zeichensystem für Begriffe.

Mit dem Blick auf die frühe Hominidenentwicklung läßt sich begründen, daß die Entwicklung normierter, in gewisser Weise selbst-verständlicher Handzeichen zwischen dem Auftreten des *Australopithecus afarensis* und dem ersten Werkzeugmacher, dem *Homo habilis*, eingetreten sein muß. Primatenforscher bezeugen, daß es einer Schimpansenmutter nicht möglich ist, ihrem Jungen eine Termitenangel in belehrender Absicht zu zeigen, etwa in dem Sinn: Sieh her, mach das so. Das Junge kann zusehen und danach ein ähnliches, vielleicht sogar gleich brauchbares Stöckchen auflesen, aber man kann ihm nicht vermitteln, daß es Bestimmtes nehmen oder tun soll. Zeigeabsichten zum Herstellen von etwas sind im vormenschlichen Bereich nicht nachweisbar. *Homo habilis* und *Homo ergaster* haben Steine so behauen, daß das Resultat für einen wohlbestimmten Zweck geeignet war. Ohne Zielsetzung geht das nicht. Außerdem lebten beide in Horden von 40 bis 60 Personen und jagten in Trupps. Jeder Teilnehmer muß um das angestrebte Ergebnis gewußt haben. Denn ohne eine Verständigung über die Schritte dahin ist ein solches Ziel nicht erreichbar. Doch die Knochenlager von Menschen und Tieren bezeugen, daß es immer wieder gelang (Tattersall 1997).

Die Verständigung über ein gemeinsames Ziel und die Schritte dahin, geordnet nach Ort und Abfolge, dürfte auch beim Vormachen einer Handlung eine Rolle gespielt haben. *Homo habilis* und *Homo ergaster* könnten dabei eine neue Qualität erreicht haben: Zur normierten Geste gesellte sich die normierte Lautbildung, zum benannten Zeigen das benannte Bild im Gedächtnis. Nicht weit von der einstrahlenden Hörbahn im Gehirn und auch nicht weit vom Bereich der Bildwahrnehmung im Nervensystem strickte die Evolution ein Nervennetz, in dem die visuell-akustische Bilderkennung stattfindet und von dem aus die Übertragung zur lautlichen Nachbildung des Gehörten wie auch die zur Gestik erfolgt. Die motorischen Ausführungsgebiete für Gestik und Lauterzeugung liegen im Nervensystem dicht beieinander (Abbildung 8.4).

Um diese Zeit muß es zu einer Senkung des Kehlkopfes, einer Verlängerung der Luftröhre und einer Umbildung des Rachenraumes gekommen sein. Bei unseren Kindern beginnt dieser Prozeß mit 18 Monaten, und von daher wissen wir, was er bewirkt: Die Lautbildung wird feiner modulier-

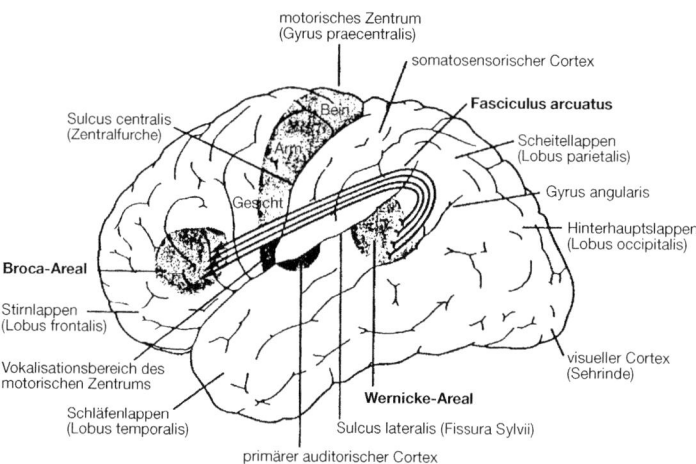

8.4 Linksseitige Oberfläche des menschlichen Gehirns. Im visuellen Cortex (Hinterhaupt) wird die optische Information ausgewertet, im auditorischen Cortex sind es die Lautbilder der Wörter. Im Wernicke-Areal erfolgt die Bedeutungsbestimmung der gehörten Wörter. Im Gyrus praecentralis liegen Nervenzellverschaltungen, die die Körpermotorik steuern, unter anderem auch die Mund- und Stimmbändermuskulatur für die Aussprache der Wörter. Der Fasciculus arcuatus bewerkstelligt unter anderem die Informationsübertragung zwischen beiden Regionen.

bar, vor allem die Vokale können nuancenreich ausgesprochen werden.
Dabei kam es, das ist unsere Hypothese, zu einer „Endosymbiose", einem
Zusammenschluß zweier neuraler Teilsysteme. Sie betrifft das Erkennungssystem für Laute und Bilder einerseits und das Kommando- und
Steuersystem für die Innervation der Sprechmuskulatur im Mund-Rachen-Raum auf der anderen Seite. Das letztgenannte Teilsystem ist dem zur
gestischen Handsteuerung unmittelbar benachbart. Die zugehörige Motivation für den Sprechakt liegt ebenfalls ganz in der Nähe, im Lobus
frontalis.

Homo erectus und *Homo neanderthalensis* haben mit großer Wahrscheinlichkeit über diese mehrfache Funktionsbindung verfügt: Die Kopplung von Laut und Bild zum Erkennen der Geste, die Motivbildung für den
stimmlichen Ausdruck und die Steuerung der Lautmusterbildung durch
Innervation der Kehlkopfmuskulatur und der Stimmbänder. Eingeleitet
wurde diese „Endosymbiose" von der Auge-Hand-Koordination in der
Hirnrinde. Die Verbindungsfasern zwischen dem Bereich der Bilderkennung und dem Areal für die Handsteuerung haben eine feste anatomische
Form: Fasciculus arcuatus heißt dieses Nervenfaserbündel. Möglich wurde
damit eine Protosprache mit einem eigenen Zeichenvorrat und assoziativen Verknüpfungen zwischen Zeichen und Zeichenkombinationen. Zwar
ermöglichten diese Benennungen Verständigungen über das Hier und
Jetzt, das Davor und das Danach, sogar über das Morgen und vielleicht gar
über das Gestern, aber die Dimensionen einer vollwertigen Sprache waren
damit noch nicht erreicht. Wir wollen nun wahrscheinlich machen, daß
auch in dieser letzten Phase der Ausbildung geistiger Prozesse des heutigen Menschen der Hand große Bedeutung zugekommen sein muß.

Kunst, Kultur und Hand-Werk

Vor etwa 180 000 Jahren setzte eine Warmzeit ein, die in Mittel- und
Nordafrika, am Sahel und im Saharagebiet üppiges Wachstum einleitete.
Der Fischreichtum in Flüssen und Seen (der Tschadsee erreichte zeitweilig
die Größe eines Binnenmeeres), jagdbares Wild in den Wäldern und auf
den Auwiesen, in den Sümpfen und an den Nistgebieten der Vögel luden
wie ein gedeckter Tisch im Garten Eden zum Bleiben ein. Der Nahrungsreichtum erhöhte die Vermehrungsrate. In archaischen Zeiten führte er zu
einer Bevölkerungsexplosion. Sie muß vor 150 – 120 000 Jahren eingetreten sein. Wanderdünen im Süden Algeriens brachten massenweise fein

geschliffene Faustkeile an den Ufern ausgetrockneter Seen zum Vorschein (Tattersall 1997).

Wie stets bei rapidem Bevölkerungswachstum, so muß auch in dieser Periode eine Umgestaltung der Organisation des sozialen Zusammenlebens stattgefunden haben. Was wir an anderer Stelle ausführlich begründet haben, kann hier nur hinweisend erwähnt werden (Klix und Lanius 1999). In jener Zeit fand der Übergang von der ziehenden und sichernden Horde mit Jagd- oder Suchtrupps und zeitweiligen Lagerstätten zu einem geordneten Stammesleben mit zentralem Platz für kollektive Ereignisse, Feiern und Feste statt. Wir können das aus den Organisationsformen von Naturvölkern erschließen, die heute auf etwa gleichem sozialökonomischen Status leben, sowie aus Zeugnissen aus der Jungsteinzeit.

Exponierte Vertreter des Stammes regelten das zwischenmenschliche Zusammenleben mit Hilfe von Ritualen. Totem und Tabu sind die zentralen Kerne eines archaischen Weltbildes. Das hat Freud als erster herausgearbeitet (1913). Das Totem – oft ein Tier, wie Stier, Schlange, Biene, oder auch eine Pflanze, wie zum Beispiel ein Pilz (Pilze spielten als halluzinogene Rauschmittel für die Herstellung von Trancezuständen in archaischen Ritualen eine Rolle) – symbolisierte die Verwandtschaft aller Stammesmitglieder. Mit dem Begriff „Tabu" werden Verbote, aber auch Gebote für Speisen, für rituelles Essen, für die Einführung ins Erwachsenenalter, Vorschriften für Eheschließungen, für Verhalten bei Zauber und Magie und vieles mehr, zusammengefaßt. In dieser Warmzeitperiode, der sogenannten Eem-Warmzeit, müssen zudem tiefgehende Veränderungen in der Vorstellungswelt der Menschen stattgefunden haben. Woraus können wir das schließen?

Vor circa 110 000 Jahren setzte wieder eine Kaltzeit ein. Vom Süden her trocknete das Land aus. Herden, und überhaupt Wild und anderes Getier, verließen die nord- und die mittelafrikanische Region: zum Teil nach Süden (man konnte ja nicht feststellen, woher die Kälte kam), vor allem aber nach Norden und Nordosten. Im Libanon und in Israel liegen die frühen Zeugnisse dieser ersten Neu- oder Jetztmenschen. Ihre Schädelformen lassen erkennen, daß sich in der erwähnten Eem-Warmzeit der Mensch der Jetztzeit herausentwickelt hat. Skelettfunde in Ungarn, Südwestdeutschland, Südfrankreich, in Nordspanien und später in Südengland belegen ausgedehnte Wanderungen in das mildere Klima Mittel- und Südeuropas.

Drei große Errungenschaften belegen die Veränderungen, die auf geistiger Ebene bei unseren Vorfahren vor sich gegangen sein müssen: die Werkzeuge, die Gestaltung von Zeichen und Symbolen und – als Folge dieser beiden – die vollausgebildete menschliche Sprache mit ihren grammatischen Formbildungen. Bei den ersten beiden Leistungen liegt die Rolle der Auge-Hand-Koordination klar auf der Hand, im dritten Falle sind die Wirkungen eher indirekt, bis die sensomotorische Koordination mit der Abbildung der Lautsprache in der Hand-Schrift und in den Zahlzeichen wieder offen zutage tritt.

Die Entwicklung der Werkzeuge machte während der Zeit des Acheuléen herzlich wenig Fortschritte. Das Konstruktionsschema war allenthalben gleich. Es war immer ein linearer Konstruktionsplan, der rekursiv abgearbeitet wurde. Rekursiv heißt, daß der nächste Handlungsschritt immer am vorher erreichten Zustand angreift und ihn um einen weiteren Schritt fortsetzt. Das änderte sich nun radikal, und man kann sich nur wundern, daß die Qualität dieser Veränderungen von den Paläoanthropologen so wenig systematisch analysiert wurde.

Die durchgehenden Konstruktionsschemata lassen einen hierarchischen Aufbau erkennen. Wir betrachten dazu das einfache Gerät in Abbildung 8.5. Hier sind fünf Teilprogramme zu einer neuen Funktionseinheit zusammengeschlossen. Es handelt sich vermutlich um einen Grabstock, konstruiert aus einem Knochen, der durchbohrt wurde (das war eine sehr verbreitete Technik jener frühen Cro-Magnon-Kulturen), dann ein relativ gerades Stück Geweih, ebenfalls mit einem Bohrloch versehen. Darin eingelassen ist ein Flintstein, der verklebt oder verkeilt eingedrückt wurde. Das Gerät konnte zum Hacken, Schürfen, aber auch zum Zertrümmern des Schädels (von Kleinwild oder Feinden) benutzt werden. Das Sensationelle an den neuen Gerätschaften ist nicht so sehr die Neuheit der Teilprogramme (abgesehen vielleicht von der Innovation des Bohrerdrehens durch Händereiben mit dazwischengelegtem Holzstab), es ist ihre Kombinatorik (Abbildung 8.6). Für ein übergreifendes Handlungsziel wurden Teilprogramme miteinander verknüpft. Sie können auch ineinander verschachtelt sein, wie der kleine Flintkeil im Geweihstück. Es ist die Kombination der Teilziele, die zu einer neuen Rolle der Teile führt. Erst dadurch wird die neue Funktion erzeugt.

Nehmen wir ein paar Beispiele für diese Art des kombinatorischen Denkens. Gewiß war zu Zeiten des *Homo erectus* bekannt, daß sich ein junger Ast biegen läßt und daß dabei eine Spannung entsteht. Bekannt war auch, daß sich ein Streifen Haut oder die Sehne eines erlegten Tieres zum Binden eignet. Die Kombination dieser beiden Beobachtungen schaffte den gespannten Bogen. Die Zurichtung eines Astes und seine Verbindung mit einem spitzen Kiesel machten den Pfeil. Die Kombination beider ergab eine neue Waffe. Der Speer, der Bohrer oder der Grabstock, das alles waren Resultate des konstruktiven Denkens des frühen *Homo sapiens sapiens*. Ungezählte Mikrolithe, das sind kleine Feuersteingeräte, wurden

8. Am Anfang war die Hand 241

8.5 Durch kombinierendes, konstruktives Denken entworfenes Werkzeug mit verschiedenen Verwendungsmöglichkeiten: zum Graben, Zuschlagen, Knochenöffnen oder Töten.

8.6 Zahlreiche Teilhandlungen sind nach einem Konstruktionsplan zu einer neuen Funktionseinheit, einem Steinbohrer zusammengeschlossen. Teils werden Naturgesetze genutzt (Schwerkraft statt Handdruck), teils werden neue Verkettungen von Handlungsschritten gewählt (Umlenkung der Hin- und Herbewegung in eine Kreisbewegung).

in den Regionen gefunden, in denen diese Menschen lebten. Sie waren zumeist Teil umfassender Konstruktionsideen. Es mußte eine Vorstellungswelt entstanden sein, die, wiewohl im Anschaulichen verhaftet, die Teilzielbilder heterogen erfahrener Handlungsergebnisse kombinieren und zur Herstellung neuer Geräte nutzen konnte. Etwas ganz Ähnliches finden

242 Die Hand – Werkzeug des Geistes

8.7 Kombinierender Umgang mit Wahrnehmungseindrücken oder Vorstellungsbildern. Ganz ähnlich wie bei kombinierten Werkzeuge sind hier unterschiedliche Erfahrungen zu einem neuen Gesamteindruck gefügt worden.

wir beim Kombinieren von Vorstellungselementen zur Gestaltung von Symbolen (Abbildung 8.7).

Und wieder ist die Hand im Spiel – und abermals auf neue Weise. Es sind jedoch gleichzeitig Zeugnisse von ganz analogen Formen kombinierenden Denkens. Die Hand wird jetzt nicht geführt, um funktionierendes Gerät Waffen oder Werkzeuge, herzustellen, sondern sie steht im Dienste der Gestaltung eines sozial geordneten Gemeinschaftslebens. Daß dabei auch ästhetische Effekte entstehen, war wohl zunächst eher ein Nebenprodukt. Die großen Wandmalereien der Jungsteinzeit (Lascaux, Altamira, Les Trois Frères und andere) sind, soweit bekannt, vorzugsweise in Höhlen angelegt worden. Als man die Akustik der zuführenden Gänge daraufhin untersuchte, ob sie sich vielleicht für prozessionsähnliche Züge mit rhythmischem Singsang geeignet hätten, fand man in allen Fällen eine vorzügliche Akustik und Resonanz (Tattersall 1997). Solche Rituale dienten wohl auch der Einstimmung eines Stammes auf ein großes Ereignis. (Stimmung wird stark von Emotionalität getragen.) Wir wissen nicht, um welche Ereignisse es sich handelte, ob um Beschwörungsszenen für den Erfolg eines gefahrvollen Jagdunternehmens während einer Trocken- und Hungerperiode, um die Überwindung eines gefährlichen Nachbarstammes, um Initiationsriten für die junge Männer- oder Mädchengeneration oder um die Grablegung großer Toter oder verunglückter Personen. Wir wissen nur soviel: Ein ins Künstlerische gehobenes Hand-Werk nahm hier seinen Ausgang und begann, eine neue Dimension menschlichen Zusammenlebens zu gestalten. Geschaffen oder gefestigt wurde dabei das Gefühl von Gemeinsamkeit, von Identität, die Erkenntnis der Rolle des Selbst im Gefüge einer sozialen Gemeinschaft.

So haben wir strukturelle Gemeinsamkeiten in der Entwicklung von Werkzeug und von Kunstwerk erkannt. Es sind Gemeinsamkeiten, die in ganz verschiedene Wirkungsfelder einmünden: in die effiziente Nahrungsbeschaffung und Beuteverwertung auf der einen Seite und die emotionale Stabilisierung des Gemeinwesens auf der anderen. Die Hand, so scheint es, ist dabei nur ein vom Nervensystem gesteuertes, ausführendes Organ. Doch es ist ein Nervensystem, dessen funktionsfähige Neuronennetze von den effizienten Handlungserfahrungen seines Trägers her aufgebaut wurden.

Vom Bild zum Buchstaben

Im Zuge dieser Stimulierungsschübe der Evolution ist außerdem – scheinbar ganz nebenbei – die menschliche Sprache entstanden. Doch sehen wir uns dazu noch einmal den Grabstock an. Es ist offenkundig, daß er das Ergebnis eines übergeordneten Konstruktionsplanes ist, in dem unabhängige Teilschritte zusammengefügt wurden. Ein Knochen- oder Geweihstück bildet das Zentrum. Es muß verändert, in diesem Falle durchbohrt werden. Ein passendes, gerades Geweihstück wird gebraucht, ein kleiner Flintstein dazu. Vier oder fünf Teilabschnitte sind das, die ein Gefüge, eine Struktur bilden. Sie sind als variable Teilschritte im Gedächtnis gespeichert und für Handlungsfolgen abrufbar. Dabei können sie für einen bestimmten Zweck neu kombiniert werden. Wir glauben, daß ganz ähnliche mentale Vorgänge bei der Konstruktion einer sprachlichen Aussage eine Rolle spielen.

Nehmen wir einmal die Vorstellungsbilder, die einen konstruktiven Handlungsaufbau begleiten, und versetzen wir uns in die Lage eines Erklärers, der einem Kind die Konstruktion erläutert. Es werden verschiedene, einfache sprachliche Wissenselemente eine Rolle spielen. Was hat der Erklärer selbst beim Herstellen an Vorstellungsbildern angesammelt? Was muß er dazu an Wissenselementen benennen und verbinden können? Zunächst einmal: Was ist das Ziel, was soll hergestellt und was damit erreicht werden? Welche Stücke sind dafür geeignet? Also Geweihstücke und ein kleiner Stein. Welche Eigenschaften sollen die Komponenten haben, welche Stärke, Festigkeit, Oberfläche? Es werden Einzelteile, sagen wir ein Stock und ein kleiner Stein zu einem Verbund zusammengefügt. Das ist erst möglich, nachdem der Stock durchbohrt wurde. Doch die gesamte zeitliche Abfolge ist nicht linear. Man kann einiges in der Reihenfolge vertauschen. Mit zwei oder drei verschiedenen Abfolgen läßt sich das gleiche Ziel erreichen. Auch lassen die kleinen Teilstücke manchmal Variationen zu: Die Härte des kleinen Flintsteins ist nicht so wichtig, seine Größe dagegen sehr.

Solche Teilabschnitte mit ihren Eigenschaften spielen auch bei der Konstruktion einer sprachlichen Aussage eine Rolle. Auch dabei kommt es auf die Vorfertigung von Satzgliedern an, auf die Reihenfolge bei der Konstruktion. Ebenso muß bedacht werden, daß ein Glied die Funktion der anderen Teile mitträgt oder von ihnen beeinflußt wird, daß die Wörter bestimmte (begriffliche) Merkmale zum Ausdruck bringen müssen (das betrifft ihre Eignung für das Ganze). Manche Wörter sind gleichwertig; es gibt Synonyme in der Sprache. Kleine Bedeutungs- (= Eigenschafts-) Schwankungen kann man in Kauf nehmen, zum Beispiel bei der Wahl der Adjektive. Umstellungen der Wortfolge sind in Grenzen möglich. Man muß auch zurückweisen, negieren und austauschen können.

Beiden Formen der Konstruktion sind außerdem zwei sehr verschiedene Arten von Gedächtnisinhalten gemeinsam: Da ist einmal die Menge der Wörter aus einem wie auch immer beschränkten Lexikon. Sie stehen für die begrifflichen Eigenschaften, für gedankliche Konzepte. Beim Konstruieren sind das die Bauelemente mit ihren Eigenschaften, die ja auch Gedächtnisbesitz sind.

Die zweite Klasse der Gedächtnisinhalte betrifft Operationen, die die Elemente für den Gebrauch (oder für die Mitteilungsabsicht) verändern. Sie verbinden, transformieren, stellen um, akzentuieren diese oder jene Eigenschaft. Auch diese Elemente haben bedeutungsstiftende, präzisierende, mehr oder weniger gut passende Funktionen.

Lexikalische Formen und grammatische Formbeeinflussungen haben, wie es scheint, im Handlungsaufbau wie im Aufbau sprachlicher Aussagen einen ähnlichen Hintergrund und sehr verwandte Funktionen. Dies nährt die Vermutung, daß die Entstehungsgeschichte beider Funktionskreise, ihre örtliche Nähe im Nervensystem (siehe Abbildung 8.4) auch eine ursächliche Verwandtschaft anzeigt. Die Entstehung konstruktiven Denkens im Handlungsaufbau und die Entstehungsgeschichte sprachlicher Konstruktionen weisen auf eine homologe Herkunft in der Evolution hin.

In gewisser Weise wiederholt sich der Übergang von einer anfänglich ungebeugt aneinanderreihenden Sprache zu einer flektierenden, hochentwickelten Sprache auch bei der Herausbildung von Schrift. Nach der in kleinen Gruppen getroffenen, beliebigen Vereinbarung über die Bedeutung eines Zeichens ist der Anfang schriftlicher Mitteilungen die ikoni-

8. Am Anfang war die Hand 245

um 3000 v. Chr.	um 2450	um 1800	um 700
ursprüngliches Piktographisch	Piktographisch der späteren Keilschriften	Früh-babylonisch	Assyrisch

Vogel			
Fisch			
Esel			
Ochse			
Sonne/Tag			
Ähre			
Obstgarten			
pflügen/beackern			
Bumerang werfen/herabwerfen			

8.8 Übergänge von der Bilddarstellung für Begriffe zu einer mehr abstrakt-kombinatorischen Form im alten Sumer.

sche, die bildlich-figürliche Darstellung eines Begriffs oder eines Gedankens (Abbildung 8.8). Es sind zunächst Bilder für Singuläres: für Dinge oder Vorgänge. Die indianischen „Wintercounts" sind Beispiele für Mitteilungen aus einer vorschriftlichen Gesellschaft. Wichtige Ereignisse aus der Geschichte des Stammeslebens werden in Bildform, etwa auf einem Leder, dargestellt: der Sieg über einen Nachbarstamm, eine große Überschwemmung, ein gutes Geschäft mit Büffeln oder Land und so weiter. Die nächste Stufe kennen wir von den Lautbildungen her: Es ist die Begriffsschrift. Hier gibt es großenteils normierte Konfigurationen. Es sind charakteristische graphische Symbole für Klassen von Dingen oder Vorgängen. Die altchinesische und die frühe sumerische Begriffsschrift gehören zu diesem Typ (Abbildung 8.8). (Die Schriftentwicklung um 2 800 v. Chr. fällt mit dem Übergang zu festen Siedlungen, Landbebauung und Bevölkerungsexplosion im fruchtbaren Schwemmland zwischen Euphrat und Tigris zusammen. Soziale Veränderungen beginnen, in rasantem Tempo die Evolutionsgeschwindigkeit zu überrunden.)

Eine andere Form wurde später in Ägypten und in Sumer entwickelt: die Verwendung von Zeichen für Lautgebilde. Man nennt dies das Rebusprinzip oder die Rebusschrift. Den Weg in die Zukunft bahnte jedoch die sumerische Sprache. Es war eine Silbensprache. Die Silbensprache hatte für die schriftliche Wiedergabe Vorteile gegenüber den komplexeren Lautbildern für ganze Wörter: Durch die größeren Kombinationsmöglichkeiten gewann sie an Ausdrucksfähigkeit. Der Weg ging von den verketteten Bildsymbolen über die Silbenlaute zum Alphabet. Die Verbindungen phonemischer Zeichen erlauben es, das gesamte Repertoir des Gesprochenen in eine handhabbare graphische Form zu überführen.

In den zahlreichen Zeugnissen schriftsprachlicher Überlieferungen erkennt man, daß die Ausführungen nicht nur von den sprachverstehenden und -erzeugenden Hirnzentren gesteuert werden, wie wir bisher immer ausgeführt haben. Zwar sind die vielen Versuche, die Handschrift auch als Charakterbild des Schreibenden zu deuten, gescheitert (was sowohl an der Feinheit der Klassifizierung von Schriftkriterien als auch an der Exaktheit der psychologischen Diagnostik liegen könnte); unbestreitbar ist aber, daß die Singularität einer Handschrift intuitiv soviel Individualität zu erkennen gibt, daß hier das letzte Wort noch nicht gesprochen ist. Die Gestik einer Hand wie der Duktus einer Handschrift enthalten immer auch eine individuelle Komponente, eine Spur der Persönlichkeit des Handelnden, wobei wir Schreiben als einen Spezialfall des Handelns betrachten.

*A*ußer der Beziehung von „Greifen und Begreifen" ist im Zusammenhang mit der Hand die von „Zeigen und Zeichen" interessant. Doch auch diese Beziehung hat ihre Tücken. Versetzen wir uns in die Rolle eines Vaters, der seiner Tochter einen Baum zeigt und diesen sprachlich benennt. Nehmen wir an, er deutet tatsächlich mit dem Finger auf den Baum und spricht gleichzeitig das Wort „Baum". In diesem Fall läßt sich der Zusammenhang von sprachlichem Zeichen und Zeigehandlung noch vergleichsweise einfach herstellen. Was aber bezeichnen Worte wie „Seele" oder „Liebe"?

Rücken wir die Beziehung von „Zeigen und Zeichen" in einen anderen Kontext. Was bezeichnen Zahlwörter? Die Antwort ist schon nicht einfach, wenn die Zahlen klein sind. Wie verhält es sich aber mit Zahlen, die viel größer sind als die Anzahl der Atome im Universum? Hier flüchten sich die meisten Mathematiker in göttliche Sphären, indem sie ein fragwürdiges Gespensterreich postulieren, in welchem die gigantischen Mengen als „Ideen" existieren. Um den Wert dieser intellektuellen Reiche beurteilen zu können, lohnt es sich, über die Beziehung von „Zeigen und Zeichen" bei der Entstehung der Zahlen nachzudenken. Das führt zu einem Unwetter im platonischen Ideenhimmel.

Ein Daumen Fische

Von Marco Wehr

Um die Bedeutung der Hand für die Entstehung der Zahlen ermessen zu können, müssen wir etwas weiter ausholen. Stellen wir uns einmal folgende Situation vor: Frau Dr. Piepenbrink, die resolute Direktorin der Dorfschule, und ihre Freundin Isolde Krug sitzen bei einem winterlichen Nachmittagsplausch zusammen. Die beiden Damen haben es sich gemütlich eingerichtet. Im Kamin prasselt ein wärmendes Feuer, auf dem liebevoll gedeckten Tischchen steht erlesene Patisserie und eine dampfende Kanne Tee. Von Zeit zu Zeit erstirbt das Gespräch, dann schauen die Frauen aufs Meer. Draußen tobt ein Sturm. Nur manchmal bricht kurz die Sonne hervor.

Frau Piepenbrink, die ernsthaftere der beiden, läßt ihre Gedanken in die Vergangenheit schweifen und erinnert sich ihres 18. Geburtstages, während Isolde, die sinnlichere, zielsicher ein weiteres Nougathäubchen aus der silbernen Schale fischt und zwischen ihren gespitzten Lippen verschwinden läßt, ohne den sorgfältig aufgetragenen Lippenstift zu verwischen. Die beiden nehmen das Gespräch wieder auf. Die Unterhaltung wird lebhafter, ohne daß Frau Piepenbrink die komplizierte Klöppelarbeit, die sie nebenher erledigt, aus der Hand legen würde.

Was ist so außergewöhnlich an dieser Geschichte? Vordergründig gesehen natürlich nichts. Es handelt sich um eine Situation, wie sie jeden Tag viele hundert Mal passieren könnte. Bemerkenswert ist jedoch, daß die Wissenschaftler heutiger Tage vor einigen der Leistungen, die die beiden Damen so selbstverständlich erbringen, respektvoll den Hut ziehen. Diese vornehme Haltung unterscheidet sie von den meisten Gelehrten voriger Jahrhunderte. Das forschende Auge ehrfürchtig auf den bestirnten Nachthimmel gerichtet, waren die Altvorderen oft genug blind für die Wunder des Alltäglichen.

Hätte man den hochdekorierten Herren von der Französischen Akademie der Wissenschaften zu Beginn des 19. Jahrhunderts gesagt, daß die Erforschung des Problems, wie Frau Isolde Krug bei wechselnden Lichtverhältnissen auch von unterschiedlichen Positionen im Raum aus immer wieder mit traumwandlerischer Sicherheit die Nougathäubchen aus der Anbietschale holt, eine der großen wissenschaftlichen Herausforderungen unserer Zeit ist, sie hätten vermutlich nur ungläubig mit dem Kopf geschüttelt. Und dabei haben wir hier fairerweise sogar außer acht gelassen, daß Frau Krug selbst mit vollem Mund noch geistvoll zu kommunizieren in der Lage ist.

So verbergen sich in dieser kleinen Geschichte tatsächlich eine Menge Probleme, welche man bisher, von einem wissenschaftlichen Standpunkt aus gesehen, nur in eingeschränktem Maße versteht und die heute im Rahmen der Robotik und der Künstlichen Intelligenz oder – neudeutsch –

Artificial Intelligence Tausende von Forschern beschäftigen: Wie funktioniert unser Gedächtnis, wie die menschliche Sprache, und in welcher Weise steuern und koordinieren wir unsere Hände?

Diesen schwierigen Fragen nähert man sich gemeinhin von zwei verschiedenen Richtungen, die aber trotzdem in einer engen Wechselbeziehung stehen. Zum einen bemüht man das wissenschaftliche Experiment: Violinenvirtuosen werden mit Hochgeschwindigkeitskameras bei der Ausübung ihrer Kunst gefilmt, oder man setzt die Gehirne der Menschen starken Magnetfeldern aus, um ihnen mit modernsten bildgebenden Methoden bei der Arbeit zuzusehen (☞ Altenmüller). Zum anderen versucht man, menschliche Fähigkeiten technisch nachzuahmen und zu kopieren. Wissenschaftler konstruieren Roboterhände, und der Computer soll Sprechen und Verstehen lernen (☞ Ritter).

Gerade in diesem Zusammenhang wird deutlich, wie fundamental die Mathematik für das moderne Denken ist, da in den meisten Forschungsansätzen dieser Art implizit die Annahme verborgen liegt, daß mathematische Modelle existieren, mit deren Hilfe man die angesprochenen, typisch menschlichen Fähigkeiten simulieren kann. Im Zentrum der modernen Simulation steht deshalb der Computer, auf welchem die entsprechenden Modelle implementiert werden. Dieser würde dann je nach Bedarf, so schwebt es den wissenschaftlichen Utopisten vor, zum kurzweiligen Gesprächspartner, oder man könnte ihn verwenden, um beispielsweise Roboterhände so zu steuern, daß sie in der Lage sind, ein Klavierkonzert von Rachmaninow zum besten zu geben.

Den verbreiteten Optimismus, daß sich das Gedächtnis, die menschliche Sprache oder komplexe Steuerungsprobleme der Finger ebenso mathematisch modellieren und simulieren lassen wie die Planetenbewegung, bezeichnet man als Kalkulationismus. Der Kalkulationismus wird in verschiedenen Radikalitätsstufen vom Gros der Forscher geteilt. Die fragwürdigen geistesgeschichtlichen Wurzeln dieser Philosophie werden wir weiter unten anreißen, da sie den Blick auf eine menschliche Entwicklung der Mathematik, in der die Hand eine zentrale Position einnimmt, verstellen. Im Zusammenhang mit der Teestunde der beiden Damen halten wir an dieser Stelle fest, daß es nicht nur die großen Revolutionen – wie Quantenmechanik, Relativitätstheorie und Molekularbiologie – sind, die unsere Zeit wissenschaftlich bedeutsam machen. Gerade die vertrauten Alltagshandlungen offenbaren bei genauerem Hinsehen eine Komplexität, die die Wissenschaftler unserer Zeit in ihren Bann schlägt. In vielen Bereichen setzt sich die Einsicht durch, daß gerade das, was wir im Griff zu haben scheinen, nicht auf der Hand liegt. So wird es zum Gebot der Stunde, das Besondere im Alltäglichen zu entdecken und freizulegen.

In vergleichbarer Weise besitzen auch scheinbar elementare Bereiche der Mathematik eine rätselhafte und unausgelotete Tiefenstruktur. Im Unterschied zu den gerade genannten Beispielen ist dieser Umstand aber nur wenigen Forschern bewußt. Paradoxerweise steht nämlich der allgemeinen Verbreitung und Bedeutung des Mathematischen eine beträchtliche Unkenntnis gegenüber, was die fundamentalen Gegenstände der Mathematik selbst, die Zahlen, betrifft! Hier gilt im übertragenen Sinne der bekannte Ausspruch des Philosophen Ludwig Wittgenstein:

»Die für uns wichtigsten Aspekte der Dinge sind durch ihre Einfachheit und Alltäglichkeit verborgen.«

Die angesprochene Unkenntnis ist übrigens nicht nur bei mathematischen Laien zu finden, auch professionell arbeitende Mathematiker vermitteln in ihren Lehrbüchern ein unvollständiges Bild. So ist es ein schwerwiegender Fehler, den viele heutige Mathematiker mit einigen Heroen der europäischen Geistesgeschichte teilen, die natürlichen beziehungsweise ganzen Zahlen einfach als etwas Selbstverständliches aufzufassen, geradeso als seien sie vom Himmel gefallen. Diese Sichtweise kommt deutlich in dem berühmten Ausspruch von Leopold Kronecker zum Ausdruck, der sagte:

»Die ganzen Zahlen hat der liebe Gott gemacht, alles andere ist Menschenwerk.«

Kronecker, einer der führenden Mathematiker des 19. Jahrhunderts, leitete mit diesem Satz ein verzweifeltes Rückzugsgefecht ein, von dem wir heute wissen, daß es verloren wurde. Gerade um das Jahr 1870 kam die mathematische Forschung in rasante Bewegung. Daran hatte ein junger und rebellischer Gelehrter, Georg Cantor, maßgeblichen Einfluß, der unter anderem die Existenz verschiedener mathematischer Unendlichkeiten postulierte.

Die Vorstellung, daß es Unendlichkeiten geben sollte, die unendlich unendlicher sind als andere Unendlichkeiten, war vielen Mathematikern alter Prägung ein Dorn im Auge. Diese forderten in einem Abwehrreflex, wie später auch einige moderne Kollegen, die gesamte Mathematik lediglich auf die sogenannte „Ur-Intuition des Zählens" mit ganzen Zahlen aufzubauen, was den Eindruck vermittelt, als ob diese Fähigkeit in den Genen liege oder mit der Muttermilch aufgesogen werde. Infolgedessen verschwendete man folgerichtig im weiteren keinen Gedanken an die Frage, wie die Zahlen tatsächlich in die Welt kamen und wie beschwerlich es für die Menschen war, den Umgang mit ihnen zu erlernen. Zwangsläufig bleibt so die tatsächliche Entstehungsgeschichte der Zahlen im dunklen. Damit besteht dann aber auch keine Möglichkeit, die entscheidende Rolle der Hand in diesem Jahrtausende währenden Ringen angemessen zu würdigen, und es muß verborgen bleiben, wie sich die Zahlen einstmals von den Händen lösten. Um den Blick freizugeben auf die schwierige Geburt der Mathematik, bei welcher die Hand im sprichwörtlichen Sinne ihre Finger im Spiel hatte, soll gezeigt werden, daß die natürlichen Zahlen 1, 2, 3, 4, 5... alles andere als natürlich sind (Abbildung 9.1).

Bevor wir den Entstehungsprozeß dieser elementarsten Zählreihe unter Berücksichtigung der Hand zumindest stückweise rekonstruieren, werden wir in groben Strichen skizzieren, wie sich eine Weltanschauung etablieren konnte, in welcher die Existenz der Zahlen als etwas Selbstverständliches betrachtet wird. Interessanterweise ergibt sich dabei, daß diese An-

9.1 Der Meister hat es geahnt. Der beschwerliche Weg in die lichten Höhen der modernen Mathematik und Physik begann bei den Fingern.

sicht und die Überzeugung, die Welt sei ihrem Wesen nach berechenbar, nur zwei Seiten einer einzigen Medaille sind.

Und Gott sprach: „Es werde Zahl!"

Wie schon gesagt, ist unsere Zivilisation in ihrer heutigen Form ohne Zahlen und Mathematik nicht vorstellbar. Warum aber bleibt das Wesen der Zahl nach wie vor rätselhaft? Warum ist es in unserer Geistesgeschichte eine eher junge Frage, was Zahlen sind und woher sie kommen, obwohl Kaufleute, Architekten und Wissenschaftler in unserem Kulturraum schon lange mit ihnen arbeiten? Vordergründig hat die Antwort natürlich damit zu tun, daß der Umgang mit den natürlichen Zahlen durch Gewohnheit zur Selbstverständlichkeit geworden ist. Jeder Abc-Schütze beherrscht nach kurzer Zeit das Einmaleins. Es kommt aber noch stillschweigend eine Annahme hinzu, die in unserer Kulturgeschichte eine lange Tradition hat und die durch Galileo Galilei so richtig populär wurde. Dieser sagte:

> »Die Philosophie steht in jenem großen Buch geschrieben, das stets vor unseren Augen liegt. Ich meine das Universum. Doch wir können es nicht verstehen, wenn wir nicht zuerst die Sprache lernen und die Symbole begreifen, in denen es geschrieben ist. Dieses Buch ist in mathematischer Sprache geschrieben, und seine Buchstaben sind Dreiecke, Kreise und andere geometrische Figuren. Ohne diese Mittel ist es dem Menschen unmöglich, auch nur ein einziges Wort zu verstehen.«

Die Metapher vom Buch der Natur geht ursprünglich auf Augustinus zurück. Demnach ist die physische Welt eine zweite Schrift, durch welche sich Gott neben der Bibel den Menschen mitteilt. In den Naturwissenschaften ist es seit Galilei zum Allgemeinplatz geworden, daß diese Gesetze mathematischer Natur sind.

Die extremsten Ausprägungen jenes Standpunktes finden wir heute, wie oben schon angedeutet, bei den Hardlinern der Künstlichen Intelligenz und den leichtfüßigen Cyberspace-Pionieren. Für diese hemmungslosen Optimisten stellt sich das Wesen der Natur nicht nur in mathematischen Gesetzen dar. Diese müssen sich – ihrer Meinung nach – zudem auch berechnen lassen, beispielsweise unter Zuhilfenahme eines digitalen Computers. Das wiederum hätte zur Konsequenz, daß die Welt prinzipiell mit einem modernen Elektronengehirn zu simulieren wäre. Somit bliebe es nur noch eine Frage der Zeit, bis wir im Simulationsraum, dem Cyberspace, die virtuellen Doppelgängerinnen von Frau Dr. Piepenbrink und Isolde Krug via Mausklick besuchen könnten.

Viele herausragende Denker vor und nach Galilei betonen, wie etwa Platon, daß Zahlen und/oder geometrische Formen ein Ordnungsschema bilden, welches der sichtbaren Welt zugrunde liegt. In einem solchen Kontext bekommt die Existenz mathematischer Gegenstände fast zwangsläufig einen gottgegebenen Charakter. Der fast seelsorgerische Trick, das Entstehen des Mathematischen einem höheren Wirken und Walten zuzuschreiben, verstellt auf der einen Seite den Blick für eine menschliche Entwicklungsgeschichte. Auf der anderen Seite adelt er das Tun der Mathematiker und Philosophen, die sich in ihrem Bemühen, das Sein intellektuell zu durchdringen, in Zwiesprache mit ewigen göttlichen Gesetzen wähnen. Der gottgegebene Charakter der ganzen Zahlen kommt ja in dem Zitat von Leopold Kronecker unmittelbar zum Ausdruck. Obwohl diese Aussage in einem sehr spezifischen Kontext geäußert wurde, steht sie doch in einer 2500 Jahre alten Tradition.

Intellektueller Stammvater dieser Denktradition ist der vorsokratische Philosoph Pythagoras, der etwa 500 vor Christus in Griechenland und im süditalienischen Kroton lebte. Pythagoras wurde von seinen Zeitgenossen ehrfürchtig als „Wundermann" bezeichnet. Er behauptete, sich seiner eigenen vergangenen Existenzen zu erinnern und suchte in Mußestunden die Abgeschiedenheit, um den Klängen zu lauschen, die die Planeten bei ihrer Reise durch das All erzeugen.

Pythagoras war der Kopf eines Geheimbundes – heute würde man wohl von einer Sekte sprechen – der in Kroton in einer klosterähnlichen Gemeinschaft lebte. Es war dem inneren Zirkel dieses Bundes auf das Strengste untersagt, die Erkenntnisse des Meisters außerhalb der Klostermauern zu verbreiten. Abtrünnige wurden unehrenhaft verstoßen oder, wie Hippasos von Metapont, im Meer ertränkt. Hippasos hatte die Wahrheit verbreitet, und das mußte er mit dem Leben bezahlen. Er hatte eine geometrische Figur entdeckt, die sich nicht durch das Verhältnis ganzer Zahlen beschreiben läßt. Dies widersprach der Kerntheorie pythagoräischen Denkens. Nach dieser Theorie hatte sich die Welt ursprünglich aus der Zahl Eins entwickelt. Demnach waren alle Dinge Zahlen, und ihre besondere Harmonie offenbarte sich in dem Sachverhalt, daß diese Dinge in einem *ganzzahligen* Verhältnis zueinander stehen sollten.

Schon Aristoteles kritisierte, daß die Weltanschauung „Alles ist Zahl" viele Fragen offenläßt. Pythagoras „entdeckte" sie vor allem durch das Studium der Saiteninstrumente. Zupft man eine Saite und teilt sie dann, so erhält man mit dem Verhältnis 2:1 eine Oktave; ein Teilen 3:2 ergibt eine Quinte und 4:3 eine Quarte. Diese Erkenntnis wurde von ihm vorbehaltlos auf das Weltganze ausgeweitet. Von der schwingenden Saite zur Sphärenharmonie der Himmelskörper war es für Pythagoras nur ein kleiner Schritt. Demnach hatten sich diese ebenfalls nach dem vermeintlich ehernen Gesetz ganzzahliger Proportionen zu richten.

Fügte sich die Natur wider Erwarten nicht den mathematischen Zwängen, dann wurde forsch nachgebessert. Eine dieser Korrekturen entsprang dem Gehirn des Pythagoräers Philolaos. Das Resultat war die sogenannte Gegenerde, die sich der Notwendigkeit verdankte, auf die den Pythagoräern heilige Zahl Zehn zu kommen. Nach seiner Theorie kreisen um ein Zentralfeuer Erde, Mond, Sonne, die fünf Planeten und das Himmelsgewölbe. Das ergibt in der Summe leider nur neun Dinge und nicht zehn. Also wurde geschwind die Gegenerde aus dem Hut gezaubert, was Aristoteles später zu dem säuerlichen Kommentar veranlaßte, die Phänomene seien der Theorie angepaßt worden, womit er natürlich recht hatte.

Sich die Welt nach mathematischen Ideen zu erträumen, führte auch nach Pythagoras und seiner Schule zu folgenschweren Erkenntnisblockaden. So verhinderte die Überzeugung, daß sich die Planeten auf perfekten göttlichen Kreisen bewegen, 2 000 Jahre lang die Einsicht, daß sie auf Ellipsen um die Sonne wandern. Bekanntlich verdanken wir diese Erkenntnis Johannes Kepler. Ironischerweise war auch Kepler ein Denker in pythagoräisch-platonischer Tradition, da er die Ansicht vertrat, daß sich den Planetenbahnen die sogenannten Platonischen Körper einschreiben lassen müßten. Immerhin zeigte er menschliche Größe, als er unter dem Druck der Beobachtungsdaten des Astronomen Tycho Brahe mit seiner persönlichen Sphärenharmonie brach.

Der Umstand, daß die Welt dem Wesen der Zahl gemäß konstruiert wird, ist auch in der neueren Geschichte der Philosophie kein singuläres Phänomen. Hier sei nur an das deutsche Universalgenie Gottfried Wilhelm Leibniz erinnert, der sich gerade für die Entwicklung der modernen Mathematik unschätzbare Verdienste erworben hat. Leibniz lieferte bedeutende Beiträge im Bereich der Logik und der Infinitesimalrechnung, und er entwarf einen der ersten Rechenautomaten. Obgleich diese Maschine nie vernünftig funktionierte, verdankte er ihren Konstruktionsprinzipien die Aufnahme in die englische Royal Society. Neben diesen mathematischen Beiträgen, die den Leben mehrerer Mathematiker zur Ehre gereicht hätten, entwickelte Leibniz noch das Dualsystem. In diesem Zahlensystem werden alle uns bekannten Zahlen allein durch die Verwendung von Nullen und Einsen dargestellt. Seine konkrete Anwendung findet das Dualsystem in den modernen Computern.

Für Leibniz hatte es jedoch eine viel tiefere Bedeutung, da sich in ihm, wie er meinte, das Göttliche zeigte, eine Parallele zur pythagoräischen

Kosmologie. In einem an den in Peking lebenden Jesuiten P. Grimaldi gerichteten Brief vom 2. Dezember 1696 beschreibt er sein Zahlensystem und regt an, auf seiner Grundlage die Chinesen zum christlichen Glauben zu bekehren. Für Leibniz war es offensichtlich, daß sich im Dualsystem die christliche Schöpfungsgeschichte in der wunderbarsten Weise manifestiert, da die Eins oder Gott aus der Null, dem Nichts, das ganze Spektrum der Zahlen und damit auch der Dinge schafft. Leibniz war so tief von dem Wert seiner Entdeckung überzeugt, daß er in einem anderen Brief an den Herzog von Braunschweig die Prägung einer Gedenkmünze vorschlug. Diese sollte den Schriftzug tragen:

> »omnibus ex nihilo ducendis sufficit unum«
> (»Eins genügt, um alles aus dem Nichts hervorzurufen«)

Schon der Lehrer von Leibniz, der Mathematiker E. Weigel aus Jena, hatte auf der Grundlage der Gleichung $1 \times 1 = 1$ einen Gottesbeweis verfaßt.

Diese Beispiele, die sich durch viele weitere ergänzen ließen, sollen ausreichen, um die These zu begründen, daß das Reich der Mathematik in vielen Fällen als eine tiefere, hinter der sichtbaren Welt liegende Wirklichkeit betrachtet wurde und wird. Die Zahlen, als fundamentaler Teil der Mathematik, bekommen in diesem Zusammenhang die Aura des Gottgegebenen. Nur in dieser Denktradition konnte der Mythos von der „Ur-Intuition" des Zählens entstehen, der auf den folgenden Seiten in Frage gestellt wird, um einer menschlichen Entwicklungsgeschichte der Zahl Platz zu machen.

Die Einsicht, daß die Zahlen nicht vom Himmel fielen, sondern sich im Gegenteil in einem langwierigen Prozeß formten, sollte dann Raum schaffen für ein Denken, in welchem die Mathematik keine ewig gültigen, ehernen Gesetze zur Verfügung stellt, sondern symbolische Werkzeuge, die gemessen an den Erfordernissen ihrer Verwender immer weiter modifiziert werden.

Eins, zwei, viele

Um einen ersten Eindruck davon zu erhalten, daß elementarste Bereiche der Mathematik, die heute jeder Grundschüler mit Leichtigkeit beherrscht, durchaus nicht selbstverständlich sind, braucht man nur einige Jahrhunderte in unserer Zeitrechnung zurückzugehen. Es ist nämlich noch gar nicht lange her, da war die Null ein Werk des Teufels und die wenigen Menschen, die sich ihrer im schriftlichen Rechnen bedienten, liefen Gefahr, von der Inquisition verfolgt zu werden.

Die Grundrechenarten, mit der Hand ausgeführt, glichen einer Geheimwissenschaft, und darin Kundige wurden von den sogenannten Abacisten, die nach alter Sitte mit dem Rechenbrett arbeiteten, bis aufs Messer bekämpft. Nur wenige Gelehrte in Italien beherrschten vor etwa 400 Jahren die schriftliche Multiplikation und Division. Aus diesem Grunde waren Wissensdurstige gezwungen, gefahrvolle Forschungsreisen quer durch Europa zu unternehmen, um sich in langwierigen Prozeduren einweihen zu lassen. Sogar ein so berühmter Denker wie Montaigne konnte weder mit dem Pfennig noch mit der Feder rechnen, wie man damals zu sagen pflegte.

Während sich die Fähigkeit zum schriftlichen Rechnen in der menschlichen Entwicklungsgeschichte in der jüngeren Vergangenheit herausbildete, reichen die Wurzeln der elementareren Fertigkeit des Zählens in unserem Kulturkreis einige tausend Jahre zurück. Die Spuren verlieren sich ein wenig im Dunkel der Zeit. Trotzdem geben ethnologische Untersuchungen von heutigen Völkern, die unter vergleichbaren Umständen leben wie die Menschen vor der Entstehung der Stadtkulturen, Hinweise, die den Glauben an die „Ur-Intuition" des Zählens in Frage stellen.

So geht etwa die Fähigkeit zu zählen bei den heutigen Zulu und Pygmäen in Afrika oder den Botokuden in Brasilien nicht über die Zahl Zwei hinaus. Für diese Menschen, die sich in ihren Veranlagungen nicht von uns unterscheiden, sind „eins", „zwei" und „viele" die einzigen Zahlwörter, die sie beherrschen. Diese reichen offensichtlich völlig aus, damit die Menschen in ihren Lebensräumen bestehen, in welchen es, anders als in einer Stadt mit ihren organisatorischen Zwängen, offensichtlich keine Notwendigkeit gibt, das Zählen zu lernen. Die genannten Völker sind im übrigen nicht die einzigen, deren obere Zählgrenzen die Zahl Zwei – manchmal ist es auch die Drei oder die Vier – darstellen. Es existieren noch viele andere, die man oft, leider etwas abwertend, als „primitiv" bezeichnet. Interessanterweise haben sich nun auch in den europäischen Sprachen deutliche Hinweise erhalten, die darauf schließen lassen, daß es bei uns ebenfalls eine solche Grenze gab.

Die etymologischen Wurzeln der Wörter für die Zahl Drei und die, die einen Haufen, einen unbestimmte Menge, bezeichnen, sind nämlich häufig dieselben. Betrachtet man das altsächsische Wort *thria*, das eng verwandt ist mit dem englischen *three* und den germanischen Wörtern *dri*, *drio*, *driu*, die zu unserem „drei" wurden, dann ist dieses verwandt mit dem *throp* (Haufen) der germanischen Franken. Aus *throp* leitet sich das französische Adverb *trop* (zuviel, zu sehr) und das italienische *troppo* (viel mehr als nötig) ab, genauso wie *troppus* (Herde, Schar), das dann beispielsweise zur Bildung von *tropa* im Spanischen und zur deutschen „Truppe" führte. In der Sprache liegt also die Erkenntnis konserviert, daß sich auch in unserem Kulturraum die Fähigkeit des Zählens mühsam herausbilden mußte.

Und noch ein Punkt ist wichtig und muß beachtet werden, um die Zahlen in ihrer heutigen Form in angemessener Weise würdigen zu können. Die modernen Zahlen, egal ob natürlich, reell, komplex oder hyperkomplex, konstituieren einen *abstrakten* begrifflichen Raum. Sie sind völlig unabhängig von den Dingen, denen sie zugeordnet werden. Wenn wir heute „zwei Kühe", „zwei Eier" oder "zwei Autos" sagen, dann bezeichnet das Wort „zwei" die Eigenschaft von Mengen mit unterschiedlichen Bestandteilen als Elementen, deren gemeinsame Eigenschaft die Zweizahl ist. „Zwei" ist keine Kuh- oder Autoeigenschaft.

Das allerdings war nicht immer so. Es gibt verschiedene Indizien, die darauf hinweisen, daß Zahlen in engster Beziehung zum Bezeichneten standen und bei einigen heutigen Kulturen auch noch stehen. Karl Menniger berichtet von südamerikanischen Indianern, die verschiedene Zahlwörter verwenden, je nachdem ob sie von Lebendigem sprechen, von Tagen, von runden oder langen Dingen. Wir sagen selbstverständlich „zwei Tage" beziehungsweise „zwei Menschen". Zwei bleibt zwei. Die Indianer jedoch benutzen im ersten Fall das Wort *matlp* und im zweiten *maalok*.

Schaut man genauer hin, dann gibt es auch im Deutschen noch Zahlwörter, die nicht unabhängig von der Art des Bezeichneten sind. Man denke an ein Joch Ochsen, ein Mandel Eier, ein Paar Schuhe, ein Duett oder an Zwillinge. Man spricht nicht vom Schuhduett oder einem Joch Kinder. Die Zahlwörter haften hier an den besonderen Gegenständen, denen sie zugeordnet werden. Bemerkenswert ist in diesem Zusammenhang weiterhin, daß in vielen modernen und alten Sprachen die ersten zwei (manchmal auch drei oder vier) Zahlwörter gebeugt werden. Sie werden somit als Eigenschaftswörter gebraucht und sind in diesem Sinne nicht unabhängig von dem, was sie bezeichnen.

Es leuchtet ein, daß Zahlen, die in so enger Beziehung zum Bezeichneten stehen, etwas anderes sind als die Zahlen, wie wir sie heute selbstverständlich verwenden und die nur in ihrer Unabhängigkeit von den Dingen zu den idealen Gegenständen der Mathematik werden konnten. Wir müssen uns also fragen, wie die Zahlen den Sprung vom Konkreten zum Abstrakten schaffen konnten und damit zu dem wurden, was Menniger als „leere Zählreihe" bezeichnet.

Kommen wir noch einmal kurz auf die angebliche Zählintuition zurück. Das Wort Intuition suggeriert ja, um mit dem Philosophen Immanuel Kant zu sprechen, ein „instinktives Erfassen". Wie sieht es beim Menschen mit dem instinktiven Erfassen der Größe einer Menge aus?

Der Mensch besitzt nur eine bescheidene Gabe, die Anzahl von Gegenständen auf den ersten Blick – ohne sie zu zählen – exakt zu bestimmen. Auf einen Blick läßt sich eine Menge von vier Gegenständen erfassen. Größere Mengen werden in Untermengen gespalten, die wir dann, als moderne Menschen, sukzessive addieren. Das instinktive Erfassen der Größe einer Menge reicht also nicht, um das Zählen zu erklären. Unsere Fähigkeiten in diesem Bereich sind nicht viel besser als die von Raben oder Kohlmeisen. Auch die Untersuchung des kindlichen Verhaltens läßt den Schluß zu, daß es unsinnig ist, von einer „Ur-Intuition des Zählens" zu sprechen. Im Alter von 12 – 18 Monaten kann ein Baby zwischen einem, zwei und mehreren Dingen unterscheiden, ohne daß man es ihm beibringen müßte. Die Fähigkeit des Zählens erlangt das Kind im folgenden jedoch nur dadurch, daß es geschult wird. Von alleine entsteht sie nicht.

Wenn Zahlwörter im allgemeinen nicht über die Zahl Zwei hinausgingen, vielleicht einmal bis zur Zahl Drei oder Vier, wobei die Zahlen dann auch oft noch als Eigenschaften der Gegenstände betrachtet wurden, und das intuitive zahllose Erfassen von Gegenständen bei vier eine Grenze hat, wie konnte dann überhaupt die abstrakte Reihe der natürlichen Zahlen entstehen?

Um zu rekonstruieren, wie die Zahlen in die Welt kamen, müssen wir nach einem Indizienverfahren vorgehen. Wir müssen in ganz verschiedenen Gebieten nach Anhaltspunkten suchen. Historische Überlieferungen, Grabungsfunde, die Schatzkammer der gesprochenen Sprache, Zählstrategien von ethnischen Volksgruppen, die auch heute nicht in einer Stadtkultur leben, liefern die Teile eines Puzzles, das in seinem Gesamtbild die Entstehung der Zahlen plausibel werden läßt. Dabei werden sich zwei Erkenntnisstrategien herausschälen, ohne die das Entstehen der Zahlen und damit auch der Mathematik undenkbar wäre. Diese beiden zentralen Strategien heißen „Zuordnung" und „Bündelung" und, in beiden besitzt die menschliche Hand eine absolute Schlüsselstellung.

Zählen ohne Zahlen

Faszinierenderweise läßt sich allein durch Zuordnung, ohne Zahlen, zählen. Dieses Prinzip machten sich die verschiedensten Völker bis in unsere Gegenwart zunutze, solange in ihrem Umfeld nicht die Notwendigkeit bestand, Zahlwörter auszubilden, die über das Wort für zwei hinausgehen.

9. Ein Daumen Fische

Betrachten wir den Hirten eines beliebigen Nomadenvolkes, der sicherstellen möchte, daß abends, wenn er seine Herde wieder in den Pferch treibt, kein Tier auf der Weide verloren gegangen ist.

Wir würden die Tiere einfach zählen, aber Zahlen stehen unserem Hirten ja nicht zur Verfügung. Er könnte nun wie folgt vorgehen: Morgens, wenn die Tiere durch das Gatter laufen, legt er für jedes einen Kiesel in eine Sandmulde. Abends hingegen nimmt er für jedes Tier ein Steinchen weg. Ist die Mulde am Ende leer, so sind alle Tiere am vorgesehenen Platz. Bleiben jedoch Kiesel übrig, dann muß sich der Hirte aufmachen, um die Ausgebliebenen zu finden.

Er hat seine Aufgabe also dadurch erledigt, daß er eine Hilfs- oder Modellmenge gebildet hat, die Menge der Steine, von der durch das exakte Prinzip der Zuordnung, man spricht auch von einer paarweisen Entsprechung oder Bijektion, gewährleistet ist, daß sie genauso groß beziehungsweise mächtig – wie die Mathematiker sagen – ist wie die Zielmenge.

Eine Hilfsmenge kann nun aus mehr oder weniger beliebigen Dingen bestehen. De facto haben die Hirten dieser Welt meist das Kerbholz gewählt, um Mengen zu bestimmen. Jedem Tier wird eine Kerbe zugeordnet. Das Kerbholz als Zahlenspeicher war in der menschlichen Kulturgeschichte dermaßen erfolgreich, daß es bis in die allerjüngste Zeit verwendet wurde. Schweizer Sennen vermerkten auf dem Tessel genannten Holz die gemolkene Milch, und traditionsbewußte britische Finanzminister benutzten noch bis ins 19. Jahrhundert Kerbhölzer, um die Steuereinnahmen aufzuzeichnen, was den Schriftsteller Charles Dickens zu dem folgenden Kommentar veranlaßte:

> »Seit ein paar hundert Jahren hat sich in der Schatzkanzlei eine wilde Methode der Buchführung eingebürgert. Man führt dort Buch wie Robinson Crusoe auf seiner kleinen Insel, indem man Holzstöcke mit Kerben versieht. Eine Anzahl von Buchhaltern und Schreibern wurde geboren und starb, und die amtliche Routine hielt an den Kerbhölzern fest, als seien sie die Grundfesten der Verfassung. Das Schatzamt rechnete auch weiterhin mit Kerben und Stöckchen aus Ulmenholz, *tallies* genannt.«

Als man sich dann doch zu einer schriftlichen Buchführung durchrang, wollte man die Tonnen von Kerbhölzern in einem Ofen des britischen Oberhauses elegant entsorgen, was dazu führte, daß dieses zusammen mit dem angrenzenden Unterhaus bis auf die Grundmauern abbrannte, da eine Wandvertäfelung Feuer fing.

Die Bedeutung des Kerbholzes als Zahlenspeicher ist wichtig, noch wichtiger war und ist aber die Verwendung des menschlichen Körpers als Hilfsmenge. Jeder Mensch weiß, daß kleine Kinder, bevor sie im heutigen

Sinne zählen lernen, die Finger verwenden, um Zahlen auszudrücken. Fragt man sie nach ihrem Alter, so bekommt man oft genug die gestreckten Finger unter die Nase gehalten, begleitet von dem Satz „Ich bin soviele Jahre alt". Diese Form des Zählens ist von vielen Kulturen überliefert.

So haben Stämme Papua-Neuguineas oder die südafrikanischen Buschmänner den gesamten Körper als Zählmaschine verwendet. In einer festgelegten Reihenfolge bezogen sie sich auf die Finger der Hände, die Zehen der Füße, die Gelenke der Arme und Beine, auf das Brustbein, die Augen und Ohren, die Brüste, und die Genitalien. Je nach Zuordnungsmodus konnte so bis 17, 29, 33 oder noch weiter gezählt werden (Abbildung 9.2). Sollte nun die Zahl Neun ausgedrückt werden, berührte man mit der linken Hand *nacheinander* die Finger der rechten Hand, danach das Handgelenk, den Ellenbogen, die rechte Schulter und schließlich das Brustbein.

An dieser Stelle ist es entscheidend, auf eine Eigenart hinzuweisen, die den Körper in einem wesentlichen Punkt vom Kerbholz unterscheidet: Stehen die Zeichen auf dem Holz mehr oder weniger ununterschieden nebeneinander, so besitzen die Elemente der Hilfsmenge Körper einen gewichtigen Vorteil. Sie sind individuell verschieden und werden mit Wörtern bezeichnet, die allen Mitgliedern der Sprachgemeinschaft geläufig sind.

Körperzahlen und Zahlwörter

Wiederum unter Berücksichtigung des Zuordnungsprinzips läßt sich plausibel machen, wie Körperzahlen zu Zahlwörtern werden konnten. Anfänglich war es wohl so, daß etwa die Zahl Fünf nicht einfach durch das Berühren des rechten Daumens dargestellt wurde. Man mußte nacheinander vom kleinen Finger bis zum Daumen zählen. Durch den häufigen Gebrauch wird sich dann irgendwann die Einsicht durchgesetzt haben, daß der rechte Daumen allein ausreicht, um eine fünfelementige Menge zu bezeichnen. Vielleicht wurden beim Zählen die Namen der vertrauten Körperteile mitgesprochen, bis man erkannte, daß sich die Größe einer Menge nicht nur mit Hilfe des Körperzeichens Daumen, sondern noch einfacher mit dem Wort für Daumen, das dieses Zeichen bezeichnet, darstellen läßt. „Ein Daumen Fische" entspräche so beispielsweise fünf Fischen.

Tatsächlich existieren noch in den verschiedensten Sprachen etymologische Hinweise, die diesen Loslösungsprozeß der Zahlwörter von den Körperzahlen sehr wahrscheinlich machen. In Ali, einer zentralafrikanischen

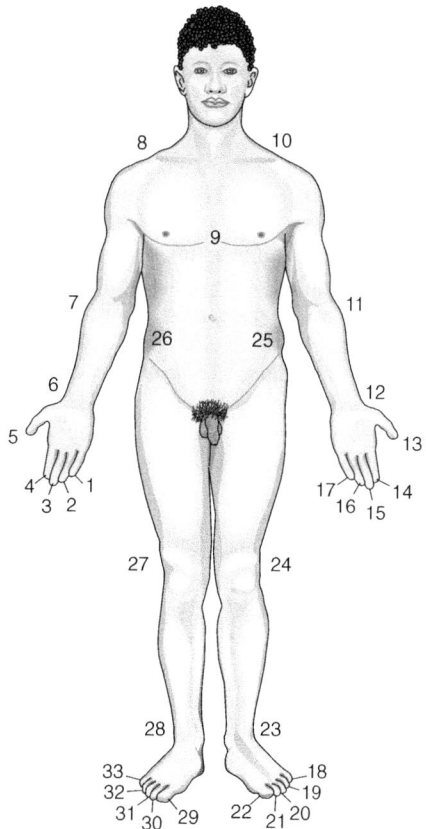

9.2 Zählen mit dem ganzen Körper.

Sprache, gibt es die Wörter *moro* und *mbouna*. *Moro* steht für die Zahl Fünf und bedeutet etymologisch die Hand. *Mbouna* ist eine Verbindung von *bouna*, dem Wort für die Zahl Zwei, und eben *moro*. Macht zusammen also zwei Hände, und dieser Ausdruck bezeichnet deshalb die Zahl Zehn.

Ganz offensichtlich wird der Zusammenhang von Fingern, Wörtern, die die Finger bezeichnen, und Zahlwörtern in der Sprache der Bugilai Neuguineas. Die Eins heißt dort *tarangesa* (der kleine Finger der linken Hand), die Zwei *meta kina* (der nächste Finger), drei *guigimeta kina* (der

Mittelfinger), vier *topea* (der Zeigefinger) und fünf *manda* (der Daumen). In ähnlicher Weise könnten die Zahlwörter der indogermanischen oder semitischen Sprachen entstanden sein. Die etymologischen Wurzeln der Zahlwörter dieser Sprachfamilien verlieren sich allerdings in der Vergangenheit. Das ist nicht erstaunlich, da die Zahlwörter, nachdem sie sich vom Körper, insbesondere von den Fingern, gelöst hatten, Schritt für Schritt abgewandelt wurden, um Verwechslungen mit den bezeichneten Körperteilen zu vermeiden.

Obwohl also in unserem Kulturraum der etymologische Bezug von Zahlwörtern und Fingerzahlen weitgehend verlorengegangen ist, so existieren trotzdem deutliche Hinweise, die darauf schließen lassen, daß die Reihe der natürlichen Zahlen ihren Ursprung der besonderen Anatomie der Hand verdankt. Die Hand hat nämlich ihre unauslöschlichen Spuren in den sogenannten Basen der verschiedenen Zahlensysteme hinterlassen.

Wir betrachten hier zur Verdeutlichung der Basis die heute gebräuchlichen sogenannten Stellenwertsysteme. In einem Stellenwertsystem gibt es endlich viele Ziffern, deren Anzahl genau der Größe der Basis entspricht. So hat das von Leibniz erfundene, oben erwähnte Dualsystem zwei Ziffern, eben 0 und 1, und das Dezimalsystem besitzt, wie der Name sagt, zehn. Diese zehn Ziffern sind bekanntermaßen 0, 1, 2, 3, 4, 5, 6, 7, 8, 9.

Im Dualsystem werden Zahlen also zur Basis 2 dargestellt, im Dezimalsystem zur Basis 10. Ist nicht von vorneherein klar, in welcher Basis eine Zahl dargestellt wird, so markiert man sie mit einem untenstehenden Index. Der Wert der Ziffern in einer Zahldarstellung hängt dann von ihrer jeweiligen Position ab, da sie mit den Potenzen der Basis multipliziert werden, die der jeweiligen Stelle entsprechen. Dies erklärt den Namen Stellenwertsystem. Betrachten wir als Beispiel die Zahl 101. Im Dezimalsystem könnte man sie auch ausführlicher in der folgenden Form darstellen:

$$101_{10} = 1 \times 10^2 + 0 \times 10^1 + 1 \times 10^0$$

Von links gelesen bezeichnet die erste 1 also den Wert 100 und die zweite den Wert 1. Betrachten wir die Zahl 101 im Dualsystem, dann lautet ihre ausführliche Darstellung:

$$101_2 = 1 \times 2^2 + 0 \times 2^1 + 1 \times 2^0$$

Hier werden die Ziffern also mit Potenzen der Basis 2 multipliziert. Man kann nun auch problemlos eine Zahl in der Dezimaldarstellung in das Dualsystem umwandeln und umgekehrt:

$101_{10} = 1\ 100\ 101_2$
$101_2 = 5_{10}$

Diese, als Transformation bezeichnete, Umwandlung ist nur ein Spezialfall. Prinzipiell läßt sich jede Zahl von einem beliebigen Stellenwertsystem in ein anderes überführen. So gesehen kann man die Basis 7 mit demselben Recht verwenden wie die Basen 13, 49 oder 1111. Vor diesem Hintergrund muß man jetzt die Frage stellen, weshalb in den verschiedensten Kulturen der Welt nur einige wenige Basen auftauchen.

Ist es die mathematische Einfachheit, die der berühmten Basis 10 eine weltweite Verbreitung beschert? Nein! Dieses Argument würde eher für die Basen sprechen, die mehr natürliche Teiler besitzen als die Zahl Zehn oder aber Primzahlen sind, um so das Kürzen in der Bruchrechnung zu vermeiden. De facto waren es *keine* mathematischen Überlegungen, die zur Wahl der verschiedenen Basen geführt haben. Ausnahmen bilden das Dual- und das Hexagesimalsystem, die heute in der Datenverarbeitung verwendet werden. In den anderen Fällen war es fast immer die Hand, die vor geraumer Zeit ihre Spuren hinterlassen hat und uns noch heute an die Entstehungsgeschichte der Zahlen erinnert.

Kehren wir in Gedanken noch einmal zu den Körperzahlen zurück. Die Zahlen, die sich mit Hilfe von Körperteilen bezeichnen lassen, sind natürlich vergleichsweise klein. Selbstverständlich könnte man den Körper weiter unterteilen und auch Fingernägel, Nasenflügel, Augenbrauen und Ohrläppchen verwenden. Mit dieser Methode würde man vielleicht bis zur Zahl 200 gelangen, wobei man sich aber genausoviele Zahlwörter einzuprägen hätte. Das würde das Gedächtnis ziemlich belasten. So stellt sich also das Problem, mit einer *übersichtlichen* Zahl von lautsprachlichen, gestischen oder schriftlichen Zeichen im Prinzip beliebig große Mengen charakterisieren zu können. Damit kommen wir zum angesprochenen Prinzip der Bündelung.

Das Bündel wird geschnürt

Wenn man die unterschiedlichen Kerbhölzer betrachtet, die man im Laufe der Zeit in unterschiedlichen Kulturen gefunden hat, dann fällt auf, daß die Kerben nicht immer in der gleichen Weise gemacht wurden. Bei einigen sind sie alle der Reihe nach eingeritzt, bei den raffinierteren jedoch werden immer jeweils vier mit einer fünften durchgestrichen, so wie man es vom Wirt kennt, der die Getränke auf dem Bierdeckel anschreibt. Man vermutet übrigens, daß diese Kerbholzmathematik, die schon von den Etruskern verwendet wurde, den sonderbaren römischen Zahlzeichen zugrunde liegt. Bei Hirten und Wirten haben wir es also oft mit einer einfachen Form der Fünferbündelung zu tun. Der Grund für diese Bündelung ist vermutlich die oben angesprochene unmittelbare Zahlwahrnehmung, deren Grenze bei vier Gegenständen liegt.

Betrachten wir jetzt unsere Hände, dann fällt auf, daß sie sich durch ihre Anatomie in besonderer Weise eignen, als Hilfsmenge zu fungieren und *gleichzeitig* ein Bündelungsprinzip nahelegen. Ein Bündelungsprinzip, die sogenannte quinäre Fingerzählung, wird heute noch von Kaufleuten in der Nähe von Bombay verwendet. Hier wird den einzelnen Fingern der rechten Hand jeweils die gesamte linke Hand mit ihren fünf Fingern zugeordnet. Dem Daumen der rechten Hand entspricht so die Zahl Fünf, Daumen und Zeigefinger zusammen bedeuten die Zehn und so weiter. Die Zahl 22 würde in diesem System durch Daumen und Zeigefinger der linken und Daumen, Zeige-, Mittel- und Ringfinger der rechten Hand angezeigt. Eine Bündelung ist also ebenfalls eine Zuordnung, die jetzt jedoch über die einfache Bijektion, die Eins-zu-Eins-Abbildung, hinausgeht.

Ist das Prinzip einmal erkannt, daß ein Finger der einen Hand als Zeichen für fünf Finger der anderen stehen kann, genauso wie oben in der Sprache Ali das lautsprachliche Zeichen *moro* für die Hand und damit die Zahl Fünf steht, so lassen sich in einem weiteren Abstraktionsschritt neue Zeichen schaffen, um Bündel höherer Ordnung zu charakterisieren. So könnte man sich etwa ein Wort oder eine Geste für „eine Hand Hände" erdenken, welches dann die Zahl 25 bezeichnen würde.

Betrachten wir in diesem Zusammenhang ein anderes sehr verbreitetes Bündelungsprinzip, welches darauf beruht, den einzelnen Zahlen von null bis neun und der *Gesamtheit der beiden Hände*, also der Zahl Zehn eigene Wörter zuzuordnen. Zahlen zwischen 0 und 99 lassen sich so durch Kombination dieser Wörter bilden. Hat man nun ausgehend von der Zehn verstanden, auch die höheren Zehnerpotenzen mit einem eigenen Namen zu belegen, so ist der Weg endlich frei, um durch Verbindung der Zahlennamen prinzipiell beliebig große Zahlen zu schaffen.

In Reinform findet man dieses System übrigens in der chinesischen Sprache, in der beispielsweise „zwanzig" übersetzt „zwei-zehn" bedeutet. In den meisten anderen modernen Sprachen gilt dieses Prinzip ebenfalls, wobei allerdings auch immer wieder kleine Ausnahmen auftreten. So haben die Elf und die Zwölf oft eigene Namen und die Vielfachen von zehn werden nicht immer auf einheitliche Weise gebildet. An dieser Tatsache erkennt man, daß die Zahlensysteme in den verschiedenen Sprachgemeinschaften langsam gewachsen sind. Sie verdanken sich keinem abstrakten Konstruktionsprozeß, sondern haben sich anfänglich in Wechselwirkung mit den praktischen Bedürfnissen entwickelt. Der Bezug zur lebensweltlichen Praxis äußert sich auch in der Tatsache, daß sich die Höhe der gebildeten Zahlen an ihren speziellen Verwendungszwecken orientierte und selten über eine Million hinausging, obwohl es prinzipiell ein leichtes gewesen wäre, auch höhere Zehnerpotenzen zu bezeichnen.

Dieser Schritt wurde dann von den Menschen vollzogen, die sich nicht mit dem konkreten Problem der Nahrungsverteilung in einer Stadt oder der Verwaltung eines großen Vermögens auseinandersetzten, sondern über kosmologische Fragestellungen nachdachten. Indische Priester, die gigantische Zyklen des Werden und Vergehens berechneten, Maya-Astronomen, die ein geniales Kalendersystem schufen, oder Archimedes, der in seinem Buch *De numero arenae* die Anzahl der Sandkörner bestimmte, die eine Kugel enthielte, deren Durchmesser gleich dem Abstand der Erde zu den Fixsternen wäre – diese Menschen schoben die Grenze des Bezeichneten immer weiter hinaus. Die Konstruktionsprinzipien, welche sich gerade im Umgang mit den Händen bewährt hatten, nämlich Zuordnung und Bündelung, blieben gleich, trotzdem verloren die gigantischen Zahlen immer mehr ihren Bezug zu den Dingen und wurden irgendwann selbst zum Gegenstand der Untersuchung. In diesem Moment begann die Mathematik, zu dem zu werden, was sie heute ist.

Kehren wir noch einmal zu den Basen zurück. Neben der Basis 10 waren besonders die Basen 12, 20 und 60 verbreitet. Die Basis 60 finden wir noch heute bei den von uns verwendeten Winkelmaßen in der Anzahl der Sekunden und Minuten. Ihren Ursprung hat sie bei den Babyloniern. Die Basis 20 wurde von den Mayas genauso benutzt wie von den Kelten. In der französischen Sprache hat sich der keltische Einfluß unter anderem in einigen Zahlwörtern erhalten, man denke nur an das Wort *quatrevingt* (wörtlich: „vier zwanzig"), das für die Zahl 80 steht. Während bei der Basis 20 der Bezug zum Körper offensichtlich ist, da zu den beiden Händen manchmal noch die Füße dazugenommen wurden, und das Zwanzigerbündel oft mit „ein Mensch" bezeichnet wurde, so gab gerade die 60 lange Zeit Rätsel auf.

Einige Wissenschaftler versuchten, die Wahl von einem mathematischen Standpunkt aus plausibel machen. Mit einem gewissen Recht wird aber auch darüber spekuliert, ob diese ungewöhnliche Basis nicht ebenfalls auf die Anatomie der Hand zurückzuführen ist. So gibt es noch heute im Irak, in der Türkei, in Indien und in Indochina eine Sexagesimalzählung an den Händen. Man berührt bei der Angabe einer Zahl einfach mit der Spitze des Daumens die einzelnen *Fingerglieder*. Diese ergeben in ihrer Summe gerade zwölf. Die eine Hand gibt die Zahlen von eins bis zwölf an, und die andere zeigt die Vielfachen von zwölf. Mit dieser Hand ließe sich also nach Abschluß des Zählprozesses gerade die Zahl 60 (5 × 12) darstellen. Für diese Theorie spricht, daß das babylonische Zahlensystem tatsächlich über eine in den Zahlwörtern versteckte Hilfsbasis fünf verfügt. Die Wörter für sieben und neun setzen sich zusammen aus den Wörtern für fünf und zwei beziehungsweise fünf und vier.

Anhand der verschiedenen Prinzipien der Fingerzählung läßt sich unter der Berücksichtigung der Bündelung erkennen, wie mit einem beschränkten Zeichenvorrat recht große Zahlen angegeben werden können. Aus China ist eine Fingerzähltechnik bezeugt, mit deren Hilfe an nur einer Hand bis 100 000 gezählt werden kann. Zu diesem Zweck wurde an jedem Fingergelenk ein linker, ein mittlerer und ein rechter Teil unterschieden. Am kleinen Finger wurden nun die Einer abgezählt, am Ringfinger die Zehner, am Mittelfinger die Hunderter. Der Zeigefinger war für die Tausender zuständig und der Daumen und die Daumenwurzel für die Zehntausender. Vergleichbare Techniken haben sich in den verschiedensten Völkern entwickelt, wobei die Bündel, die Potenzen der Basen, sukzessive durch verschiedene Gesten angezeigt wurden.

Die heute weltweite Verwendung der Zahl Zehn im Dezimalsystem, all die kuriosen Jubiläen und Jahrtausendfeiern verdanken sich also, wie es scheint, einer Laune der Natur, dem Umstand, daß wir gerade zehn Finger haben, fünf an jeder Hand. Der Grund dieser sogenannten Pentadaktylie ist nach wie vor ein Rätsel, obwohl man jetzt durch allerneueste Forschungen in der Entwicklungsbiologie ahnt, weshalb es keine menschlichen Populationen mit drei, vier, sechs oder sieben Fingern pro Hand gibt (die vermutlich auch kein Dezimalsystem entwickelt hätten). Verantwortlich für die Ausbildung der Pentadaktylie ist ein sogenanntes Hox-Gen. Hox-Gene steuern die Gestaltentwicklung, egal ob bei Würmern, Taufliegen oder Wirbeltieren. Sie sorgen in der Embryonalphase des Menschen dafür, daß der Kopf auf dem Hals sitzt und nicht an den Füßen hängt. Mutationen dieser Gene führen im allgemeinen zu fürchterlichen, nicht lebensfähigen Mißbildungen. Es hat sich jetzt gezeigt, daß das Hox-Gen, welches die Spitzen der Extremitäten bestimmt, auch für die Gestalt der Genitalien verantwortlich ist. Mutationen dieses Gens führen deshalb meist zu verkrüppelten, nicht funktionierenden Geschlechtsteilen. Somit können sich Menschen, die von Geburt an keine fünf Finger besitzen, im allgemeinen nicht vermehren.

Vom Konkreten zum Abstrakten – und wieder zurück

Um den Bogen zum Ausgangspunkt zu schlagen, resümieren wir das Gesagte: Die Hand hatte bei der Entwicklung der Zahlen eine wichtige Brückenfunktion. Als Hilfsmenge, die ihm im wahrsten Sinne des Wortes an die Hand gegeben ist, konnte der Mensch seine Finger benutzen, um Mengen ihrer Größe nach zu bestimmen. Die Fingergesten wurden so zu Zeichen, die wiederum lautsprachlich bezeichnet wurden. Die Zahlen lösten sich dann in dem Moment von den Fingern, als die Menschen erkannten, daß sich Gesten und Lautzeichen synonym verwenden ließen. Die ersten Zahlwörter waren geboren.

Der nächste revolutionäre Schritt geschah, als man die Finger nicht mehr nur verwendete, um Einheiten zu bezeichnen, sondern Gruppen von Einheiten, Bündel, die sich in den meisten Fällen ebenfalls an der Anatomie der Hände orientierten (das Wort für „Hand" als Zeichen für die Fünf) und in allen Basen der modernen Zahlensysteme ihre Spuren hinterlassen haben. Mit der dann folgenden Einsicht, Bündel wieder lautsprachlich zu bezeichnen und dieses Prinzip auf Bündel von Bündeln auszudehnen, war der Weg frei für die Eroberung mathematischer Räume. Das führte in seiner Konsequenz zu gigantischen Zahlentürmen und einem Erahnen mathematischer Unendlichkeiten. In diesem Licht erscheinen die Hände als ein Experimentierfeld, auf welchem im Zusammenhang mit der Sprache und später natürlich auch der Schrift die Zuordnung von Zeichen und Metazeichen für Einheiten und Bündel von Einheiten erprobt werden konnte.

Je mehr sich Philosophen und Mathematiker in der Folgezeit mit den Zahlen auseinandersetzten, desto weniger erinnerten sie sich ihrer konkreten Ursprünge, bis diese im Bewußtsein vollständig verschwanden. In dem Bedürfnis, deren Existenz trotzdem zu rechtfertigen, wurden die Zahlen im besonderen und die Mathematik im allgemeinen zu einem göttlichen Plan oder zu einem tieferliegenden Konstruktionsprinzip. Eine folgenschwere Annahme, die bis in unsere Zeit virulent ist. Die utopischste Konsequenz dieser Annahme finden wir in der schon angesprochenen Cyberspace-Ideologie, die in ihren extremsten Ausformungen jede Form von Bescheidenheit vermissen läßt. Probleme der menschlichen Sprache, des Gedächtnisses und der motorischen Koordination sind im Rahmen dieser Weltsicht eher Probleme der Rechengeschwindigkeit, die sich mit Computern der nächsten Generation lösen lassen müßten.

Jener Ideologie liegt die Überzeugung zugrunde, daß das Wesen der Welt mathematischer Natur ist. Diese Vermutung rechtfertigt dann den Glauben, daß sich die mathematischen Gesetze, einmal entdeckt, auf dem

Computer implementieren lassen können, um dann in der Simulation eine virtuelle Welt zu schaffen, die von realen Menschen über sogenannte Schnittstellen besucht werden kann. Kehren wir zur Veranschaulichung noch einmal zur Teestunde der beiden eingangs erwähnten Damen zurück.

Gemäß der kalkulationistischen Annahme der Cyberspace-Utopisten sollte es möglich sein, ein mathematisches Modell zu finden, welches die Handlungen der Frauen beschreibt. Dieses Modell würde dann einem Computer einprogrammiert und mittels eines bildgebenden Verfahrens in eine virtuelle Teestunde verwandelt. So könnten wir, mit einem Datenhelm bewaffnet, die virtuellen Doppelgängerinnen von Frau Dr. Piepenbrink und Frau Krug im Cyberspace besuchen.

Bis zu diesem Moment wären wir jedoch nur teilnahmslose Voyeure. Um aktiv in die Szenerie einzugreifen, zur Begrüßung etwa die Hände zu schütteln, bedarf es eines Handlungsorgans. Dieses Handlungsorgan ist heute hauptsächlich der sogenannte Datenhandschuh. Datenhandschuhe werden verwendet, um in den schon existierenden virtuellen Räumen virtuelle Objekte zu manipulieren (☞ Ritter). Diese Räume sind bis dato, gemessen an den Visionen ihrer Schöpfer, in geradezu lächerlicher Weise primitiv. Es kann sich dabei beispielsweise um eine Wohnküche handeln, in welcher man sich vor dem tatsächlichen Kauf virtuell schon einmal umsehen kann.

Um nun künstliche Objekte manipulieren zu können, schlüpft die reale Hand des Akteurs in einen Handschuh, der mit Sensoren versehen ist und die tatsächlich gemachten Handbewegungen registriert. Mittels einer optischen Schnittstelle kann man dann einen Handrepräsentanten im Cyberspace betrachten, der die realen Bewegungen nachvollzieht. So lassen sich etwa virtuelle Kühlschranktüren öffnen.

Obwohl die verwirklichten Szenarien bisher menschenleer und vergleichsweise einfach sind, da gerade die angesprochenen Probleme menschlicher Sprache und Bewegung eben doch noch nicht mathematisch formalisiert werden können, so muß man gleichwohl die erstaunliche Tatsache zur Kenntnis nehmen, daß die Hand, Tausende von Jahren später, im Rahmen der Mathematik erneut eine Brücke schlägt, doch diesmal in die andere Richtung. Half sie einst, den Sprung vom Konkreten zum Abstrakten zu vollziehen, so ist es im Datenraum jetzt gerade umgekehrt. Die mathematische Welt muß für den Anwender wieder begreifbar gemacht werden. Mit Hilfe des Datenhandschuhs werden virtuelle Objekte manipuliert, was nichts anderes heißt, als daß im Rahmen dieser Welt die komplizierten Gleichungssysteme umgeformt werden, die den Bildern zugrunde liegen. So schlägt die Hand heute als handelndes Sinnesorgan für die Cyberspace-Explorer die Brücke von abstrakten mathematischen Räumen, die sie selbst aus der Wiege zu heben half, zurück zum Handhabbaren, zum menschlich Begreifbaren.

Wenn heutzutage von einer Orgie die Rede ist, dann denken wir an ein wollüstiges Gelage. Im alten Griechenland waren Orgien aber heilige Handlungen. Eine vergleichbar radikale Bedeutungsverschiebung hat das Wort „Theorie" durchgemacht. Wenn Tatmenschen heute etwas abfällig von Theorie sprechen, dann meinen sie meist ein Gedankengebilde, das mit der wirklichen Welt nichts oder nur wenig zu tun hat. Ganz anders zu Zeiten des Pythagoras. Von ihm und vielen seiner Nachfolger wurde die Theorie als die einzig legitime Erkenntnisform betrachtet, um das Wesen der Welt zu ergründen, und nichts Trockenes haftete ihr an. Theorie war eine „leidenschaftliche, einfühlende Kontemplation", eine selbstversunkene Innenschau, der sich die Geistesaristokraten völlig hingaben. So war es nur folgerichtig, daß sie sich nicht die Finger an lästigen Alltagspflichten schmutzig machten und diese von Sklaven verrichten ließen. Doch damit schnitten sie sich ahnungslos von einer wichtigen Erkenntnisquelle ab. Den Preis dieser „Amputation" bezahlen die meisten Philosophen bis zum heutigen Tage. Anstatt die Bedeutung des Handgebrauchs für das Denken zu erkennen, verknoten sich ihre selbstbezüglichen Gedanken zu einem kaum mehr zu entwirrenden Knäuel.

Handwerker und Mundwerker

von Peter Janich

Das antike Erbe

Die griechische Antike ist wohl der größte Erblasser für die abendländische Kultur. Dies gilt nicht nur für Philosophen, für Demokraten und für unzählige Fachwissenschaften, die sich beispielsweise auf Aristoteles als Urvater berufen; auch Mythen mit einer Götterwelt voll menschlicher Schwächen, die Wiege von Dichtkunst und Musik, ja manche in unerkannten Tiefen wirkende Einflüsse auf Moral, Menschen- und Weltbild haben in der griechisch-antiken Hochkultur ihren Anfang. Und selbst dort, wo sich Neuzeit und Moderne als Überwindung der Antike (und ihrer christlich modifizierten Fortsetzung im Mittelalter) verstehen und definieren (wie Galilei gegenüber Aristoteles), wird dadurch nur um so stärker die eigene Abhängigkeit von der distanzierten Zeit betont. Dabei haben Erben die Angewohnheit, sich den Erblasser nach den eigenen Neigungen und Abneigungen so oder so auszumalen.

Zum klassisch-griechischen Erbe zählt ein Erkenntnisideal, das in der Geometrie Euklids seine Verwirklichung gefunden hat, in einer historisch wirkmächtigen Form, wie sie keiner anderen wissenschaftlichen Theorie zukommt. Es ist das axiomatische Denken, dessen Erfindung den Griechen zugeschrieben wird. Das argumentierende Begründen von Wissen aus ersten, in ihrer Evidenz nicht für begründungsbedürftig gehaltenen Grundsätzen, den Axiomen, prägt nicht nur das Vorbild für zweieinhalbtausend Jahre Theorienkonstruktion. Es ist auch die kleine Münze des Alltagsverständnisses von Begründen und Rechtfertigen. Da wird gern betont: Von nichts kommt nichts, vielmehr muß man mit irgend etwas anfangen (sei es im Definieren, Behaupten oder Vorschreiben).

Das war die Kost, die den Redefreunden und Mundwerkern, den Intellektuellen aller Berufe und Zeiten schmeckte: Erkenntnis war gewonnen, wenn sie die Form der *theoria* hatte, (wörtlich) einer Anschauung, die der *theoros*, ursprünglich der offizielle Zuschauer bei den Olympischen Spielen, angenommen hatte. Nicht der schwitzende Wettkämpfer im Stadion, sondern der fachkundig urteilende *theoretikos* hatte Wissen, hatte *theoria* zur Praxis.

Die Wirkungen dieses Stücks der Geistesgeschichte sind so umfassend und mächtig, daß sie ebenso konsequent geteilt wie übersehen werden. „Wahr" und „falsch" werden zu Beurteilungsprädikaten für Aussagen, also für sprachliche Gegenstände. Erkenntnis wird, selbst für Kunstformen des Erkennens, zum Beispiel in den modernen Naturwissenschaften, nach dem Ideal des Zuschauens und des Abbildens von Wirklichkeit in Theorien begriffen. Selbst der Dogmenstreit zwischen Platon und Aristoteles, zwischen platonischer und aristotelischer, idealistischer und empiristischer

Tradition wird nicht nur ausschließlich von Mundwerkern geführt, sondern auch ausschließlich auf Erzeugnisse des Mundwerks bezogen: Sind die Gegenstände der Geometrie, einer »guten Theorie über schlecht gezeichnete Figuren« (H. Poincaré), im Spannungsfeld von Mathematik und körperlicher Wirklichkeit nun in der Reihenfolge von der Idee zu ihrem Abklatsch in der Realität oder umgekehrt in der Reihenfolge von den realen Dingen zu den abstrakten Formen zu bestimmen? Ein reines Sprach- und Begründungsproblem der Mundwerker! Und wenn schließlich eine ganze moderne „konstruktivistische" Bewegung „Weisen der Welterzeugung" diskutiert (wie auf dem Heidelberger Konstruktivisten-Kongreß im Mai 1998), setzen die Mundwerker die rund 3000jährige Tradition fort, dabei nur an die begrifflich-sprachliche, in sprachlichen Ergebnissen auszudrückende Erkenntnis zu denken und die handwerkliche Weise der Welterzeugung zu ignorieren. Technische Zivilisation, einschließlich aller mit den Händen erzeugten Kunstwerke, kunstvollen Werkzeuge, Bauten, Maschinen, Musikinstrumente, spielen als Werke der Hand für Mundwerker keine prominente Rolle. Selbstverständlich leugnet sie niemand und benützt sie jeder. Aber daß Formen von Rationalität und Moralität mindestens ebensogut, wenn nicht sogar besser am handwerklichen Herstellen, an *poiesis* (das griechische Wort für „herstellen") als an poiesis-freier Praxis zu diskutieren sind, wird nicht gesehen. Daß Naturwissenschaften weniger mit Natur als vielmehr mit funktionierender Hightech-Maschinerie in den Laboratorien zu tun haben, ja, daß der Mensch sogar von Natur aus sein Verhältnis zur Natur wesentlich durch Eingriff in sie mit den Händen gestaltet – *cultura* ist Ackerbau, ein Handwerk also –, wird, wenn schon nicht übersehen, so doch nicht angemessen gewürdigt. Dies ist ein Erbe der Antike, das sich in Euklid kristallisiert.

Die verschüttete Poiesis

Es zählt zur Willkür der Erben, die Erblasser als solche zu betrachten und dabei zu übersehen, daß diese nicht wie Adam und Eva den mythischen Anfang des Menschengeschlechts bilden, sondern selbst schon Erben waren. Was die mundwerkliche Erkenntnisform der *theoria* bei Euklid zeigt, ist seinerseits bereits ein Erbe. Zaghaft nur, zum Beispiel in terminologischen Spuren, ist bei Linie und Punkt die Herkunft aus einer handwerklichen Zeichen- und Malpraxis zu erkennen. *Gramme* (Linie) ist Substantiv zu *graphein* (zeichnen, malen, schreiben), und die wichtigen Grenzen (Punkte als Grenzen von Linien, Linien als Grenzen von Flächen, Flächen als Grenzen von Körpern) verweisen auf die Handlung des Grenzziehens. Deutlicher noch aber zeigt sich die poietische Herkunft der geometrischen Gegenstände bei den euklidischen Definitionen von Kreis und Kugel: Ein Kreis (1. Buch, Definition 15) ist eine ebene, von einer einzigen Linie umfaßte Figur mit der Eigenschaft, »daß alle von einem innerhalb der Figur gelegenen Punkt bis zur Linie laufenden Strecken einander gleich sind« – eine Definition, die ganz offensichtlich das Zeichnen von Kreisen ohne aufwendiges Werkzeug beschreibt: Man benötigt die Zeichenebene sowie beispielsweise ein dünnes Brett, aus dem zwei Nagelspitzen hervorragen. Während eine Spitze auf der Zeichenebene festgehalten wird, wird das Brett um diese herumgeführt, um mit der anderen einen Kreis zu ritzen.

Nun könnte man modern (mundwerklich) annehmen, daß sich die Kugel durch die gleiche geometrische Bedingung definieren ließe, nämlich als die Fläche, deren Punkte von einem Mittelpunkt gleichweit entfernt sind. Aber im 11. Buch, Definition 14, wird die Kugel anders definiert, nämlich als »der Körper, der umschlossen wird, wenn ein Halbkreis, während sein Durchmesser fest bleibt, durch Herumführen wieder in dieselbe Lage zurückgebracht wird, von der er ausging«. Man muß nur einmal versucht haben, eine Kugel aus festem Material herzustellen, um darin sofort das Kontrollverfahren zu erkennen, das etwa dem Steinmetz erlaubt, mit Hilfe einer Schablone einem Stein Kugelform zu verleihen.

Die Definitionen von Kreis und Kugel zeigen ihre Herkunft aus der handwerklichen Herstellung. Aber dieses Erbe scheint dem Mundwerker Euklid (wie den Gelehrten der platonischen Akademie) bereits nicht mehr zugänglich. Der gesamte Aufbau der geometrischen Theorie bei Euklid beginnt mit der Planimetrie, also einer Theorie der ebenen Figuren, um anschließend die Geometrie der räumlichen Figuren durch Bewegungen von ebenen Figuren zu gewinnen – wie an der Kugel erläutert.

Dieser Ansatz birgt jedoch ein gewichtiges Problem, da für das Erzeugen von Figuren durch Zeichnen, man denke etwa an Dreiecke oder Kreise, bereits ein Körper mit einer *ebenen Oberfläche* als Zeichenebene sowie ein weiterer Körper mit einer *geraden Kante* als Lineal und schließlich ein beweglicher, *längenstarrer* Körper als Zirkel benötigt werden. So gebührt dem Handwerk das Verdienst, das fälschlicherweise dem Denken zugeschrieben wird. In der Form der Zeichenwerkzeuge ist bereits geleistet, was die Redefreunde stillschweigend als geleistet voraussetzen, aber selbst nicht leisten können, etwa durch reine Definition.

Ebene Figuren, die aus (rotierenden) Dreiecken Kegel, aus Halbkreisen Kugeln und aus Rechtecken Zylinder erzeugen sollen, damit schließlich jemand auf der Kugel die Ecken der fünf regulären platonischen Körper verorten kann, sind nur als körperliche Realisate, etwa als halbkreisförmige Schablone aus Holz, wirklich beweglich . Beweglich sind also nicht die idealen Gegenstände wie „der" Halbkreis, sondern nur ihre materiellen, handwerklichen Realisierungen. Doch die Theoretiker mißachten nicht nur die Urheberrechte an den Gegenständen der Geometrie. In der Folge handeln sie sich auch einige tückische Begründungsprobleme ein, die sie aus eigener Kraft nicht zu lösen in der Lage sind.

Hierzu gehört der uferlose, vor allem didaktisch hilflose Disput um die Frage, ob es sich bei den Körpern, die die Zeichenebene, das Lineal, der Zirkel und die bewegten Figuren bilden, nur um „Veranschaulichungen" idealer mathematischer Gebilde handelt oder ob „die Theorie" letztlich eine Theorie der Körper unter postulierten Abstraktionen sei. Letztlich dokumentiert diese Debatte vor allem eine Flucht. Man hat keine Antwort auf das hartnäckige Nachfragen eines klugen Kindes, was denn Punkt, Gerade und Ebene seien, oder auch das hartnäckige Nachfragen eines Schülers, der die *Elemente* von Euklid studiert, welchen Sinn denn zum Beispiel das vierte Postulat habe, wonach »alle rechten Winkel einander gleich sind«, nachdem in Definition 10 bestimmt wurde, ein Winkel heiße ein rechter, wenn er mit seinem Nebenwinkel gleich sei. Als hätte man Angst vor dem Handwerk, zieht man sich auf eine exemplarische, augenscheinliche Erläuterung zurück, indem man auf Beispiele ebener Oberflächen, gerader Kanten oder auch rechter Winkel zwischen Ebenen oder Geraden weist, wohlgemerkt mit einer Handbewegung zeigt, als seien sie immer schon oder von Natur aus vorhanden. Der Handwerker wird schon wissen, wie man sie herstellt.

Es lohnt sich, hartnäckig zu bleiben und auf einen wichtigen Unterschied menschlicher Handwerker zu den tierlichen Erbauern von Bienenwaben, Vogelnestern, Termitenhügeln und Spinnennetzen zu verweisen: Menschen, die etwas herstellen können, verfolgen damit Zwecke und können beurteilen, ob ihnen ihre Bemühungen gelungen oder mißlungen sind. Wo Tiere angeborene Verhaltensprogramme (und eventuell kleine Lerngeschichten) abspulen, kann der Mensch es auch lassen. Er kann sich ein Ziel setzen und sich danach entscheiden, es nicht zu verfolgen. Oder er kann es verfolgen und bei Mißraten wieder davon ablassen, oder er kann es verfolgen und Erfolg haben, indem er handwerklich herstellt, was er herzustellen beabsichtigt.

Aber was beabsichtigt der Erzeuger von Ebenen, Linealen, rechten Winkeln, Kugeln und so weiter? Wie beurteilt er, ob ihm sein Werk gelungen oder mißlungen ist, und welche Zwecke spielen dabei die Rolle des entscheidenden Kriteriums?

Der Schüler des Mundwerkers erlernt die Wörter „eben" und „gerade" (wie viele andere auch) an Exempeln, wonach eine Tischplatte, ein Spiegel oder ähnliches „eben" genannt werden. Logisch gesehen ist „eben" damit ein einstelliger Prädikator wie das Farbwort „rot". Sollte der Schüler des Mundwerkers mit seinem Lehrer in einen (selbstverständlich sprachlichen) Streit geraten, ob nun ein bestimmter Körper in einem Teil seiner Oberfläche eben ist oder nicht, bleibt der Streit definitiv unentschieden, es sei denn, ein Mundwerker wird zum Handwerker und unterwirft das fragliche Exemplar einer haptischen (also Berührungs-) Kontrolle: Man fertige zwei Gipsabdrücke der fraglichen Oberfläche an, die als solche selbstverständlich passen, und sehe nach, ob diese ihrerseits auch aufeinander passen oder bei Berührung etwa wackeln oder hohle Zwischenräume lassen. Nur wo drei Körper vorliegen, die Oberflächenstücke aufweisen, die paarweise aufeinander passen, und zwar in beliebiger Lage (um zum Beispiel gleichmäßig gewellte Wellbleche auszuschließen), ist ein handwerkliches Kontrollkriterium gewonnen.

Ein Handwerker kann also den Erfolg seines Könnens wieder handwerklich prüfen, um damit übrigens einen stringenten Beweis für eine singuläre Aussage des Typs „Diese Oberfläche ist eben." anzutreten. Damit ist ein Zweck der Ebenen-Herstellung benannt.

In der Philosophie zu Geometrie und Physik, genauer in der Protophysik des Raumes, ist explizit geklärt, wie durch Herstellungsverfahren räumlicher Formen an Körpern „Grundformen" realisiert werden können, als da sind:

- die Ebene (die man erhält, wenn man drei Körper *a*, *b* und *c* abwechselnd abschleift, bis sie paarweise aufeinander passen, wie es gerade am Beispiel der Kontrolle einer Oberfläche mit zwei Gipsabdrücken erläutert wurde);

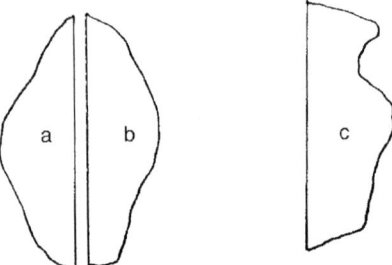

10.1 Die paarweise Passung dreier Ebenen.

10. Handwerker und Mundwerker 277

- die Gerade (als Form einer Kante, die sich ergibt, wenn man an ein und demselben Körper zwei Ebenen so herstellt, daß sie sich schneiden);

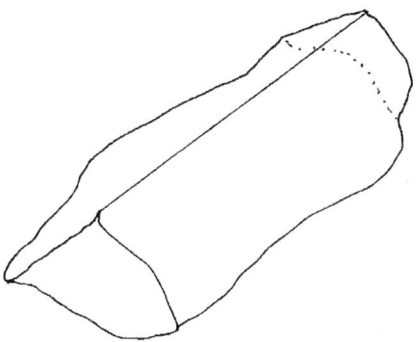

10.2 Die gerade Kante.

- der rechte Winkel (durch Herstellung von geraden Kanten so, daß sich jeweils zwei von drei Keilen d, e und f, mit den Kanten aneinandergelegt, zu einer Ebene ergänzen);

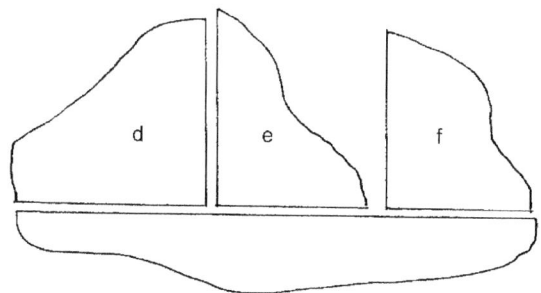

10.3 Der rechte Keil durch paarweise Passung dreier Keile auf ebener Grundlage.

- parallele Ebenen (aus zwei geeignet aufeinandergelegten Keilen mit gleichem Öffnungswinkel, die man beispielsweise dadurch erzeugt, daß man einen Keil rechtwinklig in zwei Stücke zerschneidet und diese wechselseitig so aufeinanderlegt, daß sich an der Schnittfigur die berühmten z-Winkel zeigen)

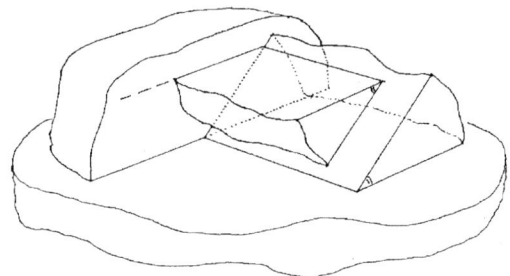

10.4 Parallele Ebenen aus winkelgleichen Keilen.

Das handwerkliche Herstellungsverfahren solcher „Grundformen" beginnt also selbstverständlich beim Formen von Körpern, an denen dann bestimmte Flächen, Flächenpaare, Kanten und Spitzen produziert werden. Erst wenn solche Formen an räumlichen Körpern immer wieder gleich reproduzierbar sind, hat man auch die Werkzeuge, um das Geschäft des Zeichnens von Figuren auf einer Zeichenebene mit Hilfe von Lineal und Zirkel immer wieder gleich auszuführen.

Damit ist Euklid als Redefreund überführt, der in seiner Theorie ihren handwerklichen Ursprüngen bereits aus Unkenntnis den Rücken gekehrt hat. Euklid beginnt die Reihe seiner Definitionen mit dem Punkt, führt über die Linie und die Gerade zur Fläche und zur Ebene, und von dort aus zu den räumlichen Figuren. Diese Reihenfolge hat also nichts mit der Schrittfolge zu tun, die bei der technischen Herstellung der Formen eingehalten werden muß, von denen in der Geometrie die Rede ist. Sollte diese geometrische Rede bei Euklid in irgendeinem zu klärenden Bezug auf eine körperliche Wirklichkeit stehen, so müßte dies ein Bezug auf die künstliche oder „technische" Realität der handwerklich hergestellten Formen von Körpern sein. Bei dieser kann man nicht planimetrisch mit den Punkten und den Linien beginnen, da zunächst eine Zeichenebene gegeben sein muß und die Definition der (geraden) Linie als Schnitt von (ebenen) Flächen und die Definition von Punkten als Schnitten von Linien erst dann möglich sind, wenn sich Ebenen reproduzieren lassen. Die Reihenfolge vom Körper über die Fläche zur Linie und zum Punkt ist also gerade entgegengesetzt der bei den Definitionen von Euklid gewählten. Euklids

Begriffssystem steht redefreundlich und handwerksfeindlich auf dem Kopf.

Wahrheit feststellen oder herstellen?

Ob Definitionsketten auf dem Kopf stehen oder nicht, ist mehr als eine Frage von Ästhetik oder Komfort. Es betrifft die Alternative zum achselzuckenden „Irgendwo muß man ja anfangen!", genauer, es betrifft Anfänge von Begründungen, das heißt von Argumentationsketten.

Manche Geisteshistoriker behaupten, wir verdanken den griechisch-antiken Redefreunden die Entdeckung der Möglichkeit, einen fraglichen Satz durch logisches Begründen auf einen nicht fraglichen zurückzuführen. Und manche sehen darin den Anfang abendländischer wissenschaftlicher Rationalität. Die Anfänge selber aber scheinen im Dunkel zu liegen, vielleicht im Autoritätsglauben der Pythagoräer, die ihre ersten Sätze einfach für verbürgt vom großen Meister Pythagoras annahmen. (Hierüber zu lächeln verbietet sich auch zweieinhalbtausend Jahre später, wo die Mathematik ihre formalistisch interpretierten Axiomensysteme auch keiner anderen Rechtfertigung überläßt als dem Gewicht ihres Urhebers.) Das Problem der allerersten Schritte von Begründungsketten gilt den Redefreunden so definitiv als unlösbar, daß sich darauf eine ganze Philosophenschule gründen ließ. Wo Karl Popper auf das Friessche Trilemma verweist, expliziert Hans Albert als der wichtigste deutsche Vertreter des Kritischen Rationalismus sein Münchhausen-Trilemma: Das redefreundliche Zurückfragen nach Begründung führe zwangsläufig immer in einen Zirkel, in einen infiniten (für uns endliche Menschen etwas zu langen) Regreß oder zu einem dogmatischen Abbruch. Deshalb bleibe dem beschränkten Menschengeschlecht nun einmal nichts anderes als die Vermutung, also die Hypothese, die es fleißig zu widerlegen gelte, damit uns die bewährtesten, gegen Widerlegungsversuche gefeitesten als bestmögliches Wissen übrigblieben.

Der Vergleich mit dem Lügenbaron, der sich am eigenen Schopf (samt Pferd) aus dem Sumpf zieht, etikettiert jeden Versuch zur Lösung des Begründungstrilemmas mindestens zur Schlitzohrigkeit. Gar den Verrat an der großen Sache der Wahrheit wittern die kritisch-rationalistischen Redefreunde, wo Wahrheit nicht festgestellt, sondern hergestellt werden solle. Das ist den Mundwerkern denn doch zu handwerklich.

Hat der Schreiner ein Interesse an der Geltung des Satzes „Dieses Brett ist eben.", und gibt es nach haptischer Kontrolle (siehe oben) Einwände dagegen, so wird er das Brett nacharbeiten, ebnen. Er stellt die Geltung des fraglichen Satzes her. Ganze Welten von Artefakten, die nicht nur künstlich im Sinne von „nicht natürlich", sondern auch im Sinne von „kunstvoll" hergestellt sind, erfüllen ihre Beschreibung, weil ihre Erzeuger sie genau so gemacht haben.

Natürlich werden die Redefreunde aufschreien oder überlegen lächeln und darauf verweisen, daß die unendlich tiefe Kluft zwischen bedeutungs- und geltungsheischender Rede einerseits und der nichtsprachlichen Realität andererseits bestehen bleibe, auch bei den Artefakten. Daß Mundwerker so reagieren, hängt an ihrer Mundwerk-Semantik. Bedeutungs- und Referenztheorien füllen sprachphilosophische Bibliotheken, denen sich ächzende Regale voller Bemühungen beigesellen, den Unterschied zwischen Eigennamen und Prädikator, zwischen Eigenschafts- und Relationsbegriffen oder gar den hohen Kunstwörtern mathematisch-naturwissenschaftlicher Theorien zu fassen.

Handwerker dagegen reden unter anderem dazu, ihr Können anderen beizubringen. Wo die Redefreunde zum Beispiel lernen, was „hobeln" ist, indem sie anderen beim Hobeln zusehen, lernt es der Handwerkslehrling, indem er selbst hobelt – er bezeichnet mit „hobeln" seine eigene Handlung, genauer eine Fertigkeit oder Handlungsdisposition, für die er auch die Beurteilungskompetenz hat, gelungen und mißlungen zu unterscheiden. Handwerker lernen also Handlungswörter zusammen mit dem Hantieren – und das ist in der Tat die nicht mehr zu überbietende Authentizität, die das Redewesen Mensch erreichen kann: Es gibt in bewußter Rede Auskunft, was es gerade tut, vielleicht, um dem Redefreund und Theoretikos den Zweck seines Tuns zu nennen, das heißt den Sachverhalt, der besteht, also „wirklich" im Sinne von „bewirkt" ist, wenn das Handwerk (erfolgreich) getan ist.

Die Protophysik mit ihren Begründungen von Geometrie, Chronometrie und Hylometrie (Massenmessung) geht so vor, daß sie das Mundwerk dem Handwerk folgen läßt und das Begriffssystem der Klassischen Physik auf Handlungswörtern für diejenigen Herstellungsverfahren aufbaut, die man tatsächlich (das heißt als Tat) vollziehen muß, um wirkliche Längen, Dauern und Massen (und alle daraus definierbaren mechanischen Größen) messen zu können. Das resignative „Irgendwo muß man ja anfangen!" wird zugunsten der Wahl aufgegeben, dort anzufangen, wo die geeigneten Mittel für die verfolgten Zwecke vermutet, gesucht und gefunden werden.

Zwecke sind weder Geister noch metaphysische Entitäten noch Beschmutzungen des von vielen Redefreunden so hoch gehaltenen Ideals der Zweckfreiheit als oberstem Kriterium von Wissen, Wahrheit und Wissenschaftlichkeit. Kultur, Zivilisation und in ihnen die gesamten Naturwissenschaften wären nicht in die Welt gekommen, hätten nicht Handelnde, und zwar handwerklich Handelnde, ihre Zwecke gesetzt, verfolgt und erreicht. Wissenschaft treiben ist kein willenloses Widerfahrnis, sondern konsequentes Verfolgen von Zwecken.

Die endlosen Begründungsprobleme, die Zuflüchte zu blindem Entschluß oder faktischem Dogmatismus, wo die historische Akzeptanz sogenannter Paradigmata durch Expertenzirkel dem Redefreund die nie vertrocknende Spielwiese liefert, verdanken sich also beim Definieren wie beim Behaupten der Ruhe der Hand, dem Untätigbleiben. Ja, man könnte sogar sagen, hier herrscht eine derart tiefsitzende Abneigung gegenüber jeder Hand-Arbeit, daß diese nicht einmal mehr theoretisch einbezogen wird in die redefreudige Erwägung, was denn der Fall sei. Begründen bleibt ein Spiel im tautologischen Verschiebebahnhof logisch gültiger Umformungen von Sätzen, wo Sätze nur immer wieder auf Sätze bezogen werden können. Sätze so zu setzen wie der Handwerker, der weiß, was er erreichen möchte, und dafür die richtigen Mittel ergreift, um so genau das Stück Welt zu produzieren, das ein Bedenken in gemeinschaftlicher Rede auch lohnt, kommt dem Redefreund nicht in den Sinn. Lieber nehmen Mundwerker Zuflucht zu realistischen und ontologischen Metaphysiken, weil nicht recht verstehbar wäre, daß freischwebende Satzsysteme ohne herstellungsgebundene Definitionen eine verblüffende Passung auf die Welt aufweisen, mit der wir umgehen. Aber ein „Know-that" auf ein „Know-how" zurückzuführen, Angemessenheitstheorien der Wahrheit und Erkenntnis an die menschenunabhängige Welt zugunsten eines konsequenten Instrumentalismus aufzugeben, der die Adäquatheit menschlicher Rede allein und ausschließlich an menschlicher Praxis (mit ihrem rationalsten Teil, der Poiesis) vorschlägt, gilt bis heute allen Metaphysikern und Träumern als übler Verrat an der großen philosophischen Idee der Wahrheit.

Dabei findet der kleine, tägliche Verrat unausweichlich bei den Mundwerkern selbst statt. Von ihnen wurde noch kein einziger gesichtet, der nicht sein tägliches Leben dadurch fristen würde, daß er, wenigstens ganz selten, ein Glas an den Mund setzt, etwas Eßbares in seinen Mund schiebt, ein Kleidungsstück an- oder ablegt oder sonst etwas mit den Händen tut, das ihm die handhabbare Umgebung zum Leben zu nutzen erlaubt. Hier wird nicht nur geredet, hier werden, auch von Mundwerkern, unerläßliche Handgriffe vollzogen. Und wer sich vergreift, wird lernen und Mißgriffe zu vermeiden trachten. Gelungen und mißlungen wird zum nie verzichtbaren Unterschied. Vielleicht ist es auch schon ein großer Verrat der Redefreunde, nicht in ihre Satzsysteme einzurücken, daß, von einem grausamen Gott vor die strikte Alternative zwischen Handwerk und Mundwerk gestellt, der reine Handwerker wohl länger und besser überleben könnte als der reine Mundwerker. Kehren wir deshalb zurück zur Geometrie, zur Wissenschaft, zu den Mundwerker-Ideen und -Idealen!

Die Rationalität des Handwerks

Das kleinste wie das größte Handwerk will bedacht sein. Die Strafe des Mißerfolgs trifft jeden, der es nicht „richtig" macht. „Richtig" ist die Richtung auf den verfolgten Zweck. Wer sich Wein eingießen möchte, um anschließend die Flasche zu entkorken, einen Brief lesen, um ihn anschließend zu öffnen oder einen Teig backen, bevor er angerührt ist, wird erfolglos bleiben. Da ist es weder die Sitte noch das unerbittliche Naturgesetz, sondern ausschließlich der Zweck einer Handlungskette, dessen Verfehlen als Strafe, nämlich als Sinn- und Erfolglosigkeit des eigenen Tuns erfahren wird. Dies ist so selbstverständlich, daß jeder Mensch, der überhaupt Sachverhalte so weit antizipiert, daß in ihm der Wunsch nach deren Verwirklichung entstehen kann, sich an die richtige Reihenfolge seiner Teilhandlungen hält. Die Kulturleistungen des Menschengeschlechts insgesamt, aber auch das kleinste Artefakt alltäglicher Gerätschaften, legen darüber ein beredtes Zeugnis ab. Zweckrationalität des Handwerks muß nicht mundwerklich in die Welt gebracht werden (die man sich dazu auch noch kontrafaktisch als menschenleere Natur vorstellen müßte), sondern sie ist immer schon für Kulturmenschen realisiert, ja „Welt" ist zu allergrößtem Teil gestaltet durch die Erfolge zweckrationaler Poiesis. Das Gelingen manueller Technikbewältigung (ungeachtet aller Mißgeschicke, lästiger Nebenfolgen, handgemachter Katastrophen) ist derart umfassend, daß sich unter Redefreunden frivol davon absehen läßt. Je mehr sich Redepraxis von Poiesis ablöst, desto wilder können die Handlungen des Behauptens, Vorschreibens, Definierens, Versprechens, Erzählens von Erinnerungen und so weiter durcheinandergewirbelt werden. Ganze Wissenschaften wie die Physik können sich in Kunstsprachen definitorisch wie assertorisch (behauptend) von ihren handwerklich-technischen Fundamenten, wie dem Herstellen ihrer Meßgeräte und Experimentier-Apparaturen, ablösen. Und ganze Philosophien können sich dieses Spieles annehmen, wie zum Beispiel der Wiener Kreis, der die Naturwissenschaften zunächst auf Sprache reduziert und diese dann zu einem logisch-syntaktischen Glasperlenspiel fraglicher Semantik gemacht hat – mit uferlosen Fortsetzungen bis in Fragen hinein, wie denn die Syntax der Neuronen autopoietisch – sozusagen aus sich selbst heraus – den Wörtern Bedeutung, dem Leben Sinn und dem Bewußtsein ein Selbst geben könnte.

Wo der Redefreund verhungern und verdursten müßte, wenn er die nicht hergestellten Lebensmittel essen oder aus nicht geöffneten Flaschen trinken wollte, läßt sich ohne revolutionären Paradigmenwechsel, ohne sittliches Verdikt und ohne naturgesetzliche Barriere so reden, als hätte man die nicht hergestellten Lebensmittel genossen und aus der nicht geöffneten Flasche getrunken. Die Rationalität des gelingenden Handelns wird also nicht in die Rationalität gelingenden Redens übernommen. Doch genau dies ist der Vorschlag, der hier aus der Perspektive des Handwerks dem Mundwerk zu empfehlen ist. Und zwar vor allem für die Wissenschaften. Noch ist ja offen, welche Antwort der hartnäckige Schüler, der die *Elemente* Euklids studiert, auf die Frage erhalten soll, welchen Sinn das vierte Postulat hat, wonach alle rechten Winkel gleich seien.

Bei Euklid wird – planimetrisch! – der rechte Winkel mit Zirkel und Lineal konstruiert, wie dies auch heute noch alle Geometrie-Schüler lernen, wenn ihnen das Lot beigebracht wird. Rechte Winkel sind hier also Produkte zeichnerischer Konstruktion. Aus der Weltsicht des Redefreundes sprachlich beigebracht durch ein Rezept, also eine kleine Reihe kleiner Handlungsvorschriften. Wie alle Rezepte besitzt auch dieses einen geheimnisvollen, allgemeinen Charakter: So enthält die Anweisung zur Konstruktion eines rechten Winkels weder einen Eigennamen für die Person, die das Rezept ausführen soll, noch für eine Situation, in der eine einmalige Befolgung geboten wird. Rezepte sind meist „allgemein" gehalten. Das heißt, sie können immer wieder, und zwar durch beliebige Personen befolgt werden. Bedingung ist nur, daß es da schon Handwerker gibt, die einem die Zeichenebene, das Lineal und den Zirkel zur Verfügung stellen. Jede einzelne Befolgung, sozusagen die „Aktualisierung" des Handlungsschemas, ein Lot zu konstruieren, führt auf ein je einzelnes Produkt, im Verhältnis von „allgemein" und „einzeln" nicht anders als jedes Kochrezept.

Damit gewinnt das euklidische Postulat etwa folgenden Sinn: Zwei- oder mehrmalige Befolgung desselben Rezepts führt auf zwei oder mehr Produkte, nämlich Zeichnungen von geraden Strecken mit Loten. Und die Winkel zwischen den Strecken und den Loten sollen nun, postuliert Euklid, alle gleich sein. Man kann dies auch die Eindeutigkeit des Rezepts nennen: Wann immer es pünktlich befolgt wird, wird das Produkt dasselbe sein. „Rechtwinkligkeit" kommt also allen Produkten bei richtiger Befolgung des Rezepts zu, ein Lot zu konstruieren. Die Konstruktionsanweisung ist eindeutig. Weil aber der Redefreund Euklid nicht weiß, wie er diese Eindeutigkeit beweisen soll – dazu müßte er über das Handwerk reden –, postuliert er sie einfach!

Man veranschauliche sich den tieferen Sinn einer Forderung nach Eindeutigkeit von Konstruktionsanweisungen am folgenden Beispiel: Angenommen, man habe einen Prototypen eines rechten Winkels, etwa in Form eines Stempels, mit dem zwei sich im rechten Winkel schneidende Geraden „gezeichnet", das heißt hier natürlich „gestempelt" werden können. Würde sich dieser Stempel irgendwie verziehen, hätte man nur die Alternative, entweder die verzogenen Winkel als rechtwinklig anzuerkennen, weil sie mit dem Prototypen übereinstimmen, oder aber das Erheben eines Prototypen zum Standard selbst zu kritisieren. Eine solche Kritik kann sich aber nur auf eine bessere Konstruktionsanweisung verlassen, die sicherstellt, die verzogenen von den nichtverzogenen Paaren rechtwinkliger Geraden zu unterscheiden. Mit anderen Worten, es geht um die Aufgabe, sich von Prototypen unabhängig zu machen. Der Weg zu dieser Unabhängigkeit besteht im Rückzug auf ein reines Rezeptewissen, ein reines Know-how, wie rechte Winkel zu konstruieren sind.

Eingangs lautete die Diagnose, der Redefreund und Mundwerker Euklid habe aus Unkenntnis selbst schon das Handwerk vergessen. Dies zeigt sich nun daran, daß er wie für die Eindeutigkeit des Lotes auch Postulate für die Eindeutigkeit der Geraden und der Ebene haben müßte. Diese Postulate könnten zum Beispiel lauten: „Gefordert soll sein, daß alle Geraden einander gleich sind" beziehungsweise „daß alle Ebenen einander gleich sind". Solche Postulate hätten den handwerklichen Sinn, daß alle Konstruktionen von Geraden, also wiederholte Befolgungen des Rezepts, eine Gerade zu konstruieren, zu zeichnen, herzustellen, auf dasselbe Produkt führen, und so auch bei Ebenen. Aber dergleichen Handwerkliches kommt beim Mundwerker Euklid nicht mehr vor. Er fragt eben nicht, woher die Lineale und Zeichenebenen kommen beziehungsweise was Geraden und Ebenen ihrer Herkunft nach sind.

In der methodischen Ordnung des handwerklichen Zugangs zur geometrischen Wahrheit muß deshalb mit Rezepten begonnen werden, die das Herstellen räumlicher Formen an Körpern regeln und dabei zwangsläufig zuerst die prototypenfreie Reproduzierbarkeit der Ebene vorsehen, weil diese bereits zum Mittel wird, durch wiederholte Herstellung, nämlich zweier sich am selben Körper schneidender Ebenen, zur geraden Kante und damit zum Lineal zu führen.

„Prototypenfreies Reproduzieren" bedeutet, daß räumliche Formen hergestellt werden, ohne daß diese bereits an Prototypen vorliegen. Denken wir noch einmal an die Herstellung der Ebene, bei der Körper paarweise gegeneinander abgeschliffen werden. Die Ebene wird also handwerklich hergestellt, ohne daß für das Herstellungsverfahren bereits eine Ebene als Form vorliegt. Das ist grundsätzlich etwas anderes, als etwa eine gerade Linie mit Hilfe eines Lineals zu zeichnen oder auf einem ebenen Zeichenbrett ein Quadrat zu konstruieren.

Die Rolle einer Klärung dieser ersten Schritte sollte man nicht unterschätzen. Fragen, woher wir wissen, daß unser Erfahrungsraum dreidimensional ist, oder warum wir in der Technik nicht auf Parallelität als Form verzichten können, entscheiden sich auf diesem Gebiet. Dazu gibt es in der Fachliteratur ausgearbeitete Theorien, die sich konsequent an das Handwerk halten. Es ist ja auch das Handwerk, das uns die Gegenstände liefert, an denen wir außerhalb der Wissenschaft im täglichen Leben erlernen, die entsprechenden geometrischen Wörter zu benützen.

Die Rationalität des Handwerks läßt sich dann sogar als der wahre Grund der Rationalität der Wissenschaft Geometrie erkennen: Wir (eingeschlossen der historische Euklid) verwenden das Wort „eben" im logischen Sinne einstellig, nennen also üblicherweise keine zwei passenden Kontrollstücke, die auch untereinander passen, weil wir von der prototypenfreien Reproduzierbarkeit der ebenen Form überzeugt sind. Diese Überzeugung ist derart universell, daß wir beispielsweise auf die (wegen des Wärmeübergangs erwünschte) Passung von Topf und Elektroherd vertrauen, nur weil beide eben sind, auch wenn sie aus voneinander unabhängigen Herstellungen stammen. Dieses Vertrauen ist kein induktives, etwa empiristisch zu erklärendes, wonach es sich doch noch immer bewährt habe, es mit ebenen Töpfen auf ebenen Herdplatten zu versuchen. Vielmehr glauben wir unseren Rezepten, daß die Prozeduren der Herstellung ebener Oberflächenstücke, gerader, rechtwinkliger Kanten sowie rechter Ecken zu Produkten führen, die sich passend schichten oder raumerfüllend stapeln lassen, seien es Bausteine, Pakete und Kisten oder andere, entsprechend räumlich geformte Produkte handwerklichen Handelns.

Die wissenschaftliche Rationalität als Geltungstyp von Aussagen, nämlich ihre transsubjektive, personenunabhängige Kontrollierbarkeit, schuldet der Mundwerker also dem Handwerker. Er praktiziert die Rezepte, deren Befolgung auf dieselbe Form hinauslaufen. Laien wie Wissenschaftler aller Fächer sprechen über räumliche Formen wie zum Beispiel „den Würfel", weil die Transsubjektivität dieser Rede durch eindeutige Rezepte im Sinne prototypenfreier Reproduzierbarkeit sichergestellt ist. Und nimmt man Rationalität oder, als griechisches Pendant, „Logizität" wörtlich, so ist mit *ratio* beziehungsweise *logos* die Verhältnismäßigkeit gemeint, bezogen auf die geometrische Konstruktion des Verhältnisses zum Beispiel von Strecken, Flächen oder Volumina. Und ob es, wie beim Redefreund Platon, um die Flächenhalbierung des Quadrats durch ein diagonal einbeschriebenes Quadrat geht oder um die Entdeckung des irrationalen Verhältnisses von Seite und Diagonale am Pentagramm der Pythagoräer oder dem delischen Problem der Würfel-Volumen-Verdoppelung das handwerkliche Procedere der Konstruktion macht es personenunabhängig immer gleich verfügbar.

Was immer die Redefreunde an Ideenlehren, Abstraktionskunststücken oder didaktischen Ausflüchten ersonnen haben, der Sprung vom handwerklichen Realisat zum sprachlich-begrifflichen Ideat ist dem Handwerker kein Geheimnis: Auch der Bäcker kann nicht nur über Brote, sondern auch über das Backen reden. Das Brot ist das Realisat, das Rezept das Ideat. Brote sind mal besser und mal schlechter, je nachdem, wie genau das Rezept befolgt wurde (und wie gut die Zutaten gewählt sind). Die idealen Gestalten, die Platons Ideenhimmel und die Sprachschätze der Redefreunde bevölkern, verlieren die Aura des Geheimnisvollen, wenn man sie einfach als die Rezepte, etwas genauer, die in der Rezeptur enthaltenen Herstellungszwecke interpretiert. Und dazu gehört kein geheimnisvolles Ideenauge, sondern nur die Fähigkeit des Bäckers zu unterscheiden, ob man über Brote oder über Rezepte spricht.

Mathematik, am Ende jede Mathematik, kommt dadurch in die Welt, daß sich eine Arbeitsteilung etabliert, wonach die einen handwerklich weiter Brote backen und Zeichenebenen mit Linealen und Zirkeln fabrizieren, schwitzend im Olympischen Stadion und heute selbstverständlich zusammen mit den Experimentalwissenschaften, während die anderen, die *theoroi* und *theoretikoi*, das Diskutieren der Rezepte zu mundwerklicher Blüte bringen. Allerdings ist der Verlust des Verständnisses dafür, daß die Qualität von Rezepten, ja ihr Sinn und ihr In-der-Welt-Sein, in der Tauglichkeit der Produkte liegt, die sich aus ihrem Befolgen ergeben, ein schwerer Verlust: Wissenschaftlichkeit wird nicht mehr als rationale Richtschnur des Handelns, als selbst transsubjektiv einzuforderndes Qualitätsmerkmal aller Aspekte der Wissenschaften verstanden, sondern historisiert, soziologisiert, relativiert – und verloren.

Weder der Mundwerker Euklid noch seine (platonische) Philosophie haben, ungeachtet aller schönen Axiome, Theoreme und Beweise, eine überzeugende Erklärung für Transsubjektivität und Universalität, also für personenunabhängige und für alle Anwendungen einschlägige Geltung, geometrischer Aussagen. Sie beruht, um die Frage nach dem Sinn des vierten Postulats in einen handwerklichen Zusammenhang zu stellen, auf den Rezepten zur prototypenunabhängigen Reproduzierbarkeit ebener Flächen, rechtwinkliger Keile und paralleler Ebenenpaare. Das Verhältnis von Allgemeinem und Einzelnem ist im Geheimnis des eigennamenfreien Rezepts und seinen individuellen Befolgungen aufgehoben. Vom redefreundlichen Kopf auf die handwerklichen Füße gestellt werden erst die räumlichen Grundformen in die Welt gebracht, an denen sich dann die flächigen einer Planimetrie (unter anderem die Kongruenz von Winkeln und Strecken) definieren lassen. Postulate und Axiome brauchen nicht auf eine „Evidenz" oder auf eine als selbstverständlich unterstellte Nicht-Begründungsbedürftigkeit zu schielen (Wehe dem, dem das Evidente nicht evident, das Nicht-Begründungsbedürftige aber sehr wohl der Begründung bedürftig erscheint!), sondern sind erst einmal vorschreibende Sätze, die nichts über die Welt behaupten. Vielmehr etablieren sie eine Praxis und bringen dadurch deren Produkte in die Welt – aber zurückhaltend, wie Handwerker nun einmal im Unterschied zu Mundwerkern sind, nicht kategorisch, nicht doktrinär, sondern nur für die Gemeinde derer, die sich gerne an der Praxis beteiligen möchten, weil es auch ihnen größenunabhängig um das technische und theoretische Verfügen über räumliche Formen wie eben, rechtwinklig und parallel, wie Kugel, Würfel, Tetraeder und so weiter geht.

Mathematik und Erfahrung

Mundwerker und Redefreunde, Intellektuelle aller Berufe und Zeiten haben die Akademien und Universitäten erobert, obwohl gerade die empirischen Naturwissenschaften seit dem 17. Jahrhundert und der Klassischen Mechanik nicht ohne das Handwerk des Messens und Experimentierens auskommen. So gehen unter Schlachtrufen wie demjenigen Immanuel Kants, daß in einer Sache nur so viel Wissenschaft sei, wie in ihr Mathematik zu finden sei, die mathematischen und die empirischen Redefreunde eine überraschende Koalition ein. Die Mathematiker (und philosophische Redefreunde eines platonischen Mathematikverständnisses) werden gegen die handwerkliche Reparatur von Euklids Geometrie den Protest einlegen, hier würde nur über körperliche Artefakte, nicht über die idealen Gebilde der Mathematik gesprochen; diese seien in modernem Verständnis durch die Auffassung abgedeckt, mathematische Theorien bestünden nicht aus materialen Aussagen über Verhältnisse an physischen Objekten, sondern seien lediglich als Aussageformen oder Theoriestrukturen aufzufassen. Und die Empiriker werden redefreundlich Euklid zum alten „klassischen" Eisen werfen und sich auf die Empiristen des 19. Jahrhunderts berufen, die das messende und experimentierende Handwerk mundwerklich als Größentheorie (statt als Formentheorie) uminterpretiert haben, bis hinein in die relativistische Physik. Ihr Dogma: Messen sei ein Ins-Verhältnis-Setzen einer gegebenen Größe zu einer Maßeinheit. Statt Handwerk des Messens mit Geräten eher Mundwerk des Abzählens von Gegebenem – und wie, wodurch gegeben? Der Handwerker wird's schon wissen!

Also, wo bleibt die Idealität mathematischer Gegenstände, wenn deren Erzeugung (und die Wissenschaftlichkeit der Rede darüber) den Handwerkern überantwortet würde? Die Antwort ist für den Handwerker, der auch über sein Handwerk zu sprechen versteht, nicht schwer: Handwerk will, wie schon gesagt, bedacht sein. Jeder Handwerker, der sich nicht auf das mundwerkliche Klischee der niederen schweißtreibenden Arbeit reduziert, sondern, zum Beispiel, einen vielgliedrigen Dachstuhl mit Gauben, Reitern und Türmen herstellen kann, wird planen. Planen heißt, das herstellende Handeln im Blick auf das erwünschte Produkt redend, zeichnend, modellbauend vorzubereiten. Es gilt, nicht nur die methodische Reihenfolge von Herstellung und Aufbau als sprachliche Stellvertretung für ein noch nicht ausgeführtes Handeln zu antizipieren, sondern in der Antizipation das Resultat zu konzipieren – selbst in solchen Fällen, wo dem Bauherrn generell am Ende das Geld fehlt und die Realisierung unterbleibt. Kurz, Handwerker reden vernünftigerweise auch über Handlungen kontrafaktisch, indem sie überlegen, was die Folgen wären, wenn bestimmte Handlungen ausgeführt würden. (Selbstverständlich kennt diese Praxis auch jeder Mundwerker aus seinem eigenen Lebensvollzug. Jegliches Vorbereiten von Handeln durch Denken besteht im hypothetischen Erfinden von Folgen möglichen Handelns. Und es wäre absurd, hier an die „Hypothesen" der Empiristen zu denken, die dann an Erfahrungen scheitern könnten. Hier geht es nur um analytische oder logische Handlungsfolgen nach Art des Wissens, daß der gelingenden Handlung, eine Flasche zu entkorken, der Sachverhalt folgt, daß die Flasche entkorkt ist.)

Handeln zu planen heißt, über erwartbare Sachverhalte kontrafaktisch zu sprechen für den Fall, daß Handlungen richtig ausgeführt werden und nur diese zu berücksichtigen seien. Die „idealen" geometrischen Gegenstände – wie die Ebene, die Gerade oder die Orthogonale (im Unterschied zum ebenen Oberflächenstück, geraden Kantenstück oder auch dem gezeichneten Paar lotrechter Striche an beziehungsweise auf Körpern) – sind ideal, insofern sie nur die Kennzeichen aufweisen, die den Herstellungsprozeß leiten. Wer sich am Herstellungsziel der Ebenheit eines Oberflächenstücks orientiert, stellt nicht absichtlich dessen Ränder her; diese ergeben sich einfach aus der endlichen Größe des Körpers. Was hergestellt wird und damit den Zweck des Handwerks ausmacht, ist Ebenheit im Sinne der Passung auf Paare ihrerseits passender Kontrollstücke.

Wer mundwerklich gerne nicht nur von verschiedenen Welten, sondern auch von verschiedenen Himmeln spricht, wird wohl an dieser Anbindung der mathematisch-idealen Gebilde an die Interpretation, sie seien Herstellungszwecke für handwerkliche Prozeduren, keinen Gefallen finden. Aber vielleicht wissen diese Mythologen platonischer Ideen nicht, welchen Bärendienst sie damit einem erkenntnistheoretischen Fundamentalproblem, genauer seiner klaren Lösung, erweisen: Wie verhält sich Mathematik zur Wirklichkeit?

Genau hier treffen sich die Mundwerker aus idealistischer oder formalistischer Mathematik, deren Überhöhungsphilosophien und den empirischen Wissenschaften. Alle nämlich fassen Mathematik (und darin schon nicht mehr Algebra und Geometrie unterscheidend) als reine mundwerkliche Redekunststücke auf, die in Anwendung auf reale Gegenstände nur noch gedeutet oder interpretiert werden müßten. Ob fein ausgeblendete Lichtstrahlen Modelle für Geraden abgeben, allgemeiner, ob eine Geometrie, etwa mit einem Parallelenpostulat oder mit dessen Negation, die „Struktur" des Erfahrungs- oder des Weltraums beschreibt, sei ein Problem der Anwendung und letztlich der empirischen Entscheidung von Adäquatheit oder Passung der Mathematik auf die Wirklichkeit.

Entgangen ist den empirischen Redefreunden allerdings, daß diese „Wirklichkeit", sofern überhaupt etwas aus Erfahrung darüber gewußt werden soll, eine bewirkte Wirklichkeit des technischen Herstellens ist und nicht „Natur" (zu deutsch: „das, was geboren wird und wächst", also von selbst da ist). Das Von-selbst-Daseiende, die Natur oder auch die Physis, ist nämlich nicht Gegenstand der Naturwissenschaft, weil ihre Methoden selbst handwerkliche sind. Ihre Gegenstände sind, beginnend mit der Klassischen Physik des 17. Jahrhunderts oder auch schon mit der abbildenden Astronomie von Eudoxos von Knidos und Aristoteles, Winkel, Längen, Dauern, Gewichte, kurz physikalische Maßgrößen. Diese wachsen aber nicht von selbst, sondern definieren sich am Handwerk ihrer Beherrschung in der Kunst, die entsprechenden Meßgeräte herzustellen und zu verwenden.

Kläglich gescheitert ist der mundwerkliche Versuch, solchen Gerätschaften, obwohl unbestritten handwerkliche Produkte, das Naturgemäße als die in ihnen wirkenden Naturgesetze anzudichten. Denn wenn schon geheimnisvolle „Naturgesetze" für die Funktion von Geräten der Handwerker und Techniker in den Labors verantwortlich sein sollten, so sind sie dies auch, falls diese Geräte ihren Zweck nicht erfüllen, also falls sie gestört sind, Fehlfunktionen zeigen und unbrauchbare Daten liefern. Es ist nur ein mundwerklicher, das Handwerk verfehlender Irrweg, Mutter Natur für den Erfolg der Meßkunst verantwortlich zu machen. In Wahrheit sind es die Handwerker, Uhrmacher, Mechaniker, die auch den Navigatoren und Bergleuten, den Astronomen und Artilleristen die Geräte liefern, die am Gelingen und Mißlingen ihrer Konstruktionen soviel Anteil haben, daß nur ein Gelingen ihrer Bemühungen die messenden Naturwissenschaften möglich macht.

Kurz, es ist nicht irgendeine unabhängig von handwerklich-technischer Praxis existierende Mathematik, die auf eine natürliche Wirklichkeit angewendet werden kann, um dann diese Anwendbarkeit empirisch zu kontrollieren. Vielmehr kommen gerade (trotz aller Arbeitsteilung zwischen Mathematikern und Naturwissenschaftlern) die naturwissenschaftlich brauchbaren mathematischen Theorien als „Gegenstandskonstitutionen" entsprechender handwerklicher Teile der Naturwissenschaften in die Welt – oder sie sind nicht anwendbar. Wirklichkeitsausschnitte, von denen die handwerklichen Naturwissenschaften entgegen ihrer mundwerklichen Hausmacherphilosophie handeln, sind selbst handwerkliche Wirklichkeiten.

Die Hand und ihr vernünftiger Gebrauch – eine Versöhnung?

Die Mundwerker aller Zeiten und Berufe haben ihre Herrschaft so weit ausgedehnt, daß in dieser *polis* den Handwerkern nur die Rolle des Unfreien zu bleiben scheint. Der *polites* ist der von Arbeit freigestellte Mundwerker.

Wo würde heute nicht, innerhalb und außerhalb der Wissenschaften, zum Beispiel von der Geschichtlichkeit von Erkenntnisbemühungen mit Bezug auf Paradigmen und Paradigmenwechsel geredet? Aber alle Paradigmenwechsel, die hierfür, vor allem aus der Geschichte von Physik und Chemie, herangezogen werden, haben das handwerklich-technische Fundament dieser Wissenschaften unberührt gelassen. Da mögen neue Theorien und Begriffe, neue Normen und Standards, neue Stile und Schulen etabliert werden – aber nichts ist davon bekannt, daß gleichzeitig alle Meß-, Beobachtungs- und Experimentierapparaturen zu Schrott deklariert, Experimentatoren und Labormechaniker entlassen, meßbare Größen nun plötzlich nicht mehr für meßbar gehalten, technische Möglichkeiten nicht mehr genützt würden. Das mundwerkliche Klischee der *scientific communities*, die sich als Glaubensgemeinschaften von Paradigmen etablieren, soziologisch wie historisch, verdankt sich als eine historisch höchst einflußreiche Auffassung schlicht dem Vergessen des Handwerks. Handwerklich gibt es, im Sinne technischen Verfügungswissens, entgegen der heute geglaubten Struktur wissenschaftlicher Revolutionen, eine unstrittige Struktur technischer Innovationen. Die *polis* der mundwerklichen Gelehrten weiß anscheinend nicht mehr, was in den eigenen Mauern geschieht.

Aber, so wird der Redefreund und Kenner der Wissenschaftsgeschichte einwenden, ist denn nicht Euklid mit seinem Parallelenpostulat durch die empirische Physik widerlegt, die sich für die Negation des Parallelenpostulats entschieden hat, wenn es um eine empirisch adäquate Beschreibung des realen Raumes geht? Sicher, den Redefreunden ist Konsequenz zu bestätigen, wenn das Parallelenpostulat des Redefreundes Euklid nur als Satz aufgefaßt wird, dessen Eignung für eine bestimmte Theorie in Frage zu stellen ist. Hält man dann gar diese Theorie für ein Abbild naturgesetzlicher Realität, ist nicht einzusehen, warum die Negation des Parallelenpostulats nicht vorzuziehen sein soll.

Schwieriger ist diese Position zu halten, wenn für die angeblich „naturgesetzliche Realität" bedacht wird, wem oder was Aussagen darüber ihre Geltung verdanken. Bei Anspruch auf empirische Geltung wird dies wohl wieder die handwerkliche Praxis des Verfügens über Messung und Experiment sein. Handwerklich konsequent betrachtet, ist aber für diesen Zusammenhang das Parallelenpostulat eben nicht nur ein sprachlicher Satz mit einer unterstellten und später aufgegebenen Evidenz, sondern ein technischer Herstellungszweck – den nun verblüffenderweise die empiristischen Redefreunde nie aufgegeben haben: Wie in der Protophysik gezeigt, läßt sich, anschaulich über den Satz der gleichen Wechselwinkel als Herstellungsprinzip, die Parallelität als unverzichtbare räumliche Form für jegliches technische Gerät ausweisen. Der Laie kennt dies, wenn er weiß, daß man eine auf eine Schraube passende Mutter von ihren beiden Seiten her eindrehen kann. Stellt man sich einen kleinen Abschnitt aus dem Gewinde von Schraube beziehungsweise Mutter (in Wahrheit nicht ganz zutreffend) als einen Keil beziehungsweise als eine dazu passende Kerbe vor, so bedeutet die Möglichkeit, eine Mutter von jeder ihrer zwei Seiten her auf eine Schraube zu drehen, die Vertauschung des Keils in der passenden Kerbe. Im Laienwissen, daß eine Mutter auf eine Schraube, wenn sie überhaupt paßt, von jeder Seite her paßt, ist also die Vertauschbarkeit zweier Berührlagen eines Keils in einer Kerbe. Diese Invarianz von Keil und Kerbe, bei allem technischem Gerät auch der naturwissenschaftlichen Forschung unverzichtbar, gilt schon für die „absolute" Geometrie, also jenen Satzbestand, den man unter Weglassung des Parallelenaxioms oder seiner Negation aus dem Korpus der gesamten Theorie erhält. Und diese bezweifelt auch theoretisch kein mundwerklicher Naturwissenschaftler. Sonst hätte er nämlich keine Möglichkeiten, raumzeitliche Aussagen mit Messung, Beobachtung und Experiment zu kontrollieren. Mit anderen

Worten, die gesamte messende Naturforschung und die gesamte Technik nehmen, vor jedweder Entscheidung, ob sie das Parallelenpostulat mögen oder nicht, unverzichtbar auf eine technische Möglichkeit Bezug, aus der sich beweisbar (und bewiesen) das Parallelenpostulat ergibt. Der Streit der Redefreunde um die Rolle von euklidischer und nicht-euklidischer Geometrie in der Physik ist also unernst, nimmt das eigene technische Tun und dessen Folgen nicht zur Kenntnis.

Ist da Versöhnung von Handwerk und Mundwerk möglich? Wahrscheinlich nicht. Es stürzen keine Himmel ein, und es brechen keine sozialen Aufstände der Handwerker gegen die Mundwerker los, wenn letztere in beliebigem Durcheinander der Argumente und Begriffe ihre Theorien permutieren wie die Glassplitter im Kaleidoskop.

*D*er Philosoph Friedrich Hegel hatte eine ausgeprägte Schwäche für das Absolute, welche auch in dem folgenden Zitat zum Ausdruck kommt: »Das absolute Wissen ist der Begriff, der sich selbst zum Gegenstand und Inhalt hat.« Wie so oft bei Hegel läßt sich über den Sinn dieses Satzes trefflich streiten. An diesem Streit wollen wir uns aber nicht beteiligen. Wir betrachten das Zitat als Hinweis auf die Bedeutung des Begriffs „Begriff" in der Philosophie, wobei wir allerdings zur Kenntnis nehmen, daß die Hand bei vielen großen Themen zumindest etymologisch ihre Finger im Spiel hat. Auf diese Beziehung von „Zeigen und Zeichen" hatten wir schon hingewiesen. Nicht weniger wichtig ist die Bedeutung der Bedeutung oder das Wesen der Handlung. Zeichen, Begriffe, Bedeutungen und Handlungen werden in der Philosophie meist auf einem abstrakten Niveau diskutiert, und ihr Bezug zum Zeigen, Begreifen, Deuten und Handeln liegt nicht mehr ohne weiteres auf der Hand. Doch es gibt viele andere Wörter, die eine offensichtlichere Beziehung zur Hand offenbaren. Ist die Aufmerksamkeit erst einmal geschärft, begegnen uns Wörter des „Handgebrauchs" auf Schritt und Tritt, und wir beginnen zu ahnen, wie sich die Entwicklung der Sprache vom Konkreten zum Abstrakten vollzogen haben könnte.

Von der Hand in den Mund

Von Thomas Wägenbaur

Ganz begreifen werden wir uns nie, aber wir werden und können uns weit mehr als begreifen.

Novalis

Zur Ambivalenz der Sprache

Die Geste des amerikanischen Präsidenten (Abbildung 11.1) ist im wahrsten Sinne des Wortes ambivalent. Er nimmt beide Hände zu Hilfe, um einerseits die richtigen Worte zu finden und andererseits auch ohne Worte zu kommunizieren. Zum einen schottet er sich von der Außenwelt ab und verbirgt sein Gesicht, zum anderen berührt er das Gesicht mit beiden Händen, um so zu sich zu kommen. Die Geste ist geradezu geteilt und signalisiert halb Kommunikation, halb ihre Verweigerung. Dies entspricht übrigens auch jener haarspalterischen Aussage vor der Grand Jury zu der Frage, was denn nun Geschlechtsverkehr definiere. Aber nicht nur deshalb illustriert das Photo den Zeitungsartikel über Clintons Verfahren mit dem Titel *Weh dem, der nicht lügt* besonders gut. Diese Ambivalenz nämlich – sie mag nun Clintons Schauspiel sein oder nicht – teilt jeder Sprecher, und sie ist jeder Sprache eigen, die zwischen ihrem *sinnlichen* Medium und ihrem häufig *sinnlichen* Gegenstand über eine *unsinnliche* „Message" eine Verbindung schaffen soll und das letzlich nur in einer dynamischen Oszillation tun kann. Was hier für den amerikanischen Präsidenten aufgezeigt ist, wird in der Sprache und in der Literatur immer wieder freiwillig oder unfreiwillig bestätigt, und zwar dort, wo auf die Differenz und damit auch auf die Wechselwirkung von Körper und Geist, von *sinnlich* und *unsinnlich*, abgehoben wird. Das zeigt sich am Beispiel der Hand besonders deutlich.

Die Hand in der Sprache

Einen ersten Überblick über die Hand in der Sprache haben sich die Brüder Grimm verschafft. Der entsprechende Artikel im *Deutschen Wörterbuch* umfaßt 39 Spalten, bevor weitere 68 Spalten zu Hand-Komposita und anderen Derivaten folgen. Er ist mit Abstand einer der längsten.[*]

---

[*] Zitate aus dem *Deutschen Wörterbuch* sind im folgenden durch die in Klammern nachgestellte Angabe der jeweiligen Spalte belegt.

11.1 Amerikas Präsident Bill Clinton am Abend nach der öffentlichen Ausstrahlung seiner Vernehmung durch die Grand Jury.

Was diesen Artikel lesenswert macht, ist weniger die Strukturierung des enormen sprachlichen Materials, sondern die Beispiele für dessen Verwendung in der Literatur. Literatur(geschichte) war Mitte des 19. Jahrhunderts, also vor einem deutschen Nationalstaat, zentrales Dokument einer kulturellen Einheit und damit einer angestrebten nationalen Identität und nicht etwa wie heute kulturelle Begleiterscheinung. Bei dem Wörterbuch der Brüder Grimm handelt es sich also nicht nur um eine Systematisierung der Lexik des Deutschen, sondern um einen Ausblick auf die gesamte Sprache und mögliche Sprechakte. Während die allgemeine Systematik die Sprache um ihren Gebrauch reduziert, versetzt das individuelle Beispiel den lexikalischen Eintrag wieder in einen gebräuchlichen Kontext.

Der Grimmsche Artikel klärt zuerst „Formelles und Etymologisches" und kommt dann zur „Bedeutung". Auf drei Spalten ist schnell ausgeführt, wie die Wurzeln des Wortes „Hand" im Gotischen, Altnordischen und anderen Vorläufersprachen lauteten und was davon in vereinzelten Formen noch übrig ist. In der adverbialen Form „vorhanden" zum Beispiel hat sich der nicht umgelautete Dativ erhalten, der eigentlich „vor Händen" heißen müßte. Das ist zugleich das erste Mal, daß in diesem Artikel das zentrale Unterscheidungskriterium *sinnlich/unsinnlich* eingeführt wird. »Wenn das wort in ganzer sinnlicher kraft steht«, wird dieser alte Dativ nicht verwandt, aber eben »in einer reihe durch praepositionen eingeleiteter stehender formeln, in denen die sinnliche bedeutung des wortes zurücktritt, und die meistenteils rein adverbial empfunden werden« (325).

Sprache dokumentiert also noch in ihren heutigen Formen den sprachgeschichtlichen Wandel von einer sinnlichen zu einer unsinnlichen, abstrakten Verwendung, der sich immer dann wiederholt, wenn zwischen der wörtlichen und der übertragenen Verwendung unterschieden wird. Eben diese Differenz zwischen sinnlich und unsinnlich ist die Bedingung der Möglichkeit von Sprache und läßt sich vor allem „anhand" der Bedeutung der Hand in der Sprache nachweisen. Ein Kognitivist mag zwar diese Differenz leugnen und auf der neuronalen Ebene keinen kategorialen Unterschied zwischen sinnlicher und unsinnlicher Verwendung von Zeichen, Gesten- und Verbalsprache machen wollen, aber erstens macht er diesen Unterschied selbst, wenn er vom Gehirn *spricht* und es gar nicht anders als in dieser Differenz darzustellen vermag, und zweitens kann er, auch wenn sich alle Gehirne strukturell gleichen, verschiedene Modelle über die Funktionsweisen des Gehirns nur *innerhalb* der Sprache vergleichen. Kommunikationen über das Gehirn sind also nicht identisch mit dem Gehirn, sie sind nur Kommunikationen über Kommunikationen (Luhmann 1995). Zwischen Modell und Phänomen schiebt sich die mediale Differenz der Sprache, die Erkenntnis ermöglicht, wenn man diese Differenz vergißt, aber auch verhindert, indem sie sie immer weiter aufschiebt, wenn man sich der Differenz erinnert. Das ist der erkenntnistheoretische Grund, sich hier wie die Grimms mit der Unterscheidung zwischen „sinnlich" und „unsinnlich" zu befassen.

Wenn diese Differenz Sprache konstituiert, dann heißt das auch, daß Sprache immer *zugleich* sinnlich und unsinnlich ist. Spätestens Ferdinand de Saussure konstatierte in seinem berühmten *Cours de linguistique générale* (1916), daß das Lautmuster, beispielsweise [hand], nicht identisch ist mit der Vorstellung, hier der einer Hand. Beides aber muß im Sprechakt zusammenkommen, um sinnlich-akustisch und unsinnlich-mental das Wort „Hand" zu konstituieren. Das Wort (oder Zeichen) „Hand" kann dann, um sich auf den realen Gegenstand einer Hand zu beziehen, natürlich nicht identisch mit ihm sein. Dieses semiotische Dreieck von sinnlichem Lautmuster (oder Schriftzeichen), unsinnlicher Vorstellung und sinnlichem Gegenstand stellte auch schon Aristoteles heraus, aber er betonte dabei weniger die Differenzen als die Identitäten der bedeutungskonstituierenden Elemente (Zitat übersetzt aus Minio-Paluello und Kenyon 1949):

> »Es sind nun die stimmlichen Verlautbarungen Symbole der Vorstellungen in der Seele, und das Geschriebene ist [Symbol] der stimmlichen Verlautbarungen. Und wie die Schriften nicht bei allen dieselben sind, so auch nicht die Stimmen. Wovon diese [Stimmen und Schriften] aber zuerst Zeichen sind, das sind für alle dieselben Vorstellungen der Seele. Dasjenige aber, dem diese [Vorstellungen] ähnlich sind, das sind auch dieselben Dinge.«

Der Artikel im *Deutschen Wörterbuch* betont nun die Differenz der sinnlichen Hand – wie zum Beispiel in dem Satz „Er wollte die Schaufel *in die Hand nehmen* ..." – gegenüber dem unsinnlichen Konzept der Hand, wie in dem Satz „... aber es war keine Schaufel *vorhanden*". So zieht sich die geschichtlich-systematische Unterscheidung von sinnlich/unsinnlich durch den gesamten Katalog der „Bedeutungen" Hand in der Sprache, und es lohnt, ein paar Stichproben zu machen.

Der Katalog gliedert sich in fünf Abteilungen. Die erste befaßt sich mit der »menschlichen hand« und dem Sprachgebrauch in Komposita (»von menschenhand«), in durch Adjektiva erweiterten (»durch menschliche hand«) oder betonend mit besitzanzeigenden Pronomina versehenen Fügungen (»mit eigener hand«). Umfang, Form und Beschaffenheit der Hand werden beschrieben, äußere und innere Hand unterschieden: »hier diese flache hand, versichr ich dich / ist ausdrucksvoller als ihr angesicht« (Heinrich von Kleist, 328). Ausdrücke wie »unter der hand«, »aus der hand lesen«, »eine krumme hand [finger] machen«, »in der blozsen hand« und »mit leeren händen« werden mit einer Fülle von Beispielen belegt.

Dann folgt eine Kategorie, deren Beschreibung so ausführlich ist, wie sie den Verfassern wichtig sein mußte: »I.3) empfindungen des herzens gelangen für die auszenwelt durch bewegung der hände zur anschaulichkeit«. Die Verfasser hätten den Abschnitt auch schlicht mit „Gestensprache" überschreiben können, aber so ist es präziser und anschaulicher. Beschrieben werden nun die Gesten der Betenden:

> »Die mutter faltet die hände,
> ihr war, sie wuszte nicht wie;
> andächtig sang sie leise:
> gelobt seist du, Marie!«
> (Heinrich Heine, 330)

Dann die Gesten von Segnenden, Bittenden, Flehenden und Schwörenden: »betheuernd wird die *hand aufs herz, auf die Brust* gelegt, zur hindeutung, wie gedanke und wort übereinstimmen: die *hand aufs herz*!« (Friedrich Maximilian von Klinger, 331). Hände werden gerieben, geschüttelt und natürlich geküßt. »Das *küssen der hand* ist ein liebeszeichen, oft durch freude oder schmerz hervorgelockt«:

> »von groszen freuden kuster do
> siner juncfrowen munt,
> hende und ougen tusentstunt.«
> (Hartmann von Aue, 332)

Weiterhin wird die Hand gegeben, gereicht und so weiter, und sinnend stützt man auch den Kopf in die Hände:

> »ich sasz uf eime steine,
> und dahte bein mit beine:
> dar uf sazt ich den ellenbogen:
> ich hete in mine hant gesmogen
> dasz kinne und ein min wange.
> do dahte ich mir vil ange,
> wie man zer welte solte leben.«
> (Walther von der Vogelweide, 335)

Wenn in der Gestensprache »innere empfindungen für die kenntnis der auszenwelt vermittelt« (335) werden, so wird die Hand nicht als bloßes Werkzeug aufgefaßt, sondern die Attribute, die ihrem Besitzer zukommen, werden auf sie übertragen. So spricht man zum Beispiel von einer milden, raschen, kühnen oder mächtigen Hand. Auch hier müssen die Verfasser wieder auf ihre Leitdifferenz verweisen: »und es wird sodann die formel auch mit verben des wissens und hörens verbunden, dahinter steht noch die sinnliche vorstellung von der guten hand, die die kunde gegeben, dargereicht hat: »[...] der könig hört von guter hand, / man sei voll kampfeslust«. (Johann Wolfgang von Goethe, 336)

Auch wird die rechte Hand von der linken unterschieden und auf den Gebrauch beider Hände verwiesen:

>»und weil sichs nun einmal so gemacht,
>dasz das glück dem soldaten lacht,
>laszts uns mit beiden händen fassen,
>lang werden sies uns nicht so treiben lassen.«
>(Friedrich Schiller, 338)

Die Brüder Grimm verweisen zudem auf die »komische rede« des performativen Widerspruchs, wo in der Beidhändigkeit der Schwur der Rechten aufgehoben wird: »ich swer mit beiden handen, dasz si sich nicht erkanden« (Walther von der Vogelweide, 338).

Wenn etwas mit »Hand und Mund« versprochen wird, wenn man »von der Hand in den Mund« lebt oder, noch sinnlicher:

>»wenn einig herz und hände
>welch frühling ohne ende
>hebt da zu blühen an!«
>(Robert Reinick, 340),

dann wird die Hand »mit dem namen anderer körpertheile formelhaft verbunden« (339).

Es gibt auch die Kombination von Hand und Fuß, und zwar ebenfalls bei »regungen des menschlichen herzens, wenn sie recht kräftig sind«:

>»so wuszt auch Hans vor groszer freude
>nicht, wo er händ und füsze liesz,
>als ihn schulmeisters Adelheide
>das erste mal herr schulze hiesz.«
>(Johann Fürchtegott Gellert, 340)

Gerade weil die Verfasser soviel Wert auf die Unterscheidung sinnlich/ unsinnlich legen, kommt ihren Beispielen oft eine Komik zu, die sie in ihrem Kontext nicht haben. Ohne den Textzusammenhang weiß der Leser nämlich nicht, ob er das Beispiel wörtlich oder im übertragenen Sinne verstehen soll: »der brief hat händ und füsz« (Friedrich Schiller, 341).

Manche Redensarten und Sprichwörter sind unsinnlich/übertragen gemeint, wenn es etwa heißt, ehrlich zu sein und das Herz in der Hand zu tragen, andere wieder sinnlich/wörtlich, wenn man meint, etwas gleichsam mit Händen greifen zu können. Die Beine in die Hand zu nehmen, ist dagegen sicher im übertragenen Sinne zu verstehen, und ebenso, wenn es heißt: »hand wird nur von hand gewaschen; / wenn du nehmen willst, so gib« (Johann Wolfgang von Goethe, 341). Nahe liegt auch, seine Hände in Unschuld zu waschen, ferner, mutig zu sein und das Herz in beide Hände zu nehmen. Und es gilt die Faustregel: »wenn man dem teufel einen finger gibt, so nimmt er die ganz hand; wen das glück ein finger reichet, so sol man die hand bieten« (Justus Georg Schottelius, 342).

Diese Redensarten sind letztendlich auch noch lebendige Zeugnisse der historischen Anthropologie, wie dieses, das den Abschluß der Abteilung zur menschlichen Hand macht: »alter rechtsbrauch war die besitznahme einer sache dadurch, dasz man seine hand daran oder darauf legte, in der rede klingt dieser brauch noch bis heute nach, wenn auch die symbolische handlung längst geschwunden ist« (342).

In der zweiten Abteilung befassen sich die Verfasser mit der »manigfachen thätigkeit der *hand*, die durch beigesetzte verba näher bezeichnet wird« (343). Auch dies bringt eine große Anzahl stehender Redewendungen hervor, wie zum Beispiel »etwas in die hand nehmen«, was »neben den zahlreichen fällen wo es ganz in sinnlicher bedeutung steht ... auch eine unsinnlichere entwickelt, etwa wie *ergreifen*« (343). Ganz ähnlich auch: »denn was ich berühre, wird mir unter der hand gleich ein behendes gedicht« (Johann Wolfgang von Goethe, 344). Wendungen wie »in die hand geben« und »in die hand legen« stehen mal »in sinnlicher frische«, mal »in abgeblaszter bedeutung« (345).

An die Hand als haltende und besitzende schließen sich eine Reihe von Redewendungen an, »in denen die sinnliche bedeutung des substantivs zurück tritt. die letztere bleibt aber stets gewahrt, wenn das dazu gehörige verbum *haben*, *halten* unterdrückt wird« (348f). Sinnlich zu verstehen ist also noch die stehende Redewendung „Besser ein Spatz in der Hand, als die Taube auf dem Dach", aber schon nicht mehr sinnlich sind die Verbindungen »in den händen halten«, »das heft in der hand halten«, »in jemandes hand sein«, »durch die hände gehen« bei vorübergehendem Besitz, »unter den händen schwinden« bei Verlust des Besitzes, im Gegensatz zu »unter den händen wachsen«. Die Hand als schaffende wird dann sprichwörtlich: »was hände bauen, können hände stürzen« (Friedrich Schiller, 353). Der Künstler kann die letzte Hand an sein Kunstwerk legen, es kann einem etwas leicht oder schwer von der Hand gehen, man kann jemandem in die Hand arbeiten: »die köche ... arbeiteten den ärzten ... in die hände« (Friedrich Maximilian von Klinger, 354) oder auch alle Hände voll zu tun haben, wenn auch nur, um einen Witz zu machen: »meine füsze haben alle hände voll zu thun« (Friedrich Schiller, 353).

Wie erwähnt, kann die Hand persönlich gedacht werden und in der dritten Abteilung des Hand-Artikels geht es nun um solche Fälle, in denen die Hand als Vertreterin ihres Eigentümers erscheint: »recht anschaulich wird namentlich der arbeitende Mensch durch seine zwei hände vertreten«, etwa wenn von »vieler hände Arbeit« die Rede ist, wenn Matrosen mit dem Ruf »alle hände an deck!« aufgefordert werden oder auch ein Klavierstück »für vier hände« statt für zwei Spieler geschrieben ist (359).

Die vierte Abteilung befaßt sich mit der Hand als Maß, wozu auch Fuß, Arm und Haar dienen können. Die Hand erscheint als Raummaß in Wendungen wie »eine hand voll«, »eine hand breit« oder »eine hand hoch« (und zwar gegenüber metrischen Maßen als ungefähres Maß), wie in »aus freier hand zeichnen«, im Gegensatz zum Zeichnen mit Lineal und Zirkel, oder wie im übertragenen Sinn in »frisch von der hand«, das heißt ohne Bedenken (361). Als Zeitmaß zeigt die Hand eine kurze Zeit an, wie in »im handumdrehen« oder in den genitivischen Verbindungen: »kurzer hand« beziehungsweise »von langer hand«. Weiterhin zeigt die Hand auch die Art und Weise, wenn es zum Beispiel in festen Formeln heißt »allerhand«, »mancherhand« und ähnliches.

In der letzten Abteilung erscheint die Hand an verschiedenen Personifikationen und ist dann oft ganz unsinnlich gedacht. Die „Hand Gottes" ist die Schöpfung, so wurde aber auch der „Schlagfluß" genannt (362). Das Unglück, der Krieg, der Feind oder die Zeit, also persönlich aufgefaßte Abstracta, können eine „Hand" haben: »die sanfte hand der zeit löscht jeder thräne spur« (Jean Paul, 363). Ebenso werden der menschliche Geist und das menschliche Herz persönlich gedacht:

»kaiser: In deinem haus den vater nimmst du auf!
graf vom strahl: du spottest!
kaiser: was! du weigerst dich?
graf vom strahl: in händen!
in meines herzens händen nehm ich ihn!«
(Heinrich von Kleist, 363)

Selbst Tiere haben Hände und sei es die »flache hand«, also das obere Ende eines Hirschgeweihs. Ein Wegweiser oder eine Uhr hat eine Hand und verschiedene Werkzeuge heißen so: »die kalte hand«, mit der man einen heißen Kessel vom Feuer holt, oder die »hand«, mit der Papier geschöpft oder Tapeten gedruckt wurden. Hier sind mit dem Aussterben der Handwerke natürlich auch die „Hand-Namen" der Handwerkzeuge verloren gegangen; daß neue hinzukommen erscheint zweifelhaft, sehen wir einmal vom „Datenhandschuh" ab. Das Werk von tastatur- und mausgesteuerten oder demnächst stimm- und augengesteuerten Computerprogrammen, die wiederum Industrieroboter steuern, sind keine Produkte mehr, denen ein sinnlicher Zusammenhang mit der Hand anzusehen wäre. Im elektronischen Zeitalter denken wir nicht daran, uns noch wirklich „von unserer Hände Arbeit" ernähren zu können – es sei denn im übertragenen Sinne.

Die folgende lange Liste der Hand-Komposita und Derivate ist vor allem insofern interessant, als einige der Ausdrücke ausgestorben sind, und zwar meist deshalb, weil es die Gegenstände, die sie bezeichnen, nicht mehr gibt. Bezeichnend ist auch wieder, wo sich die Verfasser bemüßigt fühlen, besonders viele Beispiele heranzuziehen. Beim „Händedruck" zum Beispiel ist es die Verschränkung von physischem Kontakt und verbalem Kommentar wie in »laszt diesen händedruck die wunde heilen, / die meine zunge übereilend schlug« (Friedrich Schiller, 367) oder »und seiner rede / zauberflusz, / sein händedruck, / und ach sein kuss!« (Johann Wolfgang von Goethe, 367).

Etwas umfangreicher sind die Einträge zu „Handel" und „handeln". Auch hier wieder unterscheiden die Verfasser die Bedeutung, daß etwas sinnlich mit den Händen betrieben wird – und sei es das Liebesspiel: »ein lustiges weib, / schlau, erfahren in Amors händeln« (August von Kotzebue, 369) –, und dann, unsinnlicher, die Angelegenheit, der Vorgang überhaupt. Das kann der gerichtliche und außergerichtliche Streit sein: »das gibt 'nen handel: / nur gut, dasz wir die herrn zu hause sind« (Johann Wolfgang von Goethe, 371). Daraus entsteht dann auch die Prägung „Händel anfangen" oder einen Handel abschließen: »topp! der handel gilt, für den beutel haben sie meinen schatten« (Adelbert von Chamisso, 372). Man kann Handel treiben, „Handel und Wandel" reimen und auch einfach „handeln", das heißt feilschen.

„Handeln" selbst ist ein Verb mit mindestens 15 Bedeutungen! Dabei ist das unpersönliche „es handelt sich um etwas" vielleicht die unsinnlichste Form, denn eine Hand ist hier sicher nicht mehr im Spiel. Manche sinnliche Bedeutung ist dagegen allerdings nicht sonderlich gebräuchlich: »handeln in der turnkunst heiszt sich auf den händen im stütz fortbewegen« (379).

Längere Abschnitte sind auch den Ausdrücken „handgreiflich", „handhaben", „händig", „handlich" und schließlich „Handlung" gewidmet. Hier liegt ein Schwerpunkt der Beispiele für die zwölf Bedeutungen beim „Bühnenwesen" (405), aber häufiger als sonst wird nun Immanuel Kant zum Beleg herangezogen: »das urtheil ist die handlung, wodurch der begriff wirklich wird«, »wir können der materie in ansehung ihrer unaufhörlichen handlung, dadurch sie ihren raum erfüllt, nicht freiheit beilegen«, »der gestoszene körper flieht alle fernere handlung des stoszenden« (Immanuel Kant, 404) oder »die gemeinschaft, die die menschen unter einander durch ... die handlung ... haben« (Immanuel Kant, 406). Gerade hier führt die Isolierung der Zitate vom Kontext den Nachschlagenden dazu, die Werke Kants in die Hand zu nehmen, um dort nach der Handlungstheorie zu suchen, die bei den Grimms natürlich fehlt. Zwar wird die Bedeutung des Wortes „Handlung" durch die Belege plastischer, aber doch keineswegs eindeutiger. Die Herausforderung des *Deutschen Wörterbuchs* besteht also darin, die in Redundanz und Varianz liegende Provokation zur Sprachreflexion anzunehmen – oder, auf der Ebene der Lexik verweilend, sich unendlich zu langweilen.

Die Abschnitte zu „Handschlag", „Handschrift", „Handschuh" können hier übergangen werden, aber der Eintrag zur „Handschrift" verdient Erwähnung, so kurz er ist. „Handschrift" bedeutet sinnlich-wörtlich den Schriftzug der Hand und dann unsinnlich, im übertragenen Sinne, das Schriftstück selbst. Fasziniert von der Hand suchen die Verfasser Belege, die gleich mehrfach die Hand anführen und so auch hier:

> »Terzky: sie haben documente gegen uns
> in händen, die unwiedersprechlich zeugen –
> Wallenstein: von meiner handschrift nichts.«
> (Friedrich Schiller, 415)

Der letzte längere Abschnitt befaßt sich mit dem Handwerk, das zum einen als das wörtliche „Werk der Hände" und zum anderen als übertragen gebrauchtes Gewerbe unterschieden wird. Dieses ist dann noch einmal leicht zu übertragen, wenn nicht mehr das handwerkliche Gewerbe gemeint ist: »wartet, ich singe die könige bald, die groszen der erde, / wenn ich ihr handwerk einst besser begreife, wie jetzt« (Johann Wolfgang von Goethe, 425). Die Verfasser schließen an dieses Beispiel direkt an: »auch obscön: *sie versteht das handwerk*«, wo die übertragene Bedeutung wieder ganz wörtlich verstanden sein will.

Die Hand in der Literatur

Ihre Belege entnehmen die Brüder Grimm sämtlich der Literatur aller Epochen und nicht etwa der zeitgenössischen Umgangssprache, die früher weniger denn heute schriftlich festgehalten wurde. Sie behandeln Sprache wie ein überzeitliches Korpus an Formen, die jederzeit im Sprechakt aktualisierbar wären. Literatur dokumentiert zwar solche Sprechakte, vor allem aber vervielfältigt sie deren Bedeutung durch Einführung neuer Kontexte. Der Sprechakt wird vertextet, was den Leser dazu zwingt, sich überhaupt erst einen Kontext vorzustellen, der die sprachliche Wendung verstehbar macht. Der literarische Text sagt nicht auch noch, *wie* etwas gemeint ist, er zeigt es bestenfalls durch die individuelle Gestaltung allgemeiner sprachlicher Formen. Die „Hand in der Literatur" weist also weit über den Versuch der Standardisierung der „Hand in der Sprache" hinaus. Während ein Wörterbuch die Bedeutungsvielfalt eines Wortes auf eine Norm zu reduzieren versucht, fächert die Literatur sie in individuellen Abweichungen wieder auf. Das soll hier nach einem allgemeinen Überblick über die Textfunktion der Hand gezeigt werden.

Wie in der bildenden Kunst, wo ihre Funktion offensichtlicher erscheint, erstreckt sich die Bedeutung der Hand in der Literatur vom konkreten, deskriptiven Detail bis zum allgemeinen Symbol (☞ Christadler). Die Hand charakterisiert persönliche Eigenschaften, veranschaulicht die weibliche Grazie in der Liebeslyrik und kennzeichnet in metaphorischer Verwendung Bitte und Vergebung, aber auch Energie, Macht, Spieltrieb und künstlerische Kreativität. Mit der Zeit entsteht aus den unterschiedlichen Verwendungen ein Motiv, das immer noch anschaulich genug differenziert wird in Gesten der Freundschaft, der erhobenen Faust, der gezückten Waffe oder in den zugeordneten Zeichen des Manipulierens oder Verderbens. Immer steht das Motiv als Verkürzung einer Figur oder eines komplexen Handlungszusammenhangs. Die Darstellungen unwillkürlicher Handbewegungen weisen zwar einerseits auf unbewußte oder unklare Gefühle hin, aber andererseits äußert sich gerade durch den Motivcharakter häufig die Überzeugung, daß Physis und Psyche zusammenwirken. In dieser Interaktion von Hand und „Geist" oder „Seele" verkörpert die Hand den starken Praxisbezug des menschlichen Willens. Ganz im Gegensatz zu anderen verkörpernden Motivkonstellationen wie der von „Herz" und „Geist" oder „Seele", die auf die Einheit der emotionalen und intellektuellen oder sittlichen und geistigen Anlagen des Menschen verweisen.

Im Grunde wird in der Literatur das ganze Bedeutungsspektrum der „Hand in der Sprache" ausgespielt und zwar wahlweise auf drei funktionalen Ebenen. Erstens *verstärken* weitere Zeichenkontexte die in der Sprache enthaltene Bildlichkeit. Zweitens wird diese Bildlichkeit durch die Rückführung des unsinnlich-übertragenen Ausdrucks auf seine sinnlich-wörtliche Herkunft in ihrer Bedeutung *aufgedeckt*. Und drittens wird metasprachlich auf die Medialität des Ausdrucks selbst *reflektiert*. Es folgen nun drei Beispiele für die Textfunktion der Hand, die das Repertoire natürlich nicht erschöpfen können.

An der *hilfsbereiten Hand* erkennt man den Helden oder die vorbildliche Figur, die die Welt von Ungeheuern säubert und die Menschen aus lebensgefährlicher Bedrohung oder tyrannischer Versklavung rettet. Sie charakterisiert den weisen Herrscher, den hilfsbereiten Lehnsmann oder Diener und den treuen Freund. In Schillers *Wilhelm Tell* (1804) und Emile Zolas *Paris* (1898) begründet das Motiv nicht nur die Eigenschaften der Figuren und einzelne Aspekte des Geschehens. Es stellt deutlich Spannungsbögen im Aufbau der Werke her. Hier wird das Motiv als Gegensatz zwischen helfender Hand und den Händen der Unterdrückung entwickelt und gipfelt im *Tell* in der Beseitigung der Landvögte und in Tells zum Himmel gereckter, reiner Hand, in *Paris* in der Verwandlung Guillaumes vom rasenden Anarchisten zum Maschinenkonstrukteur, der seine Arbeit in den Dienst der Allgemeinheit stellt.

Das Motiv der *manipulierenden Hand* charakterisiert Figuren, die nach Reichtum streben und ihre Mitmenschen zu diesem Zweck mißbrauchen. Sie werden häufig in der Literatur als Künstler der Manipulation geschildert, sind selbstsüchtig, verneinen die Ansprüche anderer und betrachten die Mitmenschen als austauschbare Objekte, die nach Belieben hin- und hergeschoben werden können. Die Charakterzüge dieser Personen wirken weniger bedrohlich in humoristischen Beschreibungen und Werken, in denen ihre Pläne vereitelt werden. Einige Autoren, beispielsweise Molière, verwenden im Aufbau der Konfliktsituation das Kontrastpaar Hand/Herz. Die Gegenüberstellung vertieft einerseits den Eindruck, daß die Hände einer seelenlosen Maschine angehören, andererseits bietet sich eine befriedigende Lösung der Auseinandersetzung, da die Personen, die auf die innere Stimme ihres Herzens hören, am Ende triumphieren. In anderen Werken übernehmen die durch die manipulierende Hand gekennzeichneten Figuren eine ausgeprägte Kontrastfunktion zu den vorbildlichen Handlungsträgern. Ihre Manipulationen werden am Zufall zunichte, scheitern aber auch an Umständen oder Prozessen, die sich ihrer Macht entziehen.

Die *zerstörende Hand* ist gewöhnlich eng verknüpft mit einem weitgespannten metaphorischen Feld der Vernichtung. Dieses umfaßt der jeweiligen Darstellung angemessene Szenen des Untergangs hilfloser Menschen und der Verwüstung des Landes, die Konstante Aggressor/Opfer und Bilder brutaler Verheerung in Schilderungen von Mord oder Vergewaltigung. Das Motiv unterstützt das Thema der Aggression und erscheint häufig im Zusammenhang mit Darstellungen der Willensanmaßung, des Bruderkonflikts und der Rache. Die zerstörende Hand wird zum Ausdruck des Machtrausches, des Aufstandes gegen die Natur, der rasenden Leidenschaft und des Tobens gegen undurchschaubare historische oder gesellschaftliche Prozesse. Durch die Nähe zu atavistischen Ausbrüchen und rituellen Morden wird das Motiv zum Brennpunkt in Tableaus der gesellschaftlichen Auflösung und Lebensverunsicherung, die jeder Vorstellung von menschlicher Entwicklungsfähigkeit, geschichtlichem Fortschritt und Zivilisation widersprechen. Das Motiv fängt die barbarische Festlegung auf das rein Physische ein und ruft daher immer gegensätzliche Vorstellungen einer überpersönlichen, humanen und rechtlichen Verfassung der Gesellschaft hervor. Die zerstörende Hand ermöglicht eine scharfe Profilierung der Figuren, hemmt oder verhindert jedoch jede Mehrdeutigkeit und Ambivalenz in der Charakterdarstellung. Das Motiv stellt eine klar umrissene Grenze zwischen Aggressor und Opfer her, begründet den kollektiven Widerstand und unterstreicht die explosiven Lösungen. Was nicht heißt, die an der Figur verlorene Ambivalenz übertrüge sich nicht auf den Text.

Natürlich gibt es in der Literatur auch das Motiv der *zärtlichen Hand* und noch einige andere Motive, auf die wir hier nicht näher eingehen können.

Im folgenden sollen zwei Beispiele den Umgang mit solchen Motiven erläutern: Die Leitmotivtechnik Thomas Manns bedient sich ihrer Charakterisierung der Figuren und ihrer Beziehungen untereinander, bei Heinrich von Kleist fungiert die Gestensprache der Hand darüber hinaus als Ersatz der Verbalsprache und erinnert damit an den „Ursprung" der Sprache.

Das Leitmotiv „Hand" bei Thomas Mann

Die Textfunktion der Hand beschränkt sich nicht nur auf ihre deskriptive oder symbolische Funktion, sondern sie strukturiert als wiederholtes Motiv, also als Leitmotiv, auf vielfache Weise den ganzen Text. Dies läßt Thomas Mann in einer poetologischen Bemerkung anklingen:

> »Das Motiv, das Selbstzitat, die symbolische Formel, die wörtliche und bedeutsame Rückbeziehung, über weite Strecken hin – das waren epische Mittel nach meinem Empfinden, bezaubernd für mich eben als solche.«
> (KRW[*], S. 840)

Mit der Formulierung »bezaubernd für mich eben als solche« deutet Thomas Mann – Leser seiner eigenen Texte – den Vorrang der Form vor dem Inhalt an. Konsequent vergleicht er sein formales Textverfahren mit der

»neuen thematisch-motivischen Gewebstechnik« (RW, S. 840) der Musik Richard Wagners:

> »Der Roman war mir immer eine Symphonie, ein Werk der Kontrapunktik, ein Themengewebe, worin die Ideen die Rolle musikalischer Motive spielen. ... und besonders folgte ich Wagner auch in der Benützung des Leitmotives, das ich in die Erzählung übertrug, und zwar nicht, wie es noch bei Tolstoi und Zola, auch noch in meinem eigenen Jugendroman „Buddenbrooks" der Fall ist, auf eine bloß naturalistisch-charakterisierende, sozusagen mechanische Weise, sondern in der symbolischen Art der Musik. Hierin versuchte ich mich zunächst im „Tonio Kröger". Die Technik, die ich dort übte, ist im „Zauberberg" in einem viel weiteren Rahmen auf die komplizierteste und alles durchdringende Art angewandt. Und eben damit hängt meine anmaßende Forderung zusammen, den „Zauberberg" zweimal zu lesen. Man kann den musikalisch-ideellen Beziehungskomplex, den er bildet, erst richtig durchschauen und genießen, wenn man seine Thematik schon kennt und imstande ist, das symbolisch anspielende Formelwort nicht nur rückwärts, sondern auch vorwärts zu deuten.«
> (EZ, S. 611)

Thomas Mann legt also mehr Wert auf die Lektüre der semiotischen „Musikalität" als auf die „bloß" semantische Thematik des Romans, mehr auf selbstreferentielle Machart als auf referentielle Aussage des Textes. Aus der linearen »Rückbeziehung über weite Strecken hin« von 1911 ist dabei 1937 ein »Beziehungskomplex« geworden. Ähnlich wie Robert Musil nicht mehr von »jenem berühmten Faden der Erzählung« sprechen kann, sondern von einer »unendlich verwobenen Fläche«, nimmt auch Thomas Mann die Textmetapher der „Gewebstechnik" wörtlich. Hier gibt es nicht nur ein „Vorwärts" und „Rückwärts", sondern auch Querverweise, und dann ist schließlich jede Bewegung im Zeit-Raum-Kontinuum eines Textes möglich. Ein solches »symbolisch anspielendes Formelwort«

---

*Die Werke Thomas Manns sind im folgenden jeweils mit diesen Kürzeln angegeben:
KRW: Mann, T. *Die Kunst Richard Wagners* (1911). In: *Gesammelte Werke in dreizehn Bänden*. Frankfurt (Fischer) 1960/1974, Bd. X.
RW: Mann, T. *Richard Wagner und der Ring des Nibelungen* (1937). In: a. a. O., Bd. IX.
EZ: Mann, T. *Einführung in den „Zauberberg"* (1939) In: a. a. O., Bd. XI.
Z: Mann, T. *Der Zauberberg* (1924). In: a. a. O., Bd. III.

im *Zauberberg* ist die „Hand" und das Textverfahren dieses Leitmotivs soll im folgenden kurz angedeutet werden.

Hier geht es vor allem um spezifische Redewendungen, die das Wort „Hand" enthalten, und zwar exemplarisch um „die Augen mit der Hand bedecken" und „auf eigene Hand". Andere Motivketten wie „von langer Hand her" und „Hände in den Taschen" ließen sich ähnlich verfolgen, und auch die Romanfiguren Hofrat Behrens, Clawdia Chauchat, Settembrini und Naphta werden durch ihre Hände charakterisiert und stehen somit immer in komplexem Zusammenhang mit den anderen Verwendungen der Hand im Text.

Das Leitmotiv „Hand" begleitet den Protagonisten Hans Castorp vom Anfang bis zum Ende des Romans. Er begibt sich mit seiner Fahrt nach Davos auf den „Zauberberg" in existentielle Gefährdung und sucht Schutz, indem er die Hand vor die Augen legt. Es ist nicht der für den Flachländer ungewohnte Anblick der Alpen, der ihn »für zwei Sekunden die Augen mit der Hand bedeckt« (Z, S. 14) läßt, sondern Hans Castorp wird, wie der Leser bei der zweiten Lektüre weiß, »angewandelt von einem leichten Schwindel und Übelbefinden«, das viel tiefer geht. Man könnte darin eine Vorahnung der zwiespältigen, sieben Jahre dauernden Erfahrung zwischen bürgerlicher Welt, die schließlich im ersten Weltkrieg mündet, und unbürgerlicher Welt des Sanatoriums, die im Verfall endet, sehen.

Als Hermine Kleefeld ihn mit dem Pneumothorax anpfeift, wird er ähnlich ergriffen »und indem er im Gehen die Augen mit der Hand bedeckte und sich vorneigte, wurden seine Schultern von einem raschen und leisen Kichern erschüttert« (Z, S. 75). Diese Stelle ist in ihrem Kontext etwas unverständlich, wenn man nicht wenigstens den Querverweisen zu den Motiven „kichern" und „Erschütterung" folgt. Diese führen dann zu Joachim (Z, S. 19, 736f), zu Marusja (Z, S. 104, 107, 163) und erklären das „Kichern" als kompensatorisch. Sie führen zu seiner Liebe Clawdia Chauchat, die ihn in ihrer Verbindung von Liebe und Tod so erschüttert, daß er zwar nicht kichern muß, aber dennoch Zuflucht bei der bezeichnenden Geste sucht:

»Ja, es war Schreck, Erschütterung damit verbunden, eine ins Unbestimmte, Unbegrenzte und vollständig Abenteuerliche ausschweifende Hoffnung, Freude und Angst, die namenlos war, aber des jungen Mannes Herz – sein Herz im eigentlichen und körperlichen Sinn – zuweilen so jäh zusammenpreßte, daß er eine Hand in die Gegend dieses Organs, die andere aber zur Stirn führte (sie wie einen Schirm über die Augen legte) und flüsterte: ›Mein Gott!‹
(Z, S. 289)

Natürlich ironisiert hier der Erzähler den Protagonisten und läßt ihn durch die Doppelungen geradezu sich selbst parodieren. Ein anderes Mal ist es Hans Behrens, der sich vor einer Todesahnung schützen muß: »Ich werde nun melancholisch«, sagte er und legte seine riesige Hand über die Augen« (Z, S. 372). Wenn dann Frau Engelhart Hans Castorp daran hindert, bei der Abreise von Clawdia Chauchat »das Gesicht mit den Händen zu bedecken« (Z, S. 483), so ist das eine Vorbereitung auf den Höhepunkt der Schneevision, wo die gleiche Geste symbolisch gesteigert wiederkehrt: »Grausende Eiseskälte hielt Hans Castorp in Bann. Er wollte die Hände vor die Augen schlagen und konnte nicht. Er wollte fliehen und konnte nicht« (Z, S. 683). Völlig ungeschützt ist er hier im Traum seinem inneren Zwiespalt ausgeliefert. Angesichts des Todes von Joachim taucht dieses Leitmotiv ein letztes Mal auf (Z, S. 724). Im Streit zwischen Settembrini und Naphta soll sich Hans Castorp zwischen Ost und West, Sinnlichkeit und Geistigkeit, Tod und Leben entscheiden, sie verwirren ihn, und Hans Castorp »winkte ab mit der Hand und legte sie dann über die Augen. Aber in das Dunkel, worein er sich vor der Verwirrung gerettet, klang Settembrini's Stimme« (Z, S. 723f).

Die Aufmerksamkeit des Lesers wird auch dort auf das Hand-Motiv gelenkt, wo das Wort gebraucht wird, ohne daß es nötig wäre. In den folgenden Ausdrucksformen und vielen weiteren könnten jeweils die drei Wörter „mit der Hand" gestrichen werden: »sich mit der Hand an die Stirn greifen« (Z, S. 120, 945), »sich mit der Hand auf den Schenkel schlagen« (Z, S. 81), »mit der Hand auf den Tisch« (Z, S. 220). Immer wieder drängt sich so im Text das Wort auf, das im seelischen Konflikt Hans Castorps die Rolle der Körperlichkeit und Materialität übernimmt: »Und dabei zieht es mich ... förmlich mit Händen, daß ich mich in den Schnee lege« (Z, S. 676). Die Körperlichkeit bedeutet den Tod, aber der (gestisch vorweggenommene) Tod das Leben, wobei es nicht mehr um eine Dialektik geht, eine Aufhebung auf höherer Ebene, sondern um eine Wechselwirkung, einmal auf der semiotischen Ebene der Signifikanten des Romans und dann auch auf der semantischen, die auf die Lebenswelt verweist.

Diese Funktion materieller Selbstorganisation hat die Hand auch in der Kombination „auf eigene Hand":

> »›Wenn ich nur wüßte‹, fuhr Hans Castorp fort, indem er beide Hände zum Herzen führte wie ein Verliebter, ›warum ich die ganze Zeit solches Herzklopfen habe‹ Aber wenn einem das Herz nun ganz von selber klopft, grundlos und sinnlos und sozusagen auf eigene Hand, das finde ich geradezu unheimlich, ... es ist ja so, als ob der Körper seine eigenen Wege ginge und keinen Zusammenhang mit der Seele mehr hätte, gewissermaßen wie

ein toter Körper, der ja auch nicht wirklich tot ist – das gibt es ja gar nicht –, sondern sogar ein sehr lebhaftes Leben führt, nämlich auf eigene Hand ....‹«
(Z, S. 103)

Statt „auf eigene Faust" gebraucht Thomas Mann die weniger übliche Wendung „auf eigene Hand", gemeint ist letztlich, Hans Castorp soll zu Eigenverantwortlichkeit gelangen. Was zuerst unmotiviert erscheint: »Er fühlte sein Herz klopfen dabei – unmotiviert und auf eigene Hand« (Z, S. 164), ist schließlich motiviert, das heißt, er kennt die Ursache seines Herzklopfens:

»Man konnte jetzt nicht mehr sagen, daß es auf eigene Hand, grundlos und ohne Zusammenhang mit der Seele klopfte ... Hans Castorp brauchte nur an Frau Chauchat zu denken – und er dachte an sie –, so besaß er zum Herzklopfen das zugehörige Gefühl.«
(Z, S. 198)

In der Folge handelt Hans Castorp selbständiger, bestellt Bücher, hält Ansprachen und lernt Skifahren »auf eigene Hand« (Z, S. 382, 495, 656), und als Joachim zurückkommt, erkennt er auch seine Verantwortung für ihn: »Joachim kommt wieder! ... Er kommt in schlechtem Zustande, ... ich werde nicht mehr so ganz auf eigene Hand hier oben leben« (Z, S. 691). Rekapituliert wird dieses Leitmotiv nur noch einmal als Hans Castorp eine Platte aus Bizets Oper *Carmen* hört. Als es um José „getan" ist, heißt es: »›Du meine Wonne, mein Entzücken!‹ sang er verzweifelt in einer wiederkehrenden und auch vom Orchester noch einmal auf eigene Hand geklagten Tonfolge« (Z, S. 901). In der Oper „spricht" das Orchester über den Protagonisten hinweg, es deutet aus dem Untergrund des Orchestergrabens Unbewußtes oder Geahntes, indem es eine Beziehung herstellt zu vergangenem oder künftigem Geschehen. Leitmotive errichten ein eigenes Bedeutungsgeflecht über der Handlungsebene, so wie das Orchester „auf eigene Hand" unter der Bühne agiert, unabhängig vom Personal des Textes und vom Erzähler. Der Hinweis auf Bizets Oper ist ein Hinweis auf Nietzsches Selbstüberwindung im „Fall Wagner" und damit einer »todesträchtigen« Romantik der »Fäulnis und des Verderbens« (KRW, S. 183).

Thomas Mann läßt also Hans Castorp „auf eigene Hand" tun, was vor ihm Nietzsche geleistet hatte. Auf eigene Verantwortung läßt er sich auf dem „Zauberberg" auf Krankheit, Liebe und Tod ein, holt sie aus seinem Unterbewußtsein herauf, stellt sich ihrer Ambivalenz und überwindet damit den inneren Zwiespalt. Der Weg zum Leben führt für ihn über den

Tod. Zum letzten Mal findet im Roman die Hand Erwähnung: »Seht, er tritt einem ausgefallenen Kameraden auf die Hand – tritt diese Hand mit seinem Nagelstiefel tief in den schlammigen, mit Splitterzweigen bedeckten Grund hinein. Er ist es trotzdem« (Z, S. 993). Settembrinis Idealismus, Naphtas Radikalismus – Castorp zertritt schließlich alle Ideale eines heroischen Zeitalters, opfert sich und besteht durch den nietzscheanischen Vitalismus der Hand, der selbst auf die Wechselwirkung von Körper und Geist, Leib und Seele setzt. Bei Nietzsche heißt es zwar: »Der schaffende Leib schuf sich den *Geist* als eine Hand seines Willens« (AZ[*], S. 40, Hervorhebung des Autors). Aber Nietzsche formuliert auch das Programm der literarischen Wirkungsästhetik, die sich über die in Schrift gestellte Wechselwirkung von Körper und Geist konstituiert: »Je abstrakter die Wahrheit ist, die du lehren willst, um so mehr mußt du noch die *Sinne* zu ihr verführen« (JGB, S. 95, Hervorhebung des Autors). Der Leser gelangt mit einem auf die Hände gerichteten Blick bei der Lektüre des *Zauberberg* nicht notwendig zu einer anderen semantischen Interpretation als über die der Handlungslogik, damit erklärt sich aber sicher ein Stück weit die semiotische Wirkung dieses Textes.

Ein Motiv wie „die Augen mit der Hand bedecken" ist ein Ausdruck der Gestensprache, der aber im *Zauberberg* nicht kommunikativ eingesetzt wird. In den Werken von Heinrich von Kleist rückt die Gestensprache dagegen so stark in den Vordergrund, daß sie schließlich die verbale Sprache ablöst. Während bei Thomas Mann die Hand leitmotivisch den Text strukturiert, strukturiert sie bei Heinrich von Kleist in ihrer gestischen Funktion die Kommunikation im Text.

Die Gestensprache bei Heinrich von Kleist

Im Sinne der oben ausgeführten Textfunktionen der Hand in der Sprache setzt Kleist das Motiv der Hand erstens als nonverbale Kommunikation ein, die die verbale Kommunikation verstärkt, zweitens als Gestensprache und Metaphorik der Handverletzungen, die die Kommunikation entlarvt,

---

[*] Die Werke Friedrich Nietzsches sind im folgenden jeweils mit diesen Kürzeln angegeben:
AZ: Nietzsche, F. *Also sprach Zarathustra*. In: *Kritische Studienausgabe*. Colli, G.; Montinari, M. (Hrsg.) München (dtv) und Berlin (de Gruyter) 1988, Bd. 4.
JGB: Nietzsche, F. *Jenseits von Gut und Böse*. In: a. a. O., Bd. 5, Aph. 128.

und drittens als Reflexion auf die Körperlichkeit von Sprache im Sinne von „ergreifen" und „begreifen".

Kein Körperteil findet bei Kleist häufiger Erwähnung als die Hand. Fast immer wird sie in der Kommunikation eingesetzt – sozusagen als physisch-mediale „Verlängerung" des Herzens, des Sitzes des Gefühls. „Gefühl" ist also zu verstehen in seiner sowohl psychisch-sensiblen wie auch haptisch-sensorischen Dimension, und aufgrund seiner Kant-Lektüre ist für Kleist nur diese sinnliche Gefühlswahrnehmung „wahr", nicht aber die unsinnliche Verstandeswahrnehmung. Kleist verstand sich selbst als „unaussprechlicher Mensch", das heißt, er mißtraute dem Repräsentationsmedium Sprache, und seine Protagonisten sind selten in der Lage, ihre Gefühle verbal zu äußern, statt dessen schweigen sie häufig, stoßen Interjektionen wie „Ach" und „Oh" aus, erröten und erblassen, stammeln und gestikulieren. Während die emotionale Bedeutung bestimmter konventioneller Gesten meist verlorengegangen ist, gewinnen sie in Kleists Texten diese Bedeutung wieder. In ihrer Sprachnot greifen oder halten, drücken oder küssen Kleists Charaktere die Hand des Kommunikationspartners. Es folgen ein paar Beispiele für die Hand als Mittel nonverbaler Kommunikation.

Gustavs Begegnung mit der Mulattin Babekan und ihrer Tochter Toni in *Die Verlobung in St. Domingo* beginnt und endet mit dem Bild einer ausgestreckten Hand. Auf der Flucht vor rebellierenden Sklaven sucht der Weiße Schutz auf dem Herrenhaus einer Plantage und trifft in der Dunkelheit unter dem Fenster auf Babekan. Er streckt seine Hand nach ihr aus, um die ihre zu ergreifen, und fragt nach ihrer Hautfarbe (II[*], S. 162). Er muß wissen, ob sie schwarz oder weiß, ihm Freund oder Feind ist. Später, darauf angesprochen, daß er im Haus der Gastgeber noch immer seinen Degen trägt, muß er seinen guten Willen beweisen. Er ergreift die Hand der Alten, drückt sie an sein Herz und schnallt den Degen ab (II, S. 164). Gegen Ende der Erzählung wird dann ein tragisches Mißverständnis dadurch symbolisiert, daß die ausgestreckte Hand keinen Kontakt mehr herstellen kann. Nachdem Gustav Toni erschossen hat, weil er denkt, sie habe ihn betrogen, versucht die Sterbende, ihm noch zu erklären:

> »›Ach!‹ rief Toni, und streckte, mit einem unbeschreiblichen Blick, ihre Hand nach ihm aus: ›dich, liebsten Freund, band ich, weil – !‹ Aber sie konnte nicht reden und ihn auch mit der Hand nicht erreichen.«
> (II, S. 193)

---

[*]Die römischen Ziffern bezeichnen die Bandnummer von Kleist, H. von *Sämtliche Werke und Briefe*. 2 Bde. München (Hanser) 1993.

Im wörtlichen und übertragenen, verbalen und nonverbalen Sinn bleibt Gustav für sie unerreichbar. Zu beachten ist, wie auch bei allen weiteren Handgesten, die Rolle des „Blickes". Die Physiognomie ist selbst eine Gestensprache, die jeden Kommunikationsakt komplexer und damit auch anschlußfähiger macht und das sowohl *im* Text als auch *als* Text. Gerade bei Kleist überlagern sich verschiedene Register der Kommunikation, deren vielfältige Interaktion hier nicht ausgeschöpft werden kann.

Eine weitere Handgeste findet sich an zentraler Stelle in der Novelle *Die Marquise von O...* . Der Graf F. macht der Marquise in seiner Sorge, ihr Vertrauen verletzt zu haben, einen Heiratsantrag. Dies tut er umso dringlicher, als er ihre Schwangerschaft ahnt und glaubt, daß sie ihn ihrerseits als deren Verursacher verdächtigen könnte: »und indem er ihre Hand nahm, als ob er sie küssen wollte, wiederholte [er]: ob sie ihn verstanden hätte?« (II, S. 110). In der Anwesenheit der Familie kann er nicht mehr sagen und versucht, sich also durch die Geste auszudrücken. Auch wenn sie allein gewesen wären, hätte er ihr den wahren Hergang ihrer ersten Begegnung nicht berichtet. Es handelt sich hier um eine Situation, in der einer der Komunikationspartner die jeder Kommunikation zugrundeliegende „doppelte Kontingenz" („ich denke, du denkst, daß ich denke ...", siehe Luhmann 1984) physisch zu umgehen oder gestisch zu durchbrechen sucht. Kurz darauf wird der Graf von der Mutter der Marquise gebeten, die Ereignisse seit der ersten Begegnung zu erzählen, und er läßt die Hand der Marquise los. Sobald aber wieder von seinem Antrag die Rede ist, und er ihr Versprechen erhält, sich die Antwort überlegen zu wollen, versucht er in gesteigerter Manualität zu artikulieren, was er nicht aussprechen kann:

»Der Graf nahm seinen Hut, trat vor die Marquise, und ergriff ihre Hand. ›Nun denn‹, sprach er, ›Julietta, so bin ich einigermaßen beruhigt‹; und legte seine Hand in die ihrige ... küßte der Marquise die Hand, und versicherte, da diese fragte, ob er von Sinnen sei: es würde ein Tag kommen, wo sie ihn verstehen würde!«
(II, S. 119)

Auch das Drücken der Hände des anderen hat für Kleist ein Kommunikationspotential, das er oft statt eines Dialogs gebrauchte. Kohlhaas' Frau zum Beispiel nimmt auf ihrem Totenbett dem Pastor die Bibel aus der Hand, sucht den Abschnitt „Vergib deinen Feinden" und zeigt ihn ihrem Mann: »Sie drückte ihm dabei mit einem überaus seelenvollen Blick die Hand, und starb« (II, S. 30). Einerseits stellt Lisbeth also haptisch-physiognomisch ihr Gefühl dar und gibt es nicht sprachlich wieder. Andererseits erinnert sie Kohlhaas nicht nur an die Bibel, sondern vermittelt über den

Händedruck noch den Glauben an die Worte der Schrift und ermahnt ihn, ihnen zu folgen. Sprachliche Repräsentation und physischer Ausdruck gelangen hier zur sich gegenseitig bedingenden Wechselwirkung. Auch Natalie im *Prinz Friedrich von Homburg* versucht, den Prinzen mit einem Händedruck davon zu überzeugen, das kurfürstliche Angebot der Begnadigung zu akzeptieren (I, S. 687, Vers 1315). Der Prinz drückt seinerseits ihre Hand, wie er sich eine Antwort überlegt (I, S. 689, Vers 1360). Lisbeth und Natalie versuchen also, ihren Geliebten die Gedanken, die sie retten könnten, förmlich in die Hand zu drücken. Ebenso versucht auch Graf Friedrich in *Der Zweikampf*, Littegarde Mut zuzusprechen, »indem er ihre Hand zwischen die seinigen drückte« (II, S. 254).

Nach Kleist gelingt Kommunikation dort, wo nicht Worte, sondern Gesten ausgetauscht werden und ein direkter körperlicher Kontakt hergestellt werden könnte. In der Miszelle *Brief eines Dichters an einen anderen* heißt es:

> »Wenn ich beim Dichten in meinen Busen fassen, meine Gedanken ergreifen, und mit Händen, ohne weitere Zutat, in den deinigen legen könnte: so wäre, die Wahrheit zu gestehn, die ganze innere Forderung meiner Seele erfüllt.«
> (II, S. 347)

Kleists Konzeption kommunikativer Wahrheit in der Gestensprache wird hier im Konjunktiv geäußert, also als Utopie oder poetologische Paradoxie formuliert: In wahrer Dichtung müßte Dichtung überflüssig werden, nämlich dann, wenn sie ganz körperliche Geste und nicht mehr verbale Sprache wäre. Das ist natürlich im Medium der Sprache nicht möglich, in dem aber immerhin dieses poetologische Paradox weiter entfaltet werden kann (Theisen 1996).

An zentralen Stellen stehen bei Kleist die Gesten der Berührung der Stirn oder des Bedeckens des Gesichts – also die Berührung des eigenen Körpers. Dies sind Gesten, die die Psyche des Protagonisten in seinen physischen Äußerungen entlarven – der zweite Aspekt der Textfunktion der Hand bei Kleist. »Sie fährt sich mit der Hand über die Stirn« (I, S. 381, Vers 1719) lautet die Regieanweisung, als eine an sich selbst zweifelnde Penthesilea versucht, sich zu erinnern, was es mit den zertretenen Rosen vor ihr auf sich hat. In ihrem Unterbewußtsein weiß sie, daß sie selbst nach ihrer Niederlage gegen Achilles den Siegerkranz zerstört hat. Unfähig, sich dessen zu erinnern, erklärt sie die verstreuten Rosen mit der ersatzweisen Erinnerung an einen beunruhigenden Traum, der verdrängten Niederlage gegen Achilles. Ihre körperliche Geste streift lediglich die Realität, sie ist unwillkürlich, aber deshalb umso bezeichnender.

Ähnlich wie in *Penthesilea* ist die psychische Konstellation in *Die Marquise von O...* Als Graf F. von seiner Reise zurückkommt, muß er entnervt erfahren, daß die Marquise von ihrem Vater wegen ihrer Schwangerschaft enterbt worden ist: »Der Graf schlug sich mit der Hand vor die Stirn« (II, S. 127) und beklagt »die Hindernisse«, die die Familie ihm und einer Heirat mit der Marquise in den Weg legt. Die Geste markiert den Unglauben des Grafen, aber auch, daß er noch unfähig ist, seine Schuld und deren Konsequenzen auf sich zu nehmen. Die Mutter der Marquise versucht dagegen später mit einer List, ihre Tochter zu einem Geständnis zu bringen, indem sie vorgibt, es habe sich jemand als Vergewaltiger gemeldet:

>»'Leopardo, der Jäger!' rief die Marquise, und drückte ihre Hand, mit dem Ausdruck der Verzweiflung vor die Stirn. 'Was erschreckt dich?' fragte die Obristin. 'Hast du Gründe, daran zu zweifeln?' 'Wie? Wo? Wann?' fragt die Marquise verwirrt.«
> (II, S. 135)

Die Marquise beantwortet die Frage der Mutter nicht direkt, weil sie in der Tat Gründe erinnern könnte, an der fingierten Geschichte zu zweifeln. Wie Penthesilea macht auch sie eine ersatzweise Erinnerung und hält die Vergewaltigung durch Leopardo für möglich: »Und damit legte sie ihre kleinen Hände vor ihr in Scham erglühendes Gesicht« (II, S. 135). Die schützende Geste verrät ein tiefergehendes Wissen von Irrtum und Schuld. Als sich Graf F. als der gesuchte Vergewaltiger entlarvt, wendet sie sich »beide Hände vor das Gesicht« (II, S. 140) haltend ab. Wieder der Versuch, mit der Körpersprache, der haptischen Verdeckung der Physiognomie, die sittliche Verfehlung des Körpers zu verdecken. Sprachlich hat sie keinen Zugriff auf die Wahrheit, aber dieses Wissen, das gleichsam „von anderer Hand" in ihren Körper eingeschrieben ist, läßt sich in ihrer Körpersprache lesen (Foucault 1976). Dabei ist diese gleichsam materielle „Schrift" zugleich kollektiver Natur, insofern noch ihre Körpersprache von kulturellen Normen geprägt ist, und individueller Natur, als sie auf ihre erste Begegnung mit dem Grafen und seinen Mißbrauch an ihr zurückgeht.

Noch dramatischer gestikuliert wird in den Schlußszenen von *Die Familie Schroffenstein* und am Ende von *Die Verlobung in St. Domingo*. Wie schon angedeutet, ist die Gestensprache der Schlüssel zur Figur des Gustav. Befreit von den Fesseln, die ihm Toni anlegen half, »drückte« er seinen Rettern »freundlich die Hand«, hob »die Rechte, und strich sich, mit einem unaussprechlichen Ausdruck von Gram, damit über die Stirn« (II, S. 192). Als Toni das Zimmer betritt, nimmt er mit der gleichen Hand eine Pistole und erschießt sie. Erst als er wiederholt geschüttelt und angerufen worden ist, beginnt er zu verstehen, was er getan hat. Wie oben gezeigt, kommt es nicht mehr zu einer letzten Berührung der Hände, statt dessen heißt es: »Gustav legte die Hände vor sein Gesicht« (II, S. 193). Er muß seine Schuld an diesem tragischen Ereignis eingestehen, und er erschießt sich. Es ist fast so, als stünden diese Schüsse in der Verlängerung der Gestensprache, denn während dieser ganzen Schlußszene sagt Gustav kaum etwas. Unter den gegebenen Umständen ist den Worten nicht mehr zu trauen, aber die Gesten sind nun Taten, die unumstößliche Fakten schaffen.

Das verhält sich auch so in *Die Familie Schroffenstein*. Hier wird der Streit zweier Verwandter nur dadurch geschlichtet, daß sie Hand an ihre eigenen Kinder legen. Rupert in der Absicht, die Tochter seines Feindes zu töten, ersticht statt dessen seinen eigenen Sohn. Die Tat befriedigt zwar seine Wut, verunsichert ihn aber auch und unwillkürlich sucht er nach einem Grund für diese Tat: »Rupert *fährt sich mit der Hand übers Gesicht.* ›Warum denn tat ichs, …? Kann ich es / Doch gar nicht finden im Gedächtnis‹« (I, S. 144, Vers 2516). Sylvester dagegen ermordet seine eigene Tochter, die er für den Sohn Ruperts hält. Keiner der Väter erkennt sein Kind, obwohl die Liebenden sich nur kurz die Kleider des anderen angezogen haben. Der blinde Großvater Sylvius verhilft den wirklich Blinden zur Wahrnehmung. Er braucht Ottokar nur zu berühren und erkennt ihn sofort (I, S. 149, Vers 2644). Auch Johann, den die unerwiderte Liebe zu Agnes wahnsinnig gemacht hat, gelangt zur gleichen Erkenntnis »die Leiche betastend« (I, S. 149, Vers 2649). Ein Blinder und ein Wahnsinniger ertasten die Wahrheit. Als Sylvester seine Tochter erkennt, bedeckt er sein Gesicht (I, S. 150, Vers 2665) und als Rupert seinen Sohn erkennt, fährt sich erst mit den Händen in die Haare (I, S. 150, Vers 2678) und bedeckt dann später das Gesicht (I, S. 150, Vers 2703). Beide müssen sich ihre Schuld mit der gleichen Gestik eingestehen: der Griff zum Kopf bezeichnet das Verzweifeln am eigenen Verstand, der zu solchen „Handlungen" in der Lage war, während die eigentlich kognitiven Leistungen der Hand von einem Blinden und einem Wahnsinnigen erbracht werden. Wahrnehmung bei Kleist ist keine intellektuelle, sondern vor allem eine taktil-emotionale Leistung.

Über die explizit kommunikative Gestensprache des Textes hinaus geht die implizit kommunikative Metaphorik der „verwundeten Hand": der Held trägt eine leichte Handverletzung davon, die aber läßt kommendes

Unheil oder Charakterschwäche ahnen. Achilles in der *Penthesilea* vernachlässigt eine Verletzung seines Armes, die er im Kampf mit den Amazonen erhalten hat: »Er hält den Helm in der Hand und wischt sich den Schweiß von der Stirn. Zwei Griechen ergreifen, ihm unbewußt, einen seiner Arme, der verwundet ist, und verbinden ihn« (I, S. 338, Vers 492). Wie seiner Verletzung schenkt Achilles auch der Möglichkeit einer Niederlage gegen Penthesilea keine Beachtung. Genauso mißachtet Prinz Friedrich von Homburg eine Verletzung, die er sich bei einem Sturz vom Pferd zugezogen hat. »Mit einem schwarzen Band um die linke Hand« (I, S. 650, Vers 401) erscheint er und führt den unbefohlenen Angriff gegen die Schweden. Als er später dem Kurfürsten die feindlichen Fahnen als Siegestrophäen präsentiert, möchte er die Verletzung am liebsten übergehen: »Die Hand hier, die ein Feldarzt mir verband, / Verdient nicht, daß du sie verwundet taufst« (I, S. 664, Vers 754f). Sowohl Achilles als auch der Prinz werden verwundet, kurz bevor sie leichtsinnig ihr Leben aufs Spiel setzen. Auch sie hören nicht auf die „Sprache des Körpers" und seine „Warnungen", sondern zeigen sich eitel genug, nur ihrem eigenen Willen und Verstand zu folgen.

Dies sind nur wenige Beispiele für Kleists Literarisierung der kognitiven Problematik der psycho-physischen Natur von Bewußtsein und Erkenntnis, die sich vor allem in der Unterscheidung zwischen *bewußt* und *unbewußt* zeigt. Als drittem Aspekt der Textfunktion der Hand bei Kleist werden dabei besonders die Worte „greifen", „ergreifen" und „fassen" in ihrer übertragenen mentalen Bedeutung den Ausdrücken „begreifen" und „sich fassen" in ihrer wörtlichen körperlichen Bedeutung gegenübergestellt. Kleists Figuren verlassen sich durchgängig nur auf ihre sinnliche Erkenntnis wie zum Beispiel Theobald in *Das Käthchen von Heilbronn* meint: »Ihr Herren, wenn ich das sagen könnte, so begriffen es diese fünf Sinne« (I, S. 434, Zeile 110) oder Ruprecht in *Der zerbrochene Krug*: »Was ich mit Händen greife, glaub' ich gern« (I, S. 217, Vers 1176). Metanarrativ betrachtet, entfalten diese Äußerungen das oben erwähnte poetologische Paradox: Im Medium der Sprache richten sie sich gegen ihre Medialität und favorisieren eine nichtmediale, körperliche Form von Kognition und Kommunikation.

Das Paradox löst sich insofern immer wieder auf, als Kleists Charaktere im Sinnlichen doch immer nur das Unsinnliche sehen, das Physische also doch immer nur die Funktion hat, Psychisches, das heißt Ideen und Konzepte, zu symbolisieren. Psyche und Physis werden in den Rückkopplungskreislauf von unsinnlicher Vorstellung und sinnlicher Wahrnehmung gebracht, der sich immer wieder als semiotisches Dreieck dokumentiert. Die Zeichen oder Symbole, die in diesem Dreieck generiert werden, finden sich regelmäßig in den Händen der Protagonisten: der Rosenkranz in der Hand der Amazone, der zerbrochene Krug in der Hand von Frau Marthe, der Lorbeerkranz, der Handschuh oder die Siegestrophäen in der Hand des Prinzen von Homburg, die Petition oder das Schwert in der Hand von Michael Kohlhaas und so fort. Das erklärt auch, weshalb trotz der Betonung der Sinne, der Gestensprache und von Worten wie „halten", „greifen", „angreifen", „fassen" Sinneserfahrung selbst nie qualitativ beschrieben wird. Gegenstände fühlen sich nicht irgendwie an, sondern werden nur wahrgenommen im Sinne dessen, was sie symbolisieren: Liebe, Ruhm, Gerechtigkeit oder ähnliches. Immer und immer wieder greifen die Figuren nach dem, was sie begehren, ob sie es nun begreifen oder nicht, wie Penthesilea nach Achilles:

»Des Lebens höchstes Gut erstrebte sie,
Sie streift', ergriff es schon: die Hand versagt ihr,
Nach einem andern noch sich auszustrecken.«
(I, S. 365, Vers 1287f)

Die Verwendung der Hand im Zusammenhang mit Verben wie „greifen", „begreifen", „fassen" und „sich fassen" reflektiert im Physischen also immer einen psychisch kognitiven Vorgang, der zwar metaphorisch gelesen werden kann, von den Protagonisten aber durchaus wörtlich genommen wird. Das drastischste Beispiel dafür ist Penthesilea, die am Ende versucht, die Idee der Liebe dadurch zu verstehen, daß sie *wirklich* verschlingt, was sie sonst *virtuell*, das heißt mental und emotional, hätte erfahren können: sie schlägt ihre Zähne in Achilles' Brust (I, S. 413, Vers 1670). Dabei thematisiert sie später selbst die Tragik des kognitiven Problems, daß sie Realität und Virtualität, Körperliches und Mentales, Tat und Wort nicht auseinanderhalten konnte:

»Was! Ich? Ich hätt ihn –? …
Mit diesen kleinen Händen hätt ich ihn –?
Und dieser Mund hier, den die Liebe schwellt –?
Ach, zu ganz anderm Dienst gemacht, als ihn –!
Die hätten, lustig stets einander helfend,
Mund jetzt und Hand, und Hand und wieder Mund –?«
(I, S. 424f, Vers 2956f)

Anfänglich kann Penthesilea ihren gestensprachlichen Kannibalismus, der ihr hier elliptisch-unaussprechlich geworden ist, nicht fassen, dann aber erscheint es ihr – halb von Sinnen – nur natürlich:

»So war es ein Versehen. Küsse, Bisse,
Das reimt sich, und wer recht von Herzen liebt,
Kann schon das eine für das andere greifen.«
(I, S. 425, Vers 2981f)

Wie manche, die am Hals des Freundes hängt,
Sagt wohl das Wort: sie lieb ihn, o so sehr,
Daß sie vor Liebe gleich ihn essen könnte ...
Sieh her: als ich an deinem [Achilles'] Halse hing,
Hab ich wahrhaftig Wort für Wort getan;
Ich war nicht so verrückt, als es wohl schien.
(I, S. 426, Vers 2993f)

Kleist dramatisiert hier das Problem der sinnlich-unsinnlichen Natur der Sprache allgemein, das sich natürlich auch auf alle semantischen Konzeptionen in der Sprache – und nicht nur das der Liebe – erstreckt. Dramatisch ist diese Inszenierung vor allem deshalb, weil Kleist zugleich Möglichkeiten und Grenzen zeigt. Seine Figuren verstehen nicht mit Hilfe ihres Verstands, sondern mit ihrem „Gefühl" und auch nicht im übertragenen Sinne emotional, sondern ganz wörtlich im haptischen Verfahren. So warnt einerseits Gertrude ihre Tochter in *Die Familie Schroffenstein*:

»Du sollst mit deinen Händen nichts ergreifen,
Nichts fassen, nichts berühren, das ich nicht
Mit eigenen Händen selbst vorher geprüft.«
(I, S. 94, Vers 1238f)

Andererseits entwirft Kleist in der Figur Penthesilea nicht nur die Erotik dieses Sprachersatzes, wenn sie meint: »Die Gefühle dieser Brust, O Jüngling, / Wie Hände sind sie, und sie streicheln dich« (I, S. 383, Vers 1772f), sondern markiert zugleich ihre kannibalistische Grenze.

Für Kleist heißt „fühlen" „wissen", und die Hand ist dementsprechend das Organ aktiver beziehungsweise passiver Verständigung. In seinen Werken artikuliert sich zugleich ein moderner Zweifel an der signifikativen Funktion der Sprache und eine ihr immanente Alternative: Gesten- und Körpersprache in ihrer intuitiven Verbindung mit dem Herzen und dem Gefühl sozusagen als „sechster Sinn". Dies bedeutet immer zugleich Vernichtung der konventionellen Sprache und Sprachschöpfung in einem individuellen Sprechakt. Angesichts ähnlicher sprachreflektierter Texte wie der Kleists drängt sich die Frage auf, ob die Suche nach dem „Ursprung der Sprache" nicht nur entlang einer diachronen, also geschichtlichen Achse, sondern auch auf einer synchronen Ebene verlaufen könnte.

Die Entwicklung, die die Sprache evolutionsgeschichtlich von nonverbaler zu verbaler Kommunikation genommen hat, würde sich dann in solchen literarischen Sprechakten gleichsam als Spontanevolution von Sprache laufend wiederholen.

Die Hand der Sprachhandlung

»Es gibt im Werke Rodins Hände, selbständige, kleine Hände, die, ohne zu irgend einem Körper zu gehören, lebendig sind, Hände, die sich aufrichten, gereizt und böse, Hände, deren fünf gesträubte Finger zu bellen scheinen wie die fünf Hälse eines Höllenhundes. Hände, die gehen, schlafende Hände, und Hände, welche erwachen; verbrecherische, erblich belastete Hände und solche, die müde sind, die nichts mehr wollen, die sich niedergelegt haben in irgend einen Winkel, wie kranke Tiere, welche wissen, daß ihnen niemand helfen kann. Aber Hände sind schon ein komplizierter Organismus, ein Delta, in dem viel fernherkommendes Leben zusammenfließt, um sich in den großen Strom der Tat zu ergießen. Es giebt eine Geschichte der Hände, sie haben tatsächlich ihre eigene Kultur, ihre besondere Schönheit; man gesteht ihnen das Recht zu, eine eigene Entwickelung zu haben, eigene Wünsche, Gefühle, Launen und Liebhabereien.«
(Rilke 1973, S. 374)

Rainer Maria Rilke bringt damit in ein paar Bilder, was die Brüder Grimm auf vielen Seiten systematisch ausdifferenzieren mußten, aber immer auf solche Bilder mit Beispielen aus der Literatur verweisend. Die literarische Qualität der Rilkeschen Beschreibung Rodinscher Hände, die Personifikation der Hände, hat gleichsam eine analytische: Hände sprechen ihre eigene Sprache, und gerade das, die Differenz des Sinnlichen/Unsinnlichen, macht sie zur Quelle weiterer sprachlicher Ausdrucksformen. Rilkes Verbalisierung der Skulpturen Rodins repräsentiert diesen „komplizierten Organismus" nicht, sondern versucht, sie mit Worten darzustellen. Sagen kann er es nicht, aber mit Worten zeigen, was ihn beeindruckt. Nicht ein Betrachter, sondern der Leser muß sich die Skulpturen nun vorstellen können, der Autor muß evozieren, also einen Effekt mit Worten erzielen, der dem vom Künstler gestalteten Stein „entspricht". Die Transformation ist eine vom Raum in die Zeit, vom Sinnlichen ins Unsinnliche, und sie ist zwar ein individueller Akt, aber immer auch eine Sprachhandlung, die kollektiven Regeln folgt, sonst wäre sie nicht verständlich. Die Sprache der Hände und die Sprache der Worte »ergießen sich in den großen Strom der Tat«, in diesem Fall die Sprachhandlung. Sie ist das einzige „Fundament" menschlicher Selbstreflexion, die letztlich nur auf ihr eigenes Medium rekurrieren kann und damit immer Beobachtung zweiter Ordnung bleibt, nämlich solcher Sätze, in denen auch bei Ludwig Wittgenstein Hand und Wort immer zusammengehen: »Habe ich die Begründungen erschöpft, so bin ich nun auf dem harten Felsen angelangt, und mein Spaten biegt sich zurück. Ich bin dann geneigt zu sagen: ›So handle ich eben‹ « (PU*, S. 279–544, § 217). Für die Philosophie bedeutet das eine Absage an Ontologie und Metaphysik, das heißt an einen Sinn, der außerhalb der Sprache zu suchen wäre und nicht immer schon im sprachlichen Handeln läge.

Besonders Kleists „sechster Sinn", das sich ergänzende Verhältnis verbaler und nonverbaler Kommunikation macht deutlich, daß Sprechen im wörtlichen und im übertragenen Sinne Handeln heißt und daß die Sprache „ursprünglich" – diachron und synchron betrachtet – eine Körpersprache ist. Das muß Kleist kaum explizit machen, aber Georg Christoph Lichtenberg tut es beispielsweise in folgendem Aphorismus: »Die Worte sind eine Art von Buchstabenrechenkunst für die natürlichen Zeichen der Begriffe, welche in Gebärden und Stellungen bestehen, die Casus der Substantiven sind die Zeichen« (Lichtenberg 1991, § 103). Auch die Wortsprache benützt Körperteile, nämlich Kehlkopf und Mund, aber schon viel früher in der Evolutionsgeschichte war Kommunikation ein körperliches Verhalten, bevor es sprachlich begleitet, kommentiert, bestimmt oder gar reflektiert wurde. Wie der Gebrauch des Körpers und vor allem der Hände ist dann auch das Sprechen ein Handeln. Schon Sokrates meinte: »Ist nicht auch das Sprechen eine der Handlungen?« (387b).

Es war Wittgenstein, der den Begriff der Sprachhandlung eingeführt hat: »Die Sprache ist für uns ein Kalkül; sie ist durch die *Sprachhandlungen* charakterisiert« (PG, 10. Kap., § 140, 193). Mit „Kalkül" oder „Buchstabenrechenkunst" sind die Elemente und Regeln der „Sprachspiele" gemeint: »Ich werde auch das Ganze: der Sprache und der Tätigkeiten, mit denen sie verwoben ist, das ›Sprachspiel‹ nennen« (PU, § 7). Den Aus-

---

*Die Werke Ludwig Wittgensteins sind im folgenden jeweils mit diesen Kürzeln angegeben:
PU: Wittgenstein, L. *Philosophische Untersuchungen*. In: *Schriften*. Rhees, R. (Hrsg.) Frankfurt (Suhrkamp) 1969.
PG: Wittgenstein, L. *Philosophische Grammatik, 1. Teil: Satz, Sinn des Satzes*. In: a. a. O., Bd. 4.
ÜG: Wittgenstein, L. *Über Gewißheit*. Anscombe, G. E. M.; Wright, G. H. (Hrsg.) Oxford 1969; deutsche Ausgabe: Frankfurt (Suhrkamp) 1970.

druck des individuellen „Sprechakts" hat dann John Rogers Searle geprägt.

Um zu erklären, was ein Sprechakt beziehungsweise die Bedeutung eines Ausdrucks wie „Hand" ist, muß wieder an das semiotische Dreieck von sinnlichem Lautmuster (oder Schriftzeichen), unsinnlicher Vorstellung und sinnlichem Gegenstand erinnert werden. Im Anschluß an das zu Anfang erwähnte Aristoteleszitat kann man sagen, daß es die Vorstellung ist, die aus dem physikalischen Lautmuster [hand] das sprachliche Ereignis des Wortes „Hand" macht. Vorstellungen sind aber nicht physikalische, sondern psychische Ereignisse. So verweisen Schriftzeichen auf Lautzeichen, Lautzeichen auf Vorstellungen und Vorstellungen auf Dinge. Entscheidend ist die unüberbrückbare Differenz von Wort und Ding. Die Identität schafft erst die Vorstellung. Das Wort „Hand" verweist nicht unmittelbar auf eine Hand, sondern nur mittels der Vorstellung einer Hand.

Doch auch »Vorstellungen bedürfen eines Trägers« (Frege 1967, S. 351). Es sei denn, man vermag so zu kommunizieren, wie es sich der Dichter in Kleists *Brief eines Dichters an einen anderen* wünscht, der am liebsten in seinen Busen fassen möchte. Daraus folgt, daß die Bedeutung des Ausdrucks „Hand" im jeweiligen Kontext nicht eine einzige Vorstellung sein kann, wenn diese Vorstellungen alle ganz privat sind.

Dementsprechend hat Gottlob Frege den Träger der subjektiven Vorstellung durch den des objektiven Sinns ersetzt (Frege 1967, S. 144). Im Grunde meinen wir doch dasselbe, wenn wir von einer „Hand" sprechen. Und doch ist dies nur eine Forderung, denn wir haben ja kein Kriterium für die Identität des Sinns. Und das bräuchten wir, wenn wir verstehen sollten, was es heißt, wenn es heißt: „Nimm das in die Hand!". Die Konstruktion eines objektiven Sinns ist also noch abwegiger als die Annahme von Vorstellungen, über die wir uns etwa verbal verständigen könnten.

Nach Wittgenstein komplettiert einen Sprechakt denn auch weder eine Vorstellung noch ein Sinn, sondern der Gebrauch: »Die Bedeutung eines Wortes ist sein Gebrauch in der Sprache« (PU, § 43). Der Gebrauch macht das physikalische Lautmuster oder die Zeichen auf dem Papier zum sprachlichen Zeichen. Diese Definition ist deshalb genial, weil sie in der Kategorie des „Gebrauchs" auf Rekursionen setzt: Innerhalb des semiotischen Dreiecks kommt der Ausdruck jetzt zwischen sinnlichem Zeichen und sinnlichem Ding zur Oszillation – wie eingangs zur Gestik Clintons bemerkt. Das Phänomen der Signifikanz wird also nicht von außen, subjektiv oder objektiv, erklärt, auch nicht materiell oder spirituell, sondern aus seiner Selbstreferentialität heraus. Das erklärt allgemein die Ambivalenz der Sprache und im besonderen die Zweideutigkeit der Auffassung eines Sprechakts als wörtlichem beziehungsweise übertragenem. Was heißt denn zum Beispiel „Er nahm die kalte Hand"? Hat er eine warme und eine kalte Hand, hat sein Gegenüber eine kalte Hand oder handelt es sich um ein Handwerkszeug (siehe oben)? Beides ist eben ohne weitere Kontextualisierung möglich, weil der Ausdruck überhaupt zwischen sinnlichem und unsinnlichem Pol oszilliert. Weder die Vorstellung noch der Sinn verleiht also einem Ausdruck Bedeutung, sondern erst der Gebrauch, der Sprachgebrauch und damit weitere Sprachhandlungen. Das heißt aber nicht, daß der Gebrauch willkürlich ist, sondern er ist als Sprachspiel regelgeleitet.

Die Regel ist beispielsweise die, für das Ding „Hand" immer nur den Ausdruck „Hand" zu verwenden – und nicht in einer Privatsprache „Sand" oder einen anderen Ausdruck. Was aber heißt es, eine Sprachhandlung nach einer Regel vorzunehmen? Handelt es sich um einen bestimmten Bewußtseinszustand? Entspricht es unserer Disposition? Nein, es ist die Gepflogenheit einer Sprachgemeinschaft, die mich veranlaßt, Wörter nach bestimmten Regeln zu verwenden. Damit ist die Regelhaftigkeit keineswegs erklärt, sondern es ist im Grunde nur auf die Selbstreferentialität der Sprachgemeinschaft verwiesen: Wir verständigen uns regelgeleitet, weil wir uns nur regelgeleitet verständigen können. So trivial das ist, so heißt es doch, daß nicht die psychische Vorstellung oder der kollektive Sinn die Regel bestimmt, sondern umgekehrt die Regeln Vorstellungen und Sinn. Erst wenn die Regeln verinnerlicht sind, entstehen Bedeutungen als Vorstellungen und Sinn, die wiederum auf Worte und Dinge projiziert werden können.

Natürlich kann ich eine Privatsprache definieren, aber nur im Rückgriff auf die öffentliche Sprache und auf Kosten der Verständlichkeit. Peter Bichsel hat das sehr schön in seiner Geschichte *Ein Tisch ist ein Tisch* gezeigt. Genauso könnte ich auch zum Grüßen, statt die Hand zu heben, einen Handstand machen, aber ich würde für verrückt erklärt werden. Wir folgen deshalb den Regeln blind, das heißt ohne Rechtfertigungen durch Bewußtseinszustände oder besondere Dispositionen. In gewisser Weise ist die Sprachhandlung also Training: Imitation der Eltern, Sozialisation und Individuation. Dies sind die dynamischen Institutionen des Sprachgebrauchs, die uns veranlassen und die es uns ermöglichen, jeweils denselben Regeln zu folgen, um uns zu verständigen – beziehungsweise sie zu brechen und uns der Verständigung zu verweigern.

Diese sprachlichen Institutionen sind soziale Lebensformen, die in biologische Lebensformen eingebettet sind, und deshalb gelten wohl evolutionäre Gesetze für beide. Dennoch gilt für die Sprachphilosophie, daß die letzten Tatsachen eben immer die sozialen Tatsachen des Sprachgebrauchs sind. »An diesem harten Felsen biegt sich der Spaten zurück«, wie Wittgenstein meint, denn alle anderen Phänomene – auch die der Naturwissenschaften – lassen sich ja immer nur sprachlich vermitteln. Und jeder Zweifel an diesen Sprachhandlungen wird sinnlos, weil solche sozialen Tatsachen des Sprachgebrauchs immer erst Voraussetzung sind, um den Zweifel zu artikulieren. Auf die Frage: „Warum handeln wir überhaupt nach sprachlichen Gewohnheiten?", kann man sinnvollerweise nur antworten: „Weil wir uns eben evolutionär vom Handeln zum Sprachhandeln gewandelt haben – und es immer noch tun."

Warum können wir uns dessen aber so sicher sein? Weil sich der Zusammenhang von Handeln und Sprachhandeln ständig, sozusagen als „Spontanevolution" von „Sprache" ereignet. Kleist führt diese Sicherheit implizit in seinen Texten vor, und Wittgenstein hat sie explizit entwickelt. In seinen letzten Bemerkungen *Über Gewißheit* stellt Wittgenstein noch einmal heraus, daß Handeln »am Grunde des Sprachspiels« (ÜG, § 204) im Ursprung eine Praxis des Körpers ist: »Warum bin ich denn so sicher, daß das meine Hand ist? Beruht nicht auf dieser Sicherheit das ganze Sprachspiel? Oder: Ist in dem Sprachspiel diese ›Sicherheit‹ nicht (schon) vorausgesetzt?« (ÜG, § 446). Die Regeln des Sprachspiels sind nämlich ursprünglich (oder gleichzeitig) herausgebildet aus den Regeln des Handgebrauchs: Berühren, Ergreifen, Zeigen, Ordnen. Die ersten Sprachspiele waren Spiele der Hand (Gebauer 1998).

Die Gewißheit der Sprache geht also auf die *sinnliche* Gewißheit des Körpers und besonders der Hand zurück. Einen Körper zu haben, ist aber vom Wissen – und deshalb auch vom Zweifel – ausgenommen, vergleichbar dem Auge, das selbst nicht im Sehfeld liegt. Trotz oder wegen dieser erkenntnistheoretischen Voraussetzungen in der Hand und im Körper sind also immer nur Beobachtungen zweiter Ordnung möglich, und gerade dies führen Kunst und Literatur in ihrer Bewegung der Selbstreferentialität vor.

*A*uf einem Bild Raffaels aus dem Jahre 1510, der „Schule von Athen", sieht man Platon und Aristoteles in einem ernsthaften Gespräch. Während Platon trotzig mit dem Finger nach oben zeigt und mit dieser Geste auf das himmlische Reich der Ideen verweist, hält Aristoteles seine Hand, wie es scheint beschwichtigend, auf Brusthöhe. Bekanntlich distanzierte sich Aristoteles von der Ideenlehre seines Lehrers Platon und richtete sein Augenmerk eher auf die irdische Erscheinungswelt. Aus diesem Grund besaß er auch eine andere Einstellung zum menschlichen Körper. In seiner Schrift über die Körperteile der Lebewesen („De partibus animalium") bezeichnet er beispielsweise die Hand bewundernd als das „Werkzeug aller Werkzeuge", das vom denkenden Menschen in der vielfältigsten Weise eingesetzt werden kann. Die Hand als „Werkzeug des Geistes" erfährt so bei ihm eine Wertschätzung, die Platon fremd war, auch wenn Aristoteles nicht wissen konnte, wie eng die Entwicklung des Handgebrauchs mit der Entstehung der Geistestätigkeit verbunden ist. Mit der Einstellung von Aristoteles ist die vieler Maler vergleichbar. Ihnen ist die Hand unverzichtbares Werkzeug, gerade um ihren Gedanken im Bild Gestalt zu verleihen.

Die Hand des Künstlers

Von Maike Christadler

Da die Darstellung der menschlichen Figur seit der Antike, über die Renaissance bis ins 20. Jahrhundert hinein, als das vornehmste Thema der Malerei galt, ist die Zahl der Hände in der Kunst Legion. Zwar war es zunächst das Antlitz, das die Wiedererkennbarkeit der Dargestellten gewährleistete, aber mit der Perfektionierung der wirklichkeitsgetreuen Wiedergabe kommt der Darstellung der Hände immer größere Bedeutung zu. Die Hand wird zu einem Charakterzeichen und schließlich – vor allem in der Moderne – zu einem prototypischen Ausdrucksträger. Das Leiden der Menschheit faßt Käthe Kollwitz in der verkrampften Hand zusammen, die schon bei Grünewald um 1500 das Symbol für die Schmerzen Christi war. Die Hand ist in der Kunst nicht bloße Abbildung, sie kann als Zeichen gelesen werden, das der Malerei bis zu einem gewissen Grad zur Sprachlichkeit verhilft. „Gestensprache", die in früheren Jahrhunderten weit ausgeprägter war als heute, ist leicht in die bildende Kunst zu übertragen. So lassen sich zum Beispiel „erhobene Hände" durch die gesamte Kunstgeschichte verfolgen, zu lesen als Zeichen für Trauer, Schmerz und Leid.

Dieser Aufsatz beschränkt sich jedoch auf eine andere Facette der Hand in der Kunst: Die Hand des Künstlers und ihr Stellenwert gegenüber der „Idee", also der geistigen Vorstellung des Künstlers, werden im Mittelpunkt stehen. Als exemplarische Epoche dient die Renaissance, die weitgehend den Begriff des Künstlers geprägt hat, den wir heute für gegeben hinnehmen.

Zwischen Idee und Ausführung

Für das Verhältnis von Hand und Kopf ist die gesellschaftliche Entwicklung des Künstlers vom Handwerker zum geistig Schaffenden ausschlaggebend. Hatte man im Spätmittelalter die Kunst noch vornehmlich an ihrem materiellen Wert gemessen und vertraglich genau festgelegt, wieviel Gramm Gold oder Ultramarin auf einem Bild aufgetragen werden sollten, so finden sich Ende des 15. Jahrhunderts immer mehr Hinweise darauf, daß zunehmend die Geschicklichkeit und Kunstfertigkeit des ausführenden Künstlers gefragt waren und bezahlt wurden. Im 16. Jahrhundert versuchten die bildenden Künste dann, in den Kanon der *Artes liberales* aufgenommen zu werden, dazu mußten sie sich als Produkte des menschlichen Geistes – und weniger seiner handwerklichen Fähigkeiten – verkaufen. Das führte zu einer Aufwertung der „Idee" gegenüber der manuellen Arbeit. Um diese Aufwertung zu legitimieren, verglich man die künstlerische Kreativität mit der Schöpfung. Auf Bildern ist der Schöpfergott seit dem Mittelalter als Architekt zu sehen, mit Winkel und Zirkel. Zunehmend wird er jedoch auch als Maler bei der Arbeit dargestellt und die lebendige Welt mit einer künstlerischen Schöpfung verglichen. Es geht also einerseits um eine „Vergeistigung" des Malens, andererseits „erfindet" die Renaissance gleichzeitig die autonome Zeichnung (die allerdings noch lange nicht so heißen wird), die in immer stärkerem Maß als Indiz für die Originalität des Künstlers, als Ausdruck seiner individuellen „Handschrift", herangezogen wird.

Der Florentiner Maler, Architekt und Kunsttheoretiker Giorgio Vasari (1511–1574) setzt in seiner Sammlung von Künstlerviten *Leben der ausgezeichnetsten Maler, Bildhauer und Baumeister* (1568) künstlerisches Talent als notwendig voraus; er legt den Künstlern jedoch trotzdem eindringlich ans Herz, sich stets in der Zeichnung nach der Natur zu üben, um Sicherheit, Schnelligkeit und Unfehlbarkeit der Hand zu trainieren. Der menschliche Körper ist dabei das erste Ziel der künstlerischen Fertigkeit, er wird immer wieder, als Ganzes oder in Fragmenten, dargestellt – wobei den Studien zur Hand eine bedeutende Rolle zukommt. Diese sind im ausgehenden Mittelalter noch eher als Vorlagen spezifischer Handhaltungen zu begreifen, in der Renaissance dann als Zeichnungen nach individuellen Händen.

Die Kunstfertigkeit und Sicherheit der zeichnenden Hand steht auch im Mittelpunkt der antiken Künstlerlegende, die vom Wettstreit zwischen den Malern Apelles und Protogenes berichtet: Apelles besucht das Haus seines Konkurrenten, der jedoch nicht da ist. Anstelle einer Botschaft hinterläßt er eine gemalte Linie auf der Maltafel. An dieser erkennt der zurückgekehrte Protogenes sofort die Handschrift des Apelles. Er zieht eine noch feinere Linie darüber und versteckt sich beim nächsten Besuch des Apelles, um dessen Niederlage zu beobachten. Doch Apelles gelingt es, eine dritte, die feinste, Linie zu ziehen, und Protogenes muß sich geschlagen geben. Im Wettstreit der beiden Maler geht es um die Geschicklichkeit ihrer Händ;, diese ist der Maßstab, an dem über „gut" und „besser" geurteilt wird.

Die kunsttheoretische Literatur des 16. Jahrhunderts ist einerseits bemüht, den Künstler aus dem Handwerker- in den Denkerstand zu erheben, andererseits entwickelt sich langsam die Vorstellung der Originalität des einzelnen Kunstschaffenden, die unter anderem an seiner „Handschrift" abzulesen ist. Demgemäß müssen die Kunsttheoretiker die Idee über die handwerkliche Ausführung stellen, aber gleichzeitig die Besonderheit der schaffenden Künstlerhand berücksichtigen. So ist die Hand das ausführende Organ, Sklavin des Geistes, aber sie ist eben auch das Instrument, das den geistigen Entwurf des Künstlers überhaupt erst sichtbar macht. Vasari definiert die Zeichnung folgendermaßen: Es sei der Intellekt, der dem Künstler erlaube, sich ein allgemeines Urteil zu bilden. Dieses wiederum führe zu der Fähigkeit, Proportionen zu erkennen, die den Geist des Künstlers eine „Idee", das heißt eine Vorstellung, ausbilden ließen. Diese „Idee" werde mit Hilfe der Hände in eine Zeichnung umgewandelt, die damit ihr direkter Ausdruck sei. Um den Ausdruck nicht zu verfälschen, müßten die Hände durch jahrelanges Zeichnen geschult sein. Diese Abhängigkeit von Hand- und Kopfarbeit wird sehr treffend durch das italienische Wort *disegno* ausgedrückt, das bei Vasari und seinen Zeitgenossen sowohl „Zeichnung" als auch „Idee" heißt. Der Florentiner Maler und Kunstkritiker Paolo Pino schreibt in seinem *Dialog über die Malerei* (1548) die Geschicklichkeit der Hand und ihre Schnelligkeit und Sicherheit dem Talent des Künstlers zu. Dementsprechend ist natürlich die Benutzung eines Malstockes zum Abstützen der Hand völlig verpönt. Der ebenfalls aus Florenz stammende Künstler und Theoretiker Federico Zuccari hingegen unterscheidet um 1600 eindeutig zwischen der handwerklichen Arbeit der Hand, die lernbar, und der „Idee", die dem Geist entspringe und göttlich sei. Jedoch findet sich schon in der Kunsttheorie der ersten Hälfte des 16. Jahrhunderts die Verachtung für das Handwerkliche in der Kunst: Der Wettstreit zwischen Malerei und Bildhauerei verweist letztere meist auf den zweiten Rang, allein, weil sie einen höheren manuellen Aufwand erfordert und „schmutzig" ist. Ende des 16. Jahrhunderts hat sich die Beurteilung von Kunst noch weiter von ihrer handwerklichen auf ihre geistige Qualität verschoben. In diesem Sinne ist jener Stich Marcantonio Raimondis zu verstehen, der Raffael mit verborgenen Händen vor einer leeren Leinwand und unberührten Farbtöpfen zeigt: Das Bild bleibt unsichtbar, es ist in der Figur des Künstlers verkörpert, existiert einzig in dessen Vorstellung, seiner „Idee". Gotthold Ephraim Lessing bringt dieses Konzept des aus dem Geiste schaffenden Künstlers zu einem Höhepunkt, als er den Hofmaler Conti in der *Emilia Galotti* die rhetorische Frage stellen läßt, ob Raffael nicht auch ohne Hände das größte Malergenie gewesen sei.

Parallel zu dieser Entwicklung läßt sich jedoch ein anderes Phänomen beobachten, das zunächst widersprüchlich zu sein scheint. Schon von Tizian behaupteten zeitgenössische Kunstbetrachter und Künstler, er habe die Finger und die ganze Hand zur Hilfe genommen, um seine Farben auf der Leinwand zu verteilen. Damit hinterläßt die mit der Materie arbeitende Hand individuelle Spuren, der Künstler macht den manuellen Schaffensprozeß sichtbar. Es ist aber weniger dieser ganz direkte Abdruck der Künstlerhand, der Kunst-Geschichte gemacht hat, sondern der mit ihm zusammenhängende Begriff der *maniera*, der von *mano*, Hand, hergeleitet ist und heute mit „Stil" übersetzt werden könnte. Der Stil ist jedem Künstler eigen und unterscheidet ihn von seinen Konkurrenten. Er ist der Ausweis seiner Originalität und der Beweis der Eigen*händ*igkeit seines Werks. All diese Kriterien gewinnen im Laufe des 17. Jahrhunderts zunehmend an Bedeutung, in einem Jahrhundert also, das zwar einerseits von den Kunstakademien dominiert wird, die einen Epochalstil begründen und normieren, in dem andererseits jedoch die individuelle Handschrift des Künstlers immer ausgeprägter und virtuoser wird. Hatte man zuvor die Geschlossenheit und „Geleckheit" der Bildoberfläche gesucht, so wurde diese im Laufe des 17. Jahrhunderts zur „Frauensache" und bekam, wie der gewählte Ausdruck noch heute signalisiert, eine negative Konnotation. Nicht mehr das „Geleckte" war jetzt gefragt, sondern das Virtuose, skizzenhaft Hingeworfene, das als Ausdruck besonderer Virilität angesehen und damit positiv bewertet wurde.

Im gleichen Zeitraum emanzipierte sich auch die Zeichnung vom Entwurf, der Vorarbeit, zu einem autonomen Kunstwerk. Gerade die Skizze, die noch im 16. Jahrhundert häufig allein in Bezug auf das vollendete Gemälde betrachtet wurde, ist im 17. und noch mehr im 18. Jahrhundert das Ziel künstlerischen Schaffens. In ihr scheinen die spontane Eingebung des Geistes und die Virtuosität in der manuellen Ausführung auf eine unüberbietbare Weise gekoppelt. Damit ist eine Entwicklung skizziert, die das Körperliche der Hand immer mehr zugunsten einer spirituellen Überhöhung der künstlerischen „Idee" und der „genialen" Künstlerpersönlichkeit zurückweist. Die Hand wird identisch mit der „Handschrift", die ihrerseits zu einem unverkennbaren Zeichen von Autorschaft avanciert und mehr das Original als die Originalität kennzeichnet.

Der Kunsthistoriker Giovanni Morelli – der dafür bekannt war, unsignierte Bilder ihrem „Schöpfer" zuzuordnen – band in der zweiten Hälfte des 19. Jahrhunderts das Erkennen eines spezifischen künstlerischen Stils an die Details eines Gemäldes, die der Künstlerhand zur Routine geworden seien: Nur an den Zeichen der Hand, die am Geist „vorbeigeschmuggelt" würden, könne die Handschrift und damit die Autorschaft abgelesen werden (zum Beispiel an Ohrläppchen oder Fingernägeln, die der Künstler als Routinearbeiten ohne besondere Aufmerksamkeit ausführe). Dort, wo die Hand sich materialisierte, war sie also zwar notwendig für die Bestimmung von Wert und Wertung des Gemäldes, gleichzeitig war sie jedoch ein Hindernis für die reine Transzendenz.

Sinn-Bilder des Schöpferischen

In Bezug auf die Moderne lassen sich zwei Thesen zu Hand und Handschrift vertreten: Der Kult um den Künstler hat auch nach dem proklamierten „Tod des Autors" keine Einbuße erlitten. Der Künstler bleibt als „Genie" unumstritten, und die Handschrift ist (selbst im Zeitalter der Computerkunst) bedeutsam wie noch nie, um Authentizität zu gewährleisten. Oder: Die Künstler sind ihre eigene Entmaterialisierung leid und versuchen, in ihre Kunst gerade ihren Körper miteinzubeziehen. Die beiden Positionen schließen einander keineswegs aus: Während erstere hauptsächlich ein Marktproblem ist – ein Künstler muß teurer oder billiger als der andere gehandelt werden –, ist letztere aus der Perspektive der Kunstschaffenden formuliert. Wie schon im 16. Jahrhundert vor allem die Künstler um die notwendigen Fähigkeiten der Hand wußten, die Humanisten dagegen die Überlegenheit der „Idee" vertraten, so zeigt sich dieser Unterschied auch heute. Künstler wie Georg Baselitz und Sigmar Polke haben sich ausführlich mit der Hand beziehungsweise mit ihrer eigenen Hand beschäftigt – vielleicht in Anlehnung an Picasso, der als einer der ersten Künstler im 20. Jahrhundert das Selbstportrait von der Darstellung des Gesichts auf die Präsentation seiner Hand übertragen hat. Der Bronzeguß seiner Rechten, der die Form der Hand ebenso detailgetreu wiedergibt wie die Handlinien, ist gleichzeitig die in Materialschwere geronnene Körperlichkeit von Picassos Hand und die Individualisierung von Gottes Schöpferhand.

Aber nicht nur die Kunsttheorie thematisiert das Verhältnis von der Hand zum Geist. Die Bilder selber intervenieren in diesem Disput um die Hierarchie von Denken und Ausführen. Die Künstler schaffen gemalte Stellungnahmen zum Thema, vor allem in ihren Selbstportraits – einer Gattung, die im 16. Jahrhundert ihre erste Blüte erlangt und deutlicher Ausdruck des gestiegenen Selbstbewußtseins der Maler ist. Meist steht das Interesse im Vordergrund, sich als zu einer gehobenen sozialen Schicht zugehörig zu zeigen. Auf vielen Selbstportraits finden sich lediglich Andeutungen auf die künstlerische Tätigkeit: Doch ein Zirkel oder ein Pinsel ist ein unmißverständlicher Hinweis, selbst wenn er halb versteckt ist. Häufig weisen sich die Dargestellten gar nicht durch Attribute als Maler aus, sie insistieren vollständig auf ihrer geistigen Tätigkeit – wie zum Beispiel Raffael, der selbst auf seinem Selbstportrait auf die Darstellung seiner Hände verzichtete. Allerdings ist die aktive Hand des Künstlers ja auch das einzige Körperteil, das nicht Modell stehen kann – sie ist immer in Bewegung, sie produziert und ist insofern für den Maler selber nicht faßbar. Die Hand des Künstlers setzt gleichsam eine unsichtbare Spur, sie gibt die magische Berührung, die gerade das Selbstportrait zu einer Reliquie der Künstlerverehrung werden läßt. Auf den zwei ausgewählten Bildbeispielen ist die Hand jedoch deutlich in die Selbststilisierung des Künstlers einbezogen und stellt die künstlerischen Fähigkeiten ihres Trägers zur Schau.

Albrecht Dürer (1471–1528) war einer der ersten Renaissance-Künstler, die sich mit der menschlichen Proportion beschäftigten. Er vermaß seine eigene Hand und machte sie zur Maßeinheit für Körperdarstellungen. Die Hand ist in seinem Fall aber weder „nur" ein Körperfragment noch „nur" eine Maßeinheit, sie ist vielmehr das Zeichen seiner Kunst schlechthin. Dürers Münchner Selbstportrait von 1500 zeigt das frontale Brustbild des Künstlers, dessen Signatur ausdrücklich auf sich selbst verweist (Abbildung 12.1). Die ebenmäßige Symmetrie des Bildes, die Lockenpracht des Haares und die absolut wirklichkeitsgetreue Wiedergabe, die das Streben nach Perfektion spürbar macht, sind in der Literatur oft bemerkt worden. Tatsächlich orientierte sich Dürer am Schema der „Vera Ikon" – des angeblich wahrhaftigen Christusbildes – und wagte somit zum ersten Mal den Vergleich von göttlicher und künstlerischer Schöpfung. Der Künstler schafft gottgleich eine zweite Natur, die der tatsächlichen Natur aufgrund ihrer Unsterblichkeit gar überlegen ist. Das Instrument dieser Schöpfung nun ist, außer der obligatorischen intellektuellen Fähigkeit, die Hand – und auch diese wird ikonographisch, ebenso wie das Vera-Ikon-Schema, aus der Gottesdarstellung übernommen: Gott wird, wie gesagt, in der mittelalterlichen Buchmalerei oft als Maler oder Architekt imaginiert, oder seine Weisungen werden mit Hilfe einer aus dem Himmel ragenden Hand symbolisiert.

Dürers scheinbar rechte Hand faßt in den Pelzkragen, mit dem er seinen Wohlstand andeutet, die linke Hand ist unsichtbar. Bedenkt man, daß sich der Künstler mit Hilfe eines Spiegels gemalt haben muß, so wird aus der rechten jedoch die linke Hand und die unsichtbare Rechte darf bei der Arbeit an genau dem Bild vermutet werden, das wir jetzt vor Augen haben. Die Finger der am Kragen liegenden Hand spielen mit dem Haar des Pelzes, das, wie die Locken Dürers, in unendlicher Feinheit gemalt ist. Die elegante Unbehaartheit der Hand wird dadurch betont, aber auch ihre Sensibilität. Bezaubert von der täuschend echten Darstellung des Pelzes, wird der Betrachter darauf hingewiesen, daß diesem eine haptische Qualität innewohnt, die wahrzunehmen nur die Hand in der Lage ist. Dürer beansprucht also nicht nur den schöpferischen, gottgleichen Geist für sich, sondern auch die Handfertigkeit, diesen sichtbar werden zu lassen. Die Darstellung seiner Hand, unter deren Haut deutlich die Venen zu erkennen sind, liefert gleichzeitig den Beweis für Dürers anatomische Kenntnisse:

332 Die Hand – Werkzeug des Geistes

12.1 Albrecht Dürer, *Selbstportrait* (1500). München, Alte Pinakothek.

Die Hand wirkt eher wie von innen nach außen aufgebaut als von außen abgemalt. Damit beweist der Künstler, daß er das Innere der Natur kennt und nach ihrem Schöpfungsprinzip verfährt. Die gemalte Hand ist Dürers selbstbewußte Demonstration seiner kreativen, naturwissenschaftlichen und künstlerischen Fähigkeiten. Nachrufe auf Dürer betonen die Schönheit und Eleganz seiner Hand und die Sicherheit und Exaktheit, mit der sie zu zeichnen in der Lage war.

Bereits Cennino Cennini legt in seinem Malereitraktat vom Ende des 14. Jahrhunderts großen Wert auf die Eleganz und Feinheit der Hand seines idealen Künstlers, die untrennbar mit seinen künstlerischen Fähigkeiten einhergehen. Damit klingt der oben geschilderte Wettstreit von Apelles und Protogenes an, aber auch der Anspruch auf die „vornehme Hand", die den Künstler vom Handwerker unterscheidet und ihm eine gehobene soziale Position zuweist. Die Nachrufe auf Dürer machen deutlich, daß die Künstler seit Beginn des 16. Jahrhunderts in den Humanisten Verbündete im Kampf um die Nobilitierung ihres Standes gewonnen hatten.

Die Hand ist das probateste Instrument des Tastsinns. Als Zeichen für diesen nimmt sie in Dürers Selbstportrait einen herausragenden Platz ein. Seine Bildformulierung, die elegante Blässe der Haut seiner Hand gegen den haarigen Pelz seines Kragens zu setzen, begründete in der Geschichte der Bilder eine lange Tradition. Es sind allerdings weniger die Künstlerselbstportraits, die sich seiner Idee bedienen. Vielmehr wird der symbolisierte Tastsinn mit der Darstellung des Frauenkörpers verbunden. Das Bild der Frau soll dem Betrachter einerseits ermöglichen, sein Lustgefühl in der visuellen Wahrnehmung zu sublimieren. Andererseits muß es so verführerisch sein, daß er eigentlich das Bedürfnis spürt, den Frauenkörper, also das Bild, zu berühren. Um ein solches Bedürfnis zu wecken, bedienen sich die Künstler entsprechender Hinweise im Bild. So wählt Peter Paul Rubens in dem Portrait seiner zweiten Lebensgefährtin, Hélène Fourment, das den Titel *Het Pelsken* (um 1636/38) trägt, genau die Strategie, die schon Dürer so perfekt in Szene gesetzt hatte (Abbildung 12.2). Er malt den nackten Körper der jungen Frau in all seiner Weichheit und Fleischlichkeit, er bringt ihre Haut zum Schimmern und läßt sie sich als Kontrast zum Teil mit einem Pelz bedecken. Nun ist natürlich der Pelz nicht nur als Gegensatz zur unbehaarten Frauenhaut zu verstehen, er ist gleichzeitig die symbolische Sichtbarmachung des geheimsten Ortes des Frauenkörpers. In doppelter Hinsicht wird der Pelz so zu einem Zeichen sexueller Begehrlichkeit: Er macht sichtbar, was eigentlich verborgen bleiben muß, und indem die Frauenhand in das Haar des Pelzes greift, um ihn festzuhalten, thematisiert er das Begehren im Tasten und Spüren. Rubens hat die anatomische Genauigkeit zugunsten der Darstellung der Hand im Pelz stark gebeugt: Der Arm seiner Geliebten ist viel zu lang geraten; dafür bringt ihre Hand den Pelz und kostbares Tuch zur Geltung und befindet sich gefährlich genau an der Stelle, die der Pelz verbergen soll und zugleich sichtbar macht.

Aber nicht nur be-fühlen, sondern auch be-greifen ist die Aufgabe der Hand. Auf die Analogie der Künstler-Hand zur Gottes-Hand habe ich oben schon hingewiesen; Dürer hat sie angedeutet, indem er seine Hand seinem (christusähnlichen) Gesicht zuordnete, Picasso hat sie als Ausdruck eines ausgeprägten Geniebegriffs in Bronze materialisiert. Ein

12.2 Peter Paul Rubens, *Het Pelsken* (1636/38). Wien, Kunsthistorisches Museum.

Merkmal der so konzipierten Hand ist, daß sie bewegt. Gott hat im Schöpfungsprozeß, als er Adam aus Erde und Eva aus Adams Rippe formte, die Materie belebt. Die Künstlerhand versucht, eben diese Belebung in der künstlerischen Mimikry nachzuvollziehen: »Es scheint, als würden sie leben« ist eine der liebsten Beschreibungsformeln Vasaris für Portraits. Gleichzeitig mit den Künstlern strebte jedoch noch ein anderer Berufszweig nach gesellschaftlicher Anerkennung, dessen „Handarbeit" bis ins 16. Jahrhundert hinein wenig geschätzt war: die Anatomen und Chirurgen. Die Vertreter dieses Handwerks und die Kunst trafen sich nun dort, wo die Anatomie des Menschen einer breiten Öffentlichkeit vorgeführt werden sollte, im Buchdruck. So illustrierte beispielsweise der Niederländer Jan van Kalkar das berühmte Werk des Andreas Vesalius *De humani corporis fabrica* (1543). Von ihm stammt auch das Portrait des Anatomen, der den Arm einer Leiche seziert. Eine genaue Betrachtung des Bildes hat ergeben, daß Vesalius gerade dabei ist, genau die Sehnen des Arms zu durchtrennen, die ein Zusammenziehen der Nerven hervorrufen, so daß die Hand verkrampfen wird. Der Anatom läßt sich also vom Künstler in dem Moment portraitieren, in dem er zum Beweger der toten Materie wird – ein Anspruch, den eben auch die Künstler hatten, deren Bilder „lebendig" wirken sollten.

Im Falle des Selbstbildnisses von Parmigianino (1503–1540) wird die Selbststilisierung des Künstlers noch deutlicher (Abbildung 12.3). Er bedient sich nicht länger des christlichen Motivkanons – was Dürer mit der Anlehnung an die Christus-Ikone getan hatte –, sondern vertraut allein der künstlerischen Wirkung seines Bildes. Was er bei seiner Selbstspiegelung in einem Konvexspiegel gesehen haben mag, das hat er mit Farben auf eine hölzerne Halbkugel übertragen. Er hat seine Hand, die im Spiegelbild wiederum die rechte ist, fast als Barriere zwischen sich und den Betrachter gelegt. Diesem ist der Handrücken zugewandt, das Innere der Hand ist dementsprechend auf den Künstler beziehungsweise auf den Schaffensprozeß bezogen. Parmigianino hat seine Hand gemäß der Konvexspiegelung verzerrt und vergrößert sie damit im Verhältnis zu seinem weiter entfernt befindlichen Körper. Der Atelierausblick im Hintergrund ist derselben konvexen Verzerrung unterworfen, einzig sein Gesicht hat der Künstler unverändert gelassen. Er kennzeichnet mit diesem Verfahren seine Hand (durch ihre Größe) und seinen Kopf (durch seine Unversehrtheit) als die zwei herausragenden Charakteristika seines Künstler-Seins. Laut Vasari hat Parmigianino dieses Selbstbildnis als „Werbegeschenk" von Parma aus an den Papst gesandt. Es ist also tatsächlich ein Dokument künstlerischen Selbstverständnisses, an dem sich die Verbindung von handwerklichem Geschick und geistiger Konzeption ablesen läßt: Die Idee

12.3 Parmigianino, *Selbstportrait* (1523). Wien, Kunsthistorisches Museum.

des Werkes ist die originelle Darstellung eines Konvexspiegelbildes auf einem Halbrund. Sie ist klar und deshalb in der Unverzerrtheit des Kopfes symbolisiert. Die künstlerische Umsetzung jedoch verdankt sich der Geschicklichkeit der Hand, die in der kunstvollen Verzerrung und Vergrößerung eben dieses wichtigsten Instruments der Ausführung sichtbar gemacht wird.

Maurits Cornelis Escher greift diese Bildidee Parmigianinos im 20. Jahrhundert wieder auf. Wiederum handelt es sich um ein Selbstportrait, und deutlich ist immer noch das Anliegen des Künstlers, seine Kunstfertigkeit mit der „Idee" zu verknüpfen. Wie auf dem Bild des 16. Jahrhunderts sind nur die Hand und der Raum in Verzerrung wiedergegeben, Körper und Kopf des Künstlers sind unversehrt. Anders als Parmigianino jedoch legt Escher seine Hand nicht zwischen sich und den Betrachter, sondern öffnet das Bild in den um die Kugel befindlichen Raum. Dort findet sich die Hand noch ein zweites Mal, Trägerin eben der Kugel, in der

12.4 M. C. Escher, *Hand mit spiegelnder Kugel* (1935). Den Haag, Haags Gemeentemuseum.

sie sich auch spiegelt. Die Kugel wird damit zu einem kleinen Globus, die Hand Stütze einer eigenen Welt. Es ist die Hand des Künstlers, die den künstlichen Kugel-Raum trägt, aber da sie nicht mehr im Spiegelbild erscheint, ist sie plötzlich als die linke Hand zu erkennen, die wir sonst leicht für die Rechte gehalten hätten: Die Fiktion der spiegelbildlichen Darstellung ist gebrochen, der künstlerische Raum ist als solcher zu erkennen. Aber selbst mit dieser selbstreflexiven Relativierung erleidet die Magie der Künstlerhand keine Einbuße – ist die Kugel doch nicht länger bloß Zeichen der Geschicklichkeit, sondern hier gar zum Zeichen des Geschicks geworden, in der andere Welten sichtbar werden.

Auch ein anderer und hier letzter Themenkomplex verbindet die Künstlerhand mit dem Schicksal: Wiederum in Anlehnung an Dürer entsteht die bildliche Tradition des Künstlers als Melancholiker. Dürers Stich *Melencolia*, der eine sitzende Frauenfigur zeigt, die ihren Kopf in ihre Hand stützt und von astronomischen Symbolen umgeben ist, bildet den Prototyp für die Darstellung des Künstlers, der sich als melancholisch stilisiert. Im Mittelalter noch das Krankheitsbild der „schwarzen Galle", wird die Melancholie seit dem 16. Jahrhundert zum Inbegriff der künstlerischen Inspiration. Der Künstler ist demnach von einer höheren Macht inspiriert, gehört selbst eher dem Reich der Ideen als der materiellen Welt an. Die Inspiration steht im Zeichen Saturns, und das Gemüt des Betroffenen neigt deshalb zu einer kreativen Traurigkeit beziehungsweise Nachdenklichkeit. Zeichenhaftester Ausdruck dieser schöpferischen Fähigkeit des Künstlers ist der in die Hand gestützte Kopf, mit dem auch das Denken überhaupt symbolisiert wird. Noch bis in die zweite Hälfte des 20. Jahrhunderts finden sich Selbstportraits, die Hand und Kopf der Künstler in eben dieser Pose zeigen, die für den Melancholiker typisch ist. Anders als beim „Denker" schwingt jedoch im Künstlerportrait immer auch die notwendige handwerkliche Kompetenz mit, die in der Fähigkeit der Hand des Malers liegt. Dieser trägt schwer an seiner Inspiration, aber seine Hand dient ihm als Stütze.

*D*ie ohnerkannte Wunder und Geheimnisse Gottes in der Natur, wie dieselbe in des Menschen recht- und linker Hand verborgen sind." So lautete der Titel eines ambitionierten Büchleins aus dem Jahre 1753. Als Autor zeichnete ein junger Mann namens Philipp Heinrich Pfeiffer. Dieser vertrat die Überzeugung, daß der Schöpfergott in seiner allumfassenden Weisheit den Menschen mit einer perfekten Uhr ausgestattet habe, die jederzeit zur Hand war – der Hand. „Gemessen" wurde die Zeit mittels eines Fadenpendels, welches man etwa am linken Zeigefinger befestigte. Durch Zählen der Ausschläge konnte man dann angeblich ermitteln, »der wievielte Tag im Monath würklich seye«. Andere Finger zeigten Minuten, Stunden, Monate und Jahre an. Weiterhin war feststellbar, wieviele Tage seit der Geburt vergangen waren – besonders für christliche Missionare im Dschungel war dies eine unschätzbare Hilfe. Da die zu bekehrenden Wilden ihren genauen Geburtstag nicht kannten, ließ er sich so für eine nachträgliche Taufe genau ermitteln.

Diese Visionen des Herrn Pfeiffer sind nur einige von unzähligen Beispielen, in welchen uns die Hand in einem wundersamen Zusammenhang begegnet. In der Welt der Wunder und Rituale haben die Hände zu allen Zeiten und an allen Orten ihre Spuren hinterlassen.

Magische Hände

Von Bettina Handel

Die Hand streichelt in Stunden der Zärtlichkeit und schlägt im Zustand der Verteidigung, Ohnmacht oder Wut. Sie schafft Werkzeuge, mit welchen wir die Natur unseren Vorstellungen entsprechend verändern und gestalten.

Mit seinen nackten Händen gelang es *Homo sapiens*, im Kampf ums Überleben die Zeit und den Raum zu überwinden und das Haus der Gegenwart zu bauen. Voraussetzung für diese menschliche Erfolgsgeschichte war und ist die einmalige Funktionsweise der Hand, die symbiotische Verbindung von Handeln und Empfinden.

Die Hand vermittelt zwischen uns und unserer Umwelt wie ein Tor, das in beide Richtungen durchschritten werden kann, und unterscheidet sich damit deutlich von den anderen Sinnesqualitäten. Es wundert deshalb nicht, daß sie, nachdem der Mensch im Laufe der Evolution das Sprechen, Zeichnen und Schreiben erlernt hatte, auch in den symbolischen Räumen Schlüsselpositionen besetzte. Ob im Ritual, in der religiösen Zeremonie, im Recht, in den esoterischen „Wissenschaften" oder im Volksglauben, überall werden Hände und ihre Darstellungen mit Bedeutung aufgeladen.

Oft fungiert die Hand als Mittler zwischen den Welten. Deshalb ist sie seit jeher für Magier, Zukunftsdeuter, Astrologen, Okkultisten und Obskurantisten Gegenstand des Interesses gewesen – sie gilt und galt als Brücke zwischen dem Göttlichen und dem Irdischen, ihre Linien und Berge als Schicksalszeichen, der Handschlag als ehernes Versprechen, die Handschrift als Ausdruck der eigenen Persönlichkeit ... Die Aufzählung ließe sich fast beliebig verlängern.

Die Beispiele auf den folgenden Seiten sollen – ohne Anspruch auf Vollständigkeit – einen Eindruck von der Vielfalt der magischen Hände in der menschlichen Kultur geben. Wenn sich auch die Bedeutungen der Symboliken unterscheiden, so läßt sich trotzdem die Wertschätzung erahnen, die der Hand zu allen Zeiten und an allen Orten entgegengebracht wurde.

Die Hand im sakralen Recht

Schwurhände und Blitzableiter

Ein Eid ist die feierliche Anrufung einer verehrten Gottheit oder auch einer gefürchteten Macht zum unbestechlichen Zeugen für die Wahrheit einer Aussage. Die angerufene Instanz wird zum unbarmherzigen Rächer, wenn sich der geleistete Eid als Lüge entpuppen sollte. Geschworen wird durch das Wort und eine es begleitende, zeichenhafte Handlung.

Die einfachste Gebärde bei der Eidesleistung ist auch heute noch das Erheben der rechten Hand. So haben Menschen schon vor Tausenden von Jahren im alten Ägypten geschworen. Neben dem Erheben der Hand wurde die Berührung von Personen oder Gegenständen, die für den Schwörenden große Bedeutung besaßen, als gleichwertig angesehen. Das eigene Leben wie auch das Leben von Familienangehörigen konnte durchaus für die Wahrheit der Aussage zum Pfand gesetzt werden.

Eine überaus nachdrückliche Beteuerung schloß im Alten Testament die Forderung ein, bei der Eidesleistung die Hand an die Genitalien dessen zu legen, dem der Eid galt. Neben Personen konnte der Schwörende auch leblose Gegenstände berühren, in denen man eine heilige Kraft vermutete. Man legte die Hand oder den ganzen Körper auf die Erde, um die unterirdischen Götter als Zeugen anzurufen, oder leistete den Schwur in einem Heiligtum, wobei die sakralen Gegenstände angefaßt wurden. Krieger legten den Eid auf ihre Waffen ab, die sie zum Schmuck und zur Wehr trugen. Die Griechen, die Araber, die Germanen kannten den Schwur auf das Schwert oder die Lanze ebenso wie die Bulgaren, die von Papst Nikolaus I. (858–867) angewiesen wurden, in Zukunft auf heilige Dinge zu schwören, zu denen die Kirche, der Altar und das Evangelienbuch zählten.

Der Dreifingergestus als Schwurhand auf dem Evangelienbuch ist zuerst im Jahr 1313 in der Schweiz nachzuweisen. Häufiger und zeitlich früher erscheint der Schwur mit zwei Fingern. Beide Eidgesten gehören zu den entsprechenden Fluch- und Abwehrritualen, auf die gleich noch näher eingegangen werden wird. Unabhängig davon, ob himmlische Mächte angerufen oder geschätzte Gegenstände beziehungsweise geliebte Menschen als Pfand für die Wahrheit einer Aussage eingesetzt wurden, immer stellte die Hand mittels Berührung oder Geste den symbolischen Kontakt her.

Nicht unerwähnt bleiben darf an dieser Stelle der bis in die Gegenwart heimlich vor Gericht verwendete Gestus des sogenannten „Blitzableiters" oder „kalten Eides". Bei ihm werden die Schwurfinger der linken Hand entsprechend denen der rechten, die zum Schwur erhoben sind, abwärts gestreckt. Damit soll ein Meineid seine Wirkung verlieren und die Strafe Gottes abgewendet werden.

Doch das Vertrauen in die bindende Kraft des Eides begann bereits im 5. Jahrhundert vor unserer Zeit zu schwinden – nicht nur bei Euripides, der seine Medea ihren untreuen Gatten, den sie doch »mit heiligen Eiden gebunden ...«, verfluchen ließ. Dafür stieg die Wertschätzung des Handschlags als Gestus des seiner Würde bewußten, freien Mannes, der sich vom damaligen Pantheon der Götter zu distanzieren begann. Der Händedruck konnte zwar noch mit Eidesleistungen verbunden sein, aber er begegnet uns in der *Ilias* bereits als selbständiges Zeichen der Treue. Und bei Sophokles begnügt sich der Held mit einem Handschlag, während der gemeine und an Adel geringere Mann schwört. Daran hätte sich Medea ein Beispiel nehmen sollen.

Mehr als bei anderen Völkern des Altertums bedeutete der Handschlag bei den Persern eine Versicherung der Wahrheit, Treue und Verbundenheit. Kleinasiatische Könige schlangen die rechten Hände ineinander, umwickelten die Daumen und verknüpften sie mit einem festen Knoten, der das Blut in den Daumenspitzen staute. Durch einen kleinen Schlag ließ man Blut heraustreten, das gegenseitig geschlürft wurde. Symbolisch ist auch das Geben der rechten Hand zu verstehen (Gross 1985). Man begrüßte sich im Mittelalter vor allem deshalb auf diese Weise, um damit anzuzeigen, daß man nicht das Schwert zu ziehen gedenke. Aus demselben Grund galt der Platz zur Rechten seit alters als Ehrenplatz.

Der Bund fürs Leben

Erstaunlicherweise boten die dem sakralen Recht zugehörenden Eheverträge anfänglich recht wenig Raum für die Entfaltung zarter Handgesten, da sie meist, wie etwa im babylonisch-assyrischen oder im germanischen Recht, zwischen den Vätern auf einer eher geschäftlichen Grundlage ausgehandelt wurden. Das ging in vielen Fällen zu Lasten der Braut, die mit der Heirat ein neues Abhängigkeitsverhältnis eingehen mußte, die sogenannte Muntehe. Erst bei den Christen wurde das Reichen der Hände zwischen Mann und Frau, dieses Zeichen der Verbundenheit, zum Bestandteil des Hochzeitsritus. Handschriften des 8. und 9. Jahrhunderts legten es dann als liturgische Handlung fest.

Bei der Trauungszeremonie mußte die Braut auch bei einer „rechten" Eheschließung oft links vom Bräutigam stehen. Diese Sitte hatte zumindest teilweise praktische Gründe. So sollte der Bräutigam die rechte, waffenführende Hand freihaben, um etwaige Angriffe oder einen geplanten Brautraub abwehren zu können. Vielleicht verbirgt sich hinter diesem Brauch jedoch eine latente Abwertung der Frau, in welchem die bis heute gültige Konnotation von „links" zum Ausdruck kommt. Die Abwertung des Weiblichen als „schwach" und „unrein" führte nicht selten zu einer Homologisierung von rechts/männlich/gut und links/weiblich/böse. Vermutlich steht diese fragwürdige Assoziierung in enger Beziehung zur menschlichen Händigkeit (☞ Preilowski). Im allgemeinen ist die rechte Hand die Hand der Tat, die linke bleibt immer ein wenig ungeschickt. In der Sprache hat das Spuren hinterlassen, man denke nur an „ablinken", „linkisch", „linke Typen" oder, wenn man die lateinische Wurzel berücksichtigt, an die „sinistren Gestalten". Das sind natürlich ganz andere Menschen als „rechte Bürger".

Im Zusammenhang mit der Heirat wird die Abwertung der linken Seite – und damit der Braut – besonders in der sogenannten „Ehe zur linken Hand" deutlich. Die standesungleiche, morganatische Ehe kam beim Hochadel nicht selten vor. In dieser herabwürdigenden Verbindung blieben die Ehefrau und die Kinder von den Standesrechten des Mannes und von der Erbfolge ausgeschlossen.

Gesetzliche und willkürliche Strafen an der Hand

Das Abschlagen einer oder beider Hände gehört zu den empfindlichsten Strafen, die in einigen Ländern noch heute an der Hand vollzogen werden. Nach dem ältesten Strafrechtsgrundsatz der Vergeltung, der *poena talionis*, wird dem Täter dasselbe Übel zugefügt, das er bei einem anderen verschuldet hat und das bei den Israeliten schon im Alten Testament durch die Forderung „Auge um Auge, Zahn um Zahn, Hand um Hand, Fuß um Fuß" festgehalten wurde. Doch spricht man ebenfalls von der Talion, wenn die Hand in besonderer Weise an einem Verbrechen beteiligt war, was ja fast immer der Fall ist. Der Anlaß zu der Bestrafung konnte also ganz verschiedener Natur sein.

Das Abschlagen der Hände war besonders in Mesopotamien gebräuchlich. Beispielsweise wurde ein Sohn damit bestraft, der seinen Vater schlug, der Arzt, dessen Patient durch die Behandlung starb, oder der arme, hungernde Bauer, der Saatkorn und Futter entwendete. Im Gegensatz zu dieser harten Gesetzgebung, dem sogenannten Codex Hammurabi, wurde in Ägypten „nur" Urkundenfälschung und Diebstahl mit dieser Strafe belegt. Den kriegerischen Hethitern war die *poena talionis* fast völlig unbekannt. Das römische Recht sah diese Bestrafung bei schwerer Körperverletzung vor, und die Germanen vollzogen sie, wenn ein Sklave einem Freien vorsätzlich einen Zahn ausschlug, oder bei der Fälschung von königlichen Münzen, Siegeln und Urkunden. Noch im 18. Jahrhundert verlor ein Fußknecht grundsätzlich die Hand, wenn er in Gegenwart des Feldherrn seinen Degen entblößte.

Das Abschlagen der Schwurhand bei Meineid hat seinen Ursprung in den germanischen Göttersagen: Als der Kriegsgott Tyr den Fenrirwolf fesseln wollte, legte er ihm als Zeichen seiner guten Absichten die Rechte in den Rachen. Diese List büßte er mit dem Verlust derselben. Vergleichbar ist die Sage der römischen *bocca della verita*. Der Eidleistende mußte seine Hand in den Mund des Steinbildes legen, und dieser schloß sich, wenn er falsch geschworen hatte. Heute steht die Bocca als Plastiknachbildung in vielen Bahnhöfen, und man erhofft noch immer die Wahrheit zu erfahren, wenn auch gegen Münzgeld. Ebenfalls an die Herkunft aus einem Gottesurteil erinnert die Redensart „seine Hand für etwas ins Feuer legen". Der Schwörende steht für die Wahrheit einer Sache mit der Unversehrtheit seiner Hand ein.

Man kann davon ausgehen, daß bei all den Strafen, die an den Händen vollzogen wurden, nicht nur fürchterliche Schmerzen zugefügt werden sollten. Mindestens ebenso wichtig waren die symbolische und faktische Zurschaustellung der künftigen Handlungsunfähigkeit und das Zerschmettern der Seele, die sich – wie damals oft angenommen wurde – in den Händen ausdrückte.

Außer dem Abschlagen gab es noch andere Strafen, die an der Hand vollzogen wurden. Die Kreuzigung beispielsweise war in römischer Zeit die Regel. In Ägypten hängte man Märtyrer mit auf den Rücken gebundenen Händen auf, andere schwebten nur mit einer Hand in der Luft oder sie wurden an den obersten Gliedern des Daumens hochgezogen. Außerdem kannte man spezielle Folterwerkzeuge für die Hände. Schon in hellenistischer Zeit wurde eine Art Daumenschrauben erwähnt, ferner eiserne Handschuhe, die an den Fingern mit Spitzen versehen waren, um die Hand zu durchbohren. Dem menschlichen Einfallsreichtum ist und war auf diesem Gebiet keine Grenze gesetzt. Eine ausgesucht qualvolle Strafe der Perser bestand beispielsweise darin, den Verurteilten in einen Trog zu schließen, wobei Kopf, Hände und Füße freiblieben, die, mit Honig bestrichen, bis zum Eintreten des Todes des Delinquenten der Sonne und den Insekten ausgesetzt wurden (Gross 1985). In anderen Fällen wurden spitze Schilfrohre unter die Nagelspitzen getrieben, um angeblich Gleiches mit Gleichem zu vergelten und so der *poena talionis* gerecht zu werden.

Neben den „rechtmäßigen" Strafen wird jedoch auch von willkürlichen Handverstümmelungen berichtet. So beim Freiermord in der Odyssee, wo der treulose Hirte Melanthios durch Abhauen der Hände, der Füße, der Nase, der Ohren und der Genitalien zu Tode geschunden wurde. Und Caligula, so heißt es, empfand es als besonderen Genuß, Sklaven die Hände abschlagen zu lassen und sie ihnen um den Hals zu binden, so daß sie auf der Brust baumelten. Cicero wurden auf Befehl des Antonius nach seiner Ermordung das Haupt und die rechte Hand abgeschlagen, und sie wurden auf der Rednertribüne in Rom angeheftet, weil er damit die Philippischen Reden hervorgebracht hatte. Wohl dem Mann des Geistes, welchem dieses Schicksal nicht schon zu Lebzeiten widerfuhr!

Ein ausgesprochen magisches Motiv liegt dem altgriechischen „Maschalismos" zugrunde. Die Glieder der Ermordeten und im Kampf Getöteten, auch Arme und Hände, wurden abgeschlagen, an einer Schnur aufgereiht, den Toten um den Hals gelegt und die Schnur dann unter den Achseln durchgezogen. Damit sollte eine mögliche Rache und Rückkehr der Toten ausgeschlossen werden. Auch die Ägypter zu Zeiten Tutenchamuns kannten diesen Brauch. Reliefs zeigen Krieger, die den Gefallenen Hände und Genitalien abschneiden. Bei uns pflegt man dagegen das etwas harmlosere Ritual, den Toten Kränze auf die Särge zu legen, um sich durch diese magischen Kreise vor ihrer Wiederkunft zu schützen.

Aber natürlich wurden nicht alle Toten derart verstümmelt. Im Gegenteil, bei jenen, die im Vollbesitz ihres Körpers bestattet wurden, erhielten die Hände oft sogar besondere Aufmerksamkeit. Die Sorge um die Haltung der Hände bei der Aufbewahrung und Grablegung zeigt bis heute die Wertschätzung, die man diesen Körperteilen beimaß. Bei der Mumifizierung ägyptischer Pharaonen und Pharaoninnen wurden die Hände eigens behandelt, denn man glaubte, daß jedes Glied des Menschen, auch die Finger und vor allem die Hände, bestimmten Göttern, Dämonen oder Sternbildern zugeteilt, ja mit ihnen identisch seien. Bei der Grablegung achtete man daher auf die sorgfältige Mumifizierung der Hände.

Die Hand im religiösen Kult und in der Magie

Anrufung und Verehrung

Im religiösen Ritus spielen natürlich nicht nur die angesprochenen Handgesten bei der Eidesleistung eine Rolle, sondern auch die der Andacht. Bereits Darstellungen aus dem Jungpaläolithikum vor über 22 000 Jahren zeigen Abdrücke meist linker Einzelhände, die geöffnet und deren Finger gespreizt sind, was religionsgeschichtlich eine kultische Handlung nahelegt. Man könnte es als ein Zeichen des Sich-Öffnens gegenüber einer höheren Macht im Gebet werten. Diese Handdarstellungen in roter und schwarzer Farbe, manchmal mit Stier- oder Hirschbildern in ihrer Umgebung, setzen sich im Neolithikum fort und sind bis zum Ende der Eiszeit präsent. Wegen der großen Anzahl abgebildeter linker Einzelhände geht man davon aus, daß die Steinzeitmenschen Rechtshänder waren und die rechte Hand benutzten, um die aufgelegte linke zu ummalen.

Die späteren Griechen nahmen eine andere Haltung ein, um ihre Götter zu ehren: Sie legten beim Gebet die Hände auf den Rücken. Möglicherweise sollte dieser Gestus die Ehrfurcht vor und die Abhängigkeit von der göttlichen Macht ausdrücken. Auch die germanischen Semnonen, so beschreibt es Tacitus in seinem Buch *Germania*, begaben sich zur Ehrung der Gottheit gefesselt in deren Hain. Vielleicht ist davon das Beten mit verschränkten Fingern abzuleiten, das heute bei den Christen am häufigsten ist und welches das Altertum, mit Ausnahme der eben erwähnten Beispiele, kaum gekannt hat.

Aus der Handlung des Händefaltens als Gebärde der Andacht könnte die profane Form der Kommendation, das heißt der Unterwerfung unter die Gewalt eines anderen, abgeleitet sein. Der Vasall reichte seinem Dienstherrn die gefalteten Hände, dieser umschloß sie mit den seinen. Daher kommt wohl auch die Redewendung „sich in jemandes Hand begeben" beziehungsweise „sein Schicksal in jemandes Hand legen" oder auch „jemandem sind die Hände gebunden". Auf Vermählungsbildern ist gelegentlich ebenfalls zu sehen, wie die Braut ihrem Bräutigam die gefalteten Hände entgegenstreckt und sich so dem Kommendationsritus unterwirft.

Ein Ausdruck religiöser Begeisterung war das Händeklatschen, das noch im Alten Testament als Ausdruck des Jubels statthaft war, aber später von den christlichen Vätern als Kultgestus allein schon deswegen scharf abgelehnt wurde, weil es meist mit orgiastischem Tanz verbunden war.

So wie sich in den speziellen Andachtshaltungen der Hände verschiedene Beziehungen der Betenden zu ihren höheren Mächten ausdrückten, so gab es auch abweichende Meinungen, in welchem Zustand sich diese Hände zu befinden hatten. Für das Gebet wurde bereits im alten Mesopotamien zwingend die Reinheit der Hände gefordert; denn Händewaschen bedeutete im Sumerischen soviel wie „Reinigungsritus" oder „kultischer Akt". Bei den Griechen durfte man unter anderem einen Fluß nur überschreiten, wenn man vorher gebetet und die Hände gewaschen hatte.

Im Gegensatz dazu meinten die Christen, wichtiger, als mit gewaschenen Händen zu beten, sei es, diese von sündhaften Handlungen fernzuhalten. Es ist geradezu eine Enthaltung von Waschungen im alten Mönchtum bezeugt. Im Frühjudentum wiederum waren ungewaschene Hände der Ort, an dem sich Dämonen niederließen (Gross 1985). Diese Furcht beherrschte auch die Menschen des Zweistromlandes. Einzelne Krankheiten wurden dort regelrecht als Dämonen personifiziert, deren Namen mit „Hand" zusammengesetzt waren, wie „Hand des Totendämons" oder „Hand des

Bannes". Das dem Gott Ea heilige Wasser konnte davon befreien, indem man Hände und Füße oder den ganzen Körper darin wusch.

Das Verhüllen der Hände ist der Handreinigung vergleichbar, denn der Mensch der Frühzeit und des vorchristlichen Altertums hatte eine große Scheu, vor der Gottheit, vor Priestern und anderen mächtigen Personen mit bloßen Händen zu erscheinen oder etwa heilige Gegenstände damit zu berühren, da dies durchaus tödliche Folgen haben konnte. So wird berichtet, daß Kyros der Jüngere, ein persischer Achämenidenkönig, zwei Angehörige des Königshauses hinrichten ließ, weil sie die Hände vor ihm nicht in ihren Kleidern verborgen gehalten hatten. Die Hände wurden daher in die Ärmel oder in die Falten der Kleidung gesteckt, und zum Tragen numinoser Reliquien verwendete man den Bausch des Gewandes oder aber besondere Tücher. Der mittelalterliche Brauch, die Hände während des Gottesdienstes im Ordenskleid zu verbergen, hat sich bei den Benediktinern bis in die Gegenwart erhalten.

Aber nicht nur die Hände selbst, ihre Haltung, Reinigung oder Verhüllung, waren im Ritus von großer Bedeutung. Als Dank für erlangte Heilung, als Bitte um Gesundung oder um Schutz vor Krankheiten wurden Abbildungen menschlicher Glieder in Heiligtümern dargebracht. Sie gehören zu den Votivbildern oder Weihegaben, da sie meist auf ein Gelübde hin, lateinisch *ex voto*, geweiht wurden. Wandritzungen von Pilgern in der Michaelskirche in Monte Gargano zeigen an Wänden und auf dem Fußboden Hände, deren Finger fast immer gespreizt sind. Die Ähnlichkeit mit den erwähnten Steinzeitmalereien aus den prähistorischen Höhlen ist verblüffend. Die mittelitalienischen Tempel des 5. und 4. Jahrhunderts vor Christus beherbergten Hunderte von kleinen Terrakottagebilden, Götter- und Menschenfiguren, viele Hände und Füße. Es liegt nahe, einen Heilwahn für diese Zeit anzunehmen, der Ende des 1. Jahrhunderts vor Christus dort kurioserweise fast gänzlich aufhörte. Auch bei Ausgrabungen in Gallien und Germanien kamen derartige Weihegaben zum Vorschein, die sich bis zur Christianisierung und darüber hinaus gehalten haben.

Und obwohl es anerkanntes Brauchtum der christlichen Frühzeit war, mußten Synoden und kirchliche Verordnungen öfter dagegen einschreiten, denn nicht nur Votivgaben wurden als Opfer dargebracht. Es wurde ausdrücklich verboten, menschliche Glieder in Bäumen an Dreiwegen aufzuhängen. Wie im schon besprochenen sakralen Recht sollte also auch hier Gleiches mit Gleichem zwar nicht vergolten, aber doch gebannt werden.

Abwehr- und Liebeszauber

Seit Urzeiten vermuten die Menschen, daß es Kräfte geben müsse, die ihr Leben im Guten wie im Bösen bestimmen. Daher sind die Grenzen zwischen Magie und religiösem Kult fließend. Beide versuchen, durch Handlungen, Worte und Gebrauch von Gegenständen höhere Mächte anzurufen und in ihrem Sinne zu beeinflussen. Natürlich finden sich in jeder Religion magische Elemente, die ihre Bedeutung ausmachen, auch wenn einige Priester der Hochreligionen versuchten und versuchen, sich intellektuell von ihren Ursprüngen abzukoppeln. Deshalb könnten viele der zuvor besprochenen Gesten auch an dieser Stelle ihren Platz finden.

Neben den Gesten des Schwörens und der Andacht gibt es auch solche für den Umgang mit Geistern und Dämonen, die teilweise noch heute existieren, obwohl uns oft die ursprüngliche Bedeutung nicht mehr geläufig ist. Hierzu gehört beispielsweise, sich beim Gähnen die Hand vor den Mund zu halten. Ehedem praktiziert, um das Eindringen von Dämonen zu verhindern, gilt es heute nur noch als Zeichen des Anstands.

Es war ein naheliegendes Mittel, die zersetzenden Einflüsse von Dämonen und feindlich gesonnenen Menschen mit Hilfe von Hand- und Fingergesten abzuwehren, da man glaubte, daß Hexen und böse Geister den Menschen gerade mit ihren unheilvollen Händen bedrohten. Die Gefährdeten nahmen Zuflucht zu unheilabwendenden, sogenannten apotropäischen Handzeichen, um Gleiches mit Gleichem zu bekämpfen. In Ägypten war seit dem Alten Reich das Vorstrecken des Daumens und des Zeigefingers oder des Zeige- und des Mittelfingers bekannt, wobei die anderen Finger eingeschlagen blieben. Dabei konnte die Linke, leicht angehoben oder zur Faust geballt, mitwirken. Es gab viele Amulette aus Ton oder Lapislazuli, die die Wirkung der lebendigen Gesten einfangen und die abwehrende und schützende Kraft, die der Hand innewohnt, verstärken sollte. Derartige Amulette wurden bereits zu Lebzeiten getragen und nicht erst den Toten beigegeben, wie ihre starke Abnützung zeigt, oder sie wurden an Fahrzeugen und Türen angebracht. Die Wirkung des Glücksbringers oder Schutzpatrons war neben dem besonderen Material auch an die Zauberformel gebunden, die, wie man glaubte, im Talisman gegenwärtig blieb.

Zahlreich sind Amulette in Form eines *Fica*-Gestus (siehe unten), zum Teil in Verbindung mit einem Phallus, oder auch Hände auf Gemmen, die Segenssymbole halten wie Kranz, Ähre und Füllhorn. Selbst im Islam, der die Zauberei verbietet, den Gebrauch von Amuletten jedoch erlaubt, nimmt die Hand in Amulettform eine Sonderstellung ein. Man nennt sie die „Hand der Fatima", nach der Lieblingstochter Mohammeds. Sie verkörpert für Muslime die Familie des Propheten und ist der Inbegriff des Gesetzes, der sie immer wieder auf die fünf Grundpfeiler ihres Glaubens verweist: das Glaubensbekenntnis, das pflichtgemäße Gebet, die Almosensteuer, das Fasten im Monat Ramadan und die Pilgerfahrt. Interessant ist in diesem Zusammenhang, daß es selbst bei den Juden – trotz des Bilderverbots und der Ablehnung einer Verehrung von Amuletten – gar nicht so selten vorkam, daß die Hand Gottes auf solchen abgebildet und wie eine religiöse Reliquie verehrt wurde.

Aufgrund der Vermenschlichung der homerischen Götterwelt zeigte sich dagegen die damalige griechische Kultur weitgehend unberührt von derartigen magischen Vorstellungen. Dafür waren der Hellenismus und die Spätantike in hohem Maße von der Magie beherrscht. Heute noch gebräuchliche Handzeichen können Aufschluß über deren Bedeutung geben. Das Vorstrecken der ganzen Hand mit gespreizten Fingern, die sogenannte *Munza*, vor allem aber die schon erwähnte *Fica*, die Feige, bei der man den Daumen zwischen dem Zeige- und Mittelfinger hält, waren gebräuchlich. Die *Fica* besaß als Zeichen für den Geschlechtsakt die Kraft, den bösen Blick zu bannen und eine Verwünschung vom Bedrohten abzulenken. In Neapel versteckte man nur den Daumen in der Handfläche, um die *Jettatura*, den bösen Blick, abzuwenden.

Die Verbindung von Mittelfinger und Daumen war als Schutz vor den Toten gedacht. Obwohl von den Rabbinern verboten, war diese Geste noch bei den Juden im Spätmittelalter gebräuchlich, die ihre Toten mit dieser Handhaltung beerdigten, unter anderem um Grabräuber von ihnen fernzuhalten.

Die *mano cornuta*, bei der man dem Feind den Zeigefinger und den kleinen Finger entgegenhält, während die anderen Finger eingeschlagen bleiben, sollte man heute zumindest in west- (Spanien) und ostromanisch (Italien) sprechenden Ländern unterlassen, wenn man den Heimweg unbeschadet antreten möchte. Die ehedem wohl als Abwehr- und Spottgestus gezeigte Fingerhaltung hat sich in der Bedeutung gewandelt und wurde zum Sinnbild für den „Gehörnten", was Männer in diesem Sprachraum als Angriff auf ihre „Mannesehre" empfinden, die sie unter Umständen handgreiflich verteidigen.

Bei Krankheiten wurde die Berührung mit der heilversprechenden Hand gesucht. Um die Heilung einzuleiten, kam das Auflegen der Hände dem Priester, Zauberer und Arzt in gleicher Weise zu. Bei Leibschmerzen legte man die Hand auf den Leib des Kranken und sprach dazu neunmal einen angegebenen Zauberspruch. Wiederholtes Auflegen der Handfläche und des Handrückens, verbunden mit Zauberworten, half gegen Nierenerkrankungen. Vom Beginn des 4. Jahrhunderts an begegnet uns überall in der alten Kirche die Sitte, diejenigen, die sich zum Eintritt in die christliche Gemeinde melden, durch Handauflegung zu Katechumenen, zu Taufbewerbern, zu machen. Man kann dabei einen exorzistischen Akt vermuten, in dem sich die aufgelegte Hand als Kanal denken läßt, durch den der Strom des Geistes in den neuen „Behälter" übergeleitet und alles Negative darin ausgelöscht wurde (Behm 1911).

Nicht bloß beim Heilen, auch beim Bereiten der Zaubermittel war die Hand von besonderer Bedeutung, denn oft wurde das Pflücken der Heilpflanzen ohne Gebrauch des Messers verlangt. Gewöhnlich bevorzugte man die Linke, weil links die Seite der Dämonen und der Toten war. Manchmal durften die Kräuter auch nur mit dem Daumen und dem vierten Finger der linken Hand berührt werden. Die Gottheit, der die Pflanze geweiht war, wurde dabei persönlich und voller Ehrfurcht angesprochen (Gross 1985).

Liebeszauber lag vor, wenn Hände und Arme, aber auch andere Glieder von Puppen aus Ton oder Wachs mit Zauberformeln beschrieben und mit Nadeln durchbohrt wurden, auf daß der so Verhexte an niemand anderen mehr denken und niemand anderen mehr berühren möge. Für einen Liebestrank schrieb ein Zauberpapyrus unter anderen Zutaten das Blut vom linken Ringfinger vor und das Beimischen von Nagelspitzen.

Für die Zauberei waren die Ingredenzien natürlich eminent wichtig, und es herrschte die Überzeugung, daß die Toten die besten „Zutaten" für entsprechende Pülverchen und Elixiere lieferten. Am besten geeignet waren gewaltsam aus dem Leben Geschiedene, denn bei ihnen haftete die Seele besonders lange am Körper, so daß er über geheimnisvolle Kräfte verfügte. Bei Unverheirateten und Kinderlosen war dies vorgeblich ebenso der Fall. Den Zauberstoff, die *ousia*, lieferten vor allem die Nägel, Finger und Hände. Nägel von Fingern und Zehen der Toten waren neben den Haaren besonders begehrt, weil sie nach dem Tod weiterwachsen und deshalb eine außergewöhnliche Lebenskraft in sich zu bergen schienen.

Unterschiedliche Aufgaben hatten verschlungene Hände und zur Faust geschlossene Finger. Sie konnten einerseits die Macht der Dämonen binden, aber andererseits auch den guten Verlauf einer Handlung verhindern. Beim Geburtsvorgang und beim Darreichen von Heilmitteln war es nachteilig, wenn jemand die Hände verschränkte oder die Beine übereinanderschlug. In Rom durfte man religiösen und politischen Versammlungen in dieser Haltung nicht beiwohnen. Anders verhielt es sich mit dem auch heute noch bekannten Daumenhalten, das die Römer schon in ihrem Sprachgebrauch führten und das eher segensreiche Folgen hatte. Die Wirkung ließ sich noch steigern, indem der linke Daumen in die rechte Hand und der rechte in die linke Hand genommen wurde.

Träume und Vorzeichen

Es gab zahlreiche Weissagungsarten im Altertum, bei denen gerade die Hand eine Rolle spielte. Zu ihnen gehören die Chirologie, auf die wir noch separat eingehen werden, die Weissagung aus Träumen und Vorzeichen sowie die Palmomantik. Im Zucken, griechisch *palmos*, oder Stechen von Körperteilen sah man die Ankündigung von Geschehnissen. Jeder Finger wurde bestimmten Gottheiten zugeordnet, die jedoch – je nach Religion – unterschiedlich waren. Wir konzentrieren uns in diesem Abschnitt vorwiegend auf die griechisch/lateinische Notation, die bis heute unter Chirologen Gültigkeit hat.

Das Zucken des kleinen Fingers der rechten Hand, der dem Mercurius (griechisch Hermes) heilig war, bedeutete für den Sklaven Verleumdung, für das kleine Mädchen Tadel, für die Witwe schlechte Behandlung. Am Ringfinger, der Griechenlands Apollo diente, kündete es Reichtum an, allerdings nicht für den Sklaven, der daraus Bedrohliches ablesen mußte. Für das Mädchen bedeutete es Rat, für die Witwe Fröhlichkeit. Das Zucken am Mittelfinger, dem unheilvollen Saturnus zugeordnet, ließ Schlimmes erwarten: Verzauberung durch den bösen Blick, für den Sklaven Knechtung, für das Mädchen Krankheit; nur der Witwe brachte es Vorteile. Der Zeigefinger, der dem römischen Gott Jupiter geweiht war, zeigte mit seinem Zucken Schaden an, für den Freien Verlust; nur für Witwen und junge Mädchen war es ein gutes Zeichen. Der juckende Daumen, Günstling der Venus, verhieß immer Glück und Erwerb. Das Weissagen aus dem Zucken der Finger wird noch bis heute in der Handlesekunst praktiziert.

Zur antiken Mantik zählten, vor allem im Zweistromland, auch die von den Gottheiten gesandten Träume und Vorzeichen, sogenannte *omina*, aus denen die Priester und Priesterinnen weissagten. Mißgeburten wurden in Babylon und Rom als *prodigia*, als Schreckenszeichen, gewertet, die auf eine Störung zwischen Kultgemeinde und Gottheit hinwiesen.

Da die rechte Seite die eigene Person bedeutete, die linke die des Feindes, zeigte das Fehlen der rechten Hände bei zusammengewachsenen Zwillingen die Vernichtung der eigenen Ernte an, das Fehlen der linken die des Nachbarlandes. Fehlte die rechte Hand eines Neugeborenen, wies das auf die Zerstörung der Heimat hin; das Fehlen beider Hände verkündete die Eroberung der Stadt. Beim Fehlen der Finger an der rechten Hand wurde der Herrscher vom Feind eingeschlossen; sechs Finger an der rechten Hand verhießen Unglück für das ganze Haus und dessen Vernichtung. Die Geburt eines Kindes mit zwei Köpfen, vier Händen und Füßen deutete auf die Zerstörung des Landes hin.

Als einziges gutes Vorzeichen – zumindest für den König – galt, wenn das Kind bei der Geburt die Hand oben am Kopf hielt. Denn dann würde dieser die Weltherrschaft erlangen. Hier bildete Rom eine Ausnahme, denn dort wurde dieses Zeichen als Aufstand der Plebs gegen den Adel gedeutet.

Die mißgestalteten unglückseligen Wesen mußten mit Feuer oder durch Wasser beseitigt werden. Ob zu Recht werden wir nie erfahren, denn die Deutungen waren wie bei den gleich zu erwähnenden Traumorakeln oft willkürlich, und mancher König oder Kaiser verwandelte das schlechte Vorzeichen kurzerhand in ein gutes. So auch der spätere Kaiser Vespasian, dessen Hund eine menschliche Hand ins Zimmer brachte und unter dem Tisch fallen ließ. Er deutete es einfach als Zeichen seiner kaiserlichen Macht. Eine andere Episode berichtet von Caesar, der bei seiner Landung in Afrika zu Boden stürzte. Als schon ein Stöhnen durch die Menge seiner Krieger ging, machte er ebenfalls aus dem ungünstigen ein günstiges Omen, indem er rief: »Ich fasse dich, Afrika!«.

Die Traumdeutung galt im Altertum als Teil der Mantik. Geschichtsschreiber hielten gelegentlich die Träume von Herrschern fest, in denen die Hand eine Rolle spielte. Nero beispielsweise träumte nach der Ermordung seiner Mutter, daß ihm beim Lenken eines Schiffes das Steuerruder aus den Händen gerissen wurde. Und vor seiner Erhebung auf den Thron träumte Marcus Aurelius, er habe elfenbeinfarbene Arme und Hände, die er wie menschliche Glieder bewegen konnte. Die Traumdeuter sahen darin das Zeichen, daß er trotz seiner zarten Gesundheit körperlichen Strapazen gewachsen war.

Ganz allgemein stellte ein Traum, in dem die rechte Hand vorkam, das männliche Prinzip dar oder auch das, was man sich erwirbt; die linke Hand stand für das weibliche Wesen und das schon Erworbene. Denn die eine diente zum Empfangen, die andere zum Bewahren. Der Verlust der Hände deutete auf künftigen Reichtum, weil der Träumende die Früchte seiner Hände Arbeit nicht mehr nötig haben würde. Hände im Traum zu reinigen, wies auf die Befreiung von Sorgen hin (Gross 1985).

Liegt das Schicksal auf der Hand?

Gehören Palmomantik, Omina und Prodigien zu den weniger bekannten Formen der Weissagekunst, in denen die Hand eine unverzichtbare Rolle spielt, so wissen doch fast alle Menschen, daß aus den Händen die Zukunft gelesen wird.

Die bei uns im allgemeinen Sprachgebrauch bekannte Handlesekunst oder auch *Chiromantie* geht von der Deutung der Handlinien und Handberge aus, die sie meist mit den Gestirnen in Verbindung setzt. Der Terminus kommt aus dem Griechischen und wird abgeleitet von *cheir* (Hand) und *mantis* (Wahrsager). Die *Chirognomie* dagegen war im Altertum eng mit der Deutung des Charakters aus der Handform verbunden und ist wesentlich älter als die Chiromantie. Schon babylonische Texte aus der Zeit Hammurabis sprechen von „Lyrahänden" und „Löwenhänden", die bestimmte Charaktereigenschaften anzeigen und aus denen Vorhersagen für die Zukunft ihres Besitzers getroffen werden konnten. Beide Bereiche, Chirognomie und Chiromantie, werden gewissermaßen in der *Chirologie* zusammengefaßt. Auffällig ist, daß die Hände zu verschiedenen Zeiten an verschiedenen Orten in „verschiedenen Sprachen sprechen". Dieser Umstand spricht nicht für die Verläßlichkeit der unterschiedlichen „Systeme". Zur Übersicht sollen hier die historischen Linien kurz skizziert werden.

Die Geschichte der Handlesekunst

Es wurde schon im Abschnitt über religiöse Kulte erwähnt, daß der prähistorische Mensch Händen eine ganz besondere Bedeutung beigemessen haben muß, denn deren auf Felsen gemalte Abbilder sind oft realistischer als die gezeichneten Körper oder Gesichter. Darüber hinaus hat man auf Runen Muster entdeckt, die unseren Fingerabdrücken ähneln und die rituellen Charakter gehabt haben könnten. Wann jedoch das erste Mal aus den Händen gelesen wurde, ist ungewiß. Die frühesten Hinweise auf eine tatsächliche Zukunftsdeutung aus den Handlinien findet sich in alten indischen Schriften aus dem 15. Jahrhundert vor Christus. Und im China des 2. Jahrhunderts vor Christus gehörte die Handlesekunst zum inneren Kreis der okkulten Wissensgebiete. Die Chiromantie beruhte dort ebenfalls auf dem Deuten der Formen und Linien der Hand. Zudem spielte die Farbe eine wichtige Rolle; es galt als weise, die eigenen Kräfte genauso zu kennen wie die Krallen derer, die einem nahekommen.

Vergleichbares finden wir im alten Griechenland. Hier wurde erstmals das Weissagen aus der Hand zu einem System entwickelt. Dies war in Griechenland und in Rom ein wichtiger Bestandteil des sozialen Sittenkodexes, obwohl man sich auch damals schon darüber lustig machte. So schrieb der römische Dichter Juvenal (60–140 vor Christus), daß Frauen der Oberschicht Astrologen, Frauen der Unterschicht Handleser aufsuchten, um sich die Zeit zu vertreiben. Aristoteles hingegen scheint den Handlinien eine Weissagefunktion zuerkannt zu haben, wenn er sich dazu auch, entgegen vielfältiger Meinung, nur am Rande äußerte. Einige Schriften griechischer Autoren über die Handlesekunst gelten heute als gefälscht (Lyons 1991).

Im Mittelalter waren es hauptsächlich Zigeuner, die das Wahrsagen aus den Händen betrieben. Die Zigeuner, deren Wurzeln wahrscheinlich im indischen Raum zu suchen sind, zogen von Land zu Land, von Stadt zu Stadt, und wurden wegen ihrer Andersartigkeit gefürchtet und verfolgt. Von ihnen glaubte man nicht nur, daß sie die Zukunft aus der Hand zu lesen, sondern auch, daß sie diese zu beeinflussen vermochten. Möglicherweise geht auf die wahrsagenden Frauen der Abwehrzauber zurück, welcher besagt, Satan würde angeblich der Weg in die Zukunft versperrt, wenn es der Zigeunerin gelang, ihre eigene Handfläche mit einer glänzenden Silbermünze zu kreuzen, die sie selbst gerade, wie es der Zufall wollte, nicht zur Hand hatte. So konnte praktischerweise gleichzeitig mit dem Wahrsagen der Lebensunterhalt gesichert werden.

Erst seit Ende des Mittelalters und dem Beginn der Renaissance sind die Verknüpfungen der Planeten und Sternzeichen mit Fingern und Handlinien unter den Handlesern allgemein anerkannt. Doch lange Zeit verstand man unter Lebens-, Schicksals-, Kopf- oder Herzlinie immer wieder etwas anderes, und so erfolgte die astrologische Kennzeichnung keineswegs einheitlich. Die Verknüpfung mit den inneren Organen beispielsweise kennt man heute in der Chiromantie kaum noch.

In der Renaissance des 16. und 17. Jahrhunderts gab es einige einflußreiche Veröffentlichungen über Chiromantie. Zu nennen wären an dieser Stelle Theophrastus Bombastus von Hohenheim alias Paracelsus (1493–1541), der auch Teile der Medizin und der Arzneimittelkunde revolutionierte und dessen Schriften weite Verbreitung fanden, da er im Gegensatz zu seinen Kollegen auf deutsch publizierte. Der Kleriker Johannes Praetorius (Hans Schultze 1630–1680) unterstützte die Anerkennung des Handlesens, indem er sich auf die Bibel berief. Man begann, selbst an den Universitäten Chiromantie in das Unterrichtsangebot aufzunehmen, und einzelne Ärzte, vor allem der Mystiker Robert Fludd (1574–1637), entwickelten die Handlesekunst weiter.

In späteren Jahrhunderten wurde es zwar etwas ruhiger um die Chiromantie, doch auch im Zeitalter der Aufklärung gab es zu diesem Thema einflußreiche Veröffentlichungen. Johann Christoph Lavater (1741–1801) schrieb ein vierbändiges Standardwerk *Physiognomische Fragmente zur Beförderung der Menschenkenntnis und der Menschenliebe* (1775–1778). Der Autor geht darin auch auf die Bedeutung der Hand ein und erblickt in ihr ein ganz spezifisches Charakteristikum ihres Eigentümers. Der Romantiker Carl Gustav Carus (1789–1869), Leibarzt des Königs von Sachsen, sah in der Hand ebenfalls einen Spiegel der Seele, und Stanislas d'Arpentigny (1791–1866), von Beruf französischer Armeekapitän, wertete seine Beobachtungen an einer Vielzahl von Menschen aus. Er kam zu dem Ergebnis, daß die Hand klare Auskunft über den Charakter und die Leistungsfähigkeit ihres Eigners gebe, aber von einer schicksalsweisenden Diagnose Abstand zu nehmen sei (Lyons 1991).

Um nun eine Vorstellung zu gewinnen, welche Faktoren beim Handlesen eine Rolle spielen, sollen im folgenden exemplarisch einige Charakteristika und ihre möglichen Deutungen dargestellt werden. Obwohl die meisten einer wissenschaftlichen Grundlage entbehren, beachte man ihren poetischen Reiz und das Vergnügen, die Merkmale und ihre Interpretationen an sich selbst zu erproben.

Chirognomie – von Formen und Fingern

Die meisten Handdeuter sind – so darf man annehmen – beschlagene Menschenkenner: Sie lassen zunächst die äußere Erscheinung des Menschen auf sich wirken, seine Gesten, den allgemeinen Eindruck, die Stimme und andere Merkmale, und konzentrieren sich erst anschließend auf seine Hände. Wichtig für das Lesen aus der Hand sind Handtyp, Länge der Finger und Form der Nägel, Berge und Täler, Handlinien und Fingerabdrücke. Gewöhnlich geht man davon aus, daß sich bei Rechtshändern die ererbten Merkmale in der linken Hand niederschlagen, während die rechte offenbart, was man daraus gemacht hat. (Die Kundigen sind jedoch durchaus verschiedener Meinung, welche Hand zu bevorzugen ist.)

Als erstes wird die Gesamtgröße der Hand geschätzt, und zwar ausgehend von der Fingerspitze des Mittelfingers bis zu der Stelle, wo in Höhe des Handgelenks am äußeren Arm eine Erhebung hervortritt. Die durchschnittliche Handlänge beträgt bei Frauen etwa 18–18,5 cm, bei Männern 18–19 cm. Ist die Hand länger, geht man davon aus, daß diese Menschen sehr detailliert arbeiten und komplizierte Aufgaben lösen können. Kleine Hände sollen von gutem Organisationstalent zeugen, aber auch von Ungeduld.

Wir werden nun auf die sieben Handformen eingehen, so wie sie d'Arpentigny im 19. Jahrhundert als Grundtypen beschrieben hat, und betrachten sie einmal mit den Augen des Handlesers.

Die elementare oder materialistische Hand ist breit mit wenigen Linien. Die Finger sind kurz und kräftig, die Nägel klein und breit. Diese Menschen werden vom Gewohnten beherrscht und zeigen schwerfällige, träge Sinne, langsame Phantasie und große Sorglosigkeit. Jeder eigene Antrieb ist ihnen fremd. Sie haben eine Neigung zu Berufen, die mit physischer Arbeit verbunden sind.

Bei der eckigen, ordentlichen Hand ist das Handgelenk so breit wie die Fingerwurzeln, alle Finger sind ungefähr gleich lang, die Nägel sind kurz und eckig. Ihr Besitzer ist eher zurückhaltend, aber anhänglich und treu; eine Persönlichkeit, die praktisch, logisch denkend, zuverlässig, ernst ist und von einer Entschlossenheit, die mit einer konventionellen Einstellung verbunden ist. Daher eigenen sich Berufe, in denen eher Ausdauer als herausragende Kreativität gefragt ist: Politik, Jura, Lehrtätigkeit und Medizin.

Die spatelförmige, aktive Hand ist an der Handfläche an einem Ende breiter, entweder zum Handgelenk hin oder an den Fingerwurzeln. Die Finger sind breit mit flachen Kuppen, die Nägel häufig spatelförmig wie die Hand. Diese Menschen sind selbstbewußt, schillernd, stark, haben jedoch Schwierigkeiten, sich zu binden, und sind sehr kopfbetont, was zu großer Zurückgezogenheit führen kann oder zu Angeberei und Skrupellosigkeit. Sie sind ehrgeizig, unabhängig, erfinderisch und kreativ und finden sich oft in Berufen wieder, die wissenschaftliches Arbeiten erfordern, oder in den kreativen Künsten.

Die Handfläche der philosophischen, analytischen Hand ist verlängert, oft dünn, die Finger haben knotige Gelenke und eckige Kuppen. Je knotiger die Gelenke, um so ausgeprägter ist das analytische Denkvermögen. Aber ihr Besitzer neigt ebenfalls zu kreativem Tun, denn sein Einfallsreichtum und seine Intuition sind geistig orientiert und originell. Menschen mit diesem Handtyp fühlen sich zu den abstrakten und ebenso zu den obskuren und geheimnisvollen Dingen hingezogen, zeigen wenig Interesse an Geld und finanziellen Angelegenheiten und sind teilweise von unpraktischem, zurückgezogenem Wesen.

Die konische, geschickte Hand verjüngt sich an den Fingerwurzeln, die Finger laufen spitz zu mit leicht abgerundeten Kuppen, die Nägel sind lang. Diese Persönlichkeiten sind sehr sensibel veranlagt. Eine kreative Ader prädestiniert sie für die darstellenden Künste, was ihrem Interesse für Luxus und gesellschaftliche Unternehmungen entgegenkommt. In finanziellen Angelegenheiten können sie darüber hinaus ebenfalls sehr geschickte Transaktionen in die Wege leiten.

Die „psychische", idealistische Hand zeigt sich in einer schmalen Handfläche, die Finger sind zierlich und verjüngen sich gleichmäßig, die Nägel sind lang. Man findet sie oft bei verträumten, unpraktischen Idealisten. Ihr Besitzer ist vertrauensvoll, freundlich, tolerant, aber unkritisch. Verbunden mit einer großzügigen, gutmütigen Persönlichkeit, deren Emotionen tief und aufrichtig sind, eignet sich dieser Mensch vor allem für soziale Berufe und beratende Tätigkeiten.

Die siebte Handform ist die sogenannte Mischform, bei der Handfläche, Finger und Nägel nicht eindeutig zugeordnet werden können. Nach d'Arpentignys Auffassung besitzen die Menschen mit den eben besprochenen Händen einen stärkeren, aber weniger vielseitigen Geist, Menschen mit einer „Mischhand" ein vielseitigeres, aber weniger ausgeprägtes geistiges Leben. Letztere neigen zu mancherlei Beschäftigung, werden sich aber nirgends besonders hervortun. Sie können rastlos sein und unbeständig, ohne Pflichtbewußtsein, jedoch ebenso anpassungsfähig, überzeugend und charmant, und eignen sich dann für alle Tätigkeiten, aber vor allem für den Verkauf.

Nun richtet der Chirognom seine prüfenden Augen auf die Finger. Betrachten wir einmal den Daumen, den wir hier beispielhaft behandeln, und überlassen wir die verbleibenden Finger den weitergehend Interessierten zum Selbststudium. Vom Daumen, diesem menschlichsten aller Finger, sagte Isaac Newton:

> »Mangels anderer Beweise würde mich der Daumen vom Dasein Gottes überzeugen.«

Und d'Arpentigny erklärt:

> »Das höhere Tier liegt in der Hand, der Mensch im Daumen verborgen.« (Mangoldt 1991)

Nach den Regeln der Handlesezunft bringt der Daumen die Vernunft – also den Willen, das logische Denken und die Entscheidungskraft – zum Ausdruck und ist doch der Venus geweiht, der Göttin der Liebe. Gleichzeitig soll er auch der Ausdruck unserer Vitalität und Energie sein.

Ist der Daumen lang (die Spitze ragt über die Hälfte des untersten Zeigefingergliedes hinaus), herrschen Intellektualität, Sensibilität und Durchsetzungsvermögen vor. Ist der Daumen kurz, besteht die Veranlagung zum Materialismus. Ist die Gesamtform groß, deutet dies auf Antrieb, Entschlossenheit und Herrschsucht. Nach d'Arpentigny haben Führer von Sekten, Herrscher, Männer von starkem Ehrgeiz und Ausdauer, vollkommene Menschen und Lehrer sehr große Daumen. Vorsicht ist geboten bei Menschen mit kleinem Daumen, denn diese treffen überstürzte, instinktive Entscheidungen und nutzen andere schamlos aus. Ist die Biegsamkeit des Daumens eingeschränkt wie beim Affen, bedeutet das immerhin noch Selbstbeherrschung, Starrsinn und Reserviertheit, ist er beweglich und läßt sich zurückbiegen, kann man auf Anpassung, Mitgefühl, möglicherweise Unsicherheit und Extravaganz schließen.

Das Nagelglied deutet auf die Willenskraft hin. Jeder, der ein langes und kräftiges erstes Daumenglied besitzt, wird demnach einen mächtigen und energischen Willen besitzen, ein starkes Selbstvertrauen, ein äußerstes Verlangen nach letzter Vollendung seiner Werke. Ist dieses Glied zu lang, wird der Wille in Herrschsucht und Tyrannei ausarten. Ist es nur mittelmäßig entwickelt oder gar kurz, fehlt die Beherrschung, der Mensch ist wankelmütig, und es ist nur noch passiver Widerstand ohne Tatkraft vorhanden. Ein sehr kurzes erstes Daumenglied ist Zeichen für ein Sichgehenlassen im Leben, für Entmutigungen, grundlose Trauer oder Freude, für Sentimentalität. Das zweite Glied drückt Logik, Vernunft und Scharfblick aus. Ist es lang und stark ausgeprägt, werden Logik und Vernunft vorherrschen. Ist es kurz, sind beide schwach entwickelt. Das dritte Glied, der Daumenberg, ist der Bereich der materiellen Güter und sinnlichen Liebe. Ist er sehr stark entwickelt, sehr breit und lang, wird der Mensch von brutaler Leidenschaft beherrscht, die nur durch ein starkes erstes Daumenglied bezwungen werden kann, ist es dagegen flach und unscheinbar, ist wenig sinnliche Begierde vorhanden.

Kombinieren Sie diese Merkmale mit den schon beschriebenen, dann wird offensichtlich, daß mehr oder minder beliebige Konstellationen von Charaktereigenschaften möglich sind, weshalb der kompetente Handleser in erster Linie wohl ein kompetenter Menschenkenner sein muß.

Chiromantie – was Linien und Berge verraten sollen

Bekannter als die Chirognomie ist vermutlich die Chiromantie. Die heutigen Handleser schenken dem zweiten Teil der Hand, der Handinnenfläche mit ihren Bergen, Tälern und Linien, den Großteil ihrer Aufmerksamkeit. Für sie ist es vollkommen irrig, daß die Zeichnungen der Hand durch Bewegung oder Arbeit entstanden sein könnten oder sich dadurch verstärken.

Für die Chiromanten sind insbesondere die Lebenslinie, die Herzlinie, die Kopflinie, die Saturnlinie (Schicksalslinie) und die Apollolinie (Sonnenlinie) von Bedeutung. Zu den Nebenlinien gehören, um die wichtigsten aufzuzählen, der Venusgürtel, der Salomonsring, die Merkurlinie, die Via lasciva, die kleine Marslinie, die Ehelinien und die Raszetten.

Die Lebenslinie oder Vitalis steht für den Handleser, wie ihr lateinischer Name schon sagt, für Vitalität, Energie und Antrieb. Sie beginnt auf dem kleinen Marsberg im Daumenwinkel und umrundet den Venusberg in

13. Magische Hände

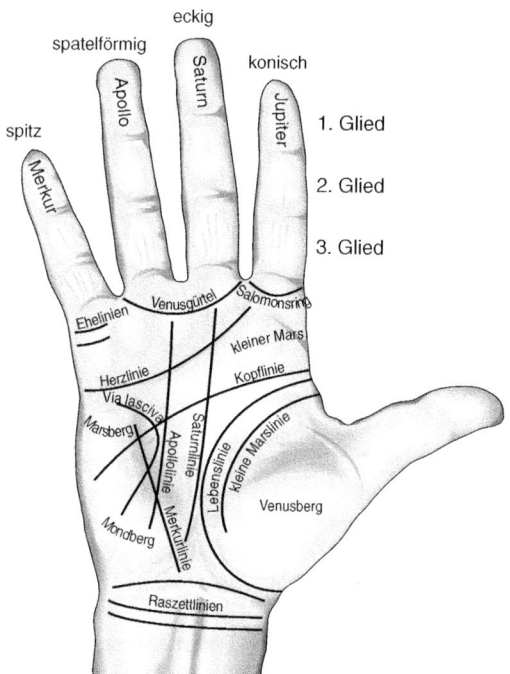

13.1 Die Hand gesehen mit den Augen des Chiromanten. Man erkennt die verschiedenen Fingerformen, wichtige Linien und Erhebungen.

einer sanften Biegung, im Idealfall bis zum Handgelenk. Je klarer und vollkommener die Lebenslinie diesen Berg am Ende umschließt, desto harmonischer und organischer wird sich das Lebensende gestalten. Ist sie lang und gut ausgeprägt, ist das Leben geprägt von anhaltender Lebendigkeit und Kraft. Ist sie schwach und kurz, steht nur ein begrenzter Vorrat an Energie zur Verfügung, der mit leichten Ermüdungserscheinungen einhergeht. Lücken deuten auf Phasen der Energielosigkeit, Ketten und Inseln auf Vitalitätsverluste. Wird die Lebenslinie von der Marslinie gedoppelt, wird auch der Antrieb verstarkt.

Die Kopflinie ist verantwortlich für unsere Vernunft, unseren Verstand und unsere Einstellungen. Ist sie sehr deutlich, sehen Sie einen eher nachdenklichen Menschen vor sich, bei schwacher Ausprägung einen eher praktisch denn intellektuell Begabten. Weist sie Lücken auf, stehen diese für Entgleisungen im Denken, Ketten, Inseln und Wellen dagegen für Unsicherheit und wechselnde Meinungen. Bei Verdopplung werden die geistigen Fähigkeiten betont. Fällt sie nach unten ab, ist das ein Zeichen für Phantasie, so wie die Gabel zum Apolloberg hin den Sinn für Ästhetik bedeutet und die zum Mondberg hin, daß der Verstand aus der Phantasie schöpft. Liegt die Kopflinie am Anfang ganz frei und ist nicht mit der Lebenslinie verbunden, so überwiegt in ihr das Martiale, da die bindende und richtungsweisende Kraft der Venus fehlt. Es ist das Merkmal der wirklichen Pioniere und Erfinder, die der Mars unerbittlich von Idee zu Idee, von Tat zu Tat treibt, ohne Ruhe und Ausgleich zu gestatten.

Die Herzlinie stellt die Stärke unserer Emotionen, die geistige Entwicklung und die Entfaltung unserer Kräfte dar. Sie läuft, ausgehend von der Wurzel des Merkurberges am Apollo- und Saturnberg vorbei zum Jupiterberg, wo sie endet. Diese Linie ist der Urgrund einer geistigen, reinen und unegoistischen Liebe, die sich nicht mehr in sinnenhaftem Verlangen, im vitalen, lebenserhaltenden, physischen Zeugungstrieb äußert, der im Venusberg dargestellt ist, sondern sie ist gleichsam das Tor zu einer universellen Vereinigung mit der höchsten Wesenheit (was immer man sich darunter vorzustellen hat). Ketten und Inseln deuten auf Einbrüche auf diesem idealistischen Weg hin. Und Probleme im Gefühlsbereich hat man, wenn die Linie Lücken aufweist. Sollte sie zudem noch den ganzen Handteller durchschneiden, stellt sie gewissermaßen eine Schranke dar, die alles in ihren Machtbereich zwingt. Ein leidenschaftliches heftiges Wollen, das Gefühl des Machtbewußtseins, schließt Egoismus, Eifersucht und Zwang in sich ein. Noch schlimmer wird es, wenn die Herzlinie ästelos in das unterste Jupiterfingerglied eindringt und so zur herrschsüchtigen Icherfüllung drängt und dem geliebten Anderen ein im Materiellen zu verwirklichendes Bild aufzwängt. Die kosmisch gute Herzlinie wird ästereich sein, voll lebendiger Bewegtheit. Denn solch eine Liebe kann nie einem ausgewogenen Zustand entspringen. Sie muß immer wieder in einem glühenden Feuer erneuert werden, damit sie nicht in träger Gelassenheit verflacht (Mangoldt 1991).

Kommen wir jetzt zur Saturnlinie. Sie bestimmt unser Schicksal, unsere Ziele und unsere Produktivität und verläuft nahezu vertikal vom Mondhoch zum Saturnberg. Ist ihr Erscheinungsbild ausgeprägt, nimmt man die Aufgabe des Lebens auf sich, ob es nun die Durchsetzung eines bestimmten Geltungsbedürfnisses ist oder die Hingabe an eine Idee. Aber eine gerade und gut gezeichnete Saturnlinie ist kein Garant für ein glückliches Schicksal. Sie zeigt zunächst nur die selbstherrliche Betonung der eigenen Kraft. Am positivsten ist eine Saturnlinie zu werten, die mit einigen Auflockerungen und kleinen Verschiebungen, die Hand durchzieht. Es gibt auch Hände, in denen sie ganz fehlt. Dies ist ein Zeichen stark vegetativen Lebens mit überwiegend triebhaften Instinkten. Ist die Schicksalslinie schwach, bedeutet das, daß Erfolge hart erkämpft werden, vor allem, wenn man durch Stern oder Kreuz auf dem Saturnberg das Stigma des Leids in seiner Hand trägt. Man fühlt sich immer unter dem Druck eines Verhängnisses und wartet gleichsam auf ein solches, was natürlich im Sinne einer selbsterfüllenden Prophezeiung das Unglück heraufbeschwören muß. Weist die Saturnlinie Lücken, Ketten und Inseln auf, zeigt das Richtungsänderungen und schwierige Phasen an.

Die Apollolinie schlußendlich steht für künstlerische Kreativität und Anerkennung. Sie verläuft vom Mondberg oder einer der Handlinien auf den Apolloberg zu. War es in der Lebenslinie die Arterhaltung, die den Menschen zum Wirken drängt, so ist es hier die Icherhaltung, die ein individuell-schöpferisches Zeugnis des Menschen verlangt. Ist ihr Erscheinungsbild ausgeprägt, läßt das auf Scharfsinn schließen, ist es schwach, führt Ausdauer zum Erfolg. Fehlt die Linie ganz, bedeutet das Unsicherheit. Lücken, Ketten und Inseln zeigen unproduktive Phasen und Beeinträchtigungen in der Kreativität. Fängt sie nahe dem Handgelenk an, können wir auf Begeisterung für die Kunst und hervorragende Leistungen schließen, bei einem Ansatz an der Lebenslinie hängt der Erfolg von einem harmonischen Familienleben ab, an der Kopflinie deutet das auf eine Intellektualisierung der Begabung hin, an der Herzlinie auf Kunstfertigkeit und an der Saturnlinie auf einen Erfolg als Künstler.

Soweit die Hauptlinien, die oben erwähnten Nebenlinien haben für den Chiromanten unterstützende Funktion. Wir werden in diesem Rahmen nicht weiter auf sie eingehen.

Rekapitulieren wir noch einmal, wie ein Mensch mittels seiner Hände „charakterisiert" wird, dann ist man nicht erstaunt, wie auch sinistren Gestalten besondere Merkmale unterstellt werden. Glaubt man der einschlägigen Literatur, dann ist bei notorischen Lügnern der Mondberg stark entwickelt, ihre Finger sind spitz, der Daumen kurz, und nahe dem Handrand besitzen sie eine gegabelte, kurze, unterbrochene Kopflinie, die von der Lebenslinie getrennt ist. Menschen mit Mörderinstinkten weisen sich durch schlecht geformte, meist feste Hände mit gewundenen Fingern, keulenförmigem Daumen und sehr kurzen und gekrümmten Nägeln aus. Dazu kommen eine breite, tiefe Kopflinie mit kleinen, dunkel gefärbten Linien, ein oder zwei Kreise an der Kopflinie, eine winkelförmige, mit der Herzlinie verbundene und von der Lebenslinie getrennte Kopflinie.

Habsüchtige und arglistige Frauen haben männliche Formen, sind hager mit vorspringenden Backenknochen. Ihre Hände sind lang, trocken und geknotet; die Herzlinie ist ohne Äste, die Kopflinie lang und gerade.

Leichtsinnige, vergnügungssüchtige Frauen haben dagegen kurze Daumen und dicke, fleischige, vom Venusring durchzogene Hände (Mangoldt 1991).

Abschließend seien noch einige Anmerkungen zu diesem Thema erlaubt. Sicher hat jeder Leser heimlich oder offen seine Handlinien anhand des Textes überprüft und Wesenszüge an sich festgestellt, die er schon lange vermutet hat oder weit von sich weisen würde. Endlich haben Sie Gewißheit! Aber ist das tatsächlich der Fall? Generell sind Chirologen natürlich der Ansicht, daß die Interpretationen, die sie aus der Hand ihres Gegenübers ablesen, stimmen. Wenn eine solche Interpretation zutreffen sollte, stellt sich natürlich die Frage nach dem Grund. Neben dem Zufall bietet sich die „selbsterfüllende Prophezeiung" als Erklärungsmodell an. Schließlich reagiert der Klient kalkulierbar, denn er wird sich vermutlich bemühen, genau das zu tun, was der Handleser ihm aufträgt, und so das vorhergesagte Ereignis auslösen.

Das soll nun nicht heißen, daß aus der Hand nichts abzulesen sei. Es gibt offenkundige Zusammenhänge zwischen dem Gesundheitszustand eines Menschen und dem Erscheinungsbild seiner Hand: Knotige Finger weisen auf eine Lungenkrankheit oder ein chronisches Leiden hin, egal ob sie am Ordnungs- oder am Philosophenknoten auftauchen, ein sehr roter Mondberg läßt auf ein Leberleiden schließen. Selbst für diese einfachen Verbindungen aus der sogenannten *Prima-vista*-Diagnostik gibt es bisher noch keine wissenschaftliche Erklärung.

Wahrscheinlich müssen wir darauf noch lange warten. Aber aus diesem Grund auf ein anderes System zu bauen, das mit den Ängsten der Menschen vor der Zukunft spielt, kann nicht der richtige Weg sein. Die Handlesekunst hat sich in den letzten Jahrhunderten wie ein Chamäleon verändert und tut es bis heute. Dies macht sie als Richtschnur für das Leben – ganz abgesehen von den willkürlichen Zuordnungen der Charaktereigenschaften zu bestimmten Merkmalen – ziemlich ungeeignet. In unserem Zusammenhang ist es aber bemerkenswert, daß sich dieser magische Aspekt der Zukunftsdeutung selbst im Computerzeitalter einer bleibenden Beliebtheit erfreut. Um mit Friedrich Hebbel zu sprechen:

»Und der ich bin, grüßt trauernd den, der ich könnte sein.«

Graphologie oder: Ist Handschrift gleich Hirnschrift?

Neben der Handlesekunst besitzt auch die Graphologie eine bis heute nicht zu unterschätzende Bedeutung. Jeder Mensch weiß, daß die persönliche Schrift im Laufe des Lebens einer Veränderung unterliegt und Stimmungsschwankungen ebenfalls das Schriftbild beeinflussen. In der Graphologie jedoch soll das Schriftbild detaillierteste Charaktereigenschaften sowie körperliche Besonderheiten offenbaren.

So haben sich einige Schriftdeuter sogar zu der Behauptung verstiegen, Kahlköpfigkeit oder die Senkung des Mittelfußknochens würden sich in der Schrift bemerkbar machen. Leider ergaben Untersuchungen, daß Graphologen schon bei der Bestimmung des Geschlechts erhebliche Schwierigkeiten haben. Die Fehlerquote liegt bei etwa 40 Prozent. Das ist nicht viel besser, als wenn man eine Münze würfe.

Trotz ihrer wissenschaftlichen Defizite besitzt die Graphologie – ähnlich wie die Chirologie – einen poetischen Reiz, was einen Teil ihrer Anziehungskraft erklären könnte. Die *Leipziger Illustrierte Zeitung* besaß im letzten Jahrhundert einen „Graphologischen Briefkasten". Eine der eingereichten Handschriften wurde wie folgt charakterisiert:

> »Diese Schrift? Pikkoloflöte, taufrisch wie das junge Gras und lieblich wie das Johannisfünkchen, das freilich nur an sommerlichen Abenden existieren kann. Zarte Sehnsucht, süßes Hoffen. Eine Bräutigamsphysiognomie, der vom ewigen Lächeln der Mund langweilig wird.«
> (Klages 1935)

An einem solchen Bonmot mag sich die empfindsame Seele erfreuen. Die von den Graphologen geäußerte Überzeugung, daß Handschrift gleich Hirnschrift sei, bleibt bis zum heutigen Tage spekulativ. Antworten auf diese Frage sind dann auch eher von Neurologen zu erwarten als von den Schriftdeutern selbst.

Kommen wir zu einem Ende, dann müssen wir feststellen, daß auf dem weiten Weg durch die Geschichte der *Magischen Hände* viele interessante Aspekte unerwähnt bleiben mußten. Trotzdem läßt sich erkennen, welche zentrale Bedeutung die Hand im Denken und Fühlen der Menschheit in den unterschiedlichsten Epochen innehatte, da sie in den verschiedensten Formen ins Symbolische erhoben wurde. Diese Wertschätzung, wenn sie sich vielleicht auch häufig aus dem Unterbewußten artikuliert hat, scheint sich nun in unserer Kultur – sieht man von der Chiromatie und Graphologie ab – zu verlieren. Offenbar verkommen wir in der heutigen, scheinbar aufgeklärten Welt immer mehr zu reinen Verstandeswesen. Man mag die magischen Hände und die Weltanschauungen, die diesen zugrunde liegen, belächeln. Respekt verdient aber die Achtung, die der Hand als Brücke zur Wirklichkeit zuteil wurde. Ohne diese Achtung droht unser Denken in einem entscheidenden Punkt und auf eine gefährliche Weise zu ertauben.

Neurologische Fachbegriffe

Afferenzen, afferente Bahnen/afferente Neuronen Vom Neuron wegführende oder vom Gehirn in die Peripherie hinführende Nervenbahnen.

Aktionspotential Durch überschwellige Reize ausgelöste und durch Natriumeinstrom vermittelte schnelle Potentialveränderung an der Membran von Muskeln oder Nervenzellen, die sich als Reiz über die Faser fortpflanzt.

Axon Efferente, vom Zellkörper fortleitende Faser einer Nervenzelle.

Basalganglien Ansammlungen von Nervenzellen an der Basis des Großhirns, die unter anderem eine große Rolle bei der „Feineinstellung" von Bewegungen spielen.

Biofeedback Motorische oder vegetative Körperfunktionen, die normalerweise kaum einer Beobachtung zugänglich sind (zum Beispiel Muskelspannung, Gefäßweite), werden mit Hilfe spezieller Geräte rückgemeldet, wahrnehmbar gemacht und damit der willkürlichen Kontrolle unterworfen.

Brodman-Areale Bereiche der Großhirnrinde, in denen jeweils bestimmte funktionelle Eigenschaften lokalisiert sind.

Cortex Großhirnrinde.

corticale Reorganisation Veränderung der somatotopen Organisation des Cortex.

Dendriten Fortsätze von Nervenzellen, die Signale von anderen Nervenzellen empfangen.

Dystonie Fehlerhafter Spannungszustand in Muskeln.

Efferenzen, efferente Bahnen/efferente Neuronen Zu anderen Neuronen oder von der Peripherie zum Gehirn hinführende Nervenbahnen.

extrafusale Muskulatur „Normale", außerhalb der Muskelspindel gelegene Muskelfasern eines Skelettmuskels.

exzitatorisch Erregend.

Fovea centralis Ort schärfsten Sehens auf der Netzhaut.

Golgi-Organ Rezeptororgan der Tiefensensibilität, das den Spannungszustand einer Sehne mißt.

Gyrus postcentralis Hinter der Zentralfurche (Sulcus centralis) gelegene Zentralwindung, die ein wesentlicher Teil des somatosensorischen Cortex ist, während der vor der Zentralfurche liegende **Gyrus praecentralis** das bedeutendste motorische Areal des Cortex darstellt.

haptische Wahrnehmung Wahrnehmung mittels der Berührungssinne.

Hebb-Synapse Gedankenmodell einer Synapse, die bei wiederholter Benutzung immer empfindlichere Reize auf die nachfolgende Zelle weiterleitet.

Hinterhorn des Rückenmarks Teil der grauen Substanz des Rückenmarks, das im Querschnitt als Schmetterlingsfigur mit zwei Vorderhörnern und zwei Hinterhörnern erscheint. Diese Hörner bilden in der Längsausdehnung des Rückenmarks Säulen. Das Hinterhorn enthält Neuronen afferenter, sensibler Systeme.

Hinterwurzel Eintrittstelle der sensiblen Nervenfasern in das Rückenmark.

Hinterwurzelganglien Spindelförmige Auftreibung der Hinterwurzel. Es handelt sich um eine Anhäufung sensibler Neuronen, deren zweigeteilte Fortsätze einen Ast in die Peripherie und den anderen in das Rückenmark schicken.

Homunculus Figur, die entsteht, wenn man die Körperteile, die von den jeweiligen motorischen oder sensorischen Rindenarealen versorgt werden, entsprechend der Größe der Hirnareale aneinander zeichnet.

inhibitorisch   Hemmend.

intrafusale Muskulatur   Muskelfasern innerhalb einer Muskelspindel, die deren „Vorspannung" regulieren.

Kernspintomographie   Komplexes Verfahren, das aufgrund des unterschiedlichen Verhaltens verschiedener Körpergewebe in starken Magnetfeldern in der Lage ist, recht exakte Schnittbilder des Körpers zu konstruieren.

L-Glutamat   Aminosäure; wesentlicher Neurotransmitter bei der nocizeptiven Signalübertragung. Nocizeptive Neuronen setzen Glutamat präsynaptisch frei. Glutamat aktiviert NMDA-Rezeptoren, die an der postsynaptischen Membran des nachfolgenden Neurons lokalisiert sind.

laterale Inhibition   Neuronales Verschaltungsmuster, bei dem der Zielzelle benachbarte Nervenzellen durch Querverbindungen gehemmt werden.

Mechanozeptor   Auf Wahrnehmung von Druck spezialisierter Sinnesrezeptor.

Meißner-Körperchen   Rezeptororgan des Tastsinnes in der Haut.

motorisches Neuron, Motoneuron   Efferente Nervenzelle, die eine Muskelzelle als Zielzelle ansteuert.

Merkel-Zelle   Rezeptororgan des Tastsinnes in der Haut.

Muskelspindel   Spindelförmiges Rezeptororgan der Tiefensensibilität, das, eingebettet in die Muskulatur, Spannungszustand und Länge eines Muskels mißt.

Neglekt   Halbseitige Vernachlässigung des eigenen Körpers und der Außenwelt; neurologisches Krankheitsbild.

Nervenblockade   Nervenblockaden mit Lokalanästhetika bewirken die vorübergehende Unterbrechung der Funktion eines Nerven durch Störung seiner Leitungsfunktion.

Neuron   Nervenzelle.

Neurotransmitter Kleine Moleküle, die als „Botenstoffe" die elektrochemische Übertragung von Information an der Synapse zwischen Nervenzellen übertragen.

NMDA-Rezeptoren Rezeptoren, deren Bezeichnung sich von dem spezifischen Agonisten N-Methyl-D-Aspartat ableitet. Die Aktivierung von NMDA-Rezeptoren spielt wahrscheinlich eine wesentliche Rolle bei der Entstehung der Übererregbarkeit spinaler Neuronen und des Gehirns, die als molekulare Grundlage des Schmerzgedächtnisses angesehen wird.

Nocizeptor Auf Wahrnehmung schmerzhafter Reize spezialisierter Sinnesrezeptor.

Ontogenese Entwicklung des Individuums.

Organogenese Hier: organische Ursache.

peripheres Nervensystem Nerven aus Kopf, Rumpf und Extremitäten.

Phylogenese Stammesgeschichtliche Entwicklung der Arten.

prämotorisches Areal, prämotorischer Cortex Region der Großhirnrinde vor den motorischen Arealen.

primäres motorisches Areal, primärer motorischer Cortex Region der Großhirnrinde, von der aus Bewegungsimpulse für willkürliche Bewegungen an die Körperperipherie „abgeschickt" werden.

Propriozeption Eigenwahrnehmung.

Pyramidenbahn (Tractus corticospinalis) Dickes Bündel von motorischen Nervenfasern, Gesamtheit der Fasern von der Großhirnrinde, die ins Rückenmark bis zu den α-Motoneuronen oder zu den motorischen Kernen der Hirnnerven ziehen.

refraktär Hier: Zustand, in dem eine Nerven- oder Muskelzelle für einen weiteren Reiz nicht empfänglich ist.

Reizmodalität Objektive physikalische Qualität eines Reizes (z. B. visueller Reiz = elektromagnetische Wellen, Berührung = Druck, akustischer Reiz = Schallwellen).

Reiztranslation Umwandlung eines physikalischen Reizes durch den Sinnesrezeptor in Aktionspotentiale.

Retina Netzhaut des Auges.

rezeptives Feld „Einzugsgebiet", aus dem eine Nervenzelle sensorische Information erhält.

Rezeptor „Empfänger", der in der Lage ist, physikalische oder chemische Reize zu detektieren und umzuwandeln.

Ruhepotential Spannung, die auf unterschiedlicher Verteilung elektrischer Ladung zwischen dem Äußeren und dem Inneren einer Zelle beruht.

sensorisches Neuron Nervenzelle, die Sinnesrezeptoren nachgeschaltet ist, und von diesen sensorische Information aufnimmt und weiterleitet.

Somatotopie Topographisch geordnete Abbildung der Haut als periphere Sinnesfläche auf der kontralateralen Seite des somatosensorischen Cortex.

supplementär-motorisches Areal, supplementär-motorischer Cortex Region der Großhirnrinde, die für die Erzeugung komplexerer Bewegungsmuster zuständig ist.

Synapse Umschaltstelle für die Erregungsübertragung von einem Neuron auf ein zweites. Für die Erregungsübertragung sind chemische Wirkstoffe, sogenannte Neurotransmitter, erforderlich.

Syndaktylie Angeborene Verwachsung zweier oder mehrerer Finger.

Teleskoping Nach Amputationen das Gefühl, das als „Phantom" wahrgenommene Körperteil bewege sich in Richtung Stumpf.

Thalamus Teil des Zwischenhirns; zentrale subcorticale Sammel- und Umschaltstation für alle der Großhirnrinde zufließenden sensibel-sensorischen Erregungen aus der Umwelt und Innenwelt; auch als „Tor zum Bewußtsein" bezeichnet.

Thermozeptor Auf Wahrnehmung von Temparatur spezialisierter Sinnesrezeptor.

Tractus corticospinalis Siehe Pyramidenbahn.

Vorderhorn des Rückenmarks Teil der grauen Substanz des Rückenmarks, das im Querschnitt als Schmetterlingsfigur mit zwei Vorderhörnern und zwei Hinterhörnern erscheint. Diese Hörner bilden in der Längsausdehnung des Rückenmarks Säulen. Das Vorderhorn enthält motorische Zellen.

Zentralnervensystem Gehirn und Rückenmark.

Literatur

1. Hand und Hirn (Martin Weinmann)

Calvin, W. H. *Wie das Gehirn denkt. Die Evolution der Intelligenz.* Heidelberg/Berlin (Spektrum Akademischer Verlag) 1998.
Goldstein, E. B. *Wahrnehmungspsychologie.* Heidelberg/Berlin (Spektrum Akademischer Verlag) 1997.
Grilner, G. *Bewegungssteuerung im Rückenmark.* In: *Spektrum der Wissenschaft* 3 (1996) S. 50–60.
Hartje, W.; Poeck, K. *Klinische Neuropsychologie.* Stuttgart/New York (Thieme) 1997.
Kandel, E.; Schwartz, J.; Jessel, T. *Principles of Neuroscience.* 4. Aufl. New York/Amsterdam/London/Tokyo (Elsevier) 1996.
Kandel, E.; Schwartz, J.; Jessel, T. *Neurowissenschaften.* Heidelberg/Berlin (Spektrum Akademischer Verlag) 1996.
Keller, H. *The Story of my Life.* New York (Doubleday, Page) 1902. [Deutsch: *Geschichte meines Lebens.* Stuttgart (Lutz) 1912 / *Mein Weg aus dem Dunkel.* München (Droemer Knaur) 1997.]
Kennedy, J. M. *Wie Blinde zeichnen.* In: *Spektrum der Wissenschaft* 3 (1997) S. 84–89.
Lemon, R. N. *The G. L. Brown Prize Lecture – Cortical Control of the Primate Hand.* In: *Exp. Physiology* 78 (1993) S. 263–301.
Leroi-Gourhan, A. *Hand und Wort.* 2. Aufl. Frankfurt (Suhrkamp) 1995.
Nagel, T. *What is it Like to be a Bat?* In: *Philosophical Review* 83/4 (1974).
Poizner, H.; Klima, E. S.; Bellugi, U. *Was die Hände über das Gehirn verraten – Neuropsychologische Aspekte der Gebärdensprachforschung.* Hamburg (Signum-Verlag) 1990.
Roth, G.; Prinz, W. *Kopf-Arbeit: Gehirnfunktionen und ihre kognitiven Leistungen.* Heidelberg/Berlin (Spektrum Akademischer Verlag) 1996.
Springer, S. P.; Deutsch, G. *Linkes – Rechtes Gehirn.* 3. Aufl. Heidelberg/Berlin (Spektrum Akademischer Verlag) 1995.

2. Alles im Griff! (Peter Reill)

Bell, C. *The Hand.* London (William Pickering) 1833. Nachdruck: Cleveland, OH (Pilgrim Press) 1979.
Kahle, W.; Leonhardt, H.; Platzer, W. *Taschenatlas der Anatomie.* Bd. 1: Bewegungsapparat. Stuttgart (Thieme) 1984.
Klöppel, R. *Die Kunst des Musizierens.* Mainz (Schott) 1993.

Marzke, M. *Evolutionary Development of the Human Thumb.* In: *Hand Clinics* 3/1 (1992).
Popper, R.; Eccles, J. *Das Ich und sein Gehirn.* München (Piper) 1992.
Schmidt, H. M.; Lanz, U. *Chirurgische Anatomie der Hand.* Stuttgart (Hippokrates) 1992.

3. Vom Spitzgriff zur Liszt-Sonate (Eckart Altenmüller)

Abel, S. M. *Duration Discrimination of Noise and Tone Bursts.* In: *Journal of the Acoustic Society of America* 82 (1987) S. 465–470.
Aggleton, J. P.; Kentridge, R. W.; Good, J. M. *Handedness and Musical Ability: A Study of Professional Orchestral Players, Composers and Choir Members.* In: *Psychology of Music* 22 (1994) S. 148–156.
Altenmüller, E. *Fokale Dystonien bei Musikern: Eine Herausforderung für die Musiker-Medizin.* In: *Zeitschrift für Musikphysiologie und Musikermedizin* 3 (1996) S. 29–40.
Amunts, K.; Schlaug, G.; Jäncke, L.; Steinmetz, H.; Schleicher, A.; Dabringhaus, A.; Zilles, K. *Motor Cortex and Hand Motor Skills: Structural Compliance in the Human Brain.* In: *Human Brain Mapping* 5 (1997) S. 206–215.
Bangert, M.; Parlitz, D.; Altenmüller, E. *Audio-Motor Integration in Beginner and Expert Pianists: a Combined DC-EEG and Behavioural Study.* In: Elsner, N.; Wehner, R. (Hrsg.) *Göttingen Neurobiology Report.* Stuttgart (Thieme) 1998, S. 753.
Behne, K. E.; Wetekam, B. *Musikpsychologische Interpretationsforschung: Individualität und Intention.* In: Behne, K. E.; Kleinen, G.; de La Motte-Haber, H. (Hrsg.) *Jahrbuch Musikpsychologie.* Bd. 10. Wilhelmshaven (Florian Noetzel Verlag) 1993. S. 24–37.
Bernstein, N. A. *Bewegungsphysiologie.* Leipzig (Ambrosius Barth) 1988.
Das Guinness-Buch der Rekorde 1997. Hamburg (Guinness-Verlag) 1996.
Elbert, T.; Pantev, C.; Wienbruch, C.; Rockstroh, B.; Taub, E. *Increased Cortical Representation of the Fingers of the Left Hand in String Players.* In: *Science* 270 (1995) S. 305–307.
Elbert, T.; Candia, V.; Altenmüller, E.; Stiarr, A.; Rau, H.; Rockstroh, B.; Pantev, C.; Taub, E. *Alteration of Digital Representation in Somatosensory Cortex in Focal Hand Dystonia.* In: *NeuroReport* 9 (1998) S. 3571-3574.
Ericsson, K. A. *Deliberate Practice and the Acquisition of Expert Performance: An Overview.* In: Jorgensen, H.; Lehmann, A. C. (Hrsg.) *Does Practice Make Perfect?* Oslo (NMHs skriftserie) 1997, S. 9–51.
Ericsson, K. A.; Krampe R. T.; Tesch-Römer, C. *The Role of Deliberate Practice in the Acquisition of Expert Performance.* In: *Psychological Reviews* 100 (1993) S. 363–406.
Feldman, D. H. *Mozart als Wunderkind, Mozart als Artefakt.* In: Ostwald, P.; Zegans, L. (Hrsg.) *Mozart – Freuden und Leiden des Genies.* Stuttgart (Kohlhammer) 1997, S. 39–55.
Freund, H. J. *Handmotorik und musikalisches Lernen.* In: Petsche, H. (Hrsg.) *Musik – Gehirn – Spiel.* Basel (Birkhäuser) 1989, S. 103–110.

Gellrich, M. *Üben mit Liszt.* Frauenfeld (Waldgut-Verlag) 1992.
Hallam, S. *What do we Know about Practising? Towards a Model Synthesising the Research Literature.* In: Jorgensen, H.; Lehmann, A. C. (Hrsg.) *Does Practice Make Perfect?* Oslo (NMHs skriftserie) 1997, S. 179–231.
Hofmann, G.; Mürbe, D.; Kuhlisch, E.; Pabst, F. *Unterschiede des auditiven Frequenzdiskriminationsvermögens bei Musikern verschiedener Fachbereiche.* In: *Folia Phoniatrica et Logopaedica* 49 (1997) S. 21–25.
Hore, J.; Watts, S.; Martin, J.; Miller, B. *Timing of Finger Opening and Ball Release in Fast and Accurate Overarm Throws.* In: *Experimental Brain Research* 103 (1995) S. 277–286.
Jäncke, L.; Schlaug, G.; Steinmetz, H. *Hand Skill Asymmetry in Professional Musicians.* In: *Brain and Cognition* 34 (1997) S. 424–432.
Karni, A.; Meyer, G.; Jezzard, P.; Adams, M. M.; Turner, R.; Ungerleider, L. G. *Functional MRI Evidence for Adult Motor Cortex Plasticity During Motor Skill Learning.* In: *Nature* 377 (1995) S. 155–158.
Marsden, C. D.; Deecke, L.; Freund, H.-J. *The Functions of the Supplementary Motor Area. Summary of a Workshop.* In: Lüders, H. (Hrsg.) *Advances in Neurology, Vol. 70: Supplementary Sensorimotor Area.* Philadelphia (Lippincott Raven) 1996, S. 477–487.
Moore, G. P. *Piano Trills.* In: *Music Perception* 9 (1992) S. 351–360.
Neuhaus, H. *Die Kunst des Klavierspiels.* Köln (Gerig-Verlag) 1967.
Nutt, J. G.; Muenter, M. D.; Melton, I. J. *Epidemiology of Dystonia in Rochester, Minnesota.* In: *Advances in Neurology* 50 (1988) S. 361–365.
Peschel, T.; Drescher, D.; Altenmüller, E. *Abnormes Bereitschaftspotential bei Musikern mit fokaler Dystonie.* In: *Aktuelle Neurologie* 25 (1998) S. 223.
Roth, G. *Das Gehirn des Menschen.* In: Roth, G.; Prinz, W. (Hrsg.) *Kopf-Arbeit. Gehirnfunktionen und kognitive Leistungen.* Heidelberg/Berlin (Spektrum Akademischer Verlag) 1996, S. 119–180.
Salmon, D. P.; Butters, N. *Neurobiology of Skill and Habit Learning.* In: *Current Opinion in Neurobiology* 5 (1995) S. 184–190.
Schlaug, G.; Jäncke, L.; Huang, Y.; Steinmetz, H. *Increased Corpus Callosum Size in Musicians.* In: *Neuropsychologia* 33 (1995) S. 1047–1055.
Schmidt, R. A. *Motor Control and Learning.* Urbana-Champaign (Human Kinetics) 1982.
Schumann, R. *Gesammelte Schriften.* Wiesbaden (VMA-Verlag) 1962.
Schumann, R. *Tagebücher, Band 1.* Eismann, G. (Hrsg.) Basel (Stroemfeld/Roter Stern-Verlag) 1971.
Sheehy, M. P.; Marsden, C. D. *Writers' Cramp – a focal dystonia.* In: *Brain* 105 (1982) S. 461–480.
Sloboda, J. *The Musical Mind.* Oxford (Clarendon Press) 1985.
Sloboda, J. A.; Howe, M. *Biographical Precursors of Musical Excellence: An Interview Study.* In: *Psychology of Music* 19 (1991) S. 3–21.
Smith, H. W. *From Fish to Philosopher.* Boston (Little Brown) 1995.
Wagner, C. *Welche Anforderungen stellt das Instrumentalspiel an die menschliche Hand?* In: *Handchirurgie* 19 (1987) S. 23–32.

Wagner, C. *The Influence of the Tempo of Playing on the Rhythmic Structure Studied at Pianists Playing Scales.* In: *Medicine and Sports* 6 (1971) S. 129–132.
Wagner, C. *The Pianists Hand: Anthropometry and Biomechanics.* In: *Ergonomics* 31 (1988) S. 97–131.
Wilson, F. *Digitizing Digital Dexterity: A Novel Application for Midi Recordings of Keyboard Performance.* In: *Psychomusicology* 11 (1992) S. 79–95.

4. Götz von B. und der Datenhandschuh (Helge Ritter)

MacKenzie, C. L.; Iberall, T. *The Grasping Hand.* Amsterdam (North-Holland) 1994.
Mason, M. T.; Salisbury, K. J. *Robot Hands and the Mechanics of Manipulation.* Cambridge, MA (MIT Press) 1985.
Spektrum der Wissenschaft-Dossier 4/98: *Roboter erobern den Alltag.* Heidelberg 1998.
Venkataraman, S. T. (Hrsg.) *Dextrous Robot Hands.* Berlin/Heidelberg/New York (Springer) 1990.
Wachsmuth, I.; Fröhlich, M. (Hrsg.) *Gesture and Sign Language in Human-Computer Interaction.* Berlin/Heidelberg/New York (Springer) 1997.

5. Die Phantomhand (Stephanie Töpfner, Niels Birbaumer)

Bach, S.; Noreng, M. F.; Tjellden, M. U. *Phantom Limb Pain in Amputees During the First 12 Months Following Limb Amputation after Preoperative Lumbar Epidural Blockade.* In: *Pain* 33 (1988) S. 297–301.
Birbaumer, N.; Schmidt, R. F. *Biologische Psychologie.* Berlin/Heidelberg/New York (Springer) 1996.
Birbaumer, N.; Lutzenberger, W.; Montoya, P.; Larbig, W.; Unertl, K.; Töpfner, S.; Grodd, W.; Taub, E.; Flor, H. *Effects of Regional Anesthesia on Phantom Limb Pain are Mirrored in Changes in Cortical Reorganization.* In: *Journal of Neuroscience* 17 (1997) S. 5503–5508.
Coderre, T. J.; Katz, J.; Vaccarino, A. L.; Melzack, R. *Contribution of Central Neuroplasticity to Pathological Pain: Review of Clinical and Experimental Evidence.* In: *Pain* 52 (1993) S. 259–285.
Crile, G. W. *The Kinetic Theory of Shock and its Prevention Through Anociassociation (Shockless Operation).* In: *Lancet* 185 (1913) S. 7–16.
Cronholm, B. *Phantom Limbs in Amputees.* In: *Acta Psychiatrica Scandinavica* 72 (1951) S. 1–310.
Devor M.; Jänig, W.; Michaelis M. *Modulation of Activity in Dorsal Root Ganglion Neurons by Sympathetic Activation in Nerve-injured Rats.* In: *Neuroscience Letters* 24 (1994) S. 43–47.
Devor, M. *Phantom Pain as an Expression of Referred and Neuropathic Pain.* In: Sherman, R.A. *Phantom Pain.* New York (Plenum) 1997.

Elbert, T.; Flor, H.; Birbaumer, N.; Knecht, S.; Hampson, S.; Larbig, W.; Taub, E. *Extensive Reorganisation of the Somatosensory Cortex in Adult Humans After Nervous System Injury.* In: *NeuroReport* 5 (1994) S. 2593–2597.

Flohr, H. *Ignorabimus?* In: Roth, G.; Prinz, W. (Hrsg.) *Kopf-Arbeit. Gehirnfunktionen und kognitive Leistungen.* Heidelberg/Berlin (Spektrum Akademischer Verlag) 1996.

Flor, H.; Elbert, T.; Wienbruch, C.; Pantev, C.; Knecht, S.; Birbaumer, N.; Larbig, W.; Taub, E. *Phantom Limb Pain as a Perceptual Correlate of Cortical Reorganization Following Arm Amputation.* In: *Nature* 375 (1995) S. 482–484.

Hebb, D. O. *The organization of behavior.* New York (Wiley) 1949. Zitiert nach: Birbaumer, N.; Schmidt, R. F. *Biologische Psychologie.* Berlin/Heidelberg/New York (Springer) 1996.

Henderson, W. R.; Smyth, G. E. *Phantom limbs.* In: *Journal of Neurology, Neurosurgery and Psychiatry* 11 (1948) S. 88–112.

Jänig, W. *Biologie und Pathobiologie der Schmerzmechanismen.* In: Zenz, M.; Jurna, I. (Hrsg.) *Lehrbuch der Schmerztherapie.* Stuttgart (Wissenschaftliche Verlagsgesellschaft) 1993.

Jensen, T. S.; Krebs, B.; Nielsen, J.; Rasmussen, P. *Immediate and Long-term Phantom Limb Pain in Amputees: Incidence, Clinical Characteristics and Relationship to Pre-amputation Limb Pain.* In: *Pain* 21 (1985) S. 267–278.

Kaas, J. H. *Plasticity of Sensory and Motor Maps in Adult Mammals.* In: *Annual Review of Neuroscience* 14 (1991) S. 137–167.

Katz, J.; Melzack, R. *Pain Memories in Phantom Limbs: Review and Clinical Observations.* In: *Pain* 43 (1990) S. 319–336.

Kenshalo, D. R.; Willis, W. D. jr. *The Role of the Cerebral Cortex in Pain Sensation.* In: Peters, A. (Hrsg.) *Cerebral Cortex.* Bd. 9. New York (Plenum) 1991, S. 153–212.

Montoya, P.; Ritter, K.; Huse, E.; Larbig, W.; Töpfner, S.; Lutzenberger, W.; Grodd, W.; Flor, H.; Birbaumer, N. *Examination of the Cortical Somatotopic Map and Phantom Phenomena in Subjects with Congenital Limb Atrophy and Traumatic Amputees with Phantom Limb Pain.* In: *European Journal of Neuroscience* 10 (1998) S. 1095–1102.

Nikolajsen, N.; Ilkajaer, S.; Christensen, J. H.; Kroner, K.; Jensen, T. S. *Randomised Trial of Epidural Bupivacaine and Morphine in Prevention of Stump and Phantom Pain in Lower-limb Amputation.* In: *Lancet* 350 (1997) S. 1353–1357.

Penfield, W.; Rasmussen, T. *The Cerebral Cortex of Man.* New York/London (Macmillan) 1950.

Ramachandran, V. S.; Stewart, M.; Rogers-Ramachandran, D. C. *Perceptual Correlates of Massive Cortical Reorganization.* In: *Neuroreport* 3 (1992) S. 583–586.

Sherman, R. A. *Studies Relating to Pain in the Amputee. A progress Report from the Prosthetic Devices Research Project at the Institute of Engineering Research, Department of Engineering, University of California, Berkeley Medical School.* Series II, issue 23. 1952.

Sherman, R.; Gall, N.; Cromly, J. *Treatment of Phantom Limb Pain with Muscular Relaxation Training to Disrupt the Pain-anxiety-tension Cycle.* In: *Pain* 6 (1979) S. 47–55.
Sherman, R.; Sherman, C. *Prevalence and Characteristics of Chronic Phantom Limb Pain Among American Veterans: Results of a Trial Survey.* In: *American Journal of Physical Medicine* 62 (1983) S. 227–238.
Sherman, R.; Sherman, C. *Chronic Phantom and Stump Pain Among American Veterans: Results of a Survey.* In: *Pain* 18 (1984) S. 83–95.
Sherman, R. A.; Devor, M.; Jones, D. E. C.; Katz, J. *Phantom Pain.* New York (Plenum) 1997.
Woolf, C. J.; Thompson, W. N. *The Induction and Maintenance of Central Sensitization is Dependent on N-methyl-D-aspartatic Acid Receptor Activation; Implications for the Treatment of Post-injury Pain Hypersensitivity States.* In: *Pain* 44 (1991) S. 293–299.
Zenz, M.; Jurna, I. (Hrsg.) *Lehrbuch der Schmerztherapie: Grundlagen, Theorie und Praxis für Aus- und Weiterbildung.* Stuttgart (Wissenschaftliche Verlagsgesellschaft) 1993.

6. Rechts ist da, wo im Gehirn links ist? (Bruno Preilowski)

Annett, M. *Left, Right, Hand and Brain: The Right Shift Theory.* London (Lawrence Erlbaum) 1985.
Annett, M.; Eglinton, E.; Smythe, P. *Types of Dyslexia and the Shift to Dextrality.* In: *Journal of Child Psychology and Psychiatry* 37/2 (1996) S. 167–180.
Bakan, P.; Dibb, G.; Reed, P. *Handedness and Birth Stress.* In: *Neuropsychologia* 11 (1973) S. 363–366.
Bishop, D. V. M. *Handedness and Developmental Disorder.* Hillsdale (Lawrence Erlbaum) 1990.
Chapanis, A.; Gropper, B. A. *The Effect of the Operator's Handedness on some Directional Stereotypes in Control-display Relationships.* In: *Human Factors* 10 (1968) S. 303–320.
Collins, R. L. *When Left-handed Mice Live in Right-handed Worlds.* In: *Science* 187 (1975) S. 181–187.
Corballis, M. C.; Morgan, M. J. *On the Biological Basis of Human Laterality: I. Evidence for a Maturational Left-right Gradient.* In: *The Behavioral and Brain Sciences* 1/2 (1978) S. 261–269.
Coren, S. *The Left-hander Syndrome. The Causes and Consequences of Left-handedness.* New York (Vintage Books) 1993.
Coren, S.; Halpern, D. F. *Left-Handedness: A Marker for Decreased Survival Fitness.* In: *Psychological Bulletin* 109 (1991) S. 90–106.
Coren, S.; Porac, C. *Fifty Centuries of Right-Handedness: The Historical Record.* In: *Science* 198/4317 (1977) S. 631–632.
Eglinton, E.; Annett, M. *Handedness and dyslexia: a meta-analysis.* In: *Perceptual and Motor Skills* 79/3 Pt 2 (1994) S. 1611–1616.
Feyereisen, P.; De Lannoy, J.-D. *Psychologie du geste.* Brüssel (Pierre Mardaga) 1985.

Garonzik, R. *Hand Dominance and Implications for Left-handed Operation of Controls.* In: *Ergonomics* 32/10 (1989) S. 1185–1192.

Geschwind, N.; Galaburda, A. M. (Hrsg.) *Cerebral Dominance. The Biological Foundations.* Cambridge, MA (Harvard University Press) 1984.

Gottfried, A. W.; Bathurst, K. *Hand Preference across Time is Related to Intelligence in Young Girls, not Boys.* In: *Science* 221 (1983) S. 1074–1076.

Iverson, J. M.; Goldin-Meadow, S. *Why People Gesture when they Speak.* In: *Nature* 396 (1998) S. 228.

Kaufman, A. S.; Zalma, R.; Kaufman, N. L. *The Relationship of Hand Dominance to the Motor Coordination, Mental Ability, and Right-left Awareness of Young Normal Children.* In: *Child Development* 49 (1978) S. 885–888.

Kee, D. W.; Cherry, B. J.; Neale, P. L.; McBride, D. M.; Segal, N. L. *Multitask Analysis of Cerebral Hemisphere Specialization in Monozygotic Twins Discordant for Handedness.* In: *Neuropsychology* 12/3 (1998) S. 468–478.

Kimura, D.; Vanderwolf, C. H. *The Relation between Preference and the Performance of Individual Finger Movements by Left and Right Hands.* In: *Brain* 93 (1970) S. 769–774.

Ludwig, W. *Das Rechts-Links-Problem im Tierreich und beim Menschen.* Berlin/Heidelberg/New York (Springer) 1932.

Martin, M.; Jones, G. V. *Generalizing Everyday Memory: Signs and Handedness.* In: *Memory & Cognition* 26/2 (1998) S. 193–200.

Mollowitz, G. G. *Zur Problematik des Recht-links-Unterschiedes hinsichtlich der Einschätzung der MdE bei Unfallfolgen an den oberen Extremitäten.* In: Mollowitz, G. G. (Hrsg.) *Der Unfallmann.* 11. Aufl. Berlin/Heidelberg/New York (Springer) 1993.

Newcombe, F.; Ratcliff, G. *Handedness, Speech Lateralization and Ability.* In: *Neuropsychologia* 11 (1973) S. 399–407.

Nutzhorn, H. *Untersuchungen zum R-L-Problem.* Braunschweig (Dissertation) 1952.

Parlow, S. *Differential Finger Movements and Hand Preference.* In: *Cortex* 14 (1978) S. 608–611.

Preilowski, B. *Vergleichende Neuropsychologie: Untersuchungen zur Gehirnasymmetrie bei Menschen und Affen.* Bd. 133. Konstanz (Universitätsverlag) 1985.

Preilowski, B. *Symmetrie – Asymmetrie und Gehirn.* In: Krimmel, B. (Hrsg.) *Symmetrie in Kunst, Natur und Wissenschaft.* Bd. 1. Darmstadt (Mathildenhöhe Darmstadt) 1986, S. 59–81.

Preilowski, B. *Intermanual Transfer, Interhemispheric Interaction, and Handedness in Man and Monkeys.* In: Trevarthen, C. (Hrsg.) *Brain Circuits and Functions of the Mind. Essays in Honor of Roger W. Sperry.* Cambridge (Cambridge University Press) 1990, S. 168–180.

Preilowski, B. *Cerebral Asymmetry, Interhemispheric Interaction and Handedness: Second Thoughts about Comparative Laterality Research with Nonhuman Primates, about a Theory and some Preliminary Results.* In: Ward, J. P.; Hopkins, W. D. (Hrsg.) *Primate Laterality: Current Behavioral Evidence of Primate Asymmetries.* Berlin/Heidelberg/New York (Springer) 1993, S. 125–148.

Rasmussen, T.; Milner, B. *The Role of Early Left Brain Injury in Determining Lateralization of Cerebral Speech Functions.* In: *Annals of the New York Academy of Sciences* 299 (1977) S. 355–369.

Raymond, M.; Pontier, D.; Dufour, A. B.; Moller, A. P. *Frequency-dependent Maintenance of Left Handedness in Humans.* In: *Proceedings of the Royal Society London. B: Biological Sciences* 263/1377 (1996) S. 1627–1633.

Rey, M.; Dellatolas, G.; Bancaud, J.; Talairach, J. *Hemispheric Lateralization of Motor Speech Functions after Early Brain Lesion: Study of 73 Epileptic Patients with Intracarotid Amytal Test.* In: *Neuropsychologia* 26 (1988) S. 167–172.

Schachter, S. C.; Ransil, B. J. *Handedness Distributions in Nine Professional Groups.* In: *Perceptual and Motor Skills* 82/1 (1996) S. 51–63.

Sperry, R. W.; Preilowski, B. *Die beiden Gehirne des Menschen.* In: *Bild der Wissenschaft* 9 (1972) S. 920–927.

Steinmetz, H.; Herzog, A.; Schlaug, G.; Huang, Y.; Jäncke, L. *Brain (A)symmetry in Monozygotic Twins.* In: *Cerebral Cortex* 5 (1995) S. 296–300.

Swinnen, S. Persönliche Mitteilung (1998).

Tan, L. E. *Laterality and Motor Skills in Four-year Olds.* In: *Child Development* 56 (1985) S. 119–124.

7. Vom Greifen zum Begreifen? (Richard Michaelis)

Amiel-Tison, C. *Neurological Assessment of the Neonate Revisited: A Personal View.* In: *Developmental Medicine and Child Neurology* 32 (1990) S. 1105–1113.

Brazelton, T. B.; Robey, J. S; Collies, G. A. *Infant Development in the Zinacanteco Indians of Southern Mexico.* In: *Pediatrics* 44 (1969) S. 274–290.

Calvin, W. H. *Die Symphonie des Denkens.* München (Deutscher Taschenbuch Verlag) 1995.

Gesell, A. L.; Amatruda, C. S. *Developmental Diagnosis.* Knobloch, H.; Pasamanick, B. (Hrsg.) Hagerstown (Harper and Row) 1974.

Hansjakob, H. M. *Herimann der Lahme von der Reichenau.* Mainz (Kirchheim) 1875.

Harris, M. *Wie wir wurden, was wir sind.* München (Deutscher Taschenbuch Verlag) 1996.

Jones, S.; Martin, R.; Pilbeam, D. (Hrsg.) *The Cambridge Encyclopedia of Human Evolution.* Cambridge (Cambridge University Press) 1992.

Kuhn, T. S. *Die Struktur wissenschaftlicher Revolutionen.* 2. Aufl. Frankfurt (Suhrkamp) 1973.

Lakatos, I. *The Methodology of Scientific Research Programs. Philosophical Papers.* Bd. 1. Cambridge (Cambridge University Press) 1980.

Largo, R. H. *Babyjahre.* München (Piper) 1995.

Michaelis, R.; Kahle, H.; Michaelis, U. S. *Variabilität in der frühen motorischen Entwicklung.* In: *Kindheit und Entwicklung* 2 (1993) S. 215–221.
Michaelis, R.; Niemann, G. *Entwicklungsneurologie und Neuropädiatrie.* Stuttgart (Hippokrates) 1995.
Oppenheim, R. W. *Ontogenetic Adaptations in Neural and Behavioural Development: Toward a More Ecological Developmental Psychobiology.* In: Prechtl, H. F. R. (Hrsg.) *Continuity and Neural Functions from Prenatal to Postnatal Life. Clinics in Developmental Medicine No 94.* Oxford (Blackwell); Philadelphia (Lippincott) 1984, S. 1630.
Reichholf, J. H. *Das Rätsel der Menschwerdung.* München (dtv) 1993.
Scarr, S. *Developmental Theories for the Nineties: Development and Individual Differences.* In: *Child Development* 63 (1992) S. 1–19.
Steitz, E. *Die Evolution des Menschen.* 3. Aufl. Stuttgart (Schweizerbart) 1993.
Touwen, B. C. L. *Normale neurologische Entwicklung. Die nicht bestehenden Inter- und Intra-Item-Beziehungen.* In: Michaelis, R.; Nolte, R.; Buchwald-Saal, M.; Haas, G. (Hrsg.) *Entwicklungsneurologie.* Stuttgart (Kohlhammer) 1984.
Winnicott, D. W. *Übergangsobjekte und Übergangsphänomene.* In: Winnicott, D. W. (Hrsg.) *Von der Kinderheilkunde zur Psychoanalyse.* München (Kindler) 1976, S. 298–311.

8. Am Anfang war die Hand (Friedhart Klix)

Freud, S. *Totem und Tabu.* Frankfurt (S. Fischer) 1913. (Nachdruck 1973.)
Klix, F.; Lanius, K. *Die Menschenartigen: Nach Katastrophen – vor Katastrophen?* Manuskript, 1999.
Leakey, R. *Die ersten Spuren. Über den Ursprung des Menschen.* München (C. Bertelsmann) 1997.
Margulis, L.; Sagan, D. *Leben.* Heidelberg/Berlin (Spektrum Akademischer Verlag) 1997.
Tattersall, I. *Puzzle Menschwerdung. Auf der Spur der menschlichen Evolution.* Heidelberg/Berlin (Spektrum Akademischer Verlag) 1997.

9. Ein Daumen Fische (Marco Wehr)

Ifrah, G. *Universalgeschichte der Zahlen.* Frankfurt (Campus) 1991.
Menninger, K. *Zahlwort und Ziffer.* Göttingen (Vandenhoek & Ruprecht) 1979.
Meschkowski, H. *Richtigkeit und Wahrheit in der Mathematik.* Mannheim (BI Wissenschaftsverlag) 1978.

10. Handwerker und Mundwerker (Peter Janich)

Albert, H. *Traktat über kritische Vernunft.* 5. Aufl. Tübingen (Mohr/Siebeck) 1991.
Albert, H. *Konstruktivismus oder Realismus? Bemerkungen zu Holzkamps dialektischer Überwindung der modernen Wissenschaftslehre.* In: Albert, H.; Keuth, H. (Hrsg.) *Kritik der kritischen Psychologie.* Hamburg (Hoffmann & Campe) 1973, S. 9–40.
Becker, O. *Anfänge der griechischen Mathematik.* Darmstadt (Wissenschaftliche Buchgesellschaft) 1965.
Euklid *Die Elemente.* (Ostwalds Klassiker der exakten Wissenschaften). Nachdruck Darmstadt (Wissenschaftliche Buchgesellschaft) 1980.
Janich, P. *Euklids Erbe. Ist der Raum dreidimensional?* München (C. H. Beck) 1989.
Janich, P. *Grenzen der Naturwissenschaft. Erkennen als Handeln.* München (C. H. Beck) 1992.
Janich, P. *Konstruktivismus und Naturerkenntnis. Auf dem Weg zum Kulturalismus.* Frankfurt (Suhrkamp) 1996.
Janich, P. *Was ist Wahrheit?* München (C. H. Beck) 1996.
Janich, P. *Das Maß der Dinge. Protophysik von Raum, Zeit und Materie.* Frankfurt (Suhrkamp) 1997.
Janich, P. *Die Struktur technischer Innovationen.* In: Hartmann, D.; Janich, P. (Hrsg.) *Die Kulturalistische Wende. Zur Orientierung des philosophischen Selbstverständnisses.* Frankfurt (Suhrkamp) 1998, S. 128–176.
Kuhn, T. S. *Die Struktur wissenschaftlicher Revolutionen.* 14. Aufl. Frankfurt (Suhrkamp) 1997.
Mittelstraß, J. *Die Entdeckung der Möglichkeit von Wissenschaft.* In: *Archive for History of Exact Science* Bd. II, 5 (1965) S. 410–435.
Poincaré, J. H. *On the Foundations of Geometry.* In: *Monist* 9 (1898/1899) S. 1–43.
Popper, K. R. *Logik der Forschung.* 10. Aufl. Tübingen (J. C. B. Mohr) 1994.

11. Von der Hand in den Mund (Thomas Wägenbaur)

Aristoteles *Categories et Liber de interpretatione.* Minio-Paluello, L.; Kenyon, F. G. (Hrsg.) Oxford (Oxford University Press) 1949, 1. Kapitel, 16a, S. 3–8.
Bulhof, F. *Wortindex zu Thomas Mann: Der Zauberberg.* The University of Texas at Austin, Xerox University Microfilms 1976.
Foucault, M. *Überwachen und Strafen. Die Geburt des Gefängnisses.* Frankfurt (Suhrkamp) 1976.
Frege, G. *Der Gedanke. Eine logische Untersuchung.* In: *Kleine Schriften.* Angelelli, I. (Hrsg.) Hildesheim (Olms) 1967.
Gebauer, G. *Hand und Gewißheit.* In: Gebauer, G. (Hrsg.) *Anthropologie.* Leipzig (Reclam) 1998, S. 250–274.
Geiger, S. *Weh dem, der nicht lügt.* In: *Stuttgarter Zeitung* 26.09.1998, S. 49.

Grimm, J.; Grimm, W. *Deutsches Wörterbuch*. Leipzig (Hirzel) 1877. Nachdruck: München (dtv) 1984.
Kleist, H. von. *Sämtliche Werke und Briefe*. 2 Bde. München (Hanser) 1993.
Lichtenberg, G. C. *Sudelbücher*. In: *Aphorismen. Schriften. Briefe*. Promies, W. (Hrsg.) München (Hanser) 1991, Heft A.
Luhmann, N. *Soziale Systeme. Grundriß einer allgemeinen Theorie*. Frankfurt (Suhrkamp) 1984.
Luhmann, N. *Wie ist Bewußtsein an Kommunikation beteiligt?* In: Luhmann, N. *Soziologische Aufklärung 6. Die Soziologie und der Mensch*. Opladen (Westdeutscher Verlag) 1995, S. 37–54.
Luhmann, N. *Autopoiesis des Bewußtseins*. In: Luhmann, N. *Soziologische Aufklärung 6. Die Soziologie und der Mensch*. Opladen (Westdeutscher Verlag) 1995, S. 55–112.
Mann, T. *Die Kunst Richard Wagners* (1911). In: *Gesammelte Werke in dreizehn Bänden*. Frankfurt (Fischer) 1960/1974, Bd. X.
Mann, T. *Der Zauberberg*(1924). In: a. a. O., Bd. III.
Mann, T. *Richard Wagner und der Ring des Nibelungen* (1937). In: a. a. O., Bd. IX.
Mann, T. *Einführung in den „Zauberberg"* (1939). In: a. a. O., Bd. XI.
Nietzsche, F. *Also sprach Zarathustra*. In: *Kritische Studienausgabe*. Colli, G.; Montinari, M. (Hrsg.) München (dtv) und Berlin (de Gruyter) 1988, Bd. 4.
Platon. *Kratylos*. In: Burnett, J. (Hrsg.) *Platonis Opera*. Oxford (Clarendon Press) 1900.
Nietzsche, F. *Jenseits von Gut und Böse*. In: a. a. O., Bd. 5, Aph. 128.
Rilke, R. M. *Werke in drei Bänden*. Zinn, E. (Hrsg.) Frankfurt (Insel) 1973, Bd. I.
Saussure, F. de. *Cours de linguiste générale*. Lausanne/Paris (Payot) 1916.
Schanze, H. *Index zu Heinrich von Kleist. Sämtliche Erzählungen, Erzählvariationen, Anekdoten*. Frankfurt (Athenäum) 1969.
Schanze, H. *Index zu Heinrich von Kleist. Kleine Schriften*. Frankfurt (Athenäum) 1970.
Searle, J. R. *Speech Acts. An essay in the philosophy of language*. Cambridge (Cambridge University Press) 1969.
Theisen, B. *Bogenschluß. Kleists Formalisierung des Lesens*. Freiburg (Rombach) 1996.
Wittgenstein, L. *Philosophische Untersuchungen*. In: *Schriften*. Rhees, R. (Hrsg.) Frankfurt (Suhrkamp) 1969.
Wittgenstein, L. *Philosophische Grammatik, 1. Teil: Satz, Sinn des Satzes*. In: a. a. O., Bd. 4.
Wittgenstein, L. *Über Gewißheit*. Anscombe, G. E. M.; von Wright, G. H. (Hrsg.) Oxford 1969; deutsche Ausgabe: Frankfurt (Suhrkamp) 1970.

12. Die Hand des Künstlers (Maike Christadler)

Baxandall, M. *Painting and Experience in Fifteenth Century Italy. A Primer in the Social History of Pictorial Style*. Oxford (Oxford University Press) 1972.

Beyer, A. *Künstler ohne Hände – Fastenzeit der Augen? Ein Beitrag zur Ikonologie des Unsichtbaren.* In: Stöhr, J. (Hrsg.) *Ästhetische Erfahrung heute.* Köln (Du Mont) 1996, S. 340–359.
Demisch, H. *Erhobene Hände: Geschichte einer Gebärde in der bildenden Kunst.* Stuttgart (Urachhaus) 1984.
Gohr, S. (Hrsg.) *Die Hand des Künstlers.* Ausstellungskatalog, Köln 1991.
Koerner, L. J. *The Moment of Self-Portraiture in German Renaissance Art.* Chicago/London (University of Chicago Press) 1993.
Kris, E.; Kurz, O. *Die Legende vom Künstler. Ein geschichtlicher Versuch.* Frankfurt (Suhrkamp) 1979.
Sawday, J. *The Body Emblazoned: Dissection and the Human Body in Renaissance Culture.* London/New York (Routledge) 1995.
Vasari, G. *Leben der ausgezeichnetsten Maler, Bildhauer und Baumeister.* (Hrsg. und übersetzt von L. Schorn und E. Förster, neu hrsg. und eingeleitet von Julian Kliemann.) Worms (Werner) 1983.
Warnke, M. *Der Kopf in der Hand.* In: Hofmann, W. (Hrsg.) *Der Zauber der Medusa.* Ausstellungskatalog, Wien 1987, S. 55–61.

13. Magische Hände (Bettina Handel)

Behm, J. *Handauflegung im Urchristentum.* Leipzig (A. Deichert) 1911.
Bell, Sir C. *Die menschliche Hand und ihre Eigenschaften.* Stuttgart (P. Neff Verlag) 1936.
Gross, K. *Menschenhand und Gotteshand in Antike und Christentum.* Stuttgart (A. Hirsemann) 1985.
Klages, L. *Graphologie.* Leipzig (Quelle und Meyer) 1935.
Leroi-Gourhan, A. *Hand und Wort.* Frankfurt (Suhrkamp) 1988.
Lyons, A. S. *Der Blick in die Zukunft.* Köln (DuMont) 1991.
Mangoldt U. v. *Das große Buch der Handlesekunst.* München (Goldmann) 1991.
Mangoldt U. v. *Erkenne dich selbst im Bild deiner Hand.* Olten/Freiburg (Walter) 1980.
Pulver, M. *Geist und Psyche.* München (Kindler) 1970.
Ruspoli, M. *Die Höhlenmalerei von Lascaux.* Augsburg (Bechtermünz) 1998.
Schenda, R. *Gut bei Leibe.* München (C. H. Beck) 1998.
Tworuschka, M.; Tworuschka, U. (Hrsg.) *Religionen der Welt.* München (Orbis) 1996.

Bildnachweise

Titelbild: Science Photo Library/Agentur Focus.

Bildfolge zu „Greifformen":   P. Reill, Tübingen.

1.1—1.5   Nach Kandel, E.; Schwartz, J.; Jessel, T. *Neurowissenschaften*. Heidelberg/Berlin (Spektrum Akademischer Verlag) 1996.

1.6   Aus Kennedy, J. M. *Wie Blinde zeichnen*. In: *Spektrum der Wissenschaft* 3 (1997) S. 84—89.

1.7   Nach Kandel, E.; Schwartz, J.; Jessel, T. *Neurowissenschaften*. Heidelberg/Berlin (Spektrum Akademischer Verlag) 1996.

2.2   Nach Schmidt, H.-U.; Lanz, U. *Chirurgische Anatomie der Hand*. (Zeichnung: G. Kohnle.) Stuttgart (Hippokrates) 1992.

2.3 a/b   Nach Sobotta, J. *Atlas der Anatomie des Menschen*. 20. Aufl. München (Urban & Schwarzenberg) 1993.

2.4   Nach Schmidt, H.-U.; Lanz, U. *Chirurgische Anatomie der Hand*. (Zeichnung: G. Kohnle.) Stuttgart (Hippokrates) 1992.

2.5   Nach Sobotta, J. *Atlas der Anatomie des Menschen*. 20. Aufl. München (Urban & Schwarzenberg) 1993.

3.1—3.3   E. Altenmüller, Hochschule für Musik und Theater, Hannover.

4.1   Aus Mechel, C. von *Die eiserne Hand des tapfern deutschen Ritters Götz von Berlichingen*. Berlin (Georg Decker) 1815.

4.2—4.4   Arbeitsgruppe H. Ritter, Universität Bielefeld.

5.1   Nach Sherman, R. A. et al. *Phantom Pain*. New York (Plenum) 1997.

5.2   Nach Zenz, M.; Jurna, I. (Hrsg.) *Lehrbuch der Schmerztherapie: Grundlagen, Theorie und Praxis für Aus- und Weiterbildung*. Stuttgart (Wissenschaftliche Verlagsgesellschaft) 1993.

5.3 Arbeitsgruppe N. Birbaumer, Universität Tübingen (unveröffentlicht).

5.4 Nach Birbaumer, N.; Lutzenberger, W.; Montoya, P.; Larbig, W.; Unertl, K.; Töpfner, S.; Grodd, W.; Taub, E.; Flor, H. *Effects of Regional Anesthesia on Phantom Limb Pain are Mirrored in Changes in Cortical Reorganization.* In: *Journal of Neuroscience* 17 (1997) S. 5503—5508.

6.1 Collage von Bruno Preilowski; Originalphotos mit freundlicher Genehmigung aus FOCUS-Magazin entnommen.

6.2 Nach Preilowski, B. *Vergleichende Neuropsychologie: Untersuchungen zur Gehirnasymmetrie bei Menschen und Affen.* Konstanz (Universitätsverlag Konstanz) 1985.

6.3 Aus Kimura, D.; Vanderwolf, C. H. *The Relation between Preference and the Performance of Individual Finger Movements by Left and Right Hands.* In: *Brain* 93 (1970) und Parlow, S. *Differential Finger Movements and Hand Preference.* In: *Cortex* 14 (1978).

6.4 Mit freundlicher Genehmigung der Daimler Chrysler Aerospace Airbus GmbH.

6.5/6.6 Arbeitsgruppe B. Preilowski, Universität Tübingen.

7.1 Aus Jones, S.; Martin, R.; Pilbeam, D. (Hrsg.) *The Cambridge Encyclopedia of Human Evolution.* Cambridge (Cambridge University Press) 1992.

7.2 Aus Touwen, B. C. L. *Normale neurologische Entwicklung. Die nicht bestehenden Inter- und Intra-Item-Beziehungen.* In: Michaelis, R.; Nolte, R.; Buchwald-Saal, M.; Haas, G. (Hrsg.) *Entwicklungsneurologie.* Stuttgart (Kohlhammer) 1984.

7.3 Mit freundlicher Genehmigung der Agentur PIB, Kopenhagen/München.

8.1 Aus Steitz, E. *Die Evolution des Menschen.* 3. Aufl. Stuttgart (Schweizerbart) 1993.

8.2 Aus Tattersall, I. *Puzzle Menschwerdung. Auf der Spur der menschlichen Evolution.* Heidelberg/Berlin (Spektrum Akademischer Verlag) 1997.

8.3 Nach Steitz, E. *Die Evolution des Menschen.* 3. Aufl. Stuttgart (Schweizerbart) 1993.

8.4–8.7 Aus Herrmann, J.; Ullrich, H. *Menschwerdung.* Berlin (Akademie Verlag 1991.

Bildnachweise 385

8.8 Nach Klix, F. *Erwachendes Denken*. Heidelberg/Berlin (Spektrum Akademischer Verlag) 199

9.1 PICTURE PRESS/Quint Buchholz, München.

9.2 Christiane von Solodkoff, Neckargemünd

10.1—10.4 P. Janich, Universität Marburg.

11.1 Photo Associated Press/Mark Lennihan.

12.1 Bayerische Staatsgemäldesammlungen, München.

12.2/12.3 Kunsthistorisches Museum, Wien.

12.4 Cordon Art B.V., Barn, Holland.

13.1 Christiane von Solodkoff, Neckargemünd

Die Autoren

Eckart Altenmüller ist Direktor des Instituts für Musikphysiologie und Musikermedizin der Hochschule für Musik und Theater Hannover. Er studierte in Tübingen, Paris und Freiburg Medizin und an der Musikhochschule Freiburg Musik. Während seiner neurophysiologischen Ausbildung in Freiburg führte er erste Arbeiten zur Aktivierung des Großhirns bei der Verarbeitung von Musik durch. Von 1985 bis 1994 war er an der Neurologischen Universitätsklinik Tübingen tätig, zunächst im Rahmen seiner Facharztausbildung und nach der Habilitation als Oberarzt. 1994 trat er die Professur in Hannover an. Seine Forschungsarbeiten konzentrieren sich auf das musikalische Lernen sowie die Sensomotorik und die Emotionalität des Musizierens.

Niels Birbaumer ist seit 1993 Professor für Medizinische Psychologie und Medizinische Soziologie an der Universität Tübingen. Er studierte in Wien Psychologie, Statistik und Physiologie und habilitierte sich in München in Physiologischer Psychologie. 1975 folgte er dem Ruf auf den Lehrstuhl für Klinische und Physiologische Psychologie in Tübingen. Von 1986 bis 1988 lehrte er an der Pennsylvania State University. Gastprofessuren führten ihn nach Madison (Wisconsin), Honolulu (Hawai) und Padua (Italien). Der frühere Präsident der European Association of Behavior Therapy ist Autor und (Mit-) Herausgeber zahlreicher Artikel, Bücher und Fachzeitschriften. Zu seinen Forschungsschwerpunkten zählen u. a. die Dynamik von Hirnprozessen, die Psychophysiologie des Schmerzes, die psychologische Behandlung von organischen Erkrankungen und die Neurobiologie von Lernprozessen. 1995 erhielt Niels Birbaumer den Gottfried-Wilhelm-Leibniz-Preis der DFG und den Deutschen Psychologie-Preis.

Maike Christadler ist zur Zeit Volontärin am Städtischen Kunstmuseum Spendhaus in Reutlingen. Sie studierte Kunstgeschichte und Italianistik in Tübingen, Pisa und Hamburg. 1998 promovierte sie in Kunstgeschichte über „Kreativität und Geschlecht. Zurichtungen des ‚Weiblichen' in Kunsttheorie und Portraitmalerei: Giorgio Vasaris Viten und Sofonisba Anguissolas Selbst-Bilder".

Bettina Handel studierte in Hannover und Tübingen Philosophie und Germanistik. Thema ihrer Magisterarbeit (1988) war das „Phänomen der Zeit unter besonderer Berücksichtigung des Augenblicks". Seither lebt sie als freie Philosophin, Schriftstellerin und Tänzerin in Tübingen.

Peter Janich ist seit 1980 Professor für Philosophie an der Universität Marburg. Er studierte in Erlangen und Hamburg Physik, Philosophie und Psychologie und promovierte 1969 in Philosophie. Von 1971 bis 1980 lehrte er an der Universität Konstanz. Forschungsaufenthalte und Gastprofessuren führten ihn in die USA, nach Norwegen, Österreich und Italien. Seine Arbeitsgebiete sind: Philosophie der Naturwissenschaften und Technik, Konstruktivismus und Kulturalismus, Erkenntnistheorie, Sprachphilosophie und Wahrheitstheorie. Zu diesen Themen veröffentlichte er zahlreiche Bücher, zum Beispiel *Euklids Erbe. Ist der Raum dreidimensional? (1989), Konstruktivismus und Naturerkenntnis (1996), Kleine Philosophie der Naturwissenschaften (1997)*.

Friedhart Klix war bis zu seiner Emeritierung Direktor am Institut für Psychologie der Berliner Humboldt-Universität. Er studierte in Berlin Psychologie, lehrte nach seiner Promotion in Jena und wurde in Dresden habilitiert, bis er 1962 den Ruf nach Berlin erhielt. Er ist Mitglied der Deutschen Akademie der Wissenschaften zu Berlin (1965), der Deutschen Akademie der Naturforscher Leopoldina Halle (1971), der Finnischen Akademie der Wissenschaften zu Helsinki (1987), der Kgl. Schwedischen Akademie Stockholm (1988) und der Academia Europaea (London), der New York Academy of Sciences (1990) und der Leibniz-Sozietät (1992). 1988 erhielt er die Ehrendoktorwürde der Universität Salzburg, 1989 die der Technischen Universität Dresden.

Richard Michaelis war von 1974 bis 1997 ärztlicher Direktor der Abteilung Neuropädiatrie, Entwicklungsneurologie und Sozialpädiatrie der Universitäts-Kinderklinik Tübingen. Er studierte Medizin in Freiburg i. Br., Tübingen und München. Seine Facharztausbildung zum Kinderarzt mit Schwerpunkt Neonatologie, Kinderneurologie und Entwicklungsneurologie absolvierte er an den Universitäts-Kinderkliniken von Helsinki, Göttingen und Los Angeles (UCLA). 1968 wurde er in Göttingen habilitiert. Seine Arbeitsgebiete sind: Kinderneurologie, die frühe Entwicklung des Kindes und ihre Auffälligkeiten, Entwicklungstheorien, Anthropologie des Kindes, evolutionäre Strategien in der Entwicklung von Kindern.

Bruno Preilowski ist Professor für Physiologische Psychologie an der Universität Tübingen und Leiter der neuropsychologischen Außenstelle in Ravensburg-Weissenau. Nach dem Studium und der Promotion an der Tulane University in New Orleans arbeitete er von 1970 bis 1972 am California Institute of Technology (Caltech) in Pasadena bei Roger W. Sperry und war mehrere Jahre an der dortigen human- und tierexperimentellen Split-Brain-Forschung beteiligt (Habilitation 1979). Die Schwerpunkte seiner Forschung liegen im Bereich experimentelle und klinische Neuropsychologie. Vor allem Phänomene der Gehirnplastizität, der zerebralen Asymmetrie und interhemisphärischen Interaktionen interessieren ihn. Darüber hinaus gilt sein Interesse der Neuropsychologie von Kindern und Jugendlichen sowie spezifischen neuropsychologischen Entwicklungsstörungen, wie beispielsweise den Entwicklungsdyslexien. 1992 wurde er zum McDonnell-Pew Fellow in Cognitive Neuroscience am W. M. Keck Center for Integrative Neurosciences der University of California in San Francisco ernannt. Er war Gastprofessor für Neuropsychologie in Japan, Korea, Neuseeland, Polen und den USA.

Peter Reill ist Facharzt für Chirurgie, Plastische Chirurgie und Handchirurgie. Er studierte Medizin in München, Freiburg i. Br. und Heidelberg. Seine Weiterbildung zum Facharzt für Chirurgie absolvierte er am Städt. Krankenhaus in Lüneburg und am Berufsgenossenschaftlichen Unfallkrankenhaus in Hamburg. Die Weiterbildung zum Facharzt für Handchirurgie führte ihn von Hamburg aus zu verschiedenen Studienaufenthalten in England, Schweden und den USA. Von 1972 bis 1995 war Peter Reill Leiter der Abteilung für Handchirurgie an der Berufsgenossenschaftlichen Unfallklinik in Tübingen. Seither ist er in freier, ambulanter Praxisklinik und zudem konsiliarisch an der Abteilung Kinderchirurgie des Zentralklinikums Augsburg tätig.

Helge Ritter ist Professor für Neuroinformatik an der Universität Bielefeld. Er studierte Physik und Mathematik an den Universitäten Bayreuth, Heidelberg und München. Auf seine Promotion 1988 folgten Forschungsaufenthalte an der Helsinki University of Technology und am Beckman Institute for Advanced Science and Technology in Urbana, USA. 1990 erhielt er den Ruf an die Technische Fakultät der Universität Bielefeld. Dort leitet er die Arbeitsgruppe Neuroinformatik, deren Hauptschwerpunkte die Erforschung künstlicher neuronaler Netze im Bereich des Computersehens, der Robotersteuerung und der Modellierung kognitiver Prozesse sind. In den Jahren 1993/94 war Helge Ritter Mitorganisator der Forschergruppe „Prärationale Intelligenz" am Zentrum für Interdisziplináre Forschung in Bielefeld und im akademischen Jahr 1995/96 Fellow des Wissenschaftskollegs zu Berlin.

Stephanie Töpfner ist Fachärztin für Anästhesiologie in der Schmerzambulanz der Klinik für Anästhesiologie in Tübingen. Sie schloß ihr Medizinstudium in München mit der Promotion ab und absolvierte ihre Facharztausbildung an der Berufsgenossenschaftlichen Unfallklinik und der Klinik für Anästhesiologie in Tübingen, wo sie seit 1990 auch als wissenschaftliche Mitarbeiterin angestellt ist. Von 1993 bis 1997 war sie überwiegend klinisch im Bereich der Schmerztherapie tätig. Seit 1996 ist sie an interdisziplinären Forschungsprojekten des Institutes für Medizinische Psychologie und Verhaltensneurobiologie der Universität Tübingen beteiligt, die sich mit Fragen der zentralnervösen Schmerzverarbeitung und Möglichkeiten der Prävention von Phantomschmerzen beschäftigen.

Thomas Wägenbaur ist wissenschaftlicher Angestellter am Deutschen Seminar in Tübingen. Er studierte Komparatistik an der University of California, Berkley, und erwarb den PhD in Komparatistik an der University of Washington, Seattle. Derzeit arbeitet er an seiner Habilitation zum Thema „Neuronale Metaphern. Zur Emergenz der Kommunikation". Bereits mehrfach ist er mit Aufsätzen zu Literatur-, Kultur- und Medientheorie als Autor sowie als Herausgeber in Erscheinung getreten: *Künstliche Paradiese virtuelle Realitäten. Künstliche Räume in Literatur-, Sozial- und Naturwissenschaften* (1997), *Komplexität und Selbstorganisation. „Chaos" in den Natur- und Kulturwissenschaften* (1997), *The Poetics of Memory* (1998).

Marco Wehr studierte in Tübingen Physik und Philosophie und promovierte 1998 in Marburg mit einer wissenschaftstheoretischen Untersuchung der Chaostheorie. Sein wissenschaftliches Interesse gilt Fragen der „Voraussagbarkeit". Im „Zweitberuf" ist Marco Wehr Tänzer, Choreograph und Tanzlehrer. Als Tänzer und Tanzlehrer ist er auch international tätig. Sein Schwerpunkt auf dem Gebiet des Tanzes sind die Prinzipien des Bewegungslernens und -lehrens. Er lebt in Tübingen.

Martin Weinmann ist wissenschaftlicher Mitarbeiter in der Abteilung Radioonkologie der Universitätsklinik Tübingen. Er studierte in Tübingen und Tel Aviv Medizin. Ein Forschungsaufenthalt führte ihn 1991 nach Luxemburg. 1995 promovierte er über die Erkennung von Virusproteinen durch das Immunsystem und erlangte die Approbation als Arzt. Er ist Autor mehrerer Veröffentlichungen über die Immunerkennung von Viren und die Auswirkungen von Strahlentherapie auf das menschliche Immunsystem.

Index

A

Abacisten 256
Abduktion 65
Abduktor 75
Abwehrrituale 341
Achämenidenkönig 347
Acheuléen 234, 240
Achilles 314, 317
Adaptation 23, 96
  funktionelle 95
  ontogenetische 210, 218
Adduktor 75
Affekte 232
Affen 228–232
  Hand 11, 62
afferente Bahnen 365
  sensorische 29–33
afferente Neuronen 365
Agustinus 252
Akademie, platonische 274
Aktionspotential 21, 23f, 365
Akustik 242
Albert, H. 279
Algebra 289
Ali 260, 264
Alkoholimus 184, 186
Allele 192
Alphabet 246
Altamira 242
Altes Testament 341, 343, 346
Altweltaffen 230 ff
Ambivalenzkonflikte 109
Amelie 159
Amiel-Tison, C. 218
Amputation 143
Amputationstrauma 156
Amulette 348
Amytal-Tests 188

Anderson, L. 83
Androiden 114
Annett, M. 175, 192
Antike 272
Antonius, M. 344
Apelles 327, 333
Aplasie, Hand 74
Apollo 107
Apolloberg 360 f
Apollolinie 358–362
Apollos Fluch 104–111
apotropäische Handzeichen 348
Apraxie 53–55, 58
Archimedes 265
Areal
  prämotorisches 51, 368
  primäres motorisches, siehe
    Cortex, primärer motorischer
  somatosensorisches 133
  supplementär-motorisches 51 f,
    54, 94, 369
Aristoteles 153, 272, 289, 297, 353
Artes liberales 326
Artificial Intelligence 249
assyrische Schriftzeichen 245
Astrologen 353
Astronomie 289
Asymmetrie 95
  funktionelle 42, 164–208
  zerebrale 174, 176 f
asymmetrisches Weltprinzip 181,
  194–196
äthiopischer Dom 228
Aue, H. von 298
Auflösungsvermögen,
  räumliches 20, 124
Aufmerksamkeitsstörungen 184
aufrechte Körperhaltung, siehe Gang,
  aufrechter

aufsteigendes retikuläres
   aktivierendes System (ARAS)   150
Auge-Hand-Koordination   231–233, 238 f
Aurelius, M.   352
Ausdruck, künstlerischer   93
Ausdrucksforschung   93
Ausnahmeleistungen   97
Australopithecus   232
   afarensis   63, 236
   africanus   233
   anamensis   233
   ramidus   233
Autismus   184
Automatisation   97, 99
Automatismen, spinale   44–47
Autopoiesie   282 f
axiomatisches Denken   272
Axone   28, 365
   afferente   27
   efferente   27

B

Bahnen, sensorische   29–33
Balken, siehe Corpus callosum
ballistische Bewegungen   56–58, 99, 213
Bangert, M.   103 f
Barere, S.   82
Basalganglien   50, 93, 101, 109 f, 365
Basalganglienhypothese   110
Baselitz, G.   330
Basisbewegungen   130
Begreifen   221–225
Begründen, logisches   272, 279
Begründungstrilemma   279
Behaupten   272
Behinderung
   geistige   223
   körperliche   222
Behrens, Hofrat   309
Beidhändigkeit   166
Belgrad-Hand   118 f
Benediktiner   347
Berlichingen, G. von   114
Betazerfall   194

Beugesehnen-Behandlung   71
Bevölkerungsexplosion   238
Bevorzugungshändigkeit   168–175, 182
Bevorzugungsmessungen   175
Bewegung   43–59
   ballistische   56–58, 99, 213
   konstruktivistische   273
   koordinierte   45
   repetitive   213
   sequentielle   53, 55
   willkürliche   43–58, 79–94
Bewegungssteuerung   43–58, 130
Bewegungsvokabular   130
Beziehungskomplex   307
Bichsel, P.   323
Bijektion   259, 264
Bilddarstellung   245
bildende Kunst   168 f, 325–338
Bildhauerei   326–338
Bildlichkeit   304
Bildwahrnehmung   237
Bindung, symbiontische   220
binokulares Sehen   231
Biofeedback   149, 365
Bizet, G.   310
Blauth, W.   74
Blick, böser   349, 351
Blinde, Wahrnehmung   38–41
Blindenschrift, siehe Braille-Schrift
Blitzableiter   341
bocca della verita   344
Body-Part-as-Object-Fehler   54
Bonobos   231
böser Blick   349, 351
Botokuden   256
Brahe, T.   254
Brahms, J.   92
Braille, L.   17
Braille-Schrift   17 f, 179
Brief eines Dichters an einen anderen   314, 322
Broca-Areal   237
Brodman-Areale   36, 365
Brüder Grimm   295–303, 320
Buchmalerei, mittelalterliche   331
Buchstaben   243–246

Buchstabenrechenkunst 322
Buck-Gramcko, D. 74
Bugilai 261
Bündelung von Zahlen 263–269

C

Caesar, G. J. 352
Caligula 344
Calvin, W. 55, 213, 234
Cantor, G. 250
Carus, C. G. 354
Castorp, H. 308–311
C-Dur-Tonleiter 84
Cennini, C. 332
Chamisso, A. von 302
Charakter und Handlesen 355–358
Charles, R. 25
Chauchat, C. 308–311
cheir 353
Chiralität 194
Chirognomie 353, 355–358
Chirologie 351, 353–360, 363
Chiromantie 351, 358–363
Chopin, F. 84, 91
Christentum 345–352
christliche Frühzeit 347
Christus-Ikone 335
Chronometrie 280
Cicero 344
Clinton, B. 295
Codex Hammurabi 343
Computer 128, 249
 digitaler 252
Computersehen 123
Connexus intertendinei 90
Contergan 194
 siehe auch Thalidomid
Contractus, H. 222
Coren, S. 185
Corpus callosum 199 f, 203
Cortex 31, 365
 posterior-parietaler 51
 präfrontaler 51
 prämotorischer 47–53, 369
 primärer motorischer 47–53, 95, 102

 primärer sensorischer 29, 33–38, 47, 51, 133, 156 f, 237
 somatosensorischer 156
 supplementär-motorischer 52
 visueller 133
corticale Reorganisation 156, 159, 365
Cours de linguistique générale (1916) 296
Crile, G. W. 155
Cro-Magnon-Kulturen 214, 240
Crusoe, R. 259
Cuvier, G. 33
Cyberspace 131, 252, 268
Cyberspace-Ideologie 267

D

d'Arpentigny, S. 355, 357
Darwin, C. 33
Das Käthchen von Heilbronn 317
Datenhandschuh 135, 268, 302
d'Aubigne, M. 76
Daumen 63–66, 357
 künstlicher 118
Daumenanzieher 68
Daumenballen 63
Daumenballenmuskulatur 67
Daumenbeuger 65
Daumengegensteller 68
Daumenlutschen 221
Daumensattelgelenk 63 f
Daumenschrauben 344
De humani corporis fabrica 335
De numero arenae 265
Dehnungsrezeptoren 26
deliberate practice 98
delisches Problem 22 ff, 286
Dendriten 365
Denken 167
 axiomatisches 272
 kombinatorisches 240
 konstruktives 241
 pythagoräisches 253
Der Zauberberg 307 f
Der zerbrochene Krug 317
Der Zweikampf 314

Descartes, R. 144, 161
Desynchronisation, bimanuelle 91
Determinierung, genetische 193 f, 217
Deutsches Wörterbuch 294–303
Dezimalsystem 262, 266
Diachronie, Sprachwissenschaft 320
Dialog über die Malerei 328
dichaptische Tests 179
dichotisches Hören 178, 191
Dichotomanie 178
Dickens, C. 259
Die Buddenbrooks 307
Die Familie Schroffenstein 316, 319
Die Marquise von O 313, 315
Die Verlobung von St. Domingo 312, 316
Displays, haptische 134
Division 256
DLR-Hand 121–123
DNA (Desoxyribonukleinsäure) 194
dogmatischer Abbruch 279
doppelte Kontingenz 313
Drehmomentensensoren 120
Drei-Berge-Aufgabe 39
Dreifingergestus 341
Drei-Punkte-Griff 63, 74
Drucksensoren 125
  phasische 126
  tonische 126
Dualsystem 254, 262
Dürer, A. 331–333, 337
Dyspraxien 178
Dystonie 365
  fokale 105
  segmentale 110 f

E

Ea 347
Eem-Warmzeit 239
efferente Bahnen 47, 365
Efferenzen 365
Efferenzkopie 100
Ehe 342–344
  morganatische 343
Ehelinie 358–362
Eheverträge 342
Eid 340–342
Eigenapparat, Rückenmark 44–47, 154–156
Eigennamen 280
Eigenwahrnehmung 18, 25–28, 117
Ein Tisch ist ein Tisch 323
eineiige Zwillinge 191
Einheit, motorische 44
Ein-Wort-Sprache 164
Eiszeitalter, quartäres 228
Elektroenzephalogramm (EEG) 49, 103, 156 f
Elektrokardiographie (EKG) 49
Elektromyographie (EMG) 148
Elemente, Euklid 283
Elle 62, 69
Emotionalität 93, 232, 242
Empfindungen, übertragene 149 f
Empiristen 287–289
Enantiomere 194
Endigungen, sensorische 27 f
„Endosymbiose" 237
Endplatte, motorische 44
Engramm 161
Entwicklung
  emotionale 220–222
  kindliche 210–225
  kognitive 182, 210–225
  motorische 215–217
  phylogenetische 58
Entwicklungsdyslexie 183
Entwicklungsindex 183
Entwicklungsstörungen 182
Entwicklungstests 224
Entwicklungstheorie 217–225
Epilepsie 184
Epochalstil 329
Ergonomie 171 f
Erkenntnis 272–292, 317
Escher, M. C. 336 f
Etrusker 264
Etymologie
  der Hand 295–303
  der Zahlwörter 256 ff
Euklid 272–292

Euripides 341
Evangelienbuch 341
Evolution 43, 55–57, 210 f
  des Greifens 228–246
  Hand 62, 228–246
  Selektion 202
Exoskelett 132
Expert-Performance-
  Forschung 97
extrafusale Muskulatur 28, 366
extrinsische Muskulatur 65
exzitatorische Wirkungen 22, 366

F

Fähigkeiten
  sprachliche 189
  supramodale 56
Fall Wagner 310
Fallhand 76
Fasciculus arcuatus 237 f
Faserbündel, efferente
  motorische 47
Fasern
  langsam adaptierende 23
  schnell adaptierende 23
Fatima 348
Faust, eiserne 115
Faustgriff 215, 217 f
  radialer 215
Faustkeile 234 f
Faustschluß 69
Feedback-Hemmung 32
Feedforward-Hemmung 31f
Fehlbewegungen,
  unwillkürliche 105
Fehlbildungen, Hand 74–77
Fehlfunktionen 177–180
Feld
  negatives motorisches 94
  rezeptives 23, 31, 36, 369
Felderhaut 72
Fenrirwolf 343
Festhaltereaktion 215
Fica-Gestus 348 f
Fingerabdruck 73
Fingerbeerenhaut 73

Fingerbeuger 68, 70
Fingerbewegungen 66–72
  unabhängige 49
Fingerendgelenke 67
Fingerglieder 266
Fingergrundgelenke 66, 70
Fingerkuppensensoren 125
  taktile 126
Fingermittelgelenke 67
Fingerspitzengefühl 125, 133
Fingerstrecker 69
Fingerzähltechnik 266
Fissura Sylvii 237
Fleisher, L. 107
Flow-Erleben 97
Fluchrituale 341
Fludd, R. 354
fokale Dystonie 105
Foramen magnum 213, 232
Formbildungen,
  grammatische 239
Formentheorie 287
Formwahrnehmung 26, 38
Fortbewegung 44–46, 213
Fourment, H. 333
Fovea centralis 366
Französische Akademie der Wissenschaft 248
Freiheitsgrade 120
Freud, S. 239
Fries'sches Trilemma 279
Frühjudentum 346
Frühzeit, christliche 347
Fünferbündelung 264
Fünf-Ton-Raum 104
Fuß- und Handentwicklung, Primaten 230

G

Gaborfunktionen 138
Galilei, G. 252, 272
Gall, F. 33
Galle, schwarze 338
Galotti, E. 328
Gang, aufrechter 46, 62, 211, 213, 232

ganze Zahlen 253
Gebrauchshand 172
Gegenerde 254
Gehirnkarte 133
Gehirnvergrößerung 62
Gellert, J. F. 299
Genetik 190
genetische Determinierung 193 f, 218
genetische Veranlagung, siehe Prädisposition
Genotyp 193
Geometrie 276, 280, 289
 euklidische 272–292
 nicht-euklidische 292
Germania 346
Geschmackssinn 19
Geschwind, N. 185
Geschwindigkeit, motorische 176
Gesell, A. L. 214
Gesellschaft, vorschriftliche 246
Geste
 körperliche 164, 210, 237, 314
 symbolische 236
Gestenbildung 236–238
Gestensprache 298, 306, 311–320, 326
Gewebstechnik 307
Glaubensbekenntnis 349
Glenny, E. 85
L-Glutamat 154, 367
Goethe, J. W. von 298–300, 302 f
Golgi-Organ 27 f, 43, 366
Gorilla 229
Göttersagen, germanische 343
Gottesbeweis 255
Gottesdarstellung 331
Gottesdienst 347
Gottesurteil 344
Gould, G. 107
Grabstock 240, 243
Grafman, G. 107
graphein 273
Graphologie 363–365
Graphologischer Briefkasten 363
Greifen 210
 Entwicklung 210–225

gezieltes 215
 technische Stimulation 127–131
Greifformen, Feineinstellung 71
Greiffuß 211
Greifhand 55, 231
Greifreflex 215
Greifwerkzeuge 213
Griffigkeit 125
Griffpositionen 128
Grimaldi, P. 255
Grönlandeis 228
Größentheorie 287
Großhirn 151, 232
Großhirnhemisphären 95, 164–208
Großhirnrinde 30, 47, 101, siehe auch Cortex
Grundrechenarten 255–258
Grünewald, M. 326
Gruppenaktivität, koordinierte 231
Gruppenjagd 234
Gyrus
 angularis 237
 frontalis 232
 postcentralis 34, 47, 366
 praecentralis 49, 232, 237, 366

H

Hakengriff 63
Halbaffen 229
Halbfelddarbietungen, tachistoskopische 191f
Haltekraft 90
Hammerschlag 66, 71
Hammerstellung 72
Hand Gottes 301, 333, 349
Hand
 aktive 356
 als handelndes Sinnesorgan 16–60
 analytische 356
 des Bannes 346
 des Totendämons 346 f
 Evolution 62, 228–246
 gemalte 325–338
 heilversprechende 349
 idealistische 356

künstlerische
Darstellung 326–338
künstliche 114
magische 339–364
manipulierende 305
materialistische 355
motorische Steuerung 55
Verlust 173
virtuelle 136
zärtliche 306
zerstörende 305
Handauflegung 350
Handbevorzugungen 174
Handbinnenmuskulatur (intrinische Muskulatur) 65, 67, 71
Handdominanz 177
Hand-Dominanz-Test 92
Händedruck 302, 342
Handfehlbildungen 74
Handfertigkeiten 80–111
Händigkeit 90–92, 164, 184, 208, 343
  bei Kindern 182–184
  Berufswahl 187–190
  biologische Basis 196–202
  Entwicklung 182–184
  Erblichkeit 190–194
  Ontogenese 181–184
  Persönlichkeit 190
  Phylogenese 181–184
  Risiko 184–187
  statistische Verteilung 168 f
  Tierexperimente 196–202
Händigkeitsausprägung 199
Händigkeitsbeständigkeit 199
Händigkeitsbestimmung, Methoden 174–176
Handinnenfläche 358
Hand-Komposita 294–303
Handlesekunst 351, 358–363
Handlinien 353–355, 359
Handlung 43–59, 272, 292
  zielgerichtete 26, 240
Hand-Motiv 309
Handmotorik 43–59, 106–110
Handmuskulatur 67–69
Handpräferenz 92

Handprothesen 114 f
Handschlag 342
Handschrift 240, 246, 303, 327, 363–365
Handskelett 62–77
Handverstümmelung 344
Hand-Werk 238–243
Handwerker 272–292
Handzeichen 236
  apotropäische 348
Hansjakob, H. 222
haptische Wahrnehmung 19–43, 366
Haut, Hand 72 f
Hebb, D. O. 37, 161, 366
Hebbel, F. 362
Hebb-Synapse 37, 366
Heine, H. 298
Heinrich, Kaiser 222
Hellenismus 349
Hemmung, interhemisphärische 202
Herimann der Lahme (Hermanus Contractus) 222
Hermes 351
Herzlinie 358–362
Herzog von Braunschweig 255
Het Pelsken 333 f
Heterozygot 192
Hethiter 343
Hexen 348
Hilfshand 172
Hilfsmenge 259, 267
Hinterhauptslappen (Lobus occipitalis) 237
Hinterhauptsloch, siehe Foramen magnum
Hinterhorn des Rückenmarks 366
Hinterwurzel 151, 366
Hippasos 253
Hirndominanz 177
Hirnigkeit 164–208
Hirnrinde, siehe Cortex
Hirnschrift 363
Hirnstamm 29 f
Hirnstammreflexe 150
Hirnverletzungen 49, 177
Hirnvolumen 213
Hochzeitsritus 342

Hohlhand 63, 65
Holmes, S. 187
Hominiden 52–54, 211, 228 f, 232
 Daumenentwicklung 66
 Entwicklung 228–246
 Stammbaum 233
 Werkzeuggebrauch 63
Homo
 erectus 233, 235, 238, 240
 ergaster 233, 235 f
 habilis 63, 236
 heidelbergensis 233
 neanderthalensis 233, 238
 rudolfensis 233
 sapiens sapiens 35, 52, 59, 210 f, 213, 233, 240, 340
Homozygotie 192
Homunculus 34, 159–161, 366
 motorischer 50–53
 sensorischer 33–38, 158
Hörbahn 237
Hore, J. 81
Hören 83, 104
 dichotisches 179, 191
Horowitz, V. 87
Hox-Gen 266
Humanisten 330
Hylometrie 280
Hypoplasie 74

I

Ideat 286
Ideen, platonische 289
Ilias 342
Immunerkrankungen 184
Infinitesimalrechnung 254
Inhibition, laterale 31 f, 367
Inquisition 256
Insel Reichenau 222
Inspiration, künstlerische 337 f
Instrumentalspiel 80–111
Intelligenz, künstliche 123, 248, 252
Interfaces 136
interhemisphärische Interaktionen 198, 203–205
Interneuronen 29–31

Intiationsriten 242
intrafusale Muskulatur 27 f, 367
Ionenkanäle 22, 154
Islam 348

J

James, W. 130
Jettatura, siehe böser Blick
Jolivet, A. 85
Judentum 346–352
Jungpaläolithikum 345
Jungsteinzeit 242, 345
Jupiter 351
Jupiterfingerglied 360
Juvenal 353

K

Kalkar, J. van 335
Kalkbrenner 96 f
Kalkül 322
Kalkulationismus 249–251
kalter Eid 341
Kaltzeit 239
Kant, I. 257, 287, 302 f
Kantendetektoren 133
kardiovaskuläre Reflexe 151
Katechumenen 350
Kehlkopf 237
Keilschriften 245
Keller, H. 16, 41
Kennedy, J. M. 38
Kepler, J. 254
Kerbholzmathematik 259, 264
Kernspintomographie 95, 367
 funktionelle 102
Kerr-Clan 190
Kerr-handed 190
Ketaminhydrochlorid 155
kinästhetische Wahrnehmung 26, 29
Klammerwerkzeuge, siehe Greifwerkzeuge
Klangfarbe 83 f
Klassische Mechanik 287
Klavierspieler 72 f
Kleefeld, H. 308

Kleinfingergegensteller 68
Kleinfingerstrecker 69
Kleinhirn 93, 101
Kleinkinder-Entwicklungs-Tests 214
Kleist, H. von 297, 301, 311–320
Klima 228–230
Klinger, F. M. von 298, 300
Knidos, E. von 289
Knöchelgang 229
Kohlhaas, M. 313 f
Kollwitz, K. 326
Kommendationsritus 346
Kommissurenbahn 199 f, , 206
Kommunikation 16, 136, 294 f
　nonverbale 311
　soziale 210
　verbale 311
Konrad, Kaiser 222
Konstruktion 243–246
Konstruktionsplan 241
　linearer 240–242
　technologischer 240–242
Konstruktivismus 273
konstruktivistische Bewegung 273
Kontingenz, doppelte 313
Kontrastierung 30
Kontrolle, visuelle 26, 86
Kontrollierbarkeit,
　personenunabhängige 285
Konversionssymptom 109
Koordination 90–92
　bimanuelle 95
　der Hand 91 f
　sensomotorische 240
Kopffüßler 216
Kopflinie 358–362
Körper
　geometrischer 274–279
　platonischer 254, 274
Körperkontakt 224
Körperlichkeit 309
Körpersprache 311–320
Körperzahlen 261–263
Kotzebue, A. von 302
Kraft- und Positionssensoren 120
Kraftdiskrimination 201
Krallenhand 67 f

Kriegsgott Tyr 343
Kritischer Rationalismus 279
Kronecker, L. 250, 253
Kroton 253
Kult, religiöser 340, 345–352
Kultur 59, 238–243
　abendländische 272
Kunst 238–243, 326
　bildende 168 f, 325–338
Künstler-Hand 333
Künstliche Intelligenz 123, 248, 252
künstliche neuronale Netze 131
künstlerischer Ausdruck 93
Kunsttheorie 326–338
Kybernetik 118
Kyros der Jüngere 347

L

Landkarte, neuronale 161
Lascaux 242
Lasersensoren 120
laterale Inhibition 31 f, 367
Lateralisation 164–208
Lateralitätstests 191
Lauffuß 211
Laufhand 55
Lautbildung 237
Lautmuster 296
Lautsprache 240
Lavater, J. C. 354
Leaky, M. 212
Lebenslinie 358–362
Legasthenie 183
Leibniz, G. W. 254 f, 262
Leistungshändigkeit 168–174, 182, 198
Lemuren 58, 230
Lernen 100
　motorisches 50, 96–104, 201, 203
　prozedurales 98
Lernstörungen 184
Lerntransfer, intermanueller 202
Lernübertragung 200
Lernverhalten 98
Les Trois Fréres 242

Lese-Rechtschreibstörung, siehe Legasthenie
Lessing, G. F. 328
Levin, K. 223
Lichtenberg, G. 321
Liebeszauber 348–350
limbisches System 93, 150 f
Limulus 31
Linkshändigkeit 92, 164–208
  Krankheit 184–187
Liszt, F. 87
logisches Begründen 279
Logizität 285
logos 285
Lokalanästhetika 155
Löwenhände 353
Lucy 220
Ludwig, W. 195
Lumbrikalismuskeln (wurmförmige Muskeln) 67 f
Lyrahände 353
L-Zellen 45

M

Magie 345–352
Magnetoenzephalogramm (MEG) 95, 156 f
Magnetstimulation 49
Makaken 49
Malerei 326–338
Malstock 328
manda 261
maniera, siehe Stil
Mann, T. 306–311
mano cornuta 349
Mantik 352
Marslinie 358–362
Maschalismus 345
Maß 301
Materialität 309
Mathematik 248, 264, 273, 286–290
mathematische Unendlichkeiten 250
Maya-Astronomie 265
Mayr, E. 72
mbouna 260
Mechanik, Klassische 287

Mechanorezeptoren 20, 367
Medea 341
mediale Schleife 29
Medium, sinnliches 294
Meerneunauge 44
Meineid 341
Meißnersche Körperchen 23, 367
Melancolia 337
Melanthios 344
Melville, H. 144
Membran, postsynaptische 22
Mendel, G. 192
Mendelsche Vererbung 192
Menninger, K. 257
Menschenaffen 58, 197
Merkel-Zelle 23, 367
Merkurius, siehe Hermes
Merkurlinie 358–362
Messen 287 f
meta kina 261
Metaphorik, kommunikative 316
Metaphysik 281, 321
Mikrolithe 240
Mischhand 357
Mitchell, W. 144
MIT-Utah-Hand 118
Modelle, mathematische 249–269
Modellmenge, siehe Hilfsmenge
Moderne, künstlerische 330
Molekularbiologie 249
Moleküle
  linksdrehende 194
  rechtsdrehende 194
Moliére 305
Monat Ramadan 349
Mondberg 360 f
Montaigne, M. E. 256
Monte Gargano 347
Morelli, G. 329
moro 261
Motiv
  literarisches 305–325
  magisches 345
Motivkanon, christlicher 335
α-Motoneuronen 27, 44, 48
γ-Motoneuronen 27 f
Motorik 43–59

motorische Programme 99–101, 130
motorisches Neuron 367
Mozart, W. A. 93, 105
Multiplikation 256
Mumifizierung 345
Münchhausen-Trilemma 279
Mundwerk 272–292
Munza 349
Musik 80–111
Musikergehirne 94–96
Musikerkrampf 105–110
Musikpsychologie 93
Musil, R. 307
Musizieren 80–111
Muskelfasern
 extrafusale 27 f
 intrafusale 27 f
Muskelkontraktion 27
Muskelspindeln 26–28, 43, 367
Mutationen 43
Mutter-Kind-Bindung 220
Myelinisierung 206

N

Nagel, T. 38
Naphta 308
National Symphony Orchestra of America 85
Naturgesetze 289
natürliche Zahlen 251
Naturwissenschaften 252, 287
Neglekt 41–43, 54, 58, 367
Nelson, H. 144
Neolithikum 345
Nero 352
Nervenblockaden, regionale 155, 367
Nervenfaser 22
Nervenzelle 21
Nervenzellnetze 94
Nervus
 medianus 73, 77
 radialis 76 f
 trigeminus 151
 ulnaris 68

Netze, künstliche neuronale 131, 137 f
Neuhaus, H. 87
Neunaugen 43
Neurome 150, 153
Neuronen, primäre sensorische 21, 29
Neurotransmitter 22, 154, 368
Neuweltaffen 230
Newton, I. 357
Nietzsche, F. 310 f
NMDA-Antagonisten 154 f
NMDA-Rezeptoren (N-Methyl-D-Aspartat) 154, 368
NMDA-Synapse 161
nociceptive Afferenzen 151
Nociceptoren 20, 150, 368
Non-Legator-Spiel 90
Normalverteilung 167 f, 175
Novalis 294
Nucleus
 cuneatus 29
 gracilis 29
Null 255

O

Objekte, virtuelle 268
Odyssee 344
Ohr 83
Okada-Hand 115
Oktave 253
Oldowan 234
Omina 351 f
Ontogenese 37, 203, 210–225, 368
Ontologie 321
Operationen der Hand 74–76
Opiate 155
Opposition 231
 Daumen 63–66
 ulnare 65
Organogenese 368
Ortsauflösung 134
Osteosynthese 76
ousia 350

P

Pacini-Körperchen 23
Paganini, N. 87
Paläoanthropologen 232
palmare Abduktion 65
palmare Platte 67
Palmarfazie 73
Palmomantik 351f
palmos 351
Papillarleisten 73
Papst Nikolaus I. 341
Paracelsus, 354
Parallelenpostulat 289, 291
Parallelität 285
Parapraxien 54
Paranthropus 233
Paré, A. 143
Parkinson-Krankheit 93
Parmigianino, G. F. M. 335 f
Paul, J. 301
Peg-Moving-Task 175 f
Peltier-Elemente 134
Penfield, W. 34
Pentadaktylie 266
Pentagramm 286
Penthesilea 314, 316–320
Performance-Forschung 93
peripheres Nervensystem 368
Pfeilschwanzkrebs 31
Phantombein 146
Phantomempfindungen 142–162
Phantomglied 144
Phantomhand 142–162
Phantomschmerzen 142 f
Pharaonen, ägyptische 345
Philippische Reden 344
Philolaos 254
Philosophie, platonische 286
Phokomelie 159
Photorezeptoren 24 f
Photosynthese 228
Phrenologie 33
Phylogenese 203, 368
Physik 276, 282
  Klassische 289
  relativistische 287 f

Physiognomische Fragmente zur Beförderung der Menschenkenntnis und der Menschenliebe 354
Piaget, J. 39
Picasso, P. 330, 333
Pino, P. 328
Pinzettengriff 23, 216 f
  unvollständiger 218
  vollständiger 218
Planimetrie 274
Planum temporale 191
Plastizität, neuronale 37 f, 77, 161
Platon 253, 272, 285
platonischer Körper 254, 274
Pleistozän 228
Plexusanästhesie 159 f
poena talionis 343 f
poetologisches Paradox 317
Poiesis 273–279, 281
Poincaré, H. 273
polis 290 f
Polke, S. 330
Pollizisation 74–76
Polospiel 207
Pongiden 229
Popper, K. 279
Potentiale, langdauernde 154
Prädikator 276, 280
Prädisposition, genetische 97, 164, 184, 205
Praetorius, J. 354
Präzision
  räumliche 85
  rhythmische 84
  zeitliche 83–86
Primaten 58, 228–233
  Fingergelenkstellung 67
Prima-vista-Diagnostik 362
Primzahlen 263
Prinz Friedrich von Homburg 314, 317
Problem, delisches 286
Prodigien 351f
Programme, motorische 99–101
Projektionsneuronen 29
Prophezeiung, selbsterfüllende 362
Propriozeption 18, 25–28, 117, 368

Prothese 115, 132, 136, 153
Protogenes 327, 333
Protophysik 276, 280, 291
Protosprache 238
Psychologie, differentielle 165
Psychotherapie 109
Pygmäen 256
Pyramidenbahn 47, 368
Pyramidenzellen 47 f
Pythagoräer 254, 279, 286
Pythagoras 253, 279

Q

Quantenmechanik 249
Quersehen 90

R

Rachmaninow, S. 249
radiale Abduktion 65
radialer Faustgriff 218
Radialisersatzplastik 76 f
Raffael, R. 330
Raimondis, M. 328
Raszetten 358–362
ratio 285
Rationalismus, Kritischer 279
Rationalität 282–292
Raum 38
  personaler 43
räumliche Vorstellung 38–41
Realität 57, 318
  virtuelle 132–139
Rebozo 224
Rebusschrift 246
Rechenautomaten 254
Rechenbrett 256
Rechnen 248–264
Recht 168
  babylonisch-assyrisches 342
  germanisches 342
  römisches 343
  sakrales 340–345
Rechtfertigen 272
Rechtshänder 164–208, 346
Rechtshändigkeit 164

Redensarten 299–303
Redundanzproblem 128
Referenztheorien 280
referred sensations 149 f
Reflexe
  neuronale 43, 150
  spinale 150
refraktär 21, 368
Regelkreise, sensomotorische 93
Regelung 117
Rehabilitation 165
Reinick, R. 299
Reinigungsritus 346
Reizdauer 23
Reize
  haptische 21–24, 224
  inadäquate 153
  motorische 224
  sensomotorische 224 f
  visuelle 224
Reizkodierung 22–25
Reizmodalität 21–26, 364
Reiztranslation 24, 369
Relaisneuronen 29
Relativitätstheorie 249
religiöse Zeremonie 340
religiöser Ritus, siehe Kult, religiöser
Reliquie 349
Reorganisation, corticale 156, 159, 365
repetitive Bewegungsabläufe 213
Repräsentationen 16, 36, 203
  innere 40
  mentale 91
  motorische 44, 174
  neuronale 100
Reproduzieren, prototypenfreies 284, 286
Retina 19, 369
rezeptives Feld 23, 31, 36, 369
Rezeptor 19–23, 369
Rezeptoradaptation 23
Rezeptormoleküle 22
Rezeptorneuron 21
Rhesusaffen 197, 201, 203
Rhythmus 84 f
Richtungsvektor 51

Right-Shift-Genotypen, heterozygote 193
Right-Shift-Modell 192
Rilke, R. M. 320
Ringfinger 90
Ritual 340–365
Roboter 114–139, 248
Roboterhände 114–139
Rodin, A. 320–322
Roth, G. 93
Rubens, P. P. 333 f
Rückenmark 29 f, 44–47, 154–156, 366
Rückkopplungsschleifen 101
rückseitiger Zwischenknochenmuskel 69
Ruffini-Körperchen 23
Ruhepotential 21, 369
Ruhetremor 87 f

S

Salisbury, K. 116
Salisbury-Hand 116–118
Salomonsring 358–362
Satan 354
Saturn 338
Saturnberg 360
Saturnlinie 358–362
Saturnus 351
Saussure, F. de 296
Scarr, S. 219
Scheitellappen (Lobus parietalis) 237
Scherengriff 218
Schicksal 352–365
Schicksalslinie 358–362
Schiller, F. 299 f, 302, 305
Schimpansen 197, 211, 229, 231
Schizophrenie 184
Schläfenlappen (Lobus temporalis) 237
Schlafprobleme 184
Schlaganfall 42, 53
Schlagfuß 301
Schmerz 145
Schmerzgedächtnis 146

Schmerzverstärker 145
Schmidt, R. A. 99
Schöpferhand 330
Schöpfungsgeschichte, christliche 255
Schreibgriff 66
Schreibkrampf 108
Schriftdeuter 363
Schriftentwicklung 245 f
Schultze, H. siehe Praetorius, J.
Schulz, C. 220
Schumann, R. 82, 92, 96, 98, 104, 107
Schweikert, T. 223
Schwingungsmuster, raumzeitliche 134
Schwur 341–343
Schwurhände 340–342
Searle, J. R. 322
sechster Sinn 320 f
Seele 297
segmentale Dystonie 110 f
Sehnenrezeptoren, Finger 67
Seitenband 72
Seit-zu-Seit-Griff 63
Selbstportrait 330, 335
Selbstreparatur 123
Selektion, evolutionäre 43, 58, 196 f
semiotisches Dreieck 296, 317
Semnonen 346
Sensibilität, epikritische 73
Sensorhaut 123
Sensorik, künstliches 120 f
sensorische Bahnen 29–33
sensorischer Homunculus 33–38, 158
sensorisches Neuron 21, 29, 369
Settembrini 308
Sexagesimalzählung 265
Sherrington, C. S. 130
Signalfilter 23
Silbensprache 246
Sinn 85–87
  künstlicher 117
  objektiver 322
  sechster 319 f
Situs inversus 191

Smith, H.   80, 82
Society of Research on Child Development   219
Somatotopie   24, 369
Sonnenlinie   358–362
Speiche   62, 69
Sperry, R.   178
Spezialisierung, funktionelle   33
spinale Katzen   43
Spinalganglienzellen   29
Spinalwurzel   29
Spitzgriff   216
Split-Brain-Forschung   178
Spontanaktiviät, pathologische   150
Spottgestus   349
Sprache   16, 164, 167, 178 f, 180, 244, 294–324
    menschliche   239
    menschliche, Entwicklung   164, 243–246
    sumerische   246
Spracherwerb   16 f
Sprachhandlung, siehe Sprechakt
Sprachlateralisierung   190
sprachliche Fähigkeiten   188
Sprachrepräsentationen   188
Sprachspiele   322
Sprachwandel   296–303, 320
Sprechakt   295, 304, 319, 324
Sprechen   321
Sprechmuskulatur   238
Staccato   91
Steinwerkzeuge   233, 241
Steinzeitmalereien   347
Steinzeitmenschen   346
Stellenwertsystem   262
Sternzeichen   354
Steuerung, künstliche Hand   119–123
Stirnlappen (Lobus frontalis)   237
Störtebeker, K.   46
Stottern   184
Strafe   343–345
Streckriegelung   231
Sulcus
    centralis (Zentralfurche)   237
    lateralis   237
Sullivan, A.   17

Sumer   245 f, 346
Summenvektor   51
Supination   64
supplementär-motorisches Areal (SMA)   51 f, 54, 94, 369
Swinnen, S.   204
Symbol   304
    Entstehung und Gebrauch   239, 242, 245, 297
    graphisches   246
    sprachliches   17
Symmetriegesetz   194
Synapse   22 ff, 369
Synapsenschwellen   37
Synästhesie   25
Synchronisation
    bimanuelle   91
    zeitliche   94
Syndaktylie   37, 50, 57, 369
Syndromie, Sprache   320
Synostose   65

T

Tabu   239
Tacitus   346
Talion, siehe *poena talionis*
Talisman   348
Tapping   175
tarangesa   261
Tarsoiden   229 ff
Tastbild   123 f
tastblind   117
Tastkörperchen   20
Tastsinn   19–25
    technische Stimulation   123–131
Telerobotik   131
Telescoping   149 f, 158, 369
Tell, W.   305
Temperaturempfinden   134
Ten-Years-Rule   98
Testosteron   184
Textfunktion, Hand   314, 317
Thalamus   29, 150 f, 369
    lateraler   151
    medialer   151
Thalidomid   194, 223

theoretikos 272, 286
theoria 272 f, 286
Thermoeffekt, inverser 134
Thermorezeptoren 20, 376
Tiefensensibilität 25–28, 86
Tiefenstruktur 250
tiefer Fingerbeuger 69 f, 72
Tierhändigkeit 192
Tizian 328
Toccata in C-Dur, op.-7 82
Tolstoi, L. 307
Tonhöhenunterscheidung 85
Tonio Kröger 307
topea 261
Totem 239
Tractus
  corticospinalis 47, 370
  spinothalamicus 150 f
Tradition, pythagoräisch-
  platonische 254
Training 202–205
  beidhändiges 202
  einhändiges 202
Trance 239
Transmitter, siehe Neurotransmitter
Transsubjektivität 285
Traumdeutung 352
Träume 351
Tremor, fokaler 105
Triggerzone 21
troppo 256
troppus 257
Tschaikowsky, P. 87
Tschsetoff, M. 81
TUM-Hand 122, 125
Tutenchamun 345
Typ-Ia-Fasern 28
Typ-II-Fasern 28

U

Über Gewißheit 324
Übergangsobjekte 210, 220 f
Übung 96–104, 174
ulnare Opposition 65
Ultraschallechos 38
Umerziehung 186

Umstecktest 192
Unendlichkeiten,
  mathematische 250
Ur-Intuition 255
Urprimaten 229

V

Variabilität 218–220
  individuelle 195
Vasari, G. 327
Veitstanz (Chorea) 93
Vektorkodierung 51
Venus 351, 360
Venusgürtel 358–362
Vera-Ikon-Schema 331
Veranlagung, genetische, siehe
  Prädisposition
Verhalten, soziales 236
Verhaltensasymmetrie 164–208
Verhaltenstherapie 109
Verhältnis, ganzzahliges 253
Verknüpfungen, assoziative 238
Verkrampfungen, muskuläre 105
Vernachlässigung, halbseitige, siehe
  Neglekt
Vesalius, A. 335
Vespasian 352
Via lasciva 358–362
Vibrationsbilder 134
viereckiger Einwärtsdreher 68
Virtualität 318
virtuelle Hände 136
virtuelle Realität 131–139, 268
Vitalienbrüder 43
Vogelweide, W. von der 298 f
Vokalisationsbereich des
  motorischen Zentrums 237
Vorderseitenstrang 151
Vorstellung
  räumliche 38–41
  subjektive 239, 322
Votivbilder 347

W

Wada-Tests 188
Wagner, C. 90
Wahrnehmung 19–43, 57
 auditive 42
 bei Blinden 38–41
 haptische 19–43, 366
 kinästhetische 26, 29
 supramodale 41–43
 taktile 26, 42, 123–131
 visuelle 42, 137, 333
Wahrsagung 351–365
Waldschlager, C. F. 81
Wandmalereien 242
Weigel, E. 255
Weissagung, siehe Wahrsagung
Wellen, elektromagnetische 19
Weltbild, archaisches 239
Weltmeisterhände 81
Weltprinzip, asymmetrisches 181, 194–196
Werkzeuge 232–239
Werkzeuggebrauch 71, 232–238
Wernicke-Areal 237
Wieck, F. 98
Wiener Kreis 282
Wiener Musikverein 85
Wiener, N. 117
Willkürbewegung 47–56, 80–111
„Wintercounts" 246
Wirkungsästhetik 311
Wittgenstein, L. 250, 321–324
Wonder, S. 25
Wort 296 f, 318, 322
Wunderkind 97
Wurfbewegungen, siehe ballistische Bewegungen
Würfel-Volumen-Verdopplung 286

wurmförmige Muskeln, siehe Lumbrikalismuskeln

Y

Yips 108

Z

Zahlbegriff, Entstehung 248–264
Zahlen 248–269
 ganze 253
 natürliche 251
Zahlenbasis 265–267
Zählintuition 257
Zahlwörter, Etymologie 256–258, 260
Zaubermittel 350
Zeigefingerstrecker 70
Zeitgeber-Neuronen 92
Zeitmaß 301
Zeit-Raum-Kontinuum 307
Zellmembran 21
zerebrale Asymmetrie 174, 176 f
Zeremonie, religiöse, siehe Kult, religiöser
Zielmenge 259
Zigeuner 354
Zinacanteco 223
Zola, E. 305, 307
Zuccari, F. 328
Zukunftsdeutung 353–355
Zulu 256
Zweckfreiheit 280
Zweckrationalität 282
zweibeiniger Gang, siehe aufrechter Gang
Zwei-Punkte-Diskrimination 36, 86
Zwillingsuntersuchungen 190–194
Zwischenknochenmuskeln, Mittelhand 67 f, 70